"十四五"时期国家重点出版物出版专项规划项目

航天先进技术研究与应用系列

ADVANCED FLUID MECHANICS

高等流体力学

（第2版）

主 编 刘全忠

哈爾濱工業大學出版社
HARBIN INSTITUTE OF TECHNOLOGY PRESS

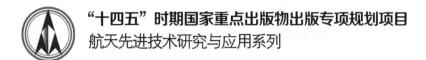

内容提要

《高等流体力学》是为哈尔滨工业大学能源、机电、航天等学院开设的一门研究生学位课所编写的硕士、博士研究生教材，全书分七章，主要介绍流体运动学、流体动力学的基本方程、理想流体动力学基础、不可压理想流体平面无旋流动、黏性流体动力学基础以及湍流基本理论，力求系统地讲述流体动力学的基本规律，注重理论知识和数学处理方法的运用。本书选择的例题、习题具有一定的代表性，有助于学生对概念的理解。

本书适合动力工程及工程热物理、力学、航天、机械工程、水力学、海洋工程、生物学、市政环境工程等学科的硕士、博士研究生使用，也可作为相关科研工作的研究人员的参考用书。

图书在版编目(CIP)数据

高等流体力学/刘全忠主编. —2 版. —哈尔滨：哈尔滨工业大学出版社，2023.10
(航天先进技术研究与应用系列)
"十四五"时期国家重点出版物出版专项规划项目
ISBN 978 - 7 - 5767 - 0838 - 7

Ⅰ.①高…　Ⅱ.①刘…　Ⅲ.①流体力学－研究　Ⅳ.①O35

中国国家版本馆 CIP 数据核字(2023)第 100572 号

策划编辑　杜　燕　丁桂焱
责任编辑　宋晓翠　李长波
封面设计　赵婧怡
出版发行　哈尔滨工业大学出版社
社　　址　哈尔滨市南岗区复华四道街 10 号　邮编 150006
传　　真　0451 - 86414749
网　　址　http://hitpress.hit.edu.cn
印　　刷　黑龙江艺德印刷有限责任公司
开　　本　787mm×1092mm　1/16　印张 13.75　字数 326 千字
版　　次　2017 年 7 月第 1 版　2023 年 10 月第 2 版
　　　　　2023 年 10 月第 1 次印刷
书　　号　ISBN 978 - 7 - 5767 - 0838 - 7
定　　价　39.80 元

第 2 版前言

本书第 2 版主要根据第 1 版在实际教学中的具体情况进行了修订，本次修订仍保持了原书的体系特色，从流体运动学理论出发，讲述流体动力学积分形式和微分形式的基本方程、理想流体运动基本特性、不可压理想流体平面无旋流动、黏性流体力学基础以及湍流基本理论。这一体系可使学生在流体力学的学习中，逐渐加深对流体动力学理论的理解和利用，有利于学生分析和解决流体力学问题能力的培养。

本次修订主要体现在以下几个方面：

1. 增加了 6.2 节黏性流体动力学的相似律；

2. 在 6.3 节，增加了“同轴环形空间的层流流动”和“旋转流变仪中的层流流动”，使本节“不可压缩黏性流体的层流流动”的内容更具完整性；

3. 在 6.4 节中整合了第 1 版中的“流动稳定性与转捩”和“湍流与混沌”两节内容，强化了本节“流动稳定性与转捩”内容的体系性；

4. 在 7.5 节中增加了应用广泛的 S－A 一方程湍流模型的介绍；

5. 在 7.6 节中增加了高精度 RANS/LES 混合湍流模型的介绍；

6. 按增补内容对名词术语中英文对照表做了修订；

7. 优化了第 1 版中的符号及公式表达；

8. 对全书的习题进行了修订。

本书由刘全忠修订第 1～5 章，李小斌修订第 6、7 章，杨庆俊修订全书习题。哈尔滨工业大学王洪杰教授审阅了全部修订稿，提出了许多宝贵的修改意见，使书稿的质量得以明显提高。在本书编写过程中，哈尔滨工业大学流体机械及工程学科的教师给与了热情的支持与帮助，在此表示深切的感谢。

限于编者水平，书中难免存在疏漏和不足之处，恳请广大读者批评指正。

编　者

2023 年 8 月

第 1 版前言

“高等流体力学”是动力工程及工程热物理学科及相近学科的一门重要的研究生公共基础课,课程目的是使相关学科的研究生进一步深入理解流体力学的基础理论,掌握正确地处理各类流体力学问题的能力,为后续专业课程及参加科研工作打下坚实基础。流体力学的内容十分广泛,在本书编写过程中,除注重加强理论基础外,还注重联系实际应用。本书主要介绍流体动力学理论、流体动力学积分形式的基本方程、流体动力学微分形式的基本方程、理想流体运动基本特性、不可压理想流体平面无旋流动、黏性流体动力学基础以及湍流基本理论,力求系统地讲述流体动力学的基本规律,注重理论知识和数学处理方法的运用。本书选择的例题、习题具有一定的代表性,有助于学生对知识点的理解。

本书的编写贯彻“少而精”的原则,数学公式及相关推导主要以张量及矢量形式描述,能够在减少篇幅的情况下,更好地解释流体力学中的物理过程,并减少不同类型的坐标系对流体运动学及动力学方程形式的影响。本书后续章节所涉及的笛卡儿张量基础知识在绪论中给出。

本书由刘全忠编写第 1～5 章,李小斌编写第 6、7 章。哈尔滨工业大学王洪杰教授审阅了全部书稿,对书稿提出了许多宝贵的修改意见,使书稿的质量得以提高。在本书编写过程中,哈尔滨工业大学流体机械及工程学科的教师给予了热情的支持与帮助,在此表示诚挚的感谢。

限于编者水平,书中难免存在疏漏和不足之处,恳请广大读者批评指正。

编　者

2016 年 6 月

目　录

第 1 章　绪论 …… 1
1.1　流体的主要物理性质 …… 1
1.2　笛卡儿张量基础 …… 3
习　题 …… 7
第 2 章　流体运动学 …… 9
2.1　研究流体运动的两种方法 …… 9
2.2　迹线、流线和流体线 …… 13
2.3　流体微元的运动分析 …… 16
2.4　有旋流动的一般性质 …… 20
2.5　无旋流动的一般性质 …… 23
2.6　不可压无旋流动 …… 26
2.7　给定速度的旋度场及散度场的流动的基本方程及性质 …… 36
2.8　给定速度的散度场的无旋流动 …… 41
2.9　给定速度的旋度场的不可压流动 …… 45
习　题 …… 49
第 3 章　流体动力学的基本方程 …… 53
3.1　输运方程 …… 53
3.2　流体动力学积分形式的基本方程 …… 56
3.3　欧拉型积分形式基本方程的应用 …… 62
3.4　运动流体中的应力张量 …… 75
3.5　流体动力学微分形式的基本方程 …… 77
习　题 …… 80
第 4 章　理想流体动力学基础 …… 87
4.1　理想流体动力学的基本方程 …… 87
4.2　伯努利定理 …… 93
4.3　柯西一拉格朗日积分定理 …… 98
4.4　压力冲量作用和速度势的动力学解释 …… 100
4.5　凯尔文定理及拉格朗日定理 …… 102

4.6 涡线及涡管强度保持性定理 …… 103
4.7 亥姆霍兹方程 …… 104
4.8 旋涡的形成和皮叶克尼斯定理 …… 105
4.9 不可压理想流体一元流动 …… 108
习 题 …… 110
第 5 章 不可压理想流体平面无旋流动 …… 116
5.1 平面流动的流函数及其性质 …… 116
5.2 不可压理想流体平面流动的流函数方程 …… 119
5.3 复势与复速度 …… 120
5.4 几种简单的平面势流 …… 121
5.5 流体对圆柱体的绕流问题 …… 126
5.6 恒定绕流中的物体受力 …… 131
习 题 …… 136
第 6 章 黏性流体动力学基础 …… 139
6.1 黏性流体动力学的基本方程 …… 139
6.2 黏性流体动力学的相似律 …… 148
6.3 不可压缩黏性流体的层流流动 …… 154
6.4 流动稳定性与转捩 …… 169
习 题 …… 176
第 7 章 湍流基本理论 …… 178
7.1 湍流的描述方法 …… 178
7.2 湍流的基本方程 …… 180
7.3 一阶封闭湍流模型 …… 185
7.4 二阶封闭湍流模型 …… 187
7.5 二阶封闭湍流模型的变异 …… 190
7.6 直接数值模拟和大涡模拟 …… 193
习 题 …… 197
参考文献 …… 199
名词术语中英文对照表 …… 200

第1章 绪 论

流体力学是研究流体平衡和运动规律的一门科学，是力学的一个分支。流体力学基础性强、应用广泛，随着生产的需要和科学的发展而不断地更新和深化，并且与其他学科相互渗透，形成了新的分支和交叉学科。

1.1 流体的主要物理性质

流体具有易流动性、黏性和可压缩性等重要的物理性质。在研究流体力学问题时必须了解流体的这些性质。应当指出，如同在固体力学中那样，在流体力学中也要对流体做连续介质模型的假定，这也是流体力学中的一个最基本的假定。本节主要讨论流体力学的连续介质模型假定及流体的主要物理性质。

1.1.1 连续介质模型

流体是由大量不断运动着的分子所组成的。从微观的角度来看，流体的物理量在空间上是不连续分布的，这是因为分子之间总是存在间隙，并且分子内部的质量分布也不连续；由于分子的随机运动，又导致任一空间点上的流体物理量对于时间的不连续性。

大多数流体力学问题的特征尺寸往往远大于流体分子的平均自由程，人们感兴趣的是流体的宏观特性，即大量分子的统计平均特性。这样，我们有理由不以分子作为研究对象，而是引进流体的连续介质模型，并以连续介质为研究对象。

如图 1.1 所示，在流场中取一个微元体积 δV，此体积内的流体质量为 δm。若 δV 很小，更多地表现出分子的个性，那么 δm 会是一个随机变化的量；若 δV 很大，表现的是大量分子的统计平均特性，那么 δm 会是一个连续变化的量。故必然存在一个特征体积 $\Delta\tau$，它的几何尺寸足够小但包含数量足够多的分子，在此特征体积内流体的宏观特性就是其中分子的统计平均特性。把特征体积 $\Delta\tau$ 内所有的流体分子的总体称为**流体质点**。其中，$\Delta\tau$ 内流体的平均密度定义为

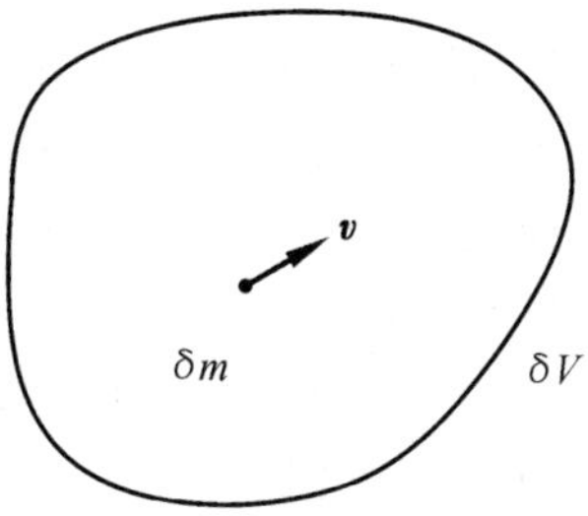

图 1.1 质点运动

$$\rho = \lim_{\delta V \to \Delta\tau} \frac{\delta m}{\delta V} \tag{1.1}$$

即为流体质点的密度。利用流体质点的概念可以得出流体**连续介质模型**的定义：流体由连续分布的流体质点所组成。

对于大多数的流体力学问题，流体质点的特征尺寸远小于所研究问题的特征尺寸，因

此可以把流体质点作为空间上的一点，当讨论空间点上流体的物理量时，实际上是指流体质点的物理量。

根据连续介质模型，空间某点的流体密度可以定义为

$$\rho=\lim_{\delta V\to 0}\frac{\delta m}{\delta V} \tag{1.2}$$

由于 $\Delta\tau$ 足够小，可以看作是零，因此式(1.1) 和式(1.2) 的表达式是统一的。

在任意时刻，空间任意点上的流体质点的密度都具有确定的数值，因此密度是坐标及时间的函数

$$\rho=\rho(\boldsymbol{r},t)$$

类似地，还可以给出流体的其他物理量(速度、压力和温度) 的分布函数

$$\boldsymbol{v}=\boldsymbol{v}(\boldsymbol{r},t)$$

$$p=p(\boldsymbol{r},t)$$

$$T=T(\boldsymbol{r},t)$$

但是当所研究问题的特征尺寸接近或小于质点的特征尺寸时，连续介质模型将不再适用。例如火箭穿越大气层边缘，此时微观特征尺度接近宏观特征尺度；研究激波结构，此时宏观特征尺度接近微观特征尺度。可见流体的连续介质模型是一个具有相对意义的概念。

1.1.2　流体的压缩性与膨胀性

流体体积或密度随压强变化可以发生改变的性质称为流体的**压缩性**。流体压缩性的大小通常用压缩率 κ 来表示，其定义为在一定温度下压强升高一个单位时，流体体积的相对变化量，即

$$\kappa=-\frac{\mathrm{d}V}{V}\frac{1}{\mathrm{d}p} \tag{1.3}$$

式(1.3) 中，$\mathrm{d}V$ 与 $\mathrm{d}p$ 的变化方向相反，所以添加负号之后，κ 恒为正值。一般来说，流体受压，体积将缩小，密度随之增大。液体在常温常压下，压缩性很小，可当作不可压缩流体处理，而气体的压缩性要比液体大得多，一般情形下应当作可压缩流体处理。但在某些特殊问题中，例如水下爆炸或水击，则必须把液体看作是可压缩的，而如果压力差较小，运动速度较小，也可近似地将气体视为不可压缩流体。

流体体积或密度随温度变化可以发生改变的性质称为流体的**膨胀性**。流体膨胀性的大小通常使用体胀系数 α 表示，其定义为在一定压强下温度改变一个单位时，流体体积的相对变化量，即

$$\alpha=\frac{\mathrm{d}V}{V}\frac{1}{\mathrm{d}T} \tag{1.4}$$

举例来说，如气体在喷气发动机中的流动，一方面，发动机内一般都是高速流动，气流的压缩性不可忽略，必须按照可压缩流体来处理；另一方面，气流通过发动机燃烧后，排出温度一般高达 2 300 ℃，所以其膨胀性也是不可忽略的。

1.1.3　流体的黏性

流体的**黏性**指流体运动时微团间会产生黏性力来抵抗变形（如剪切形变）的特性或指流团分子不规则动量交换的宏观表现。黏性是流体的固有属性之一，也是流体区别于固体的特有属性。黏性的宏观动力学特性可以由牛顿内摩擦定律来描述。

在如图1.2所示的牛顿平板实验中，流体在上平板与下壁面之间运动，作用于平板上使平板平行于壁面以速度 V 做匀速运动的外力 F 可表示为

$$F=\mu\frac{V}{h}A$$

若平板与壁面之间的流体速度呈线性分布，则有

$$\frac{\mathrm{d}v}{\mathrm{d}y}=\frac{V}{h}$$

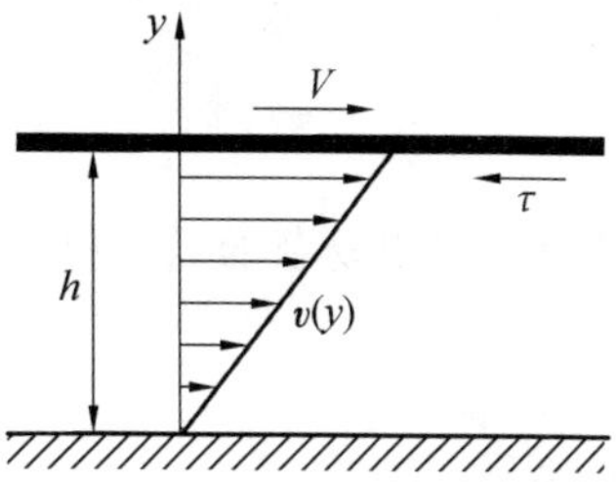

图1.2　牛顿平板实验

流体层与层之间的黏性切应力可表示为

$$\tau=\mu\frac{\mathrm{d}v}{\mathrm{d}y} \tag{1.5}$$

以上各式中的 μ 称为**动力黏度**，是一个与流体的物性有关的系数，是衡量流体黏性大小的一种度量。同一种流体的动力黏度与流体的温度有很大关系，而与压强关系不大。动力黏度的单位可由式(1.5)导出，在国际单位制中为Pa·s。

将式(1.5)称为牛顿切应力公式，也称为牛顿内摩擦定律。把满足牛顿内摩擦定律的流体称为**牛顿流体**，不满足该定律的流体称为**非牛顿流体**。

在流体力学中，动力黏度 μ 经常与流体密度 ρ 结合在一起以 μ/ρ 的形式出现，为此，将这个比值定义为**运动黏度**，并以 ν 表示，即

$$\nu=\frac{\mu}{\rho} \tag{1.6}$$

在国际单位制中，运动黏度的单位为 m^2/s。

真实的流体都是有黏性的，黏性的存在给流体运动的描述和处理带来了很大困难。因此，对于黏性系数很小的流体，如水和空气等，在某些情况下往往用黏性系数为零的**理想流体**来代替。理想流体的模型在流体力学中仍然占有很重要的地位，因为它对于揭示流体运动的主要特性是较为方便的，本书也将以较大的篇幅来讨论理想流体的运动。

1.2　笛卡儿张量基础

近代连续介质力学中广泛采用张量。这是因为采用张量描述的基本方程高度简练，物理意义鲜明。在笛卡儿直角坐标系中定义的张量称为**笛卡儿张量**。

在三维空间中，一个矢量（如力矢量、速度矢量等）在某参考坐标系中有3个分量，这3个分量的集合规定了这个矢量；当坐标变换时，这些分量按照一定的变换法则变换。如图1.3所示，速度矢量 $\boldsymbol{v}$ 满足

$$\boldsymbol{v}=v_1\boldsymbol{e}_1+v_2\boldsymbol{e}_2+v_3\boldsymbol{e}_3=v'_1\boldsymbol{e}'_1+v'_2\boldsymbol{e}'_2+v'_3\boldsymbol{e}'_3=\boldsymbol{v}' \tag{1.7}$$

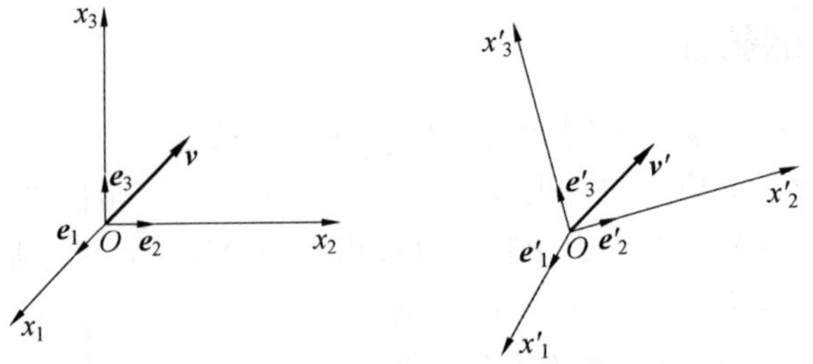

图 1.3 直角坐标系中的矢量

还有一些更复杂的量，例如应力张量，若以直角坐标表示，用矩阵形式列出，则有

$$[\sigma]=[\sigma_{ij}]=\begin{bmatrix}\sigma_{11} & \sigma_{12} & \sigma_{13}\\ \sigma_{21} & \sigma_{22} & \sigma_{23}\\ \sigma_{31} & \sigma_{32} & \sigma_{33}\end{bmatrix} \tag{1.8}$$

这 9 个分量的集合，规定了一点的应力状态，称为**应力张量**。当坐标变换时，应力张量的分量按一定的变换法则变换。

所谓的**张量**是一个物理量或几何量，它由在某参考坐标系中一定数目的分量的集合所规定，当坐标变换时，这些分量按一定的变换法则变换。

张量可以看作是矢量概念的推广。它是一种不依赖于特定坐标系表达物理定律的方法。张量按其指标的个数不同可分为不同阶张量。矢量为一阶张量，应力、应变张量为二阶张量，还有三阶、四阶等高阶张量。采用张量表示的方程，在某一坐标系中成立，则在允许变换的其他坐标系中也成立，即张量方程具有不变性。这也是采用张量表示的物理方程其物理意义非常鲜明的原因。

1.2.1 指标表示法

用字母和整型下标变量表示张量，下标默认值为 1、2、3。

1. 自由标

可在默认范围内任意取值的指标称为**自由标**。一个自由标表示行(列) 或一阶张量(向量)，例如下式中的 α 即为自由标。

$$[u]=[u_\alpha]=[u_1 \quad u_2 \quad u_3]^{\mathrm{T}} \tag{1.9}$$

两个自由标表示矩阵或二阶张量，例如

$$[A]=[A_{\alpha\beta}]=\begin{bmatrix}A_{11} & A_{12} & A_{13}\\ A_{21} & A_{22} & A_{23}\\ A_{31} & A_{32} & A_{33}\end{bmatrix} \tag{1.10}$$

2. Einstein 求和约定与哑标

凡在同一项内，重复一次且仅重复一次的指标，表示对该指标在其取值范围内求和，该指标称为**哑标**。例如

$$a_\alpha x_\alpha = a_1 x_1 + a_2 x_2 + a_3 x_3$$

$$\sigma_{\alpha\alpha} = \sigma_{\beta\beta} = \sigma_{11} + \sigma_{22} + \sigma_{33}$$

3. 克罗内克符号(Kronecker－δ)

克罗内克符号 $\delta_{\alpha\beta}$ 可定义为

$$\delta_{\alpha\beta}=\begin{cases}1 & (\alpha=\beta)\\ 0 & (\alpha\neq\beta)\end{cases} \tag{1.11}$$

由定义可知

$$[I]=\begin{bmatrix}1 & 0 & 0\\ 0 & 1 & 0\\ 0 & 0 & 1\end{bmatrix}=\begin{bmatrix}\delta_{11} & \delta_{12} & \delta_{13}\\ \delta_{21} & \delta_{22} & \delta_{23}\\ \delta_{31} & \delta_{32} & \delta_{33}\end{bmatrix}=[\delta_{\alpha\beta}] \tag{1.12}$$

根据定义，$\delta_{\alpha\beta}$ 可用于书写的简化，例如

$$\delta_{\alpha\beta}A_{\alpha}=\delta_{1\beta}A_{1}+\delta_{2\beta}A_{2}+\delta_{3\beta}A_{3}=A_{\beta}$$

4. 张量的缩并

利用 δ_{ij} 的性质，根据 Einstein 求和约定可对张量表达式进行**缩并**，例如

$$\delta_{\alpha\beta}T_{\beta k}=T_{\alpha k}$$

$$\delta_{\alpha\beta}\delta_{\beta k}=\delta_{\alpha k}$$

$$\delta_{ij}\delta_{jk}\delta_{kl}=\delta_{il}$$

$$\delta_{ij}\delta_{ij}=\delta_{ii}=\delta_{jj}=\delta_{11}+\delta_{22}+\delta_{33}=3$$

$$A_{ij}\delta_{ij}=A_{ii}=A_{jj}=A_{11}+A_{22}+A_{33}$$

5. 置换符号

置换符号 $e_{\alpha\beta\gamma}$ 可定义为

$$e_{\alpha\beta\gamma}=\boldsymbol{i}_{\alpha}\cdot(\boldsymbol{i}_{\beta}\times\boldsymbol{i}_{\gamma})=\begin{vmatrix}\delta_{\alpha1} & \delta_{\alpha2} & \delta_{\alpha3}\\ \delta_{\beta1} & \delta_{\beta2} & \delta_{\beta3}\\ \delta_{\gamma1} & \delta_{\gamma2} & \delta_{\gamma3}\end{vmatrix}=\begin{cases}1 & (\alpha\beta\gamma\ \text{正循环排列})\\ -1 & (\alpha\beta\gamma\ \text{逆循环排列})\\ 0 & (\alpha\beta\gamma\ \text{重复排列})\end{cases} \tag{1.13}$$

一些特殊情况：

$$e_{\alpha\beta\gamma}\cdot e_{ijk}=\begin{vmatrix}\delta_{\alpha i} & \delta_{\alpha j} & \delta_{\alpha k}\\ \delta_{\beta i} & \delta_{\beta j} & \delta_{\beta k}\\ \delta_{\gamma i} & \delta_{\gamma j} & \delta_{\gamma k}\end{vmatrix}$$

$$e_{\alpha\beta\gamma}\cdot e_{ij\gamma}=\delta_{\alpha i}\delta_{\beta j}-\delta_{\alpha j}\delta_{\beta i}$$

$$e_{\alpha\beta\gamma}\cdot e_{i\beta\gamma}=2\delta_{\alpha i}$$

$$e_{\alpha\beta\gamma}\cdot e_{\alpha\beta\gamma}=2\delta_{\alpha\alpha}=6$$

1.2.2　张量的运算

1. 张量的加减

两个同阶张量之和等于其各自对应分量相加所组成的张量。以二阶张量为例，有

$$[A]+[B]=[A_{\alpha\beta}]+[B_{\alpha\beta}]=\begin{bmatrix}A_{11}+B_{11} & A_{12}+B_{12} & A_{13}+B_{13}\\ A_{21}+B_{21} & A_{22}+B_{22} & A_{23}+B_{23}\\ A_{31}+B_{31} & A_{32}+B_{32} & A_{33}+B_{33}\end{bmatrix} \tag{1.14}$$

2. 张量的乘积

设 m 阶张量和 n 阶张量相乘，乘积为 $m+n$ 阶张量。例如两个矢量 $\boldsymbol{a}$ 和 $\boldsymbol{b}$ 的乘积为二阶张量，称为**并矢**，即

$$\boldsymbol{ab}=\boldsymbol{i}_\alpha a_\alpha b_\beta \boldsymbol{i}_\beta \tag{1.15}$$

3. 二阶张量的转置

考虑 $\nabla=\frac{\partial}{\partial x_\alpha}\boldsymbol{i}_\alpha$ 和 $\boldsymbol{v}=v_\beta \boldsymbol{i}_\beta$ 的并矢，其转置为

$$(\nabla \boldsymbol{v})^{\mathrm{T}}=\left(\boldsymbol{i}_\alpha \frac{\partial v_\beta}{\partial x_\alpha}\boldsymbol{i}_\beta\right)^{\mathrm{T}}=\boldsymbol{i}_\alpha \frac{\partial v_\alpha}{\partial x_\beta}\boldsymbol{i}_\beta \tag{1.16}$$

若某张量的转置等于原张量，则称该张量为**对称张量**；若某张量的转置等于负的原张量，则称该张量为**反对称张量**。任何一个二阶张量都可以分解为一个对称张量和一个反对称张量的和，即

$$A_{\alpha\beta}=S_{\alpha\beta}+\Omega_{\alpha\beta} \tag{1.17}$$

其中的对称张量 $S_{\alpha\beta}$ 和反对称张量 $\Omega_{\alpha\beta}$ 表示为

$$\begin{cases} S_{\alpha\beta}=\dfrac{1}{2}(A_{\alpha\beta}+A_{\beta\alpha}) \\ \Omega_{\alpha\beta}=\dfrac{1}{2}(A_{\alpha\beta}-A_{\beta\alpha}) \end{cases} \tag{1.18}$$

4. 一些简单的张量运算

根据上述张量的性质及运算法则，可以给出一些流体力学中常用的运算示例，如

$$\boldsymbol{A}\times\boldsymbol{B}=A_\alpha \boldsymbol{i}_\alpha \times B_\beta \boldsymbol{i}_\beta=e_{\alpha\beta\gamma}A_\alpha B_\beta \boldsymbol{i}_\gamma$$

$$\nabla\times\boldsymbol{v}=\frac{\partial}{\partial x_\alpha}\boldsymbol{i}_\alpha\times v_\beta \boldsymbol{i}_\beta=\boldsymbol{i}_\alpha\times\boldsymbol{i}_\beta\frac{\partial v_\beta}{\partial x_\alpha}=e_{\alpha\beta\gamma}\frac{\partial v_\beta}{\partial x_\alpha}\boldsymbol{i}_\gamma=2\boldsymbol{\omega}$$

$$\omega_\gamma=\frac{1}{2}e_{\alpha\beta\gamma}\frac{\partial v_\beta}{\partial x_\alpha}$$

$$e_{\alpha\beta\gamma}\omega_\gamma=\frac{1}{2}e_{\alpha\beta\gamma}e_{ij\gamma}\frac{\partial v_j}{\partial x_i}=\frac{1}{2}(\delta_{\alpha i}\delta_{\beta j}-\delta_{\alpha j}\delta_{\beta i})\frac{\partial v_j}{\partial x_i}=\frac{1}{2}\left(\frac{\partial v_\beta}{\partial x_\alpha}-\frac{\partial v_\alpha}{\partial x_\beta}\right)=a_{\alpha\beta}$$

$$\boldsymbol{B}\cdot a=B_k \boldsymbol{i}_k\cdot\boldsymbol{i}_\alpha a_{\alpha\beta}\boldsymbol{i}_\beta=a_{\alpha\beta}B_\alpha \boldsymbol{i}_\beta=e_{\alpha\beta\gamma}\omega_\gamma B_\alpha \boldsymbol{i}_\beta=\boldsymbol{\omega}\times\boldsymbol{B}$$

其中，$\boldsymbol{\omega}$ 为流体的旋转角速度，a 为涡量张量，将在第 2.3 节中介绍其意义及具体表达式。

1.2.3 各向同性张量

各向同性指物体的物理性质不会因方向的不同而有所变化的特性，即某一物体在不同的方向所测得的性能数值完全相同，也称**均质性**。

如果某一张量，其各个分量的量值在坐标系的正交变换（转动）下仍保持各自的原值不变，则该张量就称为**各向同性张量**。由此可见，坐标系的转动对这种张量不产生任何影响。这里我们仅介绍二阶各向同性张量和四阶各向同性张量。

二阶单位张量可表示为

$$\boldsymbol{I}=\boldsymbol{i}_\alpha \delta_{\alpha\beta}\boldsymbol{i}_\beta \tag{1.19}$$

可以证明，任意常数 K 与二阶单位张量的乘积 $K\boldsymbol{I}$ 都是二阶各向同性张量。

四阶张量 $C_{ijkl}\boldsymbol{i}_i\boldsymbol{i}_j\boldsymbol{i}_k\boldsymbol{i}_l$ 是各向同性张量的充分必要条件是该四阶张量的分量可表示为

$$C_{ijkl}=\lambda\delta_{ij}\delta_{kl}+\mu\delta_{ik}\delta_{jl}+\gamma\delta_{il}\delta_{jk} \tag{1.20}$$

其中的 λ、μ、γ 均为常数。

各向同性张量一般形式的验证过程这里不再详述，可参阅张量分析的有关教材。

习　　题

流体性质

1.1　直径为 5.00 cm 的活塞在直径为 5.01 cm 的缸体内运动，当润滑油的温度由 0 ℃ 上升到 120 ℃ 时，不计固体变形，求推动活塞所需的力减小的百分数。已知润滑油 0 ℃ 时 $\mu=0.014\times10^{-3}$ N·s/m²，120 ℃ 时 $\mu=0.002\times10^{-3}$ N·s/m²。

1.2　有一金属套在自重下沿垂直轴下滑，轴与套间充满 $\nu=0.3$ cm²/s，$\rho=850$ kg/m³ 的油液，套的内径 $D=102$ mm，轴的外径 $d=100$ mm，套长 $l=250$ mm，套重 10 kg，试求套筒自由下滑时的最大速度。

1.3　长 1.2 m、直径为 200 mm 的水力锤以 120 mm/s 速度在一个同心油缸内向下做平移运动，油缸直径为 200.2 mm。环形间隙内充满密度为 $\rho=850$ kg/m³、黏度为 400 mm²/s 的油。求油作用在水力锤与油缸上的黏性力，并说明力的方向。

1.4　如图所示，截头圆锥以 ω 等角速度转动。间隙 δ 中充满黏性系数为 μ 的牛顿流体，δ 很小，流体做圆周方向的单向运动。如忽略圆锥底部平面上的黏性应力，求转动圆锥所需的力矩 M 值。

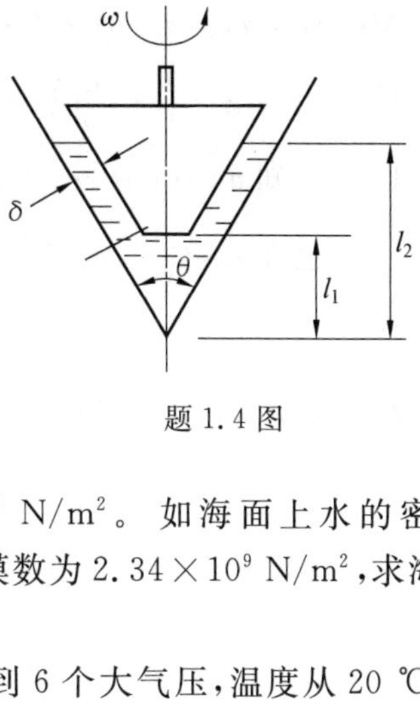

题 1.4 图

1.5　相距 0.13 mm 的两块同轴心的圆板，直径为 200 mm，中间充以黏性系数为 0.14 N·s/m² 的油。如一块板以 $n=420$ r/min 相对于另一块平板转动。又如忽略边缘影响，板内流体做圆周方向的单向运动，求保持转动所需的扭矩。

1.6　海平面下 8 km 处水的压力为 81.7×10^6 N/m²。如海面上水的密度为 1 025 kg/m³，压力为 1.01×10^5 N/m²，平均体积弹性模数为 2.34×10^9 N/m²，求海面下 8 km 深处水的密度。

1.7　压缩机压缩空气，绝对压力从 1 个大气压升到 6 个大气压，温度从 20 ℃ 升到 78 ℃。问空气体积缩小百分数为多少？

1.8　有一氢气球在 30 km 高空处膨胀为直径为 20 m 的气球，该处大气压力为 1 100 N/m²，温度为 −40 ℃。如不考虑气球蒙布中的应力，问该气球在地面时具有多大的体积？地面气压和温度分别为 101.3 kN/m² 和 15 ℃。又如已知氢气的气体常数 $R=$ 4 120 J/(kg·K)，问气球中氢气的质量为多少？

张量基础

1.9　令 $\boldsymbol{v}=v_1\boldsymbol{i}+v_2\boldsymbol{j}+v_3\boldsymbol{k}$，试在直角坐标系中计算 $(\boldsymbol{v}\cdot\nabla)\boldsymbol{v}$、$\nabla\boldsymbol{v}\cdot\boldsymbol{v}$。

1.10　已知 $\boldsymbol{a}=3y\boldsymbol{i}+2z^2\boldsymbol{j}-xy\boldsymbol{k}$，$\boldsymbol{b}=x^2\boldsymbol{i}-4\boldsymbol{k}$，求 $\nabla\times(\boldsymbol{a}\times\boldsymbol{b})$。

1.11　令 φ 为任意标量函数，$\boldsymbol{v}$ 为任意向量函数（$\boldsymbol{v}=v_1\boldsymbol{e}_1+v_2\boldsymbol{e}_2+v_3\boldsymbol{e}_3$），$\boldsymbol{r}$ 为空间点位置向径且 $|\boldsymbol{r}|=r\neq 0$，求直角坐标系中下列各题的表达式：

① $\nabla\varphi$；② $\nabla\cdot\boldsymbol{v}$；③ $\nabla\times\boldsymbol{v}$；④ $\nabla^2\varphi$；⑤ $\nabla\times\boldsymbol{r}$；⑥ $\nabla\cdot\boldsymbol{r}$；⑦ $\nabla\left(\dfrac{1}{r}\right)$；⑧ $\nabla(r^n)$；⑨ $\nabla^2(r^n)$。

1.12　证明以下各式：

① $\nabla(\varphi\phi)=\phi\nabla\varphi+\varphi\nabla\phi$；② $\nabla\times(\varphi\boldsymbol{a})=\nabla\varphi\times\boldsymbol{a}+\varphi\nabla\times\boldsymbol{a}$；

③ $\nabla\times(\boldsymbol{a}\times\boldsymbol{b})=(\boldsymbol{b}\cdot\nabla)\boldsymbol{a}-(\nabla\cdot\boldsymbol{a})\boldsymbol{b}-(\boldsymbol{a}\cdot\nabla)\boldsymbol{b}+(\nabla\cdot\boldsymbol{b})\boldsymbol{a}$；

④ $\nabla\cdot(\nabla\times\boldsymbol{a})=0$；⑤ $\nabla\times(\nabla\varphi)=0$；⑥ $\nabla\times(\nabla\times\boldsymbol{a})=\nabla(\nabla\cdot\boldsymbol{a})-\nabla^2\boldsymbol{a}$。

1.13　证明以下各式，式中 $|\boldsymbol{v}|=v$，$\boldsymbol{\Omega}=\nabla\times\boldsymbol{v}$：

①$(\boldsymbol{v}\cdot\nabla)\boldsymbol{v}=\nabla\left(\dfrac{v^2}{2}\right)-\boldsymbol{v}\times\boldsymbol{\Omega}$；② $\nabla\times\nabla^2\boldsymbol{v}=\nabla^2\boldsymbol{\Omega}$；③ $\nabla\cdot(\boldsymbol{v}\boldsymbol{v})=\boldsymbol{v}(\nabla\cdot\boldsymbol{v})+(\boldsymbol{v}\cdot\nabla)\boldsymbol{v}$。

1.14　已知 $\boldsymbol{v}_e=\boldsymbol{v}_0+\boldsymbol{\omega}\times\boldsymbol{r}$，$\boldsymbol{r}$ 为向径，$\boldsymbol{a}$ 为任意向量，试证明：

① $\nabla\cdot\boldsymbol{v}_e=0$；② $\nabla\left(\dfrac{v_e^2}{2}\right)=\boldsymbol{v}_e\times\boldsymbol{\omega}$。

1.15　证明以下各式，式中 $\boldsymbol{a}$、$\boldsymbol{b}$ 为常向量，$\boldsymbol{r}$ 为向径。

① $\nabla\cdot(\boldsymbol{b}\boldsymbol{r}\cdot\boldsymbol{a})=\boldsymbol{a}\cdot\boldsymbol{b}$；② $\nabla\cdot[\boldsymbol{a}\times(\boldsymbol{r}\times\boldsymbol{b})]=2\boldsymbol{a}\cdot\boldsymbol{b}$。

1.16　已知 $\varphi=\left(r-\dfrac{a^2}{r}\right)\cos\varepsilon$，式中 a 为常数，$r>0$，令 $\boldsymbol{v}=\nabla\varphi$，求 $\boldsymbol{v}$ 及 $\nabla\cdot\boldsymbol{v}$。

1.17　已知 $\boldsymbol{a}=r\cos^2\varepsilon\boldsymbol{e}_r+r\sin\varepsilon\boldsymbol{e}_\varepsilon$，求 $\nabla\times\boldsymbol{a}$。

1.18　已知 $\varphi=\left(ar^2+\dfrac{1}{r^3}\right)\sin 2\theta\cos\varepsilon$，式中 a 为常数，求 $\nabla\varphi$。

1.19　已知 $\varphi=2r\sin\theta+r^2\cos\varepsilon$，求 $\nabla^2\varphi$。

1.20　已知 $\boldsymbol{a}=\dfrac{2\cos\theta}{r^3}\boldsymbol{e}_r+\dfrac{\sin\theta}{r^3}\boldsymbol{e}_\theta$，$r>0$，求 $\nabla\cdot\boldsymbol{a}$。

第2章　流体运动学

流体运动学是用几何学的观点来研究流体的运动特征，即流体运动的速度、加速度、变形等参数的变化规律，而不涉及引起流体运动的力、质量等与动力学有关的物理量，因此流体运动学所研究的问题及其结论对于理想流体和黏性流体均适用。

2.1　研究流体运动的两种方法

流体是由无数质点组成的，流体质点运动的全部空间称为**流场**。由于流体是连续介质，因此描述流体运动的物理量是空间点坐标和时间的连续函数。

通常，描述流体运动有两种不同的方法。

2.1.1　拉格朗日方法

拉格朗日方法又称随体法，研究流场中每一个流体质点的运动物理量随时间的变化，以及相邻质点间运动物理量的变化。

采用拉格朗日方法研究流体运动时首先要区分流场中的所有流体质点，通常用某时刻（$t=t_0$）各质点的空间坐标（b_1,b_2,b_3）来表征它们。当（b_1,b_2,b_3）确定时表示某个质点的运动；如果（b_1,b_2,b_3）以不同的数表示，就可以描述区域内各个流体质点的运动。b_1、b_2、b_3 称为**拉格朗日变量**。

任意流体质点（b_1,b_2,b_3）在空间运动时，其在正交直角坐标系中的位置是时间 t 的函数，即

$$x_\alpha = x_\alpha(b_1,b_2,b_3,t) \tag{2.1}$$

当 b_1、b_2、b_3 固定时，上式代表某个确定质点的运动轨迹；当 t 确定时，上式表示 t 时刻各质点所处的空间位置。式(2.1)还可用位移矢量表示为

$$\boldsymbol{r} = \boldsymbol{r}(b_1,b_2,b_3,t) \tag{2.2}$$

同样，流体运动的其他物理量也是拉格朗日变量 b_1、b_2、b_3 和时间 t 的函数。

对于某一质点，时间间隔 Δt 内运动的位移增量为 $\Delta\boldsymbol{r}$，且 $\Delta\boldsymbol{r}$ 仅是时间 t 的函数（对于确定的流体质点，b_1、b_2、b_3 为常数）。根据速度的定义，该质点在 t 时刻的速度为

$$\boldsymbol{v} = \lim_{\Delta t\to 0}\frac{\boldsymbol{r}(b_1,b_2,b_3,t+\Delta t)-\boldsymbol{r}(b_1,b_2,b_3,t)}{\Delta t} = \frac{\mathrm{d}\boldsymbol{r}}{\mathrm{d}t} \tag{2.3}$$

对于所有的流体质点，b_1、b_2、b_3 为变量，因此任意流体质点的速度应写为对时间的偏导数形式，即

$$\boldsymbol{v}(b_1,b_2,b_3,t) = \lim_{\Delta t\to 0}\frac{\boldsymbol{r}(b_1,b_2,b_3,t+\Delta t)-\boldsymbol{r}(b_1,b_2,b_3,t)}{\Delta t} = \frac{\partial\boldsymbol{r}}{\partial t} \tag{2.4}$$

同理，质点的加速度应表示为

$$a(b_1, b_2, b_3, t)=\frac{\partial \boldsymbol{v}}{\partial t}=\frac{\partial^2 \boldsymbol{r}}{\partial t^2} \tag{2.5}$$

流体的密度和压力同样可表示为

$$\rho=\rho(b_1, b_2, b_3, t) \tag{2.6}$$

$$p=p(b_1, b_2, b_3, t) \tag{2.7}$$

2.1.2 欧拉法

欧拉法又称局部法，研究流场中每一个空间点流体质点的运动物理量随时间的变化，以及相邻空间点上运动物理量的变化。

流体运动时，同一个空间点在不同的时刻由不同的流体质点所占据，因此欧拉法中所谓各空间点上的运动物理量实际上是指占据这些位置的不同流体质点的物理量。

在t时刻任意空间点(x_1, x_2, x_3)上的速度、密度、压力在正交直角坐标系中可表示为

$$\boldsymbol{v}=\boldsymbol{v}(x_1, x_2, x_3, t) \tag{2.8}$$

$$\rho=\rho(x_1, x_2, x_3, t) \tag{2.9}$$

$$p=p(x_1, x_2, x_3, t) \tag{2.10}$$

其中的空间点坐标x_1、x_2、x_3和时间t称为**欧拉变量**。

在欧拉法中，实际上流场的运动可以表示为随时间变化的向量场和标量场，若以$\boldsymbol{B}$代表流体的某种物理量，则

$$\boldsymbol{B}=\boldsymbol{B}(x_1, x_2, x_3, t)=\boldsymbol{B}(\boldsymbol{r}, t)$$

若流场恒定，各点的物理量$\boldsymbol{B}$都不随时间变化，即$\boldsymbol{B}=\boldsymbol{B}(\boldsymbol{r})$，此时

$$\frac{\partial \boldsymbol{B}}{\partial t}=\boldsymbol{0} \tag{2.11}$$

2.1.3 质点导数

流体质点的物理量对于时间的变化率称该物理量的**质点导数**。

在拉格朗日法中，由于拉格朗日变量b_1、b_2、b_3不随时间变化，因此某物理量的质点导数就是该物理量对时间的偏导数，例如流体质点的加速度可以表示为速度对于时间的偏导数，即

$$\boldsymbol{a}(b_1, b_2, b_3, t)=\frac{\partial \boldsymbol{v}(b_1, b_2, b_3, t)}{\partial t}$$

在欧拉法中，由于流体质点在不同时刻所占据的空间坐标x_1、x_2、x_3是变化的，因此速度对于时间的偏导数仅仅表示某空间点x_1、x_2、x_3上流体的速度对于时间的变化率，不能表示流体质点的加速度。

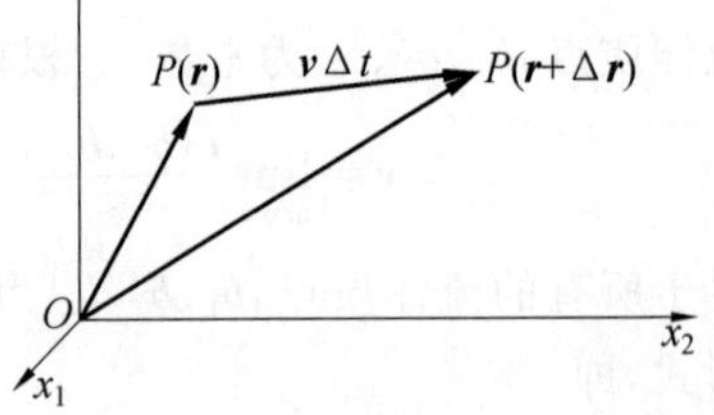

图 2.1 质点运动

如图 2.1 所示，已知某个流体质点t时刻位于$P(\boldsymbol{r})$点，其速度为$\boldsymbol{v}(\boldsymbol{r}, t)$，$\Delta t$时刻后流体质点运动到另一位置$P(\boldsymbol{r}+\Delta \boldsymbol{r})$，此时流

体质点的速度 $\boldsymbol{v}(\boldsymbol{r}+\Delta\boldsymbol{r},t+\Delta t)$ 可利用二元函数的 Taylor(泰勒) 展开(向量形式) 表示为(注意 $\Delta\boldsymbol{r}$ 也为 Δt 的函数)

$$\boldsymbol{v}(\boldsymbol{r}+\Delta\boldsymbol{r},t+\Delta t)=\boldsymbol{v}(\boldsymbol{r},t)+\frac{\partial\boldsymbol{v}}{\partial\boldsymbol{r}}\cdot\Delta\boldsymbol{r}+\frac{\partial\boldsymbol{v}}{\partial t}\cdot\Delta t+O[(\Delta t)^2]$$

因此该流体质点的加速度应表示为

$$\boldsymbol{a}=\frac{D\boldsymbol{v}}{Dt}=\lim_{\Delta t\to 0}\frac{\boldsymbol{v}(\boldsymbol{r}+\boldsymbol{v}\Delta t,t+\Delta t)-\boldsymbol{v}(\boldsymbol{r},t)}{\Delta t}=\lim_{\Delta t\to 0}\left(\frac{\partial\boldsymbol{v}}{\partial\boldsymbol{r}}\cdot\frac{\Delta\boldsymbol{r}}{\Delta t}+\frac{\partial\boldsymbol{v}}{\partial t}\right)=$$

$$\frac{\partial\boldsymbol{v}}{\partial t}+\frac{\partial\boldsymbol{v}}{\partial\boldsymbol{r}}\cdot\lim_{\Delta t\to 0}\frac{\Delta\boldsymbol{r}}{\Delta t}=\frac{\partial\boldsymbol{v}}{\partial t}+(\nabla\boldsymbol{v})\cdot\boldsymbol{v}=\frac{\partial\boldsymbol{v}}{\partial t}+(\boldsymbol{v}\cdot\nabla)\boldsymbol{v}\tag{2.12}$$

上式表明,欧拉法中质点加速度由两部分组成。其中 $\partial\boldsymbol{v}/\partial t$ 称为**当地加速度**,或称**局部加速度**,表示同一位置上,流体速度对于时间的变化率,它是由流场的非恒定性引起的;$(\boldsymbol{v}\cdot\nabla)\boldsymbol{v}$ 称为**对流加速度**(或**迁移加速度**),它是由流场的不均匀性引起的。

流场中的其他物理量也可用类似的方法求取其质点导数,例如密度、压力的质点导数可表示为

$$\frac{D\rho}{Dt}=\frac{\partial\rho}{\partial t}+\boldsymbol{v}\cdot\nabla\rho=\left(\frac{\partial}{\partial t}+\boldsymbol{v}\cdot\nabla\right)\rho\tag{2.13}$$

$$\frac{Dp}{Dt}=\frac{\partial p}{\partial t}+\boldsymbol{v}\cdot\nabla p=\left(\frac{\partial}{\partial t}+\boldsymbol{v}\cdot\nabla\right)p\tag{2.14}$$

若以 $\boldsymbol{B}$ 代表流体的某种物理量,则

$$\frac{D\boldsymbol{B}}{Dt}=\left(\frac{\partial}{\partial t}+\boldsymbol{v}\cdot\nabla\right)\boldsymbol{B}\tag{2.15}$$

称

$$\frac{D}{Dt}=\frac{\partial}{\partial t}+\boldsymbol{v}\cdot\nabla\tag{2.16}$$

为**质点导数算子**。

2.1.4　两种方法的互相转换

拉格朗日方法和欧拉方法是描述流体运动的两种不同方法,对于同一物理现象,可以用拉格朗日方法描述,也可以用欧拉方法描述。由于两种方法描述的是同一物理现象,因此两种方法是等效的,也是可以相互转换的。

1. 拉格朗日变量变换为欧拉变量

式(2.1) 可以看作是拉格朗日变量 b_1、b_2、b_3 和欧拉变量 x_1、x_2、x_3 的变量置换关系式。在正交直角坐标系中有

$$[I]=[\delta_{\alpha\beta}]=\left[\frac{\partial x_\alpha}{\partial x_\beta}\right]=\left[\frac{\partial x_\alpha}{\partial b_k}\right]\cdot\left[\frac{\partial b_k}{\partial x_\beta}\right]\tag{2.17}$$

因此矩阵$[I]=\left[\frac{\partial x_\alpha}{\partial b_k}\right]\cdot\left[\frac{\partial b_k}{\partial x_\beta}\right]$非奇异(即行列式不为零),即矩阵$\left[\frac{\partial x_\alpha}{\partial b_k}\right]$的行列式

$$D=\det\left(\frac{\partial x_\alpha}{\partial b_k}\right)=\begin{vmatrix}\dfrac{\partial x_1}{\partial b_1} & \dfrac{\partial x_2}{\partial b_1} & \dfrac{\partial x_3}{\partial b_1}\\ \dfrac{\partial x_1}{\partial b_2} & \dfrac{\partial x_2}{\partial b_2} & \dfrac{\partial x_3}{\partial b_2}\\ \dfrac{\partial x_1}{\partial b_3} & \dfrac{\partial x_2}{\partial b_3} & \dfrac{\partial x_3}{\partial b_3}\end{vmatrix} \tag{2.18}$$

不等于零或无穷大，式(2.1)表示的置换关系式中 b_1、b_2、b_3 有单值解。即

$$b_\alpha=b_\alpha(x_1,x_2,x_3,t) \tag{2.19}$$

方程组有单值解。

以拉格朗日变量表示的物理量表达 $\boldsymbol{B}(b_1,b_2,b_3,t)$，将式(2.19)代入其表达式中可得

$$\boldsymbol{B}[b_1(x_1,x_2,x_3,t),b_2(x_1,x_2,x_3,t),b_3(x_1,x_2,x_3,t),t]=\boldsymbol{B}(x_1,x_2,x_3,t)$$

这样就将以拉格朗日变量表示的物理量变成了以欧拉变量表示的物理量。

2. 欧拉变量变换为拉格朗日变量

根据拉格朗日方法中式(2.3)表示的速度以欧拉变量表示，则

$$\frac{\mathrm{d}\boldsymbol{r}}{\mathrm{d}t}=\boldsymbol{v}(x_1,x_2,x_3,t)$$

即

$$\frac{\mathrm{d}x_\alpha}{\mathrm{d}t}=v_\alpha(x_1,x_2,x_3,t)$$

积分此式得

$$x_\alpha=x_\alpha(c_1,c_2,c_3,t) \tag{2.20}$$

其中 c_1、c_2、c_3 为积分常数，与 $t=t_0$ 时刻的 b_1、b_2、b_3 有关，于是有

$$x_\alpha=x_\alpha(b_1,b_2,b_3,t) \tag{2.21}$$

以欧拉变量表示的物理量表达 $\boldsymbol{B}(x_1,x_2,x_3,t)$，将式(2.21)代入其表达式中可得

$$\boldsymbol{B}[x_1(b_1,b_2,b_3,t),x_2(b_1,b_2,b_3,t),x_3(b_1,b_2,b_3,t),t]=\boldsymbol{B}(b_1,b_2,b_3,t)$$

这样就将以欧拉变量表示的物理量变成了以拉格朗日变量表示的物理量。

例 2.1 设某个二维流动用欧拉方法描述的速度场为

$$\boldsymbol{v}=(c_1x_1+t^2)\boldsymbol{i}+(c_2x_2-t^2)\boldsymbol{j}$$

其中 c_1、c_2 为常数。试给出此流动在拉格朗日方法中描述的：

(1) 流体质点运动方程；

(2) 流体运动速度；

(3) 流体运动加速度。

解 (1) 设初始位置在(b_1,b_2)的质点在 t 时刻到达(x_1,x_2)处，则

$$\frac{\partial\boldsymbol{r}(b_1,b_2,t)}{\partial t}=\boldsymbol{v}(x_1,x_2,t)$$

即

$$\begin{cases}\dfrac{\partial x_1}{\partial t}=(c_1x_1+t^2)\\ \dfrac{\partial x_2}{\partial t}=(c_2x_2-t^2)\end{cases}$$

积分上式可得

$$\begin{cases} x_1 = -c_1^{-3}(c_1^2 t^2 + 2c_1 t + 2) + d_1 e^{c_1 t} \\ x_2 = c_2^{-3}(c_2^2 t^2 + 2c_2 t + 2) + d_2 e^{c_2 t} \end{cases}$$

上式在 $t=0$ 时刻有 $x_1 = b_1, x_2 = b_2$，代入可确定积分常数

$$\begin{cases} d_1 = b_1 + 2c_1^{-3} \\ d_2 = b_2 - 2c_2^{-3} \end{cases}$$

(2) 速度可表示为

$$\begin{cases} v_1 = \dfrac{\partial x_1}{\partial t} = -2c_1^{-2}(c_1 t + 1) + c_1(b_1 + 2c_1^{-3})e^{c_1 t} \\ v_2 = \dfrac{\partial x_2}{\partial t} = 2c_2^{-2}(c_2 t + 1) + c_2(b_2 - 2c_2^{-3})e^{c_2 t} \end{cases}$$

(3) 加速度可表示为

$$\begin{cases} a_1 = \dfrac{\partial^2 x_1}{\partial t^2} = -2c_1^{-1} t + c_1^2(b_1 + 2c_1^{-3})e^{c_1 t} \\ a_2 = \dfrac{\partial^2 x_2}{\partial t^2} = 2c_2^{-1} t + c_2^2(b_2 - 2c_2^{-3})e^{c_2 t} \end{cases}$$

2.2　迹线、流线和流体线

2.2.1　迹线

流体质点运动形成的轨迹称为**迹线**。

在拉格朗日法中，式(2.1)所表示的质点运动方程就是迹线参数方程，对于给定的 b_1、b_2、b_3，消去 t 即可得迹线方程。

在欧拉法中，可以由速度场来建立迹线方程。迹线的微元长度向量

$$\mathrm{d}\boldsymbol{r} = \boldsymbol{v}(x_1, x_2, x_3, t)\mathrm{d}t \tag{2.22}$$

就是迹线微分方程。

2.2.2　流线

若某时刻流场中的一条曲线上任一点的切线方向与流体在该点的速度方向一致，则该曲线即为**流线**。

设 $\mathrm{d}\boldsymbol{r}$ 为流线切线方向的微元向量，根据流线的定义，流线方程为

$$\boldsymbol{v} \times \mathrm{d}\boldsymbol{r} = \boldsymbol{0} \tag{2.23}$$

在直角坐标系中，流线微分方程可写为

$$\frac{\mathrm{d}x}{v_x} = \frac{\mathrm{d}y}{v_y} = \frac{\mathrm{d}z}{v_z} \tag{2.24}$$

流线具有下列几条性质：

(1) 一般情况下流线不能相交，这是因为每个空间点只能有一个速度方向。一些特殊情况下流线可以相交，如流场中存在**驻点**(速度为零的点，如图 2.2(a) 中的 S_1、S_2 点，

图 2.2(b) 中的 A 点)、**奇点**(速度为无穷大的点,如图 2.2(c) 中的 O 点)、流线相切(如图 2.2(b) 中的 B 点) 的情况下。

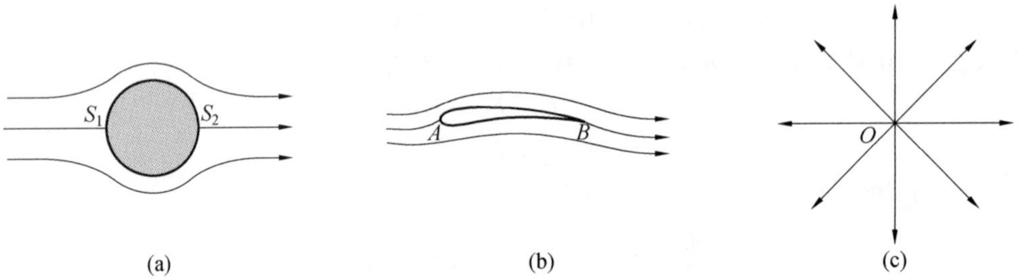

图 2.2　流线相交的情况

(2) 过流场中的每一点都可以作出流线,各条流线形成流谱。

(3) 流线的形状与位置:恒定流动时不随 t 变化,非恒定流动时一般随 t 变化。

(4) 恒定流动时,流线与迹线重合。

2.2.3　流管

流场中,过不与流线重合的任意封闭曲线上的每一点作流线所形成的管状曲面称作**流管**。

根据流管的定义,在流管表面上,流管内外无质量交换,也就是说流体不可能穿过流管表面。

在图 2.3 所示的流管上取 A_1、A_2 两个截面,由流管的定义,流体只能从 A_1、A_2 面流入、流出。在恒定流动的情况下,根据质量守恒原理,单位时间流进 A_1 的流体质量和流出 A_2 的流体质量相等,即

$$\iint_{A_1} \boldsymbol{n}_1 \rho_1 \boldsymbol{v}_1 \mathrm{d}A = \iint_{A_2} \boldsymbol{n}_2 \rho_2 \boldsymbol{v}_2 \mathrm{d}A = Q_{\mathrm{m}} \quad (2.25)$$

式中,Q_{m} 为**质量流量**,表示单位时间内通过截面的流体质量。

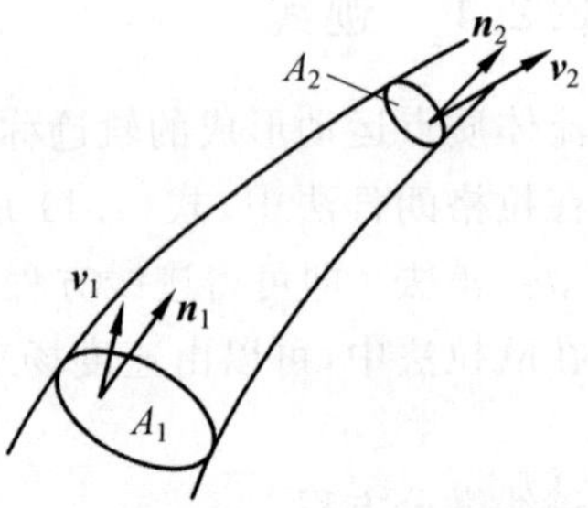

图 2.3　流管

特别地,若所取流管截面 A_1、A_2 与流管内所有流线垂直,则

$$\iint_{A_1} \rho_1 v_1 \mathrm{d}A = \iint_{A_2} \rho_2 v_2 \mathrm{d}A = Q_{\mathrm{m}} \quad (2.26)$$

若 A_1、A_2 上 ρ 与 v 分布均匀,以 V 表示截面上的平均速度,则

$$\rho_1 V_1 A_1 = \rho_2 V_2 A_2 = Q_{\mathrm{m}} \quad (2.27)$$

对不可压缩流动,不论是恒定流动还是非恒定流动,在同一时刻通过同一流管各截面的质量流量相等。由于流场中 ρ 为常数,因此对应于式(2.25) ~ (2.27) 分别有

$$\iint_{A_1} \boldsymbol{n}_1 \boldsymbol{v}_1 \mathrm{d}A = \iint_{A_2} \boldsymbol{n}_2 \boldsymbol{v}_2 \mathrm{d}A = Q \quad (2.28)$$

$$\iint_{A_1} v_1 \mathrm{d}A = \iint_{A_2} v_2 \mathrm{d}A = Q \quad (2.29)$$

$$V_1A_1 = V_2A_2 = Q \tag{2.30}$$

式中，Q 为**体积流量**，表示单位时间内通过截面的流体体积。

根据上述讨论，流管有以下性质：

(1) 流管不能相交。

(2) 流管的形状与位置在恒定流动时不随时间变化，非恒定流动时一般随时间变化。

(3) 流管不能在流场内部中断，因为实际流场中不存在流速无穷大的点，因此流管截面面积不能收缩为零。所以，流管只可能始于或者终于流场边界，如物面、自由面；或者成环形首尾相接；或者伸展到无穷远处。

2.2.4　流体线

同一时刻由确定的一组连续排列的流体质点所组成的线称作**流体线**；若流体线处处可微，称**连续流体线**。同一时刻由确定的一组连续排列的流体质点所组成的面称为**流体面**；若流体面处处光滑，称**光滑流体面**。

1. 连续流体线的保持性

连续流体线的保持性是指连续可微的流体线在运动过程中始终为连续可微的流体线，并且其上的流体质点的排列顺序不随时间变化。

设 t_0 时刻连续流体线上各流体质点的位置为 b_1、b_2、b_3，可表示为参数方程

$$b_\alpha = f_\alpha(\lambda) \tag{2.31}$$

由此参数方程确定的各流体质点在 t_0 时刻的位置 b_1、b_2、b_3 与变量 λ 一一对应，由连续流体线的定义，b_1、b_2、b_3 是 λ 的连续可微函数。

用拉格朗日方法描述 t_0 时刻的连续流体线上的各质点在 t 时刻的位置

$$x_\alpha = x_\alpha[b_1, b_2, b_3, t] = x_\alpha[f_1(\lambda), f_2(\lambda), f_3(\lambda), t] \tag{2.32}$$

由于 b_α 是 λ 的连续函数，故 x_α 是 λ 和 t 的连续函数，因此 t_0 时刻连续流体线上的各质点在 t 时刻仍然组成连续流体线。上式也是该流体线在 t 时刻的流体线方程。

式(2.32)表示的连续流体线上的流体质点在 t 时刻的位置 x_α 是 λ 和 t 的函数，而 λ 不随 t 变化，因此，由 λ 所确定的流体线上的质点排列顺序也不随时间变化。

2. 光滑流体面的保持性

光滑流体面的保持性是指光滑流体面在运动过程中始终保持为光滑流体面，并且其上的流体质点的排列顺序不随时间变化。

光滑流体线的保持性可根据连续流体线的保持性来证明。设 t 时刻某流体面可表示为

$$z = f(x, y, t)$$

在流体面上任取一点 $M(x_M, y_M, z_M)$，若在 M 点上偏导数 $\frac{\partial f}{\partial x}$、$\frac{\partial f}{\partial y}$ 存在且连续，则称此流体面在 M 点上光滑。而偏导数 $\frac{\partial f}{\partial x}$、$\frac{\partial f}{\partial y}$ 分别是流体线

$$z_1 = f(x, y_M, t) \tag{2.33}$$

$$z_2 = f(x_M, y, t) \tag{2.34}$$

在 M 点的斜率。占据 M 点的流体质点用 b_{1M}、b_{2M}、b_{3M} 表示。

若在 t_0 时刻，流体面在此流体质点所占据的空间位置上光滑，则上述两条流体线在此质点占据的空间位置上必然连续可微。根据连续流体线的保持性，在 t 时刻，由式(2.33)和式(2.34)表示的这两条流体线在M点仍然连续可微，因此流体面在M点光滑。由于M点是任意点，所以在 t 时刻流体面处处光滑，并且在此面上的流体质点排列顺序不变，处于流体面边界的质点保持在流体面边界上。

设光滑流体边界面方程为

$$F(x, y, z, t) = 0 \tag{2.35}$$

上式为用欧拉方法描述的边界面方程，对其求取质点导数可得

$$\frac{DF}{Dt} = \frac{\partial F}{\partial t} + (\boldsymbol{v} \cdot \nabla) F = 0 \tag{2.36}$$

即为光滑流体面必须满足的微分方程。

2.3　流体微元的运动分析

在流体力学的研究中，通过对流体微元的运动与变形进行分析，可以进而得到流场的运动特性。

需要注意的是，流体微元与流体质点是两个不同的概念，不能互相混淆。流体质点是达到动态平衡的有限小体积，由于足够小，因此忽略其线性尺度效应，所以流体质点没有变形和旋转运动。流体微元是由大量流体质点组成的微元流体，需要考虑其线性尺度效应，因此流体微元有变形和旋转。

2.3.1　流体微元运动的几何分析

取如图 2.4 所示的正交六面体流体微元。任取其一个面进行分析，进而得到流体微元的运动与变形。又因为流体面由流体线组成，故首先对流体线的运动进行几何分析。

如图 2.5 所示，在坐标平面 x_1Ox_2 中选取长度为 dl 的微元流体线，该线一端位于坐标原点 O 处。

位于坐标原点的流体质点的运动速度为

$$v_l = v_1 \cos\theta + v_2 \sin\theta \tag{2.37}$$

$$v_n = v_2 \cos\theta - v_1 \sin\theta \tag{2.38}$$

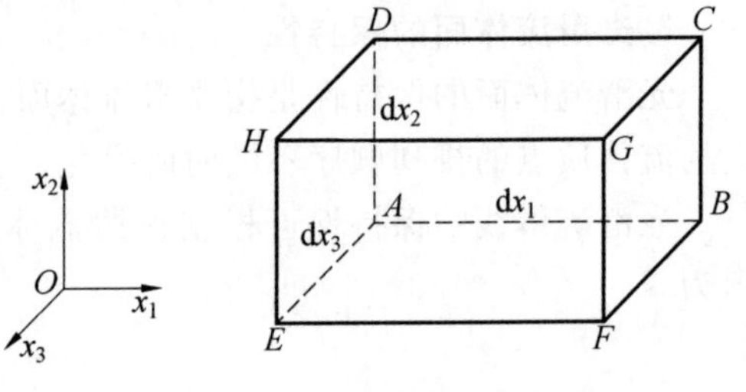

图 2.4　正交六面体流体微元

根据几何关系可知

$$\frac{\partial}{\partial l} = \cos\theta \frac{\partial}{\partial x_1} + \sin\theta \frac{\partial}{\partial x_2} \tag{2.39}$$

将式(2.37) 和式(2.38) 分别代入式(2.39)，可得

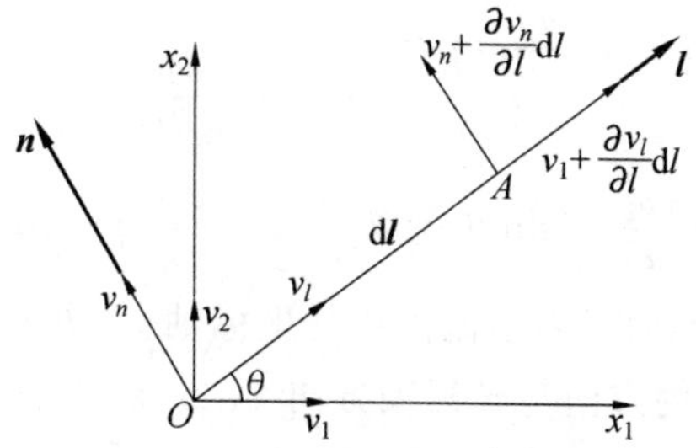

图 2.5　微元流体线的运动速度

$$\frac{\partial v_l}{\partial l}=\cos^2\theta\frac{\partial v_1}{\partial x_1}+\sin\theta\cos\theta\left(\frac{\partial v_2}{\partial x_1}+\frac{\partial v_1}{\partial x_2}\right)+\sin^2\theta\frac{\partial v_2}{\partial x_2} \tag{2.40}$$

$$\frac{\partial v_n}{\partial l}=\cos^2\theta\frac{\partial v_2}{\partial x_1}+\sin\theta\cos\theta\left(\frac{\partial v_2}{\partial x_2}-\frac{\partial v_1}{\partial x_1}\right)-\sin^2\theta\frac{\partial v_1}{\partial x_2} \tag{2.41}$$

由式(2.40)可得流体线的**线变形速率**(单位时间该微元流体线段 OA 的相对伸长)为

$$\varepsilon_{ll}=\frac{\left(v_l+\frac{\partial v_l}{\partial l}dl\right)dt-v_l dt}{dt dl}=\frac{\partial v_l}{\partial l}=$$

$$\cos^2\theta\frac{\partial v_1}{\partial x_1}+\sin\theta\cos\theta\left(\frac{\partial v_2}{\partial x_1}+\frac{\partial v_1}{\partial x_2}\right)+\sin^2\theta\frac{\partial v_2}{\partial x_2} \tag{2.42}$$

特殊情况下,若流体线的方向与坐标轴方向相同,例如图 2.4 中六面体流体微元的三条边长 dx_1、dx_2、dx_3 所示的流体线,则其线变形速率分别为

$$\begin{cases}\varepsilon_{11}=\dfrac{\partial v_1}{\partial x_1}\\ \varepsilon_{22}=\dfrac{\partial v_2}{\partial x_2}\\ \varepsilon_{33}=\dfrac{\partial v_3}{\partial x_3}\end{cases} \tag{2.43}$$

若将流体微元的体积表示为 $\delta\tau=\delta x_1\delta x_2\delta x_3$,流体微元体积在单位时间的相对变化称为流体微元的**体积膨胀速率**,可表示为

$$\frac{1}{\delta\tau}\cdot\frac{d(\delta\tau)}{dt}=\frac{1}{\delta x_1\delta x_2\delta x_3}\cdot\frac{d(\delta x_1\delta x_2\delta x_3)}{dt}=\frac{\delta v_1}{\delta x_1}+\frac{\delta v_2}{\delta x_2}+\frac{\delta v_3}{\delta x_3} \tag{2.44}$$

上式可表示为

$$\frac{1}{\delta\tau}\cdot\frac{d(\delta\tau)}{dt}=\frac{\partial v_\alpha}{\partial x_\alpha}=\nabla\cdot\boldsymbol{v}=\varepsilon_{11}+\varepsilon_{22}+\varepsilon_{33} \tag{2.45}$$

可见,流体的体积膨胀速率等于三个方向上的线变形速率之和。对于不可压缩流体,速度的散度为零,即

$$\nabla\cdot\boldsymbol{v}=0 \tag{2.46}$$

即不可压缩流体微元的三个方向上线变形速率之和为零。

设 dt 时间内微元流体线段 OA 转过的角度为 $d\theta$,则由式(2.41)可得流体线的**角变形速率**(单位时间流体线的旋转角速度)为

$$\omega_\theta = \frac{\mathrm{d}\theta}{\mathrm{d}t} = \frac{\left(v_n + \frac{\partial v_n}{\partial l}\mathrm{d}l\right)\mathrm{d}t - v_n \mathrm{d}t}{\mathrm{d}l\mathrm{d}t} = \frac{\partial v_n}{\partial l} =$$
$$\cos^2\theta \frac{\partial v_2}{\partial x_1} + \sin\theta\cos\theta\left(\frac{\partial v_2}{\partial x_2} - \frac{\partial v_1}{\partial x_1}\right) - \sin^2\theta \frac{\partial v_1}{\partial x_2} \tag{2.47}$$

上式中旋转角速度 ω 的下标用于表示流体线与坐标轴 x_1 方向的角度为 θ。

特殊情况下，若流体线的方向与坐标轴方向 x_1 或 x_2 相同，则其角变形速率分别为

$$\begin{cases} \omega_0 = \dfrac{\partial v_2}{\partial x_1} \\ \omega_{\pi/2} = -\dfrac{\partial v_1}{\partial x_2} \end{cases} \tag{2.48}$$

若流体线位于坐标平面的对角线位置，则其角变形速率为

$$\omega_{\pi/4} = \frac{1}{2}\left(\frac{\partial v_2}{\partial x_1} - \frac{\partial v_1}{\partial x_2}\right) + \frac{1}{2}\left(\frac{\partial v_2}{\partial x_2} - \frac{\partial v_1}{\partial x_1}\right) \tag{2.49}$$

定义坐标平面上流体微元的角变形速率为

$$\varepsilon_{12} = \frac{1}{2}(\omega_0 - \omega_{\pi/2}) = \frac{1}{2}\left(\frac{\partial v_2}{\partial x_1} + \frac{\partial v_1}{\partial x_2}\right) = \varepsilon_{21} \tag{2.50}$$

同样，在任意坐标平面上流体微元的角变形速率为

$$\varepsilon_{\alpha\beta} = \frac{1}{2}\left(\frac{\partial v_\beta}{\partial x_\alpha} + \frac{\partial v_\alpha}{\partial x_\beta}\right) = \varepsilon_{\beta\alpha} \tag{2.51}$$

上式与式(2.43)对比，当 $\alpha=\beta$ 时，$\varepsilon_{\alpha\beta}$ 退化为线变形速率，因此式(2.51)可以把角变形、线变形速率统一起来。

定义坐标平面上流体微元的旋转角速度为坐标轴 x_1 和 x_2 的旋转角速度的均值，则

$$\omega_3 = \frac{1}{2}(\omega_0 + \omega_{\pi/2}) = \frac{1}{2}\left(\frac{\partial v_2}{\partial x_1} - \frac{\partial v_1}{\partial x_2}\right) \tag{2.52}$$

将上式与式(2.49)对比，若令 $\omega_3 = \omega_{\pi/4}$，则在以下情况下二者相等。

(1) 流体是各向同性的，此时 $\dfrac{\partial v_1}{\partial x_1} = \dfrac{\partial v_2}{\partial x_2}$。

(2) 流体没有线变形，此时 $\dfrac{\partial v_1}{\partial x_1} = \dfrac{\partial v_2}{\partial x_2} = 0$。

同理，在另外两个坐标平面上，流体微元的旋转角速度为

$$\begin{cases} \omega_1 = \dfrac{1}{2}\left(\dfrac{\partial v_3}{\partial x_2} - \dfrac{\partial v_2}{\partial x_3}\right) \\ \omega_2 = \dfrac{1}{2}\left(\dfrac{\partial v_1}{\partial x_3} - \dfrac{\partial v_3}{\partial x_1}\right) \end{cases} \tag{2.53}$$

在任意坐标平面上流体微元的旋转角速度为

$$e_{\alpha\beta\gamma}\omega_\gamma = a_{\alpha\beta} = \frac{1}{2}\left(\frac{\partial v_\beta}{\partial x_\alpha} - \frac{\partial v_\alpha}{\partial x_\beta}\right) = -a_{\beta\alpha} \tag{2.54}$$

从而可得流体微元的旋转角速度为

$$\boldsymbol{\omega} = \frac{1}{2}\nabla \times \boldsymbol{v} \tag{2.55}$$

2.3.2　变形率张量和涡量张量

由式(2.51) 和式(2.54) 可定义**变形率张量** $\varepsilon_{\alpha\beta}$ **和涡量张量** $a_{\alpha\beta}$

$$\begin{cases}\varepsilon_{\alpha\beta}=\dfrac{1}{2}\left(\dfrac{\partial v_\beta}{\partial x_\alpha}+\dfrac{\partial v_\alpha}{\partial x_\beta}\right)=\varepsilon_{\beta\alpha}\\ a_{\alpha\beta}=\dfrac{1}{2}\left(\dfrac{\partial v_\beta}{\partial x_\alpha}-\dfrac{\partial v_\alpha}{\partial x_\beta}\right)=-a_{\beta\alpha}\end{cases}\tag{2.56}$$

其中 $\varepsilon_{\alpha\beta}$ 是一个二阶对称张量，有 6 个独立分量；$a_{\alpha\beta}$ 是一个二阶反对称张量，有 3 个独立分量。

在直角坐标系中，由 $\nabla=\dfrac{\partial}{\partial x_\alpha}\boldsymbol{i}_\alpha$ 与 $\boldsymbol{v}=v_\beta\boldsymbol{i}_\beta$ 的并矢构成的二阶张量 $\nabla\boldsymbol{v}$，可表示为变形率张量与涡量张量之和。

$$\frac{\partial v_\beta}{\partial x_\alpha}=\frac{1}{2}\left(\frac{\partial v_\beta}{\partial x_\alpha}+\frac{\partial v_\alpha}{\partial x_\beta}\right)+\frac{1}{2}\left(\frac{\partial v_\beta}{\partial x_\alpha}-\frac{\partial v_\alpha}{\partial x_\beta}\right)=\varepsilon_{\alpha\beta}+a_{\alpha\beta}\tag{2.57}$$

即

$$\nabla\boldsymbol{v}=\varepsilon+a\tag{2.58}$$

2.3.3　亥姆霍兹速度分解定理

下面分析流体中同一时刻任意毗邻两点的速度关系。如图 2.6 所示，取流场中的任一流体微团，微团上 M_0 点在 t 时刻的速度为 $\boldsymbol{v}_0(\boldsymbol{r},t)$，同一时刻微团上 M 点的速度可表示为 $\boldsymbol{v}(\boldsymbol{r}+\mathrm{d}\boldsymbol{r},t)$，将 M 点的速度在 M_0 点进行泰勒级数展开并略去二阶以上的高阶小量，则

$$\begin{aligned}\boldsymbol{v}&=\boldsymbol{v}_0+\frac{\partial\boldsymbol{v}}{\partial x_\alpha}\cdot\mathrm{d}x_\alpha=\boldsymbol{v}_0+\frac{\partial\boldsymbol{v}}{\partial x_\alpha}\boldsymbol{i}_\alpha\cdot\mathrm{d}\boldsymbol{r}=\\ &\boldsymbol{v}_0+\mathrm{d}\boldsymbol{r}\cdot\left(\boldsymbol{i}_\alpha\frac{\partial v_\beta}{\partial x_\alpha}\boldsymbol{i}_\beta\right)=\boldsymbol{v}_0+\mathrm{d}\boldsymbol{r}\cdot\nabla\boldsymbol{v}\end{aligned}\tag{2.59}$$

将式(2.58) 代入上式，得

$$\begin{aligned}\boldsymbol{v}&=\boldsymbol{v}_0+\mathrm{d}\boldsymbol{r}\cdot a+\mathrm{d}\boldsymbol{r}\cdot\varepsilon=\boldsymbol{v}_0+\boldsymbol{\omega}\times\mathrm{d}\boldsymbol{r}+\varepsilon\cdot\mathrm{d}\boldsymbol{r}=\\ &\boldsymbol{v}_0+\frac{1}{2}(\nabla\times\boldsymbol{v})\times\mathrm{d}\boldsymbol{r}+\varepsilon\cdot\mathrm{d}\boldsymbol{r}\end{aligned}\tag{2.60}$$

这就是流体微团上任意两点速度关系的一般形式，称作**柯西－亥姆霍兹速度分解定理**。

亥姆霍兹速度分解定理可以表述为：流体微元上任意一点的速度可以分为三个部分：

(1) 随同基点(M_0 点) 的平移速度 $\boldsymbol{v}_0$。

(2) 绕基点的旋转速度 $\dfrac{1}{2}(\nabla\times\boldsymbol{v})\times\mathrm{d}\boldsymbol{r}$。

(3) 流体微元变形引起的运动速度 $\varepsilon\cdot\mathrm{d}\boldsymbol{r}$。

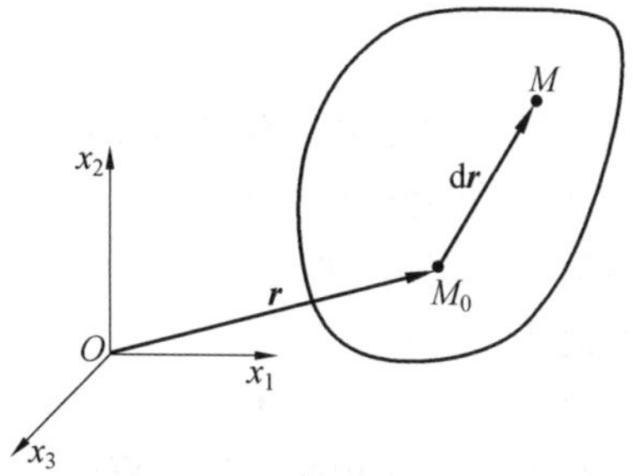

图 2.6　流体微团上的两点

流体微元的旋转速度$\frac{1}{2}(\nabla\times \boldsymbol{v})\times \mathrm{d}\boldsymbol{r}$是一个局部量，流体中各点的旋转角速度一般情况下都不一样，此项是区分流体有旋或无旋的速度分量。如果流场中的每个流体微元都有$\nabla\times \boldsymbol{v}=\boldsymbol{0}$，则称流动为**无旋流动**；否则，$\nabla\times \boldsymbol{v}\neq \boldsymbol{0}$，则称流动为**有旋流动**。

亥姆霍兹速度分解定理把旋转运动从一般运动中分离出来，由此才能区分流动是否有旋，从而对无旋运动和有旋运动分别进行研究。同时，亥姆霍兹速度分解定理将流体的变形运动从一般运动中分离出来，从而将流体变形与流体所受应力建立联系，进而研究黏性流体的动力学规律。

2.4　有旋流动的一般性质

2.4.1　涡量场

定义流体运动速度的旋度为**涡量**，为流体旋转角速度的2倍，以$\boldsymbol{\Omega}$表示为

$$\boldsymbol{\Omega}=2\boldsymbol{\omega}=\nabla\times \boldsymbol{v} \tag{2.61}$$

以欧拉方法描述的速度是空间位置和时间的函数，表示为$\boldsymbol{v}(\boldsymbol{r},t)$，因此涡量也是一个向量场，表示为$\boldsymbol{\Omega}(\boldsymbol{r},t)$，称之为**涡量场**。

根据式(2.61)可以直接得到涡量场的一个重要特性，即涡量的散度为零

$$\nabla\cdot \boldsymbol{\Omega}=\nabla\cdot(\nabla\times \boldsymbol{v})=0 \tag{2.62}$$

上式称为涡量连续方程。

2.4.2　涡线、涡管、涡通量、速度环量

1. 涡线

若某时刻流场中的一条曲线上任一点的切线方向与流体在该点的涡量方向一致，则该曲线即为**涡线**，如图2.7(a)所示。涡线可以看作是流体微元的瞬时转动轴线。

涡线的方程由其定义可知为

$$\boldsymbol{\Omega}\times \mathrm{d}\boldsymbol{r}=\boldsymbol{0} \tag{2.63}$$

在直角坐标系中，涡线微分方程可写为

$$\frac{\mathrm{d}x}{\Omega_x}=\frac{\mathrm{d}y}{\Omega_y}=\frac{\mathrm{d}z}{\Omega_z} \tag{2.64}$$

涡线微分方程中含有时间参数t。对于定常流动，涡线不随时间变化；对于非定常流动，涡线的形状随时间变化。

根据涡线定义，过一点只能作一条涡线。

2. 涡管

在涡量场中任取一条非涡线的可缩封闭曲线，同一时刻过该曲线的每一点作涡线，由这些涡线组成的管状曲面称为**涡管**，如图2.7(b)所示。由涡管的定义可知，涡管上没有涡量的进出。

3. 涡通量

通过某一开口曲面的涡量总和称为**涡通量**，如图2.7(c)所示。通过面积A的涡通量

J 为

$$J=\iint_A \boldsymbol{\Omega}\cdot \boldsymbol{n}\mathrm{d}A \tag{2.65}$$

式中 $\boldsymbol{n}$ 为微元面积 $\mathrm{d}A$ 的外法线单位向量。若面积 A 为封闭曲面，则由高斯散度定理和式(2.62)知

$$J=\oint\!\!\!\oint_A \boldsymbol{\Omega}\cdot \boldsymbol{n}\mathrm{d}A=\iiint_\tau \nabla\cdot \boldsymbol{\Omega}\mathrm{d}\tau=0 \tag{2.66}$$

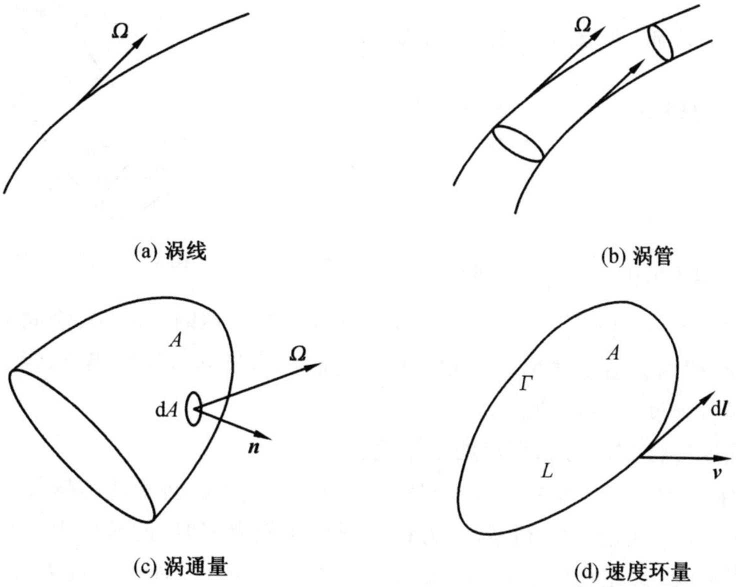

(a) 涡线　(b) 涡管　(c) 涡通量　(d) 速度环量

图 2.7　涡量场的基本概念

4. 速度环量

在流场中任取一封闭曲线 L，如图 2.7(d) 所示。速度沿该封闭曲线的线积分称为曲线 L 的**速度环量**，以 Γ 表示

$$\Gamma=\oint_L \boldsymbol{v}\cdot \mathrm{d}\boldsymbol{l} \tag{2.67}$$

速度环量和涡通量之间的关系可用**斯托克斯定理**来描述：可缩封闭曲线上的速度环量等于穿过该曲线围成的任意开口曲面的涡通量。根据格林公式有

$$\Gamma=\oint_L \boldsymbol{v}\cdot \mathrm{d}\boldsymbol{l}=\iint_A (\nabla\times \boldsymbol{v})\cdot \boldsymbol{n}\mathrm{d}A=J \tag{2.68}$$

一般规定速度环量积分时的绕行方向是逆时针方向，即封闭曲线所包围的区域总在积分方向的左侧。

2.4.3　涡管强度守恒定理

涡管强度守恒定理(也称**涡通量守恒定理**)：在同一时刻，同一涡管的各个以绕涡管壁面的封闭曲线为边界的曲面上的涡通量相等。

现证明如下：

在某一时刻，任取如图 2.8 所示的涡管，与涡管相交的两个任意曲面为 A_1、A_2，其边界线为绕涡管的封闭曲线。在 A_1、A_2 之间的涡管段的侧面面积为 A_3。由 A_1、A_2、A_3 组成的封闭曲面的面积为 $A=A_1+A_2+A_3$。根据式(2.66)，通过封闭曲面 A 的涡通量为

$$J=\oiint_A \boldsymbol{\Omega}\cdot\boldsymbol{n}\mathrm{d}A=-\iint_{A_1}\boldsymbol{\Omega}\cdot\boldsymbol{n}_1\mathrm{d}A+\iint_{A_2}\boldsymbol{\Omega}\cdot\boldsymbol{n}_2\mathrm{d}A+\iint_{A_3}\boldsymbol{\Omega}\cdot\boldsymbol{n}_3\mathrm{d}A=0 \quad (2.69)$$

式中，$\boldsymbol{n}$ 为曲面的外法线方向，而 $\boldsymbol{n}_1$ 指向内侧，故在 $\boldsymbol{n}_1$ 前应加负号。

根据涡管的性质，$\iint_{A_3}\boldsymbol{\Omega}\cdot\boldsymbol{n}_3\mathrm{d}A=0$，因此有

$$J=-\iint_{A_1}\boldsymbol{\Omega}\cdot\boldsymbol{n}_1\mathrm{d}A+\iint_{A_2}\boldsymbol{\Omega}\cdot\boldsymbol{n}_2\mathrm{d}A=0 \quad (2.70)$$

上式也可写为

$$\iint_{A_1}\boldsymbol{\Omega}\cdot\boldsymbol{n}_1\mathrm{d}A=\iint_{A_2}\boldsymbol{\Omega}\cdot\boldsymbol{n}_2\mathrm{d}A \quad (2.71)$$

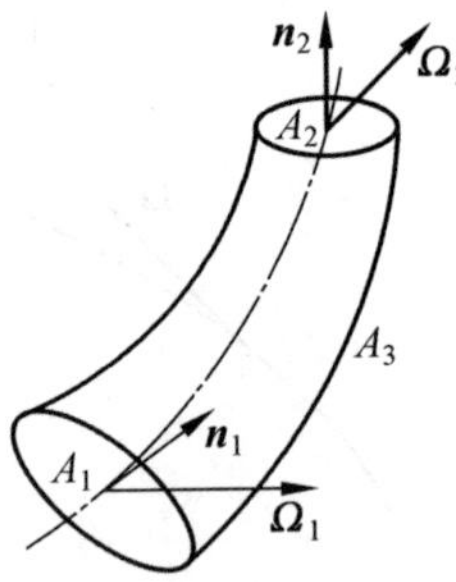

图 2.8　涡管强度守恒

因 A_1 与 A_2 在涡管上是任意选取的，由此可以得出结论：在同一时刻，沿同一涡管各截面的涡通量不变，即涡管通量守恒。通常又把涡管的涡通量称为**涡管强度**，因此涡通量守恒定理又称为涡管强度守恒定理。

由涡管强度守恒定理可以得出两个结论：

(1) 对于同一微元涡管，在截面面积越小的地方，流体旋转角速度越大。

(2) 涡管截面不可能收缩到零，因为在涡管截面积为零时，此截面上的旋转角速度必然要增加到无穷大，这在物理上是不可能的。所以，涡管只可能始于或者终于流场边界，如物面、自由面；或者成环形首尾相接(如涡环)；或者伸展到无穷远处。

2.4.4　封闭流体线的速度环量对时间的变化率

凯尔文定理：封闭流体线的速度环量对于时间的变化率等于此封闭流体线的加速度的环量。

证明如下：如图 2.9 所示，在 t 时刻取微元流体线 $\mathrm{d}l$。在 $\mathrm{d}t$ 时间间隔内，由几何关系可知

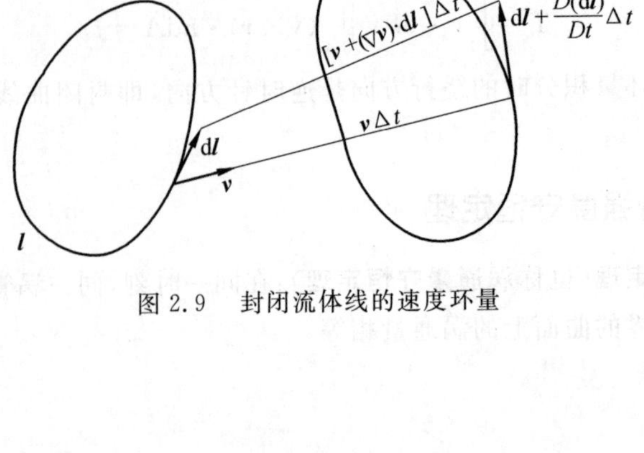

图 2.9　封闭流体线的速度环量

$$\mathrm{d}\boldsymbol{l}+\frac{D(\mathrm{d}\boldsymbol{l})}{Dt}\Delta t=\mathrm{d}\boldsymbol{l}+[\boldsymbol{v}+(\nabla\boldsymbol{v})\cdot\mathrm{d}\boldsymbol{l}]\Delta t-\boldsymbol{v}\Delta t$$

因此有

$$\frac{D(\mathrm{d}\boldsymbol{l})}{Dt}=(\nabla\boldsymbol{v})\cdot\mathrm{d}\boldsymbol{l}=\mathrm{d}\boldsymbol{v} \tag{2.72}$$

因此,封闭流体线的速度环量对时间的变化率为

$$\frac{D\Gamma}{Dt}=\frac{D}{Dt}\oint_L\boldsymbol{v}\cdot\mathrm{d}\boldsymbol{l}=\oint_L\frac{D}{Dt}(\boldsymbol{v}\cdot\mathrm{d}\boldsymbol{l}) \tag{2.73}$$

将积分号内的变量写为全微分形式,并继续整理可得

$$\oint_L\frac{D}{Dt}(\boldsymbol{v}\cdot\mathrm{d}\boldsymbol{l})=\oint_L\left[\frac{D\boldsymbol{v}}{Dt}\cdot\mathrm{d}\boldsymbol{l}+\boldsymbol{v}\cdot\frac{D(\mathrm{d}\boldsymbol{l})}{Dt}\right]=\oint_L\left[\frac{D\boldsymbol{v}}{Dt}\cdot\mathrm{d}\boldsymbol{l}+\boldsymbol{v}\cdot\mathrm{d}\boldsymbol{v}\right]=$$

$$\oint_L\frac{D\boldsymbol{v}}{Dt}\cdot\mathrm{d}\boldsymbol{l}+\oint_L\boldsymbol{v}\cdot\mathrm{d}\boldsymbol{v}=\oint_L\frac{D\boldsymbol{v}}{Dt}\cdot\mathrm{d}\boldsymbol{l}+\oint_L\mathrm{d}\left(\frac{v^2}{2}\right) \tag{2.74}$$

其中$\oint_L\mathrm{d}\left(\frac{v^2}{2}\right)$为单值标量函数沿封闭曲线的积分,必然等于零。将式(2.74)代入式(2.73),可得

$$\frac{D\Gamma}{Dt}=\frac{D}{Dt}\oint_L\boldsymbol{v}\cdot\mathrm{d}\boldsymbol{l}=\oint_L\frac{D\boldsymbol{v}}{Dt}\cdot\mathrm{d}\boldsymbol{l} \tag{2.75}$$

由此凯尔文定理得证。

2.5　无旋流动的一般性质

真实流动一般是有旋的,但是真实流动的某些区域在很多情况下十分接近于无旋。无旋流动的假设使流动问题的求解大为简化,因此无旋流动在流体力学中占有很重要的地位。

2.5.1　速度势

对无旋流场,处处满足

$$\nabla\times\boldsymbol{v}=\boldsymbol{0} \tag{2.76}$$

由向量分析知识,任一标量函数的梯度的旋度恒为零,所以,满足式(2.76)的速度 $\boldsymbol{v}$ 一定是某个标量函数的梯度,即

$$\boldsymbol{v}=\nabla\varphi \tag{2.77}$$

φ 称为**速度势**。

速度势与速度分量的关系在直角坐标系中为

$$\begin{cases}v_x=\dfrac{\partial\varphi}{\partial x}\\[2ex] v_y=\dfrac{\partial\varphi}{\partial y}\\[2ex] v_z=\dfrac{\partial\varphi}{\partial z}\end{cases} \tag{2.78}$$

由上述分析可知，只要满足无旋条件，无论流体是否可压缩，也无论流动是否定常，均存在速度势。

2.5.2 速度势与环量

在无旋流动中，相距为 $\mathrm{d}r$ 的两点间的速度势之差为

$$\mathrm{d}\varphi=\mathrm{d}\boldsymbol{r}\cdot\nabla\varphi=\boldsymbol{v}\cdot\mathrm{d}\boldsymbol{r} \tag{2.79}$$

对上式积分可以得到任意两点间的速度势之差。

如图 2.10 所示的 P_0 点和 P 点之间的速度势之差可以写为

$$\varphi_P-\varphi_{P_0}=\int_{P_0}^{P}\boldsymbol{v}\cdot\mathrm{d}\boldsymbol{r} \tag{2.80}$$

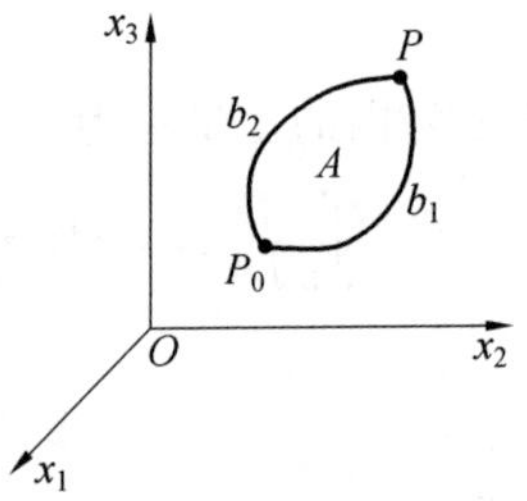

图 2.10 两点间的速度势之差

需要说明的是，从 P_0 点到 P 点的积分路径有很多条，沿不同的积分路径得到的两点间的势函数之差都可用式(2.80)表示。

若沿 $P_0b_1Pb_2P_0$ 积分，可以得到同一点的势函数的差值为

$$\varphi'_{P_0}-\varphi_{P_0}=\oint_{P_0b_1Pb_2P_0}\boldsymbol{v}\cdot\mathrm{d}\boldsymbol{r} \tag{2.81}$$

如果上式中对封闭曲线上的速度环量为零，则 φ 是单值函数，否则 φ 是多值函数。由于速度势 φ 的性质与所讨论的区域有关，因此从以下两个方面对势函数 φ 的性质进行讨论。

1. 单连通域中的速度势

在单连通域中，由于任意的封闭曲线都是可缩封闭曲线，由斯托克斯定理，式(2.81)可写为

$$\varphi'_{P_0}-\varphi_{P_0}=\oint_{P_0b_1Pb_2P_0}\boldsymbol{v}\cdot\mathrm{d}\boldsymbol{r}=\iint_A(\nabla\times\boldsymbol{v})\cdot\boldsymbol{n}\mathrm{d}A \tag{2.82}$$

由于流动无旋，因此在面积 A 上满足 $\nabla\times\boldsymbol{v}=\mathbf{0}$，因此有

$$\varphi'_{P_0}-\varphi_{P_0}=\oint_{P_0b_1Pb_2P_0}\boldsymbol{v}\cdot\mathrm{d}\boldsymbol{r}=0 \tag{2.83}$$

所以，在单连通域中，速度势 φ 为单值函数，并且沿任意封闭曲线的速度环量为零。

上式还可写为

$$\begin{aligned}\varphi'_{P_0}-\varphi_{P_0}&=\oint_{P_0b_1Pb_2P_0}\boldsymbol{v}\cdot\mathrm{d}\boldsymbol{r}=\int_{P_0b_1P}\boldsymbol{v}\cdot\mathrm{d}\boldsymbol{r}+\int_{Pb_2P_0}\boldsymbol{v}\cdot\mathrm{d}\boldsymbol{r}=\\&\int_{P_0b_1P}\boldsymbol{v}\cdot\mathrm{d}\boldsymbol{r}-\int_{P_0b_2P}\boldsymbol{v}\cdot\mathrm{d}\boldsymbol{r}=0\end{aligned} \tag{2.84}$$

因此有

$$\int_{P_0b_1P}\boldsymbol{v}\cdot\mathrm{d}\boldsymbol{r}=\int_{P_0b_2P}\boldsymbol{v}\cdot\mathrm{d}\boldsymbol{r}=\varphi_P-\varphi_{P_0} \tag{2.85}$$

所以，对于无旋流动，在单连通域中的任意两点间的速度势之差等于沿两点之间任意曲线的线积分。

2. 双连通域中的速度势

如图 2.11 所示，在两个无限长柱面之间的双连通域中，在包围内边界的任意两条逆时针封闭曲线 L_1 和 L_2 之间作两条无限接近的割线 CD 和 EF，由 L_1、L_2 和线段 CD、EF 围成一个封闭曲线，该封闭曲线为可缩曲线，所围成的面积为 A，所围成的域内无旋，可以应用斯托克斯定理得到

$$\oint_{L_1} \boldsymbol{v} \cdot \mathrm{d}\boldsymbol{r} + \int_C^D \boldsymbol{v} \cdot \mathrm{d}\boldsymbol{r} + \oint_{L'_2} \boldsymbol{v} \cdot \mathrm{d}\boldsymbol{r} + \int_F^E \boldsymbol{v} \cdot \mathrm{d}\boldsymbol{r} = \iint_A (\nabla \times \boldsymbol{v}) \cdot \boldsymbol{n} \mathrm{d}A = 0 \quad (2.86)$$

式中，L'_2 为与 L_2 同路径的顺时针积分路线。

由于割线 CD 和 EF 无限靠近，故有

$$\int_C^D \boldsymbol{v} \cdot \mathrm{d}\boldsymbol{r} + \int_F^E \boldsymbol{v} \cdot \mathrm{d}\boldsymbol{r} = 0$$

因此

$$\oint_{L_1} \boldsymbol{v} \cdot \mathrm{d}\boldsymbol{r} + \oint_{L'_2} \boldsymbol{v} \cdot \mathrm{d}\boldsymbol{r} = \oint_{L_1} \boldsymbol{v} \cdot \mathrm{d}\boldsymbol{r} - \oint_{L_2} \boldsymbol{v} \cdot \mathrm{d}\boldsymbol{r} = 0$$

由于封闭曲线 L_1 和 L_2 是任意选取的，因此有

$$\oint_{L_1} \boldsymbol{v} \cdot \mathrm{d}\boldsymbol{r} = \oint_{L_2} \boldsymbol{v} \cdot \mathrm{d}\boldsymbol{r} = \Gamma_0 \quad (2.87)$$

其中

$$\Gamma_0 = \oint_{L_0} \boldsymbol{v} \cdot \mathrm{d}\boldsymbol{r} \quad (2.88)$$

是内边界上 L_0 的速度环量。

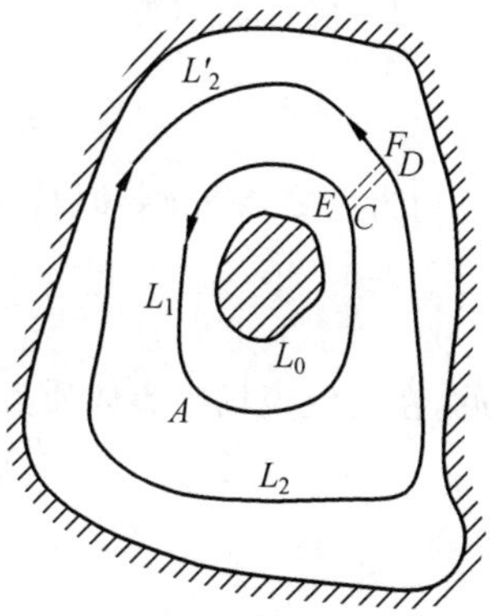

图 2.11　双连通域中的速度势

因此可得到结论：在双连通域的无旋流场中，包围内边界的任何封闭曲线上的速度环量为常数，都等于内边界曲线上的速度环量。

在双连通域中，积分路径每绕内边界一次，环量将增加 Γ_0，因此，若绕内边界 n 次，则速度势增加 $n\Gamma_0$。

因此，如图 2.12 所示，若 P_0 点到 P 点的积分路径为 L，则两点间的速度势之差为

$$\varphi_P - \varphi_{P_0} = 2\Gamma_0 + \int_{P_0}^P \boldsymbol{v} \cdot \mathrm{d}\boldsymbol{r} \quad (2.89)$$

若 L 绕内边界 n 圈，则有

$$\varphi_P - \varphi_{P_0} = n\Gamma_0 + \int_{P_0}^P \boldsymbol{v} \cdot \mathrm{d}\boldsymbol{r} \quad (2.90)$$

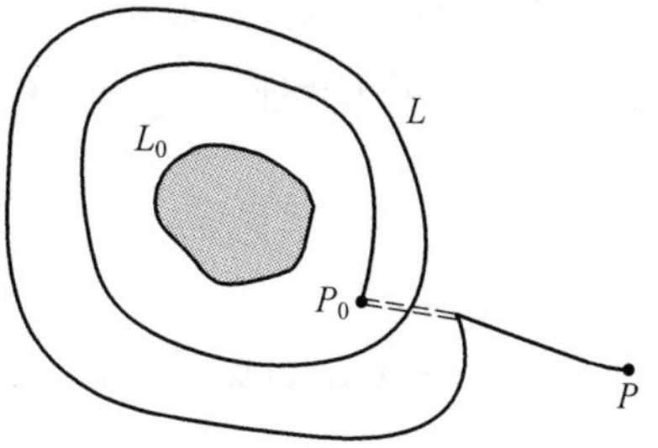

图 2.12　速度势多值

2.5.3　加速度有势

在欧拉法中某点的加速度可表示为

$$\boldsymbol{a} = \frac{D\boldsymbol{v}}{Dt} = \frac{\partial \boldsymbol{v}}{\partial t} + (\boldsymbol{v} \cdot \nabla) \boldsymbol{v} \quad (2.91)$$

式中

$$(\boldsymbol{v} \cdot \nabla) \boldsymbol{v} = \nabla \frac{v^2}{2} - \boldsymbol{v} \times (\nabla \times \boldsymbol{v}) \quad (2.92)$$

可用张量表达式简单证明如下：

$$\boldsymbol{v}\times(\nabla\times\boldsymbol{v})=\boldsymbol{v}\times e_{\alpha\beta\gamma}\frac{\partial v_\beta}{\partial x_\alpha}\boldsymbol{i}_\gamma=v_j\boldsymbol{i}_j\times e_{\alpha\beta\gamma}\frac{\partial v_\beta}{\partial x_\alpha}\boldsymbol{i}_\gamma=e_{kj\gamma}v_je_{\alpha\beta\gamma}\frac{\partial v_\beta}{\partial x_\alpha}\boldsymbol{i}_k=$$

$$(\delta_{k\alpha}\delta_{j\beta}-\delta_{k\beta}\delta_{j\alpha})v_j\frac{\partial v_\beta}{\partial x_\alpha}\boldsymbol{i}_k=v_\beta\frac{\partial v_\beta}{\partial x_\alpha}\boldsymbol{i}_\alpha-v_\alpha\frac{\partial v_\beta}{\partial x_\alpha}\boldsymbol{i}_\beta=$$

$$\frac{1}{2}\frac{\partial(v_\beta v_\beta)}{\partial x_\alpha}\boldsymbol{i}_\alpha-v_\alpha\frac{\partial v_\beta}{\partial x_\alpha}\boldsymbol{i}_\beta=\nabla\frac{v^2}{2}-(\boldsymbol{v}\cdot\nabla)\boldsymbol{v}$$

由此，加速度可表示为

$$\boldsymbol{a}=\frac{\partial\boldsymbol{v}}{\partial t}+(\boldsymbol{v}\cdot\nabla)\boldsymbol{v}=\frac{\partial\boldsymbol{v}}{\partial t}+\nabla\frac{v^2}{2}-\boldsymbol{v}\times(\nabla\times\boldsymbol{v}) \tag{2.93}$$

现流动为无旋，$\nabla\times\boldsymbol{v}=\boldsymbol{0}$；且速度有势，$\boldsymbol{v}=\nabla\varphi$。代入上式可得

$$\boldsymbol{a}=\frac{\partial(\nabla\varphi)}{\partial t}+\nabla\frac{v^2}{2}=\nabla\left(\frac{\partial\varphi}{\partial t}+\frac{v^2}{2}\right) \tag{2.94}$$

可见，在无旋流场中流体质点的加速度 $\boldsymbol{a}$ 存在加速度势 U_a

$$U_a=\frac{\partial\varphi}{\partial t}+\frac{v^2}{2} \tag{2.95}$$

2.6 不可压无旋流动

2.6.1 基本方程

根据无旋流动的条件，速度有势

$$\boldsymbol{v}=\nabla\varphi \tag{2.96}$$

将上式代入不可压条件

$$\nabla\cdot\boldsymbol{v}=0 \tag{2.97}$$

可得

$$\nabla^2\varphi=0 \tag{2.98}$$

式中，∇^2 称作**拉普拉斯算子**。上式是不可压无旋流动的基本方程，又称拉普拉斯方程。满足拉普拉斯方程的连续函数是调和函数，满足线性叠加原理。

为应用方便，给出常用坐标系中的拉普拉斯方程形式如下：

在直角坐标系(x,y,z)中

$$\nabla^2\varphi=\frac{\partial^2\varphi}{\partial x^2}+\frac{\partial^2\varphi}{\partial y^2}+\frac{\partial^2\varphi}{\partial z^2}=0 \tag{2.99}$$

在柱坐标系(r,ε,z)中

$$\nabla^2\varphi=\frac{1}{r}\frac{\partial}{\partial r}\left(r\frac{\partial\varphi}{\partial r}\right)+\frac{1}{r^2}\frac{\partial^2\varphi}{\partial\varepsilon^2}+\frac{\partial^2\varphi}{\partial z^2}=0 \tag{2.100}$$

在球坐标系(r,θ,ε)中

$$\nabla^2\varphi=\frac{1}{r^2}\frac{\partial}{\partial r}\left(r^2\frac{\partial\varphi}{\partial r}\right)+\frac{1}{r^2\sin\theta}\frac{\partial}{\partial\theta}\left(\sin\theta\frac{\partial\varphi}{\partial\theta}\right)+\frac{1}{r^2\sin^2\theta}\frac{\partial^2\varphi}{\partial\varepsilon^2}=0 \tag{2.101}$$

2.6.2　动能

在所讨论的流场体积 τ 中，不可压缩流体的总动能可以表示为

$$E=\frac{\rho}{2}\iiint_{\tau} v^2\,\mathrm{d}\tau \tag{2.102}$$

上式可化为

$$E=\frac{\rho}{2}\iiint_{\tau} v^2\,\mathrm{d}\tau=\frac{\rho}{2}\iiint_{\tau}\boldsymbol{v}\cdot\boldsymbol{v}\,\mathrm{d}\tau$$

由于流动无旋，$\boldsymbol{v}=\nabla\varphi$，代入上式可得

$$E=\frac{\rho}{2}\iiint_{\tau}\nabla\varphi\cdot\boldsymbol{v}\,\mathrm{d}\tau \tag{2.103}$$

在不可压流体的条件下，$\nabla\cdot\boldsymbol{v}=0$，因此有

$$\nabla\cdot(\boldsymbol{v}\varphi)=\nabla\varphi\cdot\boldsymbol{v}+\varphi\,\nabla\cdot\boldsymbol{v}=\nabla\varphi\cdot\boldsymbol{v} \tag{2.104}$$

因此，式(2.103)可写为

$$E=\frac{\rho}{2}\iiint_{\tau}\nabla\varphi\cdot\boldsymbol{v}\,\mathrm{d}\tau=\frac{\rho}{2}\iiint_{\tau}\nabla\cdot(\boldsymbol{v}\varphi)\,\mathrm{d}\tau \tag{2.105}$$

对于单连通域来说，已知速度势为单值函数，因此，由高斯散度定理可知

$$\frac{\rho}{2}\iiint_{\tau}\nabla\cdot(\boldsymbol{v}\varphi)\,\mathrm{d}\tau=\frac{\rho}{2}\oiint_{A}\boldsymbol{n}\cdot(\boldsymbol{v}\varphi)\,\mathrm{d}A \tag{2.106}$$

式中，A 为所讨论的流域的封闭边界；$\boldsymbol{n}$ 为边界上的单位外法线向量。

将式(2.106)代入式(2.105)中，再由 $\boldsymbol{v}=\nabla\varphi$，则有

$$E=\frac{\rho}{2}\oiint_{A}\boldsymbol{n}\cdot(\boldsymbol{v}\varphi)\,\mathrm{d}A=\frac{\rho}{2}\oiint_{A}\boldsymbol{n}\cdot(\varphi\,\nabla\varphi)\,\mathrm{d}A=\frac{\rho}{2}\oiint_{A}\varphi\,\frac{\partial\varphi}{\partial n}\mathrm{d}A \tag{2.107}$$

由上述可知，在单连通域中，不可压无旋流动的动能完全决定于边界上的 φ 和 $\frac{\partial\varphi}{\partial n}$ 值。

2.6.3　确定 $\nabla\varphi$ 的唯一性定理

不可压无旋流场的速度场满足拉普拉斯方程 $\nabla^2\varphi=0$。对于描述流体运动的数学物理方程，其定解条件包括解的存在性、唯一性和对边界条件的连续依赖性。这里只讨论解的唯一性问题。

需要说明的是，这里讨论的是 $\nabla\varphi$ 的唯一性，也就是速度 $\boldsymbol{v}$ 的唯一性，这是因为对于一个确定的流动现象，流场中的速度分布是唯一的，即使速度势 φ 为单值函数，对应同一个流场的 φ 也可能是多个，比如 φ 表达式中的常数，其并不影响流场的速度分布。

下面将分别讨论四种情况下的唯一性定理。

1. 有界单连通域中确定 $\nabla\varphi$ 的唯一性定理

如图 2.13 所示，A_1 和 A_2 分别表示单连通域的内外边界(类似于半径不同的两个球面所夹的区域，域中任意的封闭曲线均为可收缩成一点的封闭曲线，因此为单连通域)，$\boldsymbol{n}_1$ 和 $\boldsymbol{n}_2$ 分别表示内外边界面的法线向量。τ 为整个域的体积。

假定在域内存在两个单值的势函数 φ' 和 φ^*，$\boldsymbol{v}'=\nabla\varphi'$ 和 $\boldsymbol{v}^*=\nabla\varphi^*$，$\varphi'$ 和 φ^* 都满足

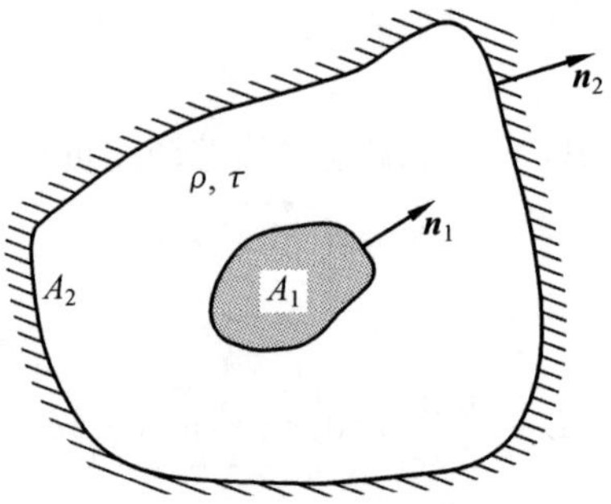

图 2.13　有界单连通域

拉普拉斯方程

$$\begin{cases}\nabla^2\varphi' = 0\\ \nabla^2\varphi^* = 0\end{cases}$$

定义一个新的速度场

$$\boldsymbol{v}=\boldsymbol{v}'-\boldsymbol{v}^*=\nabla\varphi'-\nabla\varphi^*=\nabla(\varphi'-\varphi^*)$$

并且令

$$\varphi=\varphi'-\varphi^*$$

则 $\boldsymbol{v}=\nabla\varphi$，且 φ 必然满足拉普拉斯方程

$$\nabla^2\varphi=0$$

所定义的流场 $\boldsymbol{v}$ 的总动能应为

$$\begin{aligned}E=&\frac{\rho}{2}\oiint_A\varphi\frac{\partial\varphi}{\partial n}\mathrm{d}A=\frac{\rho}{2}\oiint_{A_2}\varphi\frac{\partial\varphi}{\partial n_2}\mathrm{d}A-\frac{\rho}{2}\oiint_{A_1}\varphi\frac{\partial\varphi}{\partial n_1}\mathrm{d}A=\\&\frac{\rho}{2}\oiint_{A_2}(\varphi'-\varphi^*)\left(\frac{\partial\varphi'}{\partial n_2}-\frac{\partial\varphi^*}{\partial n_2}\right)\mathrm{d}A-\\&\frac{\rho}{2}\oiint_{A_1}(\varphi'-\varphi^*)\left(\frac{\partial\varphi'}{\partial n_1}-\frac{\partial\varphi^*}{\partial n_1}\right)\mathrm{d}A\end{aligned}\tag{2.108}$$

若上式中 $E\equiv0$，则说明新定义的速度场 $\boldsymbol{v}=\nabla\varphi$ 中处处有 $\boldsymbol{v}=\boldsymbol{0}$，也就是说 $\boldsymbol{v}'=\boldsymbol{v}^*$，即 φ' 和 φ^* 代表的是同一流场，$\nabla\varphi$ 是唯一的。

由式(2.108)可见，在下列三种情况下，都可以使 $E\equiv0$，亦即 $\nabla\varphi$ 唯一。

(1) 在边界 $A=A_1+A_2$ 上 $\varphi'=\varphi^*$，也就是在整个边界上给定 φ 值。

(2) 在边界 $A=A_1+A_2$ 上 $\frac{\partial\varphi'}{\partial n}=\frac{\partial\varphi^*}{\partial n}$，也就是在整个边界上给定 $\frac{\partial\varphi}{\partial n}$ 值。

(3) 在部分边界上 $\varphi'=\varphi^*$，即在部分边界上给定 φ 值，而在其余边界上 $\frac{\partial\varphi'}{\partial n}=\frac{\partial\varphi^*}{\partial n}$，即在其余边界上给定 $\frac{\partial\varphi}{\partial n}$ 值。

例 2.2　半径为 b 的大球中充满不可压缩流体，半径为 a 的小球以 $u_0(t)$ 向 x_1 方向运动，t 时刻的位移 $L=\int_{t_0}^{t}u_0(t)\mathrm{d}t+L_0$，如图 2.14 所示。建立 t 时刻的基本方程和边界条件。

解　由题可知，域内的流动为不可压缩流体无旋流动，因此满足拉普拉斯方程

$$\nabla^2 \varphi = 0 \tag{a}$$

从物理上可提出流体与边界无分离、无渗透的边界条件，也就是说，在边界上的流体的法向速度等于物体本身的法向速度，即

$$(\boldsymbol{v} \cdot \boldsymbol{n})_W = \boldsymbol{v}_W \cdot \boldsymbol{n}_W \tag{b}$$

其中$\boldsymbol{n}_W = \pm \nabla F \Big/ \sqrt{\dfrac{\partial F}{\partial x_\alpha} \cdot \dfrac{\partial F}{\partial x_\alpha}}$ 为物面的法线方向单位矢量，符号对于大球为"+"，小球为"−"。再由 $\boldsymbol{v} = \nabla \varphi$，式 (b) 可化为

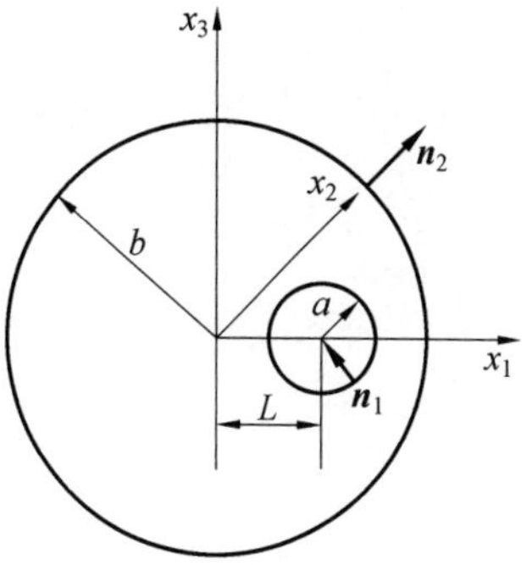

图 2.14　球域中的小球运动

$$\nabla \varphi \cdot \nabla F = \boldsymbol{v}_W \cdot \nabla F \tag{c}$$

下面根据物面方程进一步分别讨论内外边界上的条件。

(1) 内边界(小球表面) 的物面方程为

$$F_1 = (x_1 - L)^2 + x_2^2 + x_3^2 - a^2 = 0$$

因此有

$$\nabla F_1 = 2(x_\alpha \boldsymbol{i}_\alpha - L \boldsymbol{i}_1)$$

内边界的移动速度为

$$\boldsymbol{v}_{W_1} = u_0(t) \boldsymbol{i}_1$$

代入式(c) 中，可知内边界的边界条件为

$$\frac{\partial \varphi}{\partial x_\alpha} x_\alpha - \frac{\partial \varphi}{\partial x_1} L - (x_1 - L) u_0 = 0 \tag{d}$$

(2) 外边界(大球表面) 的物面方程为

$$F_2 = x_\alpha x_\alpha - b^2 = 0$$

因此有

$$\nabla F_2 = 2 \frac{\partial x_\alpha}{\partial x_\beta} x_\alpha \boldsymbol{i}_\beta = 2 x_\alpha \boldsymbol{i}_\alpha$$

外边界的移动速度为

$$\boldsymbol{v}_{W_2} = \boldsymbol{0}$$

代入式(c) 中，可知外边界的边界条件为

$$\frac{\partial \varphi}{\partial x_\alpha} x_\alpha = 0 \tag{e}$$

2. 无界单连通域中确定$\nabla \varphi$ 的唯一性定理

无界单连通域的问题可以看作是外边界延伸到无穷远的有界单连通域问题的极限情况。如图 2.15 所示，A_1 为内边界，在离内边界的有限距离上取任意一点作为圆心，并作半径为 R 的球面 A_2。当 $R \to \infty$ 时，则相当于无界单连通域问题。

假定在域内存在两个单值的势函数 φ' 和 φ^*，$\boldsymbol{v}' = \nabla \varphi'$ 和 $\boldsymbol{v}^* = \nabla \varphi^*$，$\varphi'$ 和 φ^* 都满足拉普拉斯方程

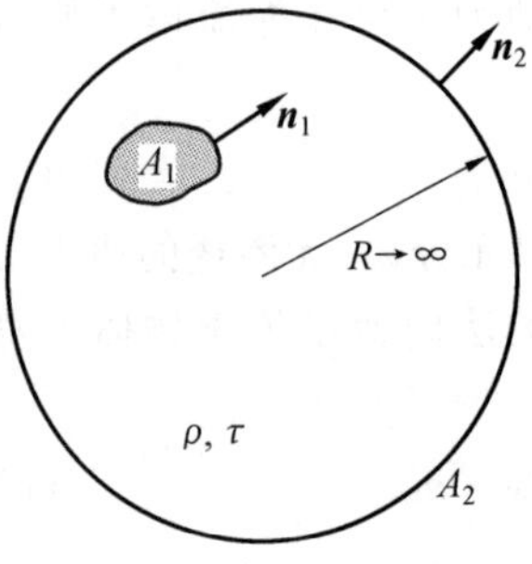

图 2.15　无界单连通域

$$\begin{cases}\nabla^2\varphi'=0\\ \nabla^2\varphi^*=0\end{cases}$$

定义一个新的速度场

$$\boldsymbol{v}=\boldsymbol{v}'-\boldsymbol{v}^*=\nabla\varphi'-\nabla\varphi^*=\nabla(\varphi'-\varphi^*)$$

并且令

$$\varphi=\varphi'-\varphi^*$$

则 $\boldsymbol{v}=\nabla\varphi$，且 φ 必然满足拉普拉斯方程

$$\nabla^2\varphi=0$$

这里仅讨论 $(\nabla\varphi)_{R\to\infty}\to 0$ 的特殊情况，此时 $\varphi_{R\to\infty}\to\text{const}$，令 $\text{const}=c$。所定义的流场 $\boldsymbol{v}$ 的总动能应为

$$E=\frac{\rho}{2}\oiint_A\varphi\frac{\partial\varphi}{\partial n}\mathrm{d}A=\frac{\rho}{2}\oiint_{A_2(R\to\infty)}\varphi\frac{\partial\varphi}{\partial n_2}\mathrm{d}A-\frac{\rho}{2}\oiint_{A_1}\varphi\frac{\partial\varphi}{\partial n_1}\mathrm{d}A=$$

$$c\,\frac{\rho}{2}\oiint_{A_2(R\to\infty)}\frac{\partial\varphi}{\partial n_2}\mathrm{d}A-\frac{\rho}{2}\oiint_{A_1}\varphi\frac{\partial\varphi}{\partial n_1}\mathrm{d}A \tag{2.109}$$

由于流体不可压，$\nabla\cdot\boldsymbol{v}=0$，因此在域内对速度的散度的体积分为零，即

$$\iiint_\tau\nabla\cdot\boldsymbol{v}\mathrm{d}\tau=0 \tag{2.110}$$

由高斯散度定理可得

$$\iiint_\tau\nabla\cdot\boldsymbol{v}\mathrm{d}\tau=\oiint_A\boldsymbol{n}\cdot\boldsymbol{v}\mathrm{d}A=\oiint_A\frac{\partial\varphi}{\partial n}\mathrm{d}A=\oiint_{A_2(R\to\infty)}\frac{\partial\varphi}{\partial n_2}\mathrm{d}A-\oiint_{A_1}\frac{\partial\varphi}{\partial n_1}\mathrm{d}A \tag{2.111}$$

由式(2.110)、(2.111)可知

$$\oiint_{A_2(R\to\infty)}\frac{\partial\varphi}{\partial n_2}\mathrm{d}A=\oiint_{A_1}\frac{\partial\varphi}{\partial n_1}\mathrm{d}A \tag{2.112}$$

式中两项分别是流体通过 A_2 和 A_1 的体积流量，二者相等，可用 Q 表示，于是上式可写为

$$\oiint_{A_2(R\to\infty)}\frac{\partial\varphi}{\partial n_2}\mathrm{d}A=\oiint_{A_1}\frac{\partial\varphi}{\partial n_1}\mathrm{d}A=Q=Q'-Q^* \tag{2.113}$$

代入式(2.109)中可得

$$E=\frac{\rho}{2}cQ-\frac{\rho}{2}\oiint_{A_1}\varphi\frac{\partial\varphi}{\partial n_1}\mathrm{d}A=$$

$$\frac{\rho}{2}c(Q'-Q^*)-\frac{\rho}{2}\oiint_{A_1}(\varphi'-\varphi^*)\left(\frac{\partial\varphi'}{\partial n_1}-\frac{\partial\varphi^*}{\partial n_1}\right)\mathrm{d}A \tag{2.114}$$

若上式中 $E\equiv 0$，则说明新定义的速度场 $\boldsymbol{v}=\nabla\varphi$ 中处处有 $\boldsymbol{v}=\mathbf{0}$，也就是说 $\boldsymbol{v}'=\boldsymbol{v}^*$，即 φ' 和 φ^* 代表的是同一流场，$\nabla\varphi$ 是唯一的。

由式(2.114)可见，在下列三种情况下，都可以使 $E\equiv 0$，亦即 $\nabla\varphi$ 唯一。

(1) 在内边界 A_1 上 $\varphi'=\varphi^*$，即在内边界上给定 φ 值，并且在内边界 A_1 上 $Q'=Q^*$，即在内边界上给定流量 Q。

(2) 在内边界 A_1 上 $\dfrac{\partial\varphi'}{\partial n}=\dfrac{\partial\varphi^*}{\partial n}$，即在内边界 A_1 上给定 $\dfrac{\partial\varphi}{\partial n}$ 值(由于 $\dfrac{\partial\varphi'}{\partial n}=\dfrac{\partial\varphi^*}{\partial n}$，因此自然有 $Q'=Q^*$)。

(3) 在内边界 A_1 的部分边界上 $\varphi'=\varphi^*$，在其余边界上 $\dfrac{\partial\varphi'}{\partial n}=\dfrac{\partial\varphi^*}{\partial n}$，即在内边界的部分边界上给定 φ 值，在其余边界上给定 $\dfrac{\partial\varphi}{\partial n}$ 值；并且在内边界 A_1 上 $Q'=Q^*$，即在内边界上给定流量 Q。

3. 有界双连通域中确定 $\nabla\varphi$ 的唯一性定理

如图 2.16 所示，A_1 和 A_2 分别表示双连通域的内外边界(类似于由内外无限长柱形边界围成的区域)，$\boldsymbol{n}_1$ 和 $\boldsymbol{n}_2$ 分别表示内外边界面的法线向量。

由前述可知，动能公式(2.107)只适用于 φ 为单值的连通域。对于双连通域的问题，若沿内边界的速度环量不等于零，则 φ 为多值函数。因此，需要将动能公式的积分限定在 φ 为单值的区域中，使动能公式仍然可以应用。可在双连通域中作一隔面 A_b，将双连通域改造为边界包括 A_b 的两侧面的单连通域。

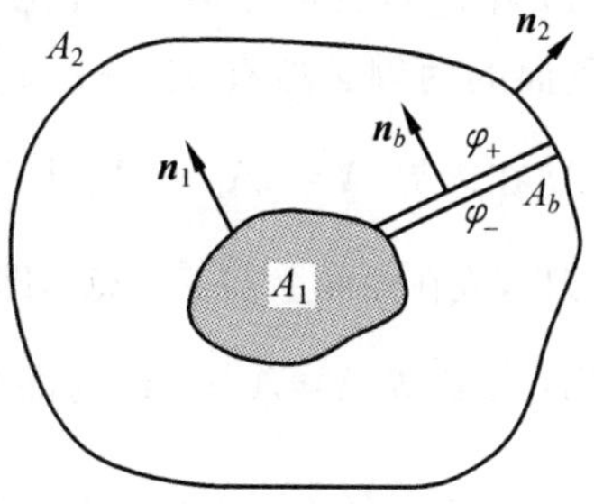

图 2.16　有界双连通域

根据双连通域中 φ 的特性，在隔面两侧同一位置的 φ 的差满足

$$\varphi_- - \varphi_+ = \Gamma_0$$

其中 Γ_0 为内边界上的速度环量。

假定在域内存在两个单值的势函数 φ' 和 φ^*，$\boldsymbol{v}'=\nabla\varphi'$ 和 $\boldsymbol{v}^*=\nabla\varphi^*$，$\varphi'$ 和 φ^* 都满足拉普拉斯方程

$$\begin{cases}\nabla^2\varphi'=0\\ \nabla^2\varphi^*=0\end{cases}$$

定义一个新的速度场

$$\boldsymbol{v}=\boldsymbol{v}'-\boldsymbol{v}^*=\nabla\varphi'-\nabla\varphi^*=\nabla(\varphi'-\varphi^*)$$

并且令

$$\varphi=\varphi'-\varphi^*$$

则 $\boldsymbol{v}=\nabla\varphi$，且 φ 必然满足拉普拉斯方程

$$\nabla^2\varphi=0$$

所定义的流场 $\boldsymbol{v}$ 的总动能应为

$$E=\frac{\rho}{2}\oiint_{A}\varphi\frac{\partial\varphi}{\partial n}\mathrm{d}A=$$

$$\frac{\rho}{2}\iint_{A_1+A_2}\varphi\frac{\partial\varphi}{\partial n}\mathrm{d}A+\frac{\rho}{2}\iint_{A_b}\varphi_-\frac{\partial\varphi}{\partial n}\mathrm{d}A-\frac{\rho}{2}\iint_{A_b}\varphi_+\frac{\partial\varphi}{\partial n}\mathrm{d}A=$$

$$\frac{\rho}{2}\iint_{A_1+A_2}\varphi\frac{\partial\varphi}{\partial n}\mathrm{d}A+\frac{\rho}{2}\iint_{A_b}(\varphi_--\varphi_+)\frac{\partial\varphi}{\partial n}\mathrm{d}A=$$

$$\frac{\rho}{2}\iint_{A_1+A_2}\varphi\frac{\partial\varphi}{\partial n}\mathrm{d}A+\frac{\rho}{2}\Gamma_0\iint_{A_b}\frac{\partial\varphi}{\partial n}\mathrm{d}A=$$

$$\frac{\rho}{2}\iint_{A_1+A_2}\varphi\frac{\partial\varphi}{\partial n}\mathrm{d}A+\frac{\rho}{2}\Gamma_0 Q_b=$$

$$\frac{\rho}{2}\iint_{A_1+A_2}(\varphi'-\varphi^*)\left(\frac{\partial\varphi'}{\partial n}-\frac{\partial\varphi^*}{\partial n}\right)\mathrm{d}A+\frac{\rho}{2}(\Gamma'_0-\Gamma_0^*)(Q'_b-Q_b^*)\tag{2.115}$$

其中的 $Q_b=\iint_{A_b}\frac{\partial\varphi}{\partial n}\mathrm{d}A$，为通过隔面 A_b 的体积流量。若上式中 $E\equiv 0$，则说明新定义的速度场 $\boldsymbol{v}=\nabla\varphi$ 中处处有 $\boldsymbol{v}=\boldsymbol{0}$，也就是说 $\boldsymbol{v}'=\boldsymbol{v}^*$，即 φ' 和 φ^* 代表的是同一流场，$\nabla\varphi$ 是唯一的。

由式(2.115)可见，在下列三种情况下，都可以使 $E\equiv 0$，亦即 $\nabla\varphi$ 唯一。

(1) 在边界 $A=A_1+A_2$ 上 $\varphi'=\varphi^*$，即在全部边界上给定 φ 值。在此前提下，在内边界上隔面的两侧必然有 $\varphi'_--\varphi'_+=\varphi_-^*-\varphi_+^*$，也就是 $\Gamma'_0=\Gamma_0^*$，因此无须再给定 Γ_0 的值。

(2) 在边界 $A=A_1+A_2$ 上 $\frac{\partial\varphi'}{\partial n}=\frac{\partial\varphi^*}{\partial n}$，即在全部边界上给定 $\frac{\partial\varphi}{\partial n}$ 值，并在内边界上 $\Gamma'_0=\Gamma_0^*$，或在隔面上 $Q'_b=Q_b^*$，即在内边界上给定速度环量 Γ_0，或在隔面上给定流量 Q_b。

(3) 在边界 $A=A_1+A_2$ 的部分边界上 $\varphi'=\varphi^*$，在其余边界上 $\frac{\partial\varphi'}{\partial n}=\frac{\partial\varphi^*}{\partial n}$，即在部分边界上给定 φ 值，在其余边界上给定 $\frac{\partial\varphi}{\partial n}$ 值；并在内边界上 $\Gamma'_0=\Gamma_0^*$，或在隔面上 $Q'_b=Q_b^*$，即在内边界上给定速度环量 Γ_0，或在隔面上给定流量 Q_b。

4. 无界双连通域中确定 $\nabla\varphi$ 的唯一性定理

无界双连通域的问题可以看作是外边界延伸到无穷远的有界双连通域问题的极限情况。如图 2.17 所示，A_1 为内边界，在离内边界的有限距离上取任意一点作为圆心，并作半径为 R 的球面 A_2。当 $R\to\infty$ 时，则相当于无界双连通域问题。

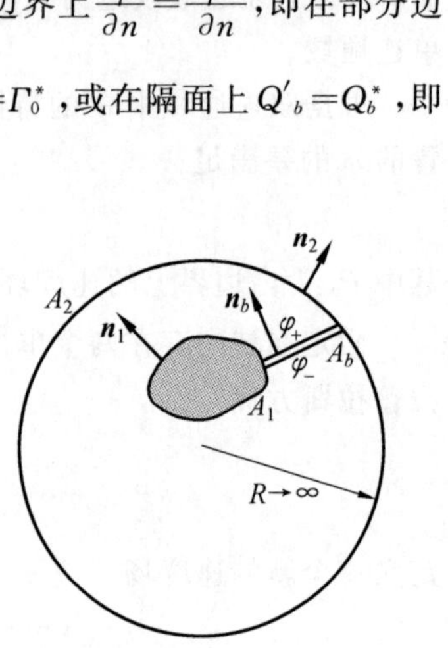

图 2.17　无界双连通域

假定在域内存在两个单值的势函数 φ' 和 φ^*，$\boldsymbol{v}'=\nabla\varphi'$ 和 $\boldsymbol{v}^*=\nabla\varphi^*$，$\varphi'$ 和 φ^* 都满足拉普拉斯方程

$$\begin{cases}\nabla^2\varphi'=0\\ \nabla^2\varphi^*=0\end{cases}$$

定义一个新的速度场

$$\boldsymbol{v}=\boldsymbol{v}'-\boldsymbol{v}^*=\nabla\varphi'-\nabla\varphi^*=\nabla(\varphi'-\varphi^*)$$

并且令

$$\varphi=\varphi'-\varphi^*$$

则 $\boldsymbol{v}=\nabla\varphi$，且 φ 必然满足拉普拉斯方程

$$\nabla^2\varphi=0$$

这里仅讨论 $(\nabla\varphi)_{R\to\infty}\to 0$ 的特殊情况，此时 $\varphi_{R\to\infty}\to \mathrm{const}$，令 $\mathrm{const}=c$。根据对有界双连通域中所得的结论，所定义的流场 $\boldsymbol{v}$ 的总动能应为

$$E=\frac{\rho}{2}\left[\iint_{A_1+A_2}\varphi\frac{\partial\varphi}{\partial n}\mathrm{d}A+\Gamma_0 Q_b\right] \tag{2.116}$$

当 $A_2\to\infty$ 时变为无界双连通域，并且在内外边界应用流量连续条件

$$Q=\oiint_{A_2(R\to\infty)}\frac{\partial\varphi}{\partial n_2}\mathrm{d}A=\oiint_{A_1}\frac{\partial\varphi}{\partial n_1}\mathrm{d}A=Q'-Q^*$$

则式(2.116)变为

$$\begin{aligned}
E=&\frac{\rho}{2}\left[\iint_{A_2\to\infty}\varphi\frac{\partial\varphi}{\partial n}\mathrm{d}A-\iint_{A_1}\varphi\frac{\partial\varphi}{\partial n}\mathrm{d}A+\Gamma_0 Q_b\right]=\\
&\frac{\rho}{2}\left[c\iint_{A_2\to\infty}\frac{\partial\varphi}{\partial n}\mathrm{d}A-\iint_{A_1}\varphi\frac{\partial\varphi}{\partial n}\mathrm{d}A+\Gamma_0 Q_b\right]=\\
&\frac{\rho}{2}\left[cQ-\iint_{A_1}\varphi\frac{\partial\varphi}{\partial n}\mathrm{d}A+\Gamma_0 Q_b\right]=\\
&\frac{\rho}{2}\left[c(Q'-Q^*)-\iint_{A_1}(\varphi'-\varphi^*)\left(\frac{\partial\varphi'}{\partial n}-\frac{\partial\varphi^*}{\partial n}\right)\mathrm{d}A+\right.\\
&\left.(\Gamma'_0-\Gamma_0^*)(Q'_b-Q_b^*)\right]
\end{aligned} \tag{2.117}$$

若上式中 $E\equiv 0$，则说明新定义的速度场 $\boldsymbol{v}=\nabla\varphi$ 中处处有 $\boldsymbol{v}=\boldsymbol{0}$，也就是说 $\boldsymbol{v}'=\boldsymbol{v}^*$，即 φ' 和 φ^* 代表的是同一流场，$\nabla\varphi$ 是唯一的。

由式(2.117)可见，在下列三种情况下，都可以使 $E\equiv 0$，亦即$\nabla\varphi$ 唯一。

(1) 在边界 A_1 上 $\varphi'=\varphi^*$，即在内边界上给定 φ 值，并且在边界 A_1 上 $Q'=Q^*$，即在内边界上给定通过的流量 Q 值。在给定内边界上 φ 值的情况下，在内边界上隔面的两侧必然有 $\varphi'_--\varphi'_+=\varphi^*_--\varphi^*_+$，也就是 $\Gamma'_0=\Gamma_0^*$，因此无须再给定 Γ_0 的值。

(2) 在边界 A_1 上$\dfrac{\partial\varphi'}{\partial n}=\dfrac{\partial\varphi^*}{\partial n}$，即在内边界上给定$\dfrac{\partial\varphi}{\partial n}$值，并在内边界上$\Gamma'_0=\Gamma_0^*$，即在内边界上给定速度环量$\Gamma_0$。在给定内边界上$\dfrac{\partial\varphi}{\partial n}$值的情况下，通过内边界的流量$Q'=Q^*$，因此无须再给定 Q 值。

(3) 在边界 A_1 的部分边界上 $\varphi'=\varphi^*$，在其余边界上$\dfrac{\partial\varphi'}{\partial n}=\dfrac{\partial\varphi^*}{\partial n}$，即在部分边界上给定 φ 值，在其余边界上给定$\dfrac{\partial\varphi}{\partial n}$值；并在内边界上 $\Gamma'_0=\Gamma_0^*$，即在内边界上给定速度环量 Γ_0；并在内边界上 $Q'=Q^*$，即在内边界上给定通过的流量 Q 值。

需要说明的是，由于无界双连通域所作的隔面面积为无限大，因此在隔面上无法通过积分得到流量 Q_b 值，所以对于式(2.117)中右侧的第三项为零的条件只能通过内边界的速度环量 Γ_0 给定，而不能给定通过隔面的流量 Q_b。

到此为止,我们讨论了四种情况下确定$\nabla\varphi$的唯一性定理。唯一性定理可以使我们正确地提出边界条件,这无论对于解析求解还是数值求解拉普拉斯方程都是非常重要的。只有正确地提出边界条件,才有可能得到方程正确的解。

例 2.3 在无界不可压的原静止流场中,椭圆柱以 $u(t)$ 平移并以角速度 $\omega(t)$ 绕椭圆柱的中心旋转,若流场中的流动无旋,并知环量为 Γ_0,试建立方程并给出边界条件。

解 设固结在物体上的动坐标系为$\xi\eta\zeta$,t时刻在绝对坐标系xyz中所处的位置如图2.18所示,在物体平移方向为 x 轴的负方向。

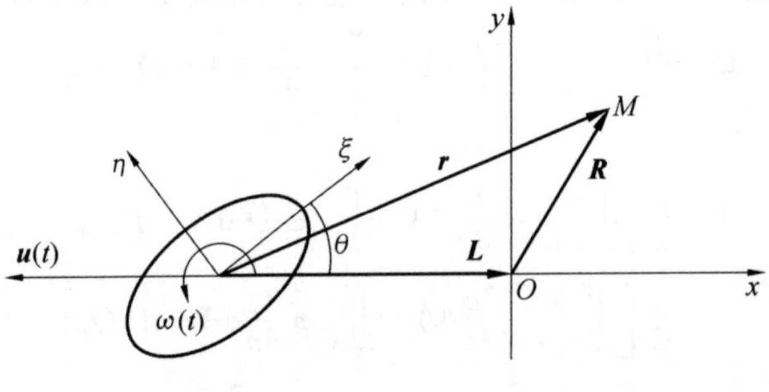

图 2.18 椭圆柱平移和旋转运动

根据题意可知,在 xyz 坐标系中,物体的平移速度为

$$\boldsymbol{u}(t)=-u\boldsymbol{i}$$

椭圆柱的中心 t 时刻在 xyz 坐标系中的位移矢量为

$$\boldsymbol{L}=\int_0^t \boldsymbol{u}(t)\mathrm{d}t\boldsymbol{i}=L\boldsymbol{i}$$

由于物体绕自身中心的旋转速度为 $\omega(t)$,因此 t 时刻在 xyz 坐标系中物体转过的角度为

$$\theta=\int_0^t \omega(t)\mathrm{d}t$$

设 $\boldsymbol{i}$、$\boldsymbol{j}$、$\boldsymbol{k}$ 为 xyz 坐标系中的单位向量,$\boldsymbol{i}'$、$\boldsymbol{j}'$、$\boldsymbol{k}'$ 为 $\xi\eta\zeta$ 坐标系中的单位向量,t 时刻两坐标系的单位矢量变换可表示为

$$\begin{cases}\boldsymbol{i}=\cos\theta\boldsymbol{i}'-\sin\theta\boldsymbol{j}'\\ \boldsymbol{j}=\sin\theta\boldsymbol{i}'+\cos\theta\boldsymbol{j}'\\ \boldsymbol{k}=\boldsymbol{k}'\end{cases}\tag{a}$$

M 点为流场中的任意一点,在绝对坐标系中的位置为 $\boldsymbol{R}$,坐标为(x,y,z);在动坐标系中的位置为 $\boldsymbol{r}$,坐标为(ξ,η,ζ)。由几何关系可知

$$\boldsymbol{r}=\boldsymbol{L}+\boldsymbol{R}$$

亦即

$$\xi\boldsymbol{i}'+\eta\boldsymbol{j}'=(L+x)\boldsymbol{i}+y\boldsymbol{j}\tag{b}$$

结合式(a) 和式(b),因此有

$$\begin{cases}\xi=(L+x)\cos\theta+y\sin\theta\\ \eta=-(L+x)\sin\theta+y\cos\theta\end{cases}\tag{c}$$

两坐标系之间的一阶偏导数满足方程

$$\begin{cases}\dfrac{\partial}{\partial x}=\dfrac{\partial}{\partial \xi}\dfrac{\partial \xi}{\partial x}+\dfrac{\partial}{\partial \eta}\dfrac{\partial \eta}{\partial x}\\ \dfrac{\partial}{\partial y}=\dfrac{\partial}{\partial \xi}\dfrac{\partial \xi}{\partial y}+\dfrac{\partial}{\partial \eta}\dfrac{\partial \eta}{\partial y}\end{cases}\tag{d}$$

将式(c) 代入式(d) 中，可得两坐标系中一阶偏导数之间的关系为

$$\begin{cases}\dfrac{\partial}{\partial x}=\dfrac{\partial}{\partial \xi}\dfrac{\partial \xi}{\partial x}+\dfrac{\partial}{\partial \eta}\dfrac{\partial \eta}{\partial x}=\cos\theta\dfrac{\partial}{\partial \xi}-\sin\theta\dfrac{\partial}{\partial \eta}\\ \dfrac{\partial}{\partial y}=\dfrac{\partial}{\partial \xi}\dfrac{\partial \xi}{\partial y}+\dfrac{\partial}{\partial \eta}\dfrac{\partial \eta}{\partial y}=\sin\theta\dfrac{\partial}{\partial \xi}+\cos\theta\dfrac{\partial}{\partial \eta}\end{cases}$$

根据上式还可得两坐标系中二阶偏导数之间的关系为

$$\begin{cases}\dfrac{\partial^2}{\partial x^2}=\cos^2\theta\dfrac{\partial^2}{\partial \xi^2}+\sin^2\theta\dfrac{\partial^2}{\partial \eta^2}-2\sin\theta\cos\theta\dfrac{\partial^2}{\partial \xi\partial \eta}\\ \dfrac{\partial^2}{\partial y^2}=\sin^2\theta\dfrac{\partial^2}{\partial \xi^2}+\cos^2\theta\dfrac{\partial^2}{\partial \eta^2}+2\sin\theta\cos\theta\dfrac{\partial^2}{\partial \xi\partial \eta}\end{cases}$$

上式中两式相加可得

$$\frac{\partial^2}{\partial x^2}+\frac{\partial^2}{\partial y^2}=\frac{\partial^2}{\partial \xi^2}+\frac{\partial^2}{\partial \eta^2}$$

由于在绝对坐标系中流动无旋，势函数 φ 满足拉普拉斯方程

$$\nabla^2\varphi=\frac{\partial^2\varphi}{\partial x^2}+\frac{\partial^2\varphi}{\partial y^2}=0\tag{e}$$

因此在相对坐标系中流动依然满足拉普拉斯方程

$$\nabla_r^2\varphi=\frac{\partial^2\varphi}{\partial \xi^2}+\frac{\partial^2\varphi}{\partial \eta^2}=0\tag{f}$$

无穷远处条件为

$$\begin{cases}\left(\dfrac{\partial\varphi}{\partial \xi}\right)_\infty=0\\ \left(\dfrac{\partial\varphi}{\partial \eta}\right)_\infty=0\end{cases}$$

在 xOy 坐标系中表示为

$$\begin{cases}v_x=\dfrac{\partial\varphi}{\partial x}=\cos\theta\dfrac{\partial\varphi}{\partial \xi}-\sin\theta\dfrac{\partial\varphi}{\partial \eta}\\ v_y=\dfrac{\partial\varphi}{\partial y}=\sin\theta\dfrac{\partial\varphi}{\partial \xi}+\cos\theta\dfrac{\partial\varphi}{\partial \eta}\end{cases}$$

由于系数矩阵$\begin{pmatrix}\cos\theta & -\sin\theta\\ \sin\theta & \cos\theta\end{pmatrix}$非奇异，故无穷远处两坐标系边界条件相同，无穷远处的速度在两坐标系中均为零。

$$\begin{cases}\left(\dfrac{\partial\varphi}{\partial x}\right)_\infty=\left(\dfrac{\partial\varphi}{\partial \xi}\right)_\infty=0\\ \left(\dfrac{\partial\varphi}{\partial y}\right)_\infty=\left(\dfrac{\partial\varphi}{\partial \eta}\right)_\infty=0\end{cases}\tag{g}$$

物面上的条件为

$$\left(\frac{\partial \varphi}{\partial n}\right)_{W} = (\nabla \varphi \cdot \boldsymbol{n})_{W} = \boldsymbol{v}_{W} \cdot \boldsymbol{n}_{W}$$

也可写为

$$\nabla \varphi \cdot \nabla F = \boldsymbol{v}_{W} \cdot \nabla F$$

已知物面移动速度为

$$\begin{aligned}\boldsymbol{v}_{W} = -u\boldsymbol{i} + \boldsymbol{\omega} \times \boldsymbol{r} = -u(\cos\theta\boldsymbol{i}' - \sin\theta\boldsymbol{j}') + \omega\boldsymbol{k} \times (\xi\boldsymbol{i}' + \eta\boldsymbol{j}') = \\ -u(\cos\theta\boldsymbol{i}' - \sin\theta\boldsymbol{j}') + (\omega\xi\boldsymbol{j}' - \omega\eta\boldsymbol{i}') = \\ -(u\cos\theta + \omega\eta)\boldsymbol{i}' + (u\sin\theta + \omega\xi)\boldsymbol{j}'\end{aligned}$$

物面方程为

$$F = \frac{\xi^2}{a^2} + \frac{\eta^2}{b^2} - 1 = 0$$

因此有

$$\nabla F = 2\left(\frac{\xi}{a^2}\boldsymbol{i}' + \frac{\eta}{b^2}\boldsymbol{j}'\right)$$

所以物面上的条件可进一步写为

$$\frac{\xi}{a^2}\frac{\partial \varphi}{\partial \xi} + \frac{\eta}{b^2}\frac{\partial \varphi}{\partial \eta} = -\frac{\xi}{a^2}(u\cos\theta + \omega\eta) + \frac{\eta}{b^2}(u\sin\theta + \omega\xi) \tag{h}$$

沿椭圆柱的环量条件为

$$\Gamma_0 = \oint_c \nabla \varphi \cdot \mathrm{d}r \tag{i}$$

显然,边界条件(g)、(h)、(i) 的提法是正确的,本题是属于无界双连通域有环量的第(2)类边值问题。

2.7 给定速度的旋度场及散度场的流动的基本方程及性质

现在讨论可压缩有旋流动,在已知速度的散度和旋度的情况下,求解速度场。这类流动比前一节所讲的不可压无旋流动要复杂得多。

2.7.1 基本方程

根据散度和旋度条件,可以给出

$$\nabla \cdot \boldsymbol{v} = q(\boldsymbol{r}, t) \tag{2.118}$$

$$\nabla \times \boldsymbol{v} = \boldsymbol{\Omega}(\boldsymbol{r}, t) \tag{2.119}$$

其中,$q(\boldsymbol{r},t)$ 和 $\boldsymbol{\Omega}(\boldsymbol{r},t)$ 为已知函数。

根据向量的微分关系式

$$\nabla \times (\nabla \times \boldsymbol{v}) = \nabla(\nabla \cdot \boldsymbol{v}) - \nabla^2 \boldsymbol{v}$$

及式(2.118)、式(2.119) 可得

$$\nabla^2 \boldsymbol{v} = \nabla(\nabla \cdot \boldsymbol{v}) - \nabla \times (\nabla \times \boldsymbol{v}) = \nabla q - \nabla \times \boldsymbol{\Omega} \tag{2.120}$$

上式右侧为已知函数。这是一个关于速度 $\boldsymbol{v}$ 的泊松方程。该方程与式(2.118)、(2.119)完全等价。

2.7.2　基本方程的求解途径

由数理方程理论可知，偏微分方程的求解需给出边界条件才能获得定解，这里对基本方程(2.118)和(2.119)施加无分离、无渗透的物面边界条件

$$(\boldsymbol{v}\cdot\boldsymbol{n})_W=\boldsymbol{v}_W\cdot\boldsymbol{n}_W \tag{2.121}$$

为便于分析，首先把速度分解为三部分，令

$$\boldsymbol{v}=\boldsymbol{v}_e+\boldsymbol{v}_v+\boldsymbol{v}_a \tag{2.122}$$

将此式代入基本方程(2.118)和(2.119)及物面边界条件(2.121)中得

$$\begin{cases}\nabla\cdot(\boldsymbol{v}_e+\boldsymbol{v}_v+\boldsymbol{v}_a)=q\\ \nabla\times(\boldsymbol{v}_e+\boldsymbol{v}_v+\boldsymbol{v}_a)=\boldsymbol{\Omega}\\ [(\boldsymbol{v}_e+\boldsymbol{v}_v+\boldsymbol{v}_a)\cdot\boldsymbol{n}]_W=\boldsymbol{v}_W\cdot\boldsymbol{n}_W\end{cases}$$

它们可以分解为三组方程

$$\begin{cases}\nabla\cdot\boldsymbol{v}_e=q\\ \nabla\times\boldsymbol{v}_e=\boldsymbol{0}\end{cases} \tag{2.123}$$

$$\begin{cases}\nabla\cdot\boldsymbol{v}_v=0\\ \nabla\times\boldsymbol{v}_v=\boldsymbol{\Omega}\end{cases} \tag{2.124}$$

$$\begin{cases}\nabla\cdot\boldsymbol{v}_a=0\\ \nabla\times\boldsymbol{v}_a=\boldsymbol{0}\\ (\boldsymbol{v}_a\cdot\boldsymbol{n})_W=[\boldsymbol{v}_W-(\boldsymbol{v}_e)_W-(\boldsymbol{v}_v)_W]\cdot\boldsymbol{n}_W\end{cases} \tag{2.125}$$

这三组方程和边界条件与原基本方程(2.118)和(2.119)及物面边界条件(2.121)是完全等价的。下面分别对这三组方程的求解方法进行讨论。

第一组方程(2.123)为无旋有散的流动方程，不附带边界条件，因此只要找到满足该组方程的任意特解即可。

根据无旋条件$\nabla\times\boldsymbol{v}_e=\boldsymbol{0}$，速度$\boldsymbol{v}_e$必然存在速度势，即

$$\boldsymbol{v}_e=\nabla\varphi_e \tag{2.126}$$

代入$\nabla\cdot\boldsymbol{v}_e=q$可得

$$\nabla^2\varphi_e=q \tag{2.127}$$

对φ_e而言，相当于求解该泊松方程的任意特解。

第二组方程(2.124)为有旋无散的流动方程，也不附带边界条件，因此只要找出满足该组方程的任意特解即可。

根据无散条件$\nabla\cdot\boldsymbol{v}_v=0$，$\boldsymbol{v}_v$一定是某一个向量$\boldsymbol{B}_v$的旋度，即

$$\boldsymbol{v}_v=\nabla\times\boldsymbol{B}_v \tag{2.128}$$

称$\boldsymbol{B}_v$为$\boldsymbol{v}_v$的矢量势。将该式代入旋度条件$\nabla\times\boldsymbol{v}_v=\boldsymbol{\Omega}$中可得

$$\nabla\times(\nabla\times\boldsymbol{B}_v)=\boldsymbol{\Omega} \tag{2.129}$$

根据向量的微分关系式

$$\nabla\times(\nabla\times\boldsymbol{B}_v)=\nabla(\nabla\cdot\boldsymbol{B}_v)-\nabla^2\boldsymbol{B}_v$$

式(2.129)又可写为

$$\nabla(\nabla\cdot \boldsymbol{B}_v)-\nabla^2\boldsymbol{B}_v=\boldsymbol{\Omega} \tag{2.130}$$

假定存在

$$\nabla\cdot \boldsymbol{B}_v=0 \tag{2.131}$$

该限制条件的意义将在 2.9 节中做详细的研究。则式(2.130) 可写为

$$\nabla^2\boldsymbol{B}_v=-\boldsymbol{\Omega} \tag{2.132}$$

对于 $\boldsymbol{B}_v$ 而言,相当于求解该矢量形式的泊松方程的任意特解。

第三组方程(2.125) 为无旋无散的流动方程,附带物面边界条件,根据 2.6 节中对不可压无旋流动的分析,速度 $\boldsymbol{v}_a$ 必然存在势函数 φ_a,使

$$\boldsymbol{v}_a=\nabla\varphi_a \tag{2.133}$$

且 φ_a 满足拉普拉斯方程

$$\nabla^2\varphi_a=0 \tag{2.134}$$

该组方程中的边界条件也可写为

$$\left(\frac{\partial\varphi_a}{\partial n}\right)_W=[\boldsymbol{v}_W-(\boldsymbol{v}_e)_W-(\boldsymbol{v}_v)_W]\cdot\boldsymbol{n}_W \tag{2.135}$$

式中的 $(\boldsymbol{v}_e)_W$、$(\boldsymbol{v}_v)_W$ 由第一组方程(2.123) 和第二组方程(2.124) 的特解给出。

由上述分析可知,求解已知散度场、旋度场的流动,可以归结为求解两个分别与散度和旋度有关的泊松方程(2.127)、(2.132) 和拉普拉斯方程(2.134) 的问题。

2.7.3　基本方程求解的唯一性

在泊松方程(2.127)、(2.132) 的求解中,对应的 $\boldsymbol{v}_e$、$\boldsymbol{v}_v$ 的特解并不唯一,因此方程(2.134) 中对应的 $\boldsymbol{v}_a$ 的解也不唯一,那么总的速度 $\boldsymbol{v}=\boldsymbol{v}_e+\boldsymbol{v}_v+\boldsymbol{v}_a$ 的解是否唯一呢? 回答是肯定的。下面通过反证法予以证明。

假如方程(2.127) 有两个特解 φ_{e1} 和 φ_{e2},对应的速度为 $\boldsymbol{v}_{e1}$ 和 $\boldsymbol{v}_{e2}$;方程(2.132) 有两个特解 $\boldsymbol{B}_{v1}$ 和 $\boldsymbol{B}_{v2}$,对应的速度为 $\boldsymbol{v}_{v1}$ 和 $\boldsymbol{v}_{v2}$。对应于这两组解,由方程(2.134) 及边界条件(2.135) 自然可以求得两个解 φ_{a1} 和 φ_{a2},对应的速度为 $\boldsymbol{v}_{a1}$ 和 $\boldsymbol{v}_{a2}$。于是我们得到两组解

$$\boldsymbol{v}_i=\boldsymbol{v}_{ei}+\boldsymbol{v}_{vi}+\boldsymbol{v}_{ai}\quad(i=1,2)$$

其中的

$$\begin{cases}\boldsymbol{v}_{ei}=\nabla\varphi_{ei}\\ \boldsymbol{v}_{vi}=\nabla\times\boldsymbol{B}_{vi}\\ \boldsymbol{v}_{ai}=\nabla\varphi_{ai}\end{cases}$$

并且有

$$\begin{cases}\nabla\cdot\boldsymbol{v}_{ei}=q\\ \nabla\times\boldsymbol{v}_{ei}=\boldsymbol{0}\end{cases}$$

$$\begin{cases}\nabla\cdot\boldsymbol{v}_{vi}=0\\ \nabla\times\boldsymbol{v}_{vi}=\boldsymbol{\Omega}\end{cases}$$

$$\begin{cases}\nabla\cdot\boldsymbol{v}_{ai}=0\\ \nabla\times\boldsymbol{v}_{ai}=\boldsymbol{0}\end{cases}$$

$$\left(\frac{\partial \varphi_{ai}}{\partial n}\right)_W = [\boldsymbol{v}_W - (\boldsymbol{v}_{ei})_W - (\boldsymbol{v}_{vi})_W] \cdot \boldsymbol{n}_W$$

令 $\boldsymbol{v} = \boldsymbol{v}_1 - \boldsymbol{v}_2$，$\boldsymbol{v}_e = \boldsymbol{v}_{e1} - \boldsymbol{v}_{e2}$，$\boldsymbol{v}_v = \boldsymbol{v}_{v1} - \boldsymbol{v}_{v2}$，$\boldsymbol{v}_a = \boldsymbol{v}_{a1} - \boldsymbol{v}_{a2}$，则有 $\boldsymbol{v} = \boldsymbol{v}_e + \boldsymbol{v}_v + \boldsymbol{v}_a$，且

$$\begin{cases} \nabla \cdot \boldsymbol{v}_e = 0 \\ \nabla \times \boldsymbol{v}_e = \boldsymbol{0} \end{cases}$$

$$\begin{cases} \nabla \cdot \boldsymbol{v}_v = 0 \\ \nabla \times \boldsymbol{v}_v = \boldsymbol{0} \end{cases}$$

$$\begin{cases} \nabla \cdot \boldsymbol{v}_a = 0 \\ \nabla \times \boldsymbol{v}_a = \boldsymbol{0} \end{cases}$$

可知速度 $\boldsymbol{v}_e$、$\boldsymbol{v}_v$、$\boldsymbol{v}_a$ 分别存在势函数 φ_e、φ_v、φ_a。根据以上三式可知

$$\begin{cases} \nabla \cdot \boldsymbol{v} = \nabla \cdot (\boldsymbol{v}_e + \boldsymbol{v}_v + \boldsymbol{v}_a) = 0 \\ \nabla \times \boldsymbol{v} = \nabla \times (\boldsymbol{v}_e + \boldsymbol{v}_v + \boldsymbol{v}_a) = \boldsymbol{0} \end{cases} \tag{2.136}$$

因此速度 $\boldsymbol{v}$ 必然存在速度势 φ，使得

$$\nabla^2 \varphi = 0 \tag{2.137}$$

又因为

$$\left(\frac{\partial \varphi_a}{\partial n}\right)_W = [(\boldsymbol{v}_{a1} - \boldsymbol{v}_{a2}) \cdot \boldsymbol{n}]_W = [(\nabla \varphi_{a1} - \nabla \varphi_{a2}) \cdot \boldsymbol{n}]_W =$$

$$\left(\frac{\partial \varphi_{a1}}{\partial n}\right)_W - \left(\frac{\partial \varphi_{a2}}{\partial n}\right)_W = -[(\boldsymbol{v}_{e1})_W - (\boldsymbol{v}_{e2})_W + (\boldsymbol{v}_{v1})_W - (\boldsymbol{v}_{v2})_W] \cdot \boldsymbol{n}_W =$$

$$-[(\boldsymbol{v}_e)_W + (\boldsymbol{v}_v)_W] \cdot \boldsymbol{n}_W = -\left(\frac{\partial \varphi_e}{\partial n} + \frac{\partial \varphi_v}{\partial n}\right)_W \tag{2.138}$$

所以有

$$\left(\frac{\partial \varphi_e}{\partial n}\right)_W + \left(\frac{\partial \varphi_v}{\partial n}\right)_W + \left(\frac{\partial \varphi_a}{\partial n}\right)_W = 0 \tag{2.139}$$

亦即

$$\left(\frac{\partial \varphi}{\partial n}\right)_W = 0 \tag{2.140}$$

对应于方程(2.137)和边界条件(2.140)的解是 $\varphi = \text{const}$，因此

$$\nabla \varphi = \boldsymbol{0} \tag{2.141}$$

而

$$\nabla \varphi = \nabla(\varphi_e + \varphi_v + \varphi_a) = \boldsymbol{v}_e + \boldsymbol{v}_v + \boldsymbol{v}_a = (\boldsymbol{v}_{e1} - \boldsymbol{v}_{e2}) + (\boldsymbol{v}_{v1} - \boldsymbol{v}_{v2}) + (\boldsymbol{v}_{a1} - \boldsymbol{v}_{a2}) =$$

$$(\boldsymbol{v}_{e1} + \boldsymbol{v}_{v1} + \boldsymbol{v}_{a1}) - (\boldsymbol{v}_{e2} + \boldsymbol{v}_{v2} + \boldsymbol{v}_{a2}) = \boldsymbol{v}_1 - \boldsymbol{v}_2 = \boldsymbol{0} \tag{2.142}$$

所以

$$\boldsymbol{v}_1 = \boldsymbol{v}_2$$

由此可以说，虽然泊松方程的特解不同，但是最后总的解却是唯一的。

例 2.4　如图 2.19 所示，有一平面通道，内有半径为 $r = a$ 的半柱体。已知涡量场 $\boldsymbol{\Omega} = -b\boldsymbol{k}$，无穷远的速度 $\boldsymbol{v}_\infty = by\boldsymbol{i}$，流体不可压，试给出边界条件使速度场存在唯一解。

解　由涡量及不可压条件

$$\begin{cases}\nabla\times \boldsymbol{v}=-b\boldsymbol{k}\\ \nabla\cdot \boldsymbol{v}=0\end{cases} \tag{a}$$

先从物理上提出边界条件，然后判断这些条件是否正确。

在无穷远处：$(\boldsymbol{v})_{x\to\infty}=by\boldsymbol{i}$ (b)

在下壁面上：$(\boldsymbol{v}\cdot\boldsymbol{n})_{\substack{y=0\\|x|\geqslant a}}=0$ (c)

在上壁面上：$(\boldsymbol{v}\cdot\boldsymbol{n})_{y=h}=0$ (d)

在半柱面上：$(\boldsymbol{v}\cdot\boldsymbol{n})_{r=a}=0$ (e)

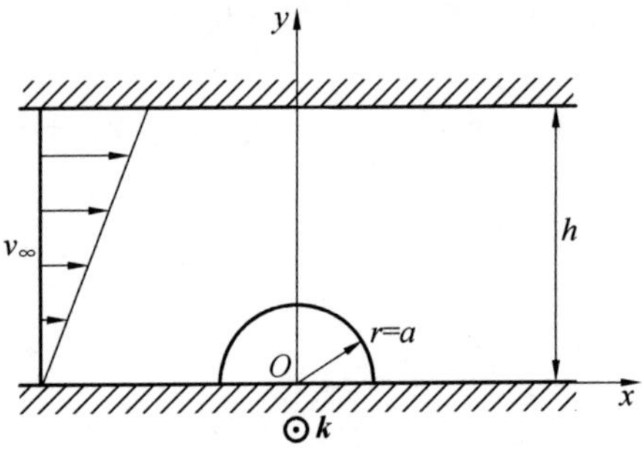

图 2.19 平面通道中的流动

现令

$$\boldsymbol{v}=\boldsymbol{v}_v+\boldsymbol{v}_a \tag{f}$$

代入方程组(a) 中得

$$\begin{cases}\nabla\times \boldsymbol{v}_v+\nabla\times \boldsymbol{v}_a=-b\boldsymbol{k}\\ \nabla\cdot \boldsymbol{v}_v+\nabla\cdot \boldsymbol{v}_a=0\end{cases} \tag{g}$$

可分为两组方程

$$\begin{cases}\nabla\times \boldsymbol{v}_v=-b\boldsymbol{k}\\ \nabla\cdot \boldsymbol{v}_v=0\end{cases} \tag{h}$$

$$\begin{cases}\nabla\times \boldsymbol{v}_a=\boldsymbol{0}\\ \nabla\cdot \boldsymbol{v}_a=0\end{cases} \tag{i}$$

将式(f) 代入式(b)、(c)、(d)、(e) 得

在无穷远处：$(\boldsymbol{v}_a)_{x\to\infty}=[by\boldsymbol{i}-(\boldsymbol{v}_v)_{x\to\infty}]$

在下壁面上：$(\boldsymbol{v}_a\cdot\boldsymbol{n})_{\substack{y=0\\|x|\geqslant a}}=-(\boldsymbol{v}_v\cdot\boldsymbol{n})_{\substack{y=0\\|x|\geqslant a}}$

在上壁面上：$(\boldsymbol{v}_a\cdot\boldsymbol{n})_{y=h}=-(\boldsymbol{v}_v\cdot\boldsymbol{n})_{y=h}$

在半柱面上：$(\boldsymbol{v}_a\cdot\boldsymbol{n})_{r=a}=-(\boldsymbol{v}_v\cdot\boldsymbol{n})_{r=a}$

首先找到满足方程组(h) 的特解。易知

$$\boldsymbol{v}_v=by\boldsymbol{i} \tag{j}$$

是方程组(h) 的特解。根据这个特解，关于 $\boldsymbol{v}_a$ 的边界条件可写为如下形式

在无穷远处：$(\boldsymbol{v}_a)_{x\to\infty}=[by\boldsymbol{i}-(\boldsymbol{v}_v)_{x\to\infty}]=[by\boldsymbol{i}-by\boldsymbol{i}]=\boldsymbol{0}$

在下壁面上：$(\boldsymbol{v}_a\cdot\boldsymbol{n})_{\substack{y=0\\|x|\geqslant a}}=-(\boldsymbol{v}_v\cdot\boldsymbol{n})_{\substack{y=0\\|x|\geqslant a}}=-[by\boldsymbol{i}\cdot(-\boldsymbol{j})]_{\substack{y=0\\|x|\geqslant a}}=0$

在上壁面上：$(\boldsymbol{v}_a\cdot\boldsymbol{n})_{y=h}=-(\boldsymbol{v}_v\cdot\boldsymbol{n})_{y=h}=-by\boldsymbol{i}\cdot\boldsymbol{j}=0$

在半柱面上：$(\boldsymbol{v}_a\cdot\boldsymbol{n})_{r=a}=-(\boldsymbol{v}_v\cdot\boldsymbol{n})_{r=a}=-by\boldsymbol{i}\cdot\left[-\left(\dfrac{x}{a}\boldsymbol{i}+\dfrac{y}{a}\boldsymbol{j}\right)\right]=\dfrac{b}{a}xy$

根据方程组(i) 可知

$$\begin{cases}\boldsymbol{v}_a=\nabla\varphi_a\\ \nabla^2\varphi_a=0\end{cases} \tag{k}$$

关于 $\boldsymbol{v}_a$ 的边界条件还可写为速度势的形式

在无穷远处：$(\nabla\varphi_a)_{x\to\infty}=[by\boldsymbol{i}-(\boldsymbol{v}_v)_{x\to\infty}]=[by\boldsymbol{i}-by\boldsymbol{i}]=\boldsymbol{0}$

在下壁面上：$\left(\dfrac{\partial\varphi_a}{\partial n}\right)_{\substack{y=0\\|x|\geqslant a}}=-(\boldsymbol{v}_v\cdot\boldsymbol{n})_{\substack{y=0\\|x|\geqslant a}}=-[by\boldsymbol{i}\cdot(-\boldsymbol{j})]_{\substack{y=0\\|x|\geqslant a}}=0$

在上壁面上：$\left(\dfrac{\partial\varphi_a}{\partial n}\right)_{y=h}=-(\boldsymbol{v}_v\cdot\boldsymbol{n})_{y=h}=-by\boldsymbol{i}\cdot\boldsymbol{j}=0$

在半柱面上：$\left(\dfrac{\partial\varphi_a}{\partial n}\right)_{r=a}=-(\boldsymbol{v}_v\cdot\boldsymbol{n})_{r=a}=-by\boldsymbol{i}\cdot\left[-\left(\dfrac{x}{a}\boldsymbol{i}+\dfrac{y}{a}\boldsymbol{j}\right)\right]=\dfrac{b}{a}xy$

对 φ_a 而言，上述边界条件相当于无界单连通域中的第(2)类边值问题，因此可以获得唯一解。

2.8　给定速度的散度场的无旋流动

本节任务是寻求满足方程组

$$\nabla^2\varphi_e=q$$

的特解，亦即寻求满足方程组

$$\begin{cases}\nabla\cdot\boldsymbol{v}_e=q\\ \nabla\times\boldsymbol{v}_e=\boldsymbol{0}\end{cases}$$

的特解。首先讨论一个特殊情况下的特解，然后将其推广到一般情况中去。

2.8.1　点源

如果 q 集中分布在空间某位置上的某个微小体积 τ 中，那么

$$\iiint_\tau q\,\mathrm{d}\tau=\iiint_\tau\nabla\cdot\boldsymbol{v}_e\mathrm{d}\tau=\oint\!\!\!\oint_A\boldsymbol{n}\cdot\boldsymbol{v}_e\mathrm{d}A=Q\tag{2.143}$$

式中，A 为 τ 的周界；Q 为由面积 A 流出的体积流量。当 $\tau\to0$ 时，$\iiint_\tau q\,\mathrm{d}\tau=Q$ 依然存在，则相当于在该空间位置存在一个提供流量的源，称其为**点源**。称 Q 为**点源强度**。

应该注意，在点源以外的区域，因为$\nabla\cdot\boldsymbol{v}_e=0$，$\nabla\times\boldsymbol{v}_e=\boldsymbol{0}$，所以 $\boldsymbol{v}_e$ 存在速度势 φ_e 满足拉普拉斯方程

$$\nabla^2\varphi_e=0$$

1. 点源位于坐标原点处

当点源位于坐标原点处，除原点以外满足$\nabla^2\varphi_e=0$，写为球坐标的形式

$$\frac{1}{r^2}\left[\frac{\partial}{\partial r}\left(r^2\frac{\partial\varphi_e}{\partial r}\right)+\frac{1}{\sin\theta}\frac{\partial}{\partial\theta}\left(\sin\theta\frac{\partial\varphi_e}{\partial\theta}\right)+\frac{1}{\sin^2\theta}\frac{\partial^2\varphi_e}{\partial\varepsilon^2}\right]=0\tag{2.144}$$

这个点源在原点以外的流场中引起的速度势是球对称的，因此上式中 φ_e 与 θ、ε 无关。

$$\frac{\partial\varphi_e}{\partial\theta}=\frac{\partial\varphi_e}{\partial\varepsilon}=0$$

于是速度势方程可写为

$$\frac{\mathrm{d}}{\mathrm{d}r}\left(r^2\frac{\mathrm{d}\varphi_e}{\mathrm{d}r}\right)=0$$

积分上式可得

$$\frac{\mathrm{d}\varphi_e}{\mathrm{d}r}=\frac{c_1}{r^2}\tag{2.145}$$

$$\varphi_e = -\frac{c_1}{r} + c_2 \tag{2.146}$$

式中 c_1、c_2 为积分常数。

以原点为中心，r 为半径作任意球面，通过此球面的体积流量为

$$\oiint_A \frac{\mathrm{d}\varphi_e}{\mathrm{d}r}\mathrm{d}A = \oiint_A \frac{c_1}{r^2}\mathrm{d}A = \int_0^{2\pi}\mathrm{d}\varepsilon\int_0^{\pi}\frac{c_1}{r^2}r^2\sin\theta\mathrm{d}\theta = 4\pi c_1 \tag{2.147}$$

由不可压条件 $\nabla\cdot\boldsymbol{v}_e = 0$ 可知，在点源流出的体积流量应等于上述任意球面的流量，即

$$4\pi c_1 = Q$$

由上式可确定积分常数 c_1 为

$$c_1 = \frac{Q}{4\pi}$$

代入式(2.145)中可得

$$\boldsymbol{v}_e = \nabla\varphi_e = \frac{\mathrm{d}\varphi_e}{\mathrm{d}r}\frac{\boldsymbol{r}}{r} = \frac{Q}{4\pi r^2}\frac{\boldsymbol{r}}{r} \tag{2.148}$$

代入式(2.146)中可得

$$\varphi_e = -\frac{Q}{4\pi r} + c_2 \tag{2.149}$$

式中常数 c_2 不影响速度场，可令其为零。

2. 点源不在坐标原点处

如果点源不在原点，而在某点 $P(\xi,\eta,\varepsilon)$，如图 2.20 所示，则相应的速度势应为

$$\varphi_e(x,y,z,t) = -\frac{Q(t)}{4\pi s} \tag{2.150}$$

式中 $s=\sqrt{(x-\xi)^2+(y-\eta)^2+(z-\varepsilon)^2}$。速度场为

$$\boldsymbol{v}_e(x,y,z,t) = \frac{Q(t)}{4\pi s^2}\frac{\boldsymbol{s}}{s} \tag{2.151}$$

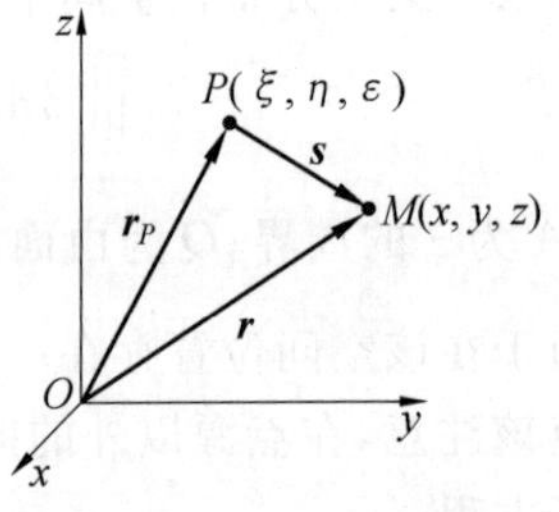

图 2.20　点源不在原点

式中 $\boldsymbol{s}=\boldsymbol{r}-\boldsymbol{r}_P=(x-\xi)\boldsymbol{i}+(y-\eta)\boldsymbol{j}+(z-\varepsilon)\boldsymbol{k}$，$\boldsymbol{r}_P=\xi\boldsymbol{i}+\eta\boldsymbol{j}+\varepsilon\boldsymbol{k}$ 为 P 点的向径。

当 Q 为负值时，则称为**点汇**。点源和点汇的流动图谱如图 2.21 所示。

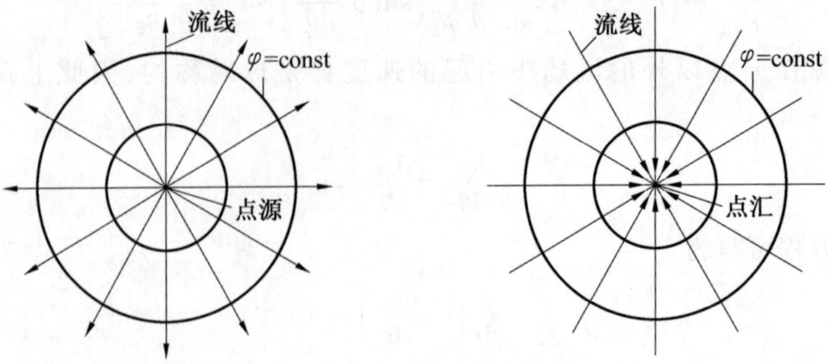

图 2.21　点源和点汇的流动图谱

2.8.2　泊松方程的特解

由点源这种特殊流动推广到一般散度场，不难得到泊松方程的一种特解。

如图 2.22 所示，若在体积 τ' 内散度分布函数为 $q(\xi,\eta,\varepsilon,t)$，将 τ' 分割为许多小体积 $\Delta\tau_i{}'$，从每个小体积流出的流量为 $\Delta Q_i = q_i\Delta\tau_i{}'$，因此相当于在空间分布着强度为 $q_i\Delta\tau_i{}'$ 的许多点源。利用式(2.150) 可以给出这些点源所对应的速度势的总和为

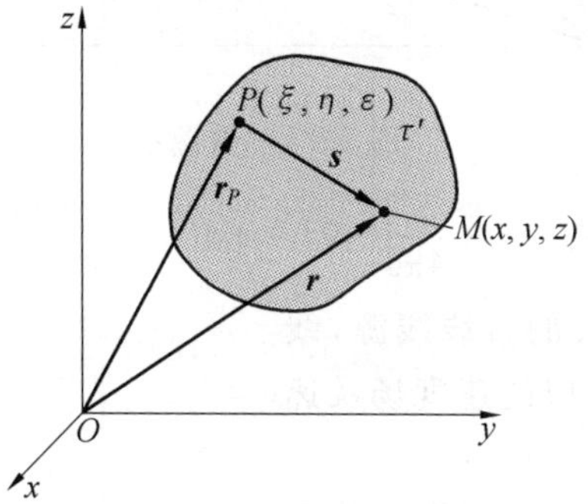

图 2.22　空间上分布着散度的流场

$$\varphi_e(x,y,z,t) = -\lim_{\Delta\tau_i{}'\to 0}\sum_i \frac{q_i(\xi,\eta,\varepsilon,t)\,\Delta\tau_i{}'}{4\pi s}$$

即

$$\varphi_e(x,y,z,t) = -\frac{1}{4\pi}\iiint_{\tau'}\frac{q(\xi,\eta,\varepsilon,t)}{s}\mathrm{d}\tau' \tag{2.152}$$

式中
$$\boldsymbol{s} = \boldsymbol{r} - \boldsymbol{r}_P = (x-\xi)\boldsymbol{i} + (y-\eta)\boldsymbol{j} + (z-\varepsilon)\boldsymbol{k}$$

利用 $\boldsymbol{v}_e = \nabla\varphi_e$ 可以给出这些点源所引起的速度为

$$\boldsymbol{v}_e = \nabla\varphi_e = -\frac{1}{4\pi}\iiint_{\tau'}\nabla\left(\frac{q}{s}\right)\mathrm{d}\tau' = \frac{1}{4\pi}\iiint_{\tau'}\frac{\boldsymbol{s}\cdot q(\xi,\eta,\varepsilon,t)}{s^3}\mathrm{d}\tau' \tag{2.153}$$

式中

$$\nabla\left(\frac{q}{s}\right) = q\,\nabla\left(\frac{1}{s}\right) = q\frac{\partial}{\partial s}\left(\frac{1}{s}\right)\nabla s = -\frac{q}{s^2}\nabla s = -\frac{q\boldsymbol{s}}{s^3}$$

2.8.3　线源

如图 2.23 所示，设想 q 集中在 $\Delta A'$ 很小的管状体积中，当 $\Delta A'\to 0$ 时，细管变成细线，且

$$\lim_{\Delta A'\to 0}\iint_{\Delta A'} q\,\mathrm{d}A' = q_l$$

式中，q_l 为单位长度线上的体积流量，称 q_l 为**线源强度**。

根据式(2.150)，线源引起的速度势为

$$\varphi_e = -\lim_{\Delta A'\to 0}\frac{1}{4\pi}\iiint_{\tau'}\frac{q\,\mathrm{d}A'\mathrm{d}l'}{s} = -\frac{1}{4\pi}\int_{l'}\frac{q_l\mathrm{d}l'}{s} \tag{2.154}$$

速度场为

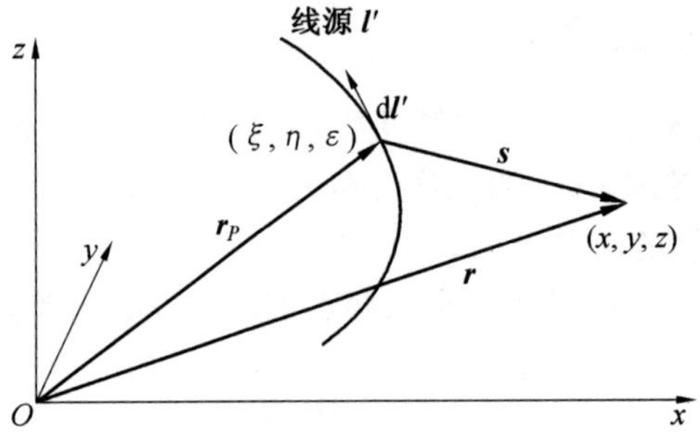

图 2.23 线源

$$\boldsymbol{v}_e = \nabla\varphi_e = -\frac{1}{4\pi}\int_{l'}\nabla\left(\frac{q_l}{s}\right)\mathrm{d}l' = \frac{1}{4\pi}\int_{l'}\frac{\boldsymbol{s}\cdot q_l}{s^3}\mathrm{d}l' \tag{2.155}$$

例 2.5 已知一无限长的直线线源，线源强度 q_l 为常数，试确定对应的速度场及速度势。

解 为方便起见，取 z 轴与线源直线平行，线源直线与 $z=0$ 的平面交于 $(\xi_0,\eta_0,0)$ 点，如图 2.24 所示。任一点到线源的垂直距离为

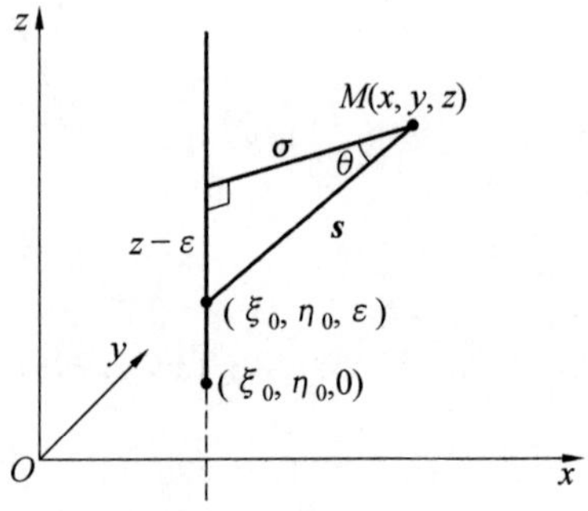

图 2.24 直线线源

$$\sigma = \sqrt{(x-\xi_0)^2 + (y-\eta_0)^2}$$

速度场为

$$\boldsymbol{v}_e = \frac{q_l}{4\pi}\int_{-\infty}^{+\infty}\frac{(x-\xi_0)\boldsymbol{i} + (y-\eta_0)\boldsymbol{j} + (z-\varepsilon)\boldsymbol{k}}{[(x-\xi_0)^2 + (y-\eta_0)^2 + (z-\varepsilon)^2]^{3/2}}\mathrm{d}\varepsilon =$$

$$\frac{q_l}{4\pi}\int_{-\infty}^{+\infty}\frac{(x-\xi_0)\boldsymbol{i} + (y-\eta_0)\boldsymbol{j} + (z-\varepsilon)\boldsymbol{k}}{[\sigma^2 + (z-\varepsilon)^2]^{3/2}}\mathrm{d}\varepsilon$$

由图上几何关系可知

$$z - \varepsilon = \sigma\tan\theta$$

因此有

$$\mathrm{d}\varepsilon = -\mathrm{d}(z-\varepsilon) = -\mathrm{d}(\sigma\tan\theta) = -\sigma(1+\tan^2\theta)\,\mathrm{d}\theta = -\sigma\frac{\mathrm{d}\theta}{\cos^2\theta}$$

$$s^2 = \sigma^2 + (z-\varepsilon)^2 = \frac{\sigma^2}{\cos^2\theta}$$

各坐标方向的速度分别为

$$v_x = \frac{q_l}{4\pi}\int_{-\infty}^{+\infty}\frac{(x-\xi_0)\,\mathrm{d}\varepsilon}{[\sigma^2 + (z-\varepsilon)^2]^{3/2}} = -\frac{q_l}{4\pi}\int_{-\infty}^{+\infty}\frac{(x-\xi_0)}{(\sigma^2/\cos^2\theta)^{3/2}}\frac{\sigma}{\cos^2\theta}\mathrm{d}\theta =$$

$$-\frac{q_l}{4\pi}(x-\xi_0)\int_{\frac{\pi}{2}}^{-\frac{\pi}{2}}\frac{\cos\theta}{\sigma^2}\mathrm{d}\theta = \frac{q_l(x-\xi_0)}{2\pi\sigma^2}$$

$$v_y = \frac{q_l(y-\eta_0)}{2\pi\sigma^2}$$

$$v_z = -\frac{q_l}{4\pi\sigma}\int_{\frac{\pi}{2}}^{-\frac{\pi}{2}}\sin\theta\mathrm{d}\theta = 0$$

由此可见，这种流场为平面流场，且对于线源直线呈轴对称。因此，无限长直线线源相当于在 xOy 平面上位于点(ξ_0, η_0)的平面点源。

无限长直线线源的速度势为

$$\varphi_e = \int \mathrm{d}\boldsymbol{r} \cdot \nabla\varphi_e = \int v_x \mathrm{d}x + v_y \mathrm{d}y + v_z \mathrm{d}z =$$

$$\frac{q_l}{2\pi}\int \frac{(x-\xi_0)\mathrm{d}x + (y-\eta_0)\mathrm{d}y}{\sigma^2} =$$

$$\frac{q_l}{4\pi}\int \frac{\mathrm{d}[(x-\xi_0)^2 + (y-\eta_0)^2]}{(x-\xi_0)^2 + (y-\eta_0)^2} =$$

$$\frac{q_l}{4\pi}\int \frac{\mathrm{d}\sigma^2}{\sigma^2} = \frac{q_l}{4\pi}\ln\sigma^2 = \frac{q_l}{2\pi}\ln\sigma$$

结果与积分长度无关，其中 q_l 相当于在(ξ_0, η_0)处的平面点源的强度。

2.8.4　面源

如图 2.25 所示，设想 q 集中在厚度 Δh 很薄的层状体积中。当 $\Delta h \to 0$ 时，薄层变为曲面，且

$$\lim_{\Delta h \to 0}\int_{\Delta h} q\,\mathrm{d}h = q_A$$

式中，q_A 为单位面积上的体积流量，称 q_A 为**面源强度**。

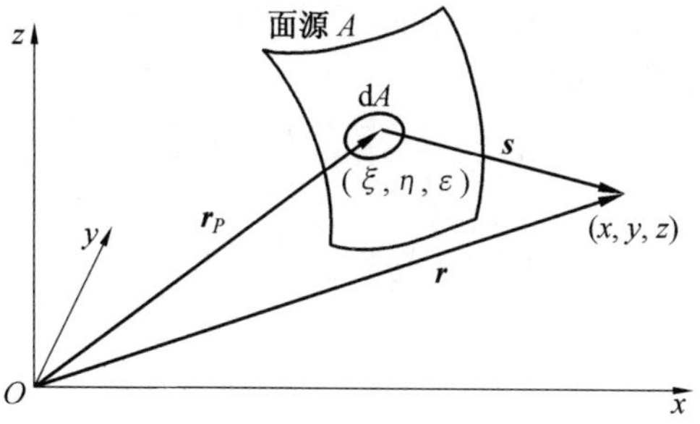

图 2.25　面源

面源引起的速度势为

$$\varphi_e = \lim_{\Delta h \to 0}\frac{-1}{4\pi}\iiint_{\tau'}\frac{q\,\mathrm{d}\tau'}{s} = -\frac{1}{4\pi}\iint_A \frac{q_A\mathrm{d}A}{s}$$

速度场为

$$\boldsymbol{v}_e = \nabla\varphi_e = \frac{1}{4\pi}\iint_A \frac{\boldsymbol{s}\cdot q_A\mathrm{d}A}{s^3}$$

2.9　给定速度的旋度场的不可压流动

本节任务是寻求满足方程组

$$\nabla^2\boldsymbol{B}_v = -\boldsymbol{\Omega}$$

的特解，即寻求满足方程组

$$\begin{cases}\nabla\cdot \boldsymbol{v}_v = 0\\ \nabla\times \boldsymbol{v}_v = \boldsymbol{\Omega}\end{cases}$$

在$\nabla\cdot \boldsymbol{B}_v = 0$条件下的特解。其中$\boldsymbol{v}_v = \nabla\times \boldsymbol{B}_v$。

2.9.1 泊松方程的特解

根据2.8节给出的标量形式的泊松方程的特解，给出矢量形式的泊松方程的特解形式

$$\boldsymbol{B}_v = \frac{1}{4\pi}\iiint_{\tau'} \frac{\boldsymbol{\Omega}(\xi,\eta,\varepsilon,t)}{s}\mathrm{d}\tau' \tag{2.156}$$

对应的速度场

$$\boldsymbol{v}_v = \nabla\times \boldsymbol{B}_v = \frac{1}{4\pi}\iiint_{\tau'} \nabla\times \frac{\boldsymbol{\Omega}}{s}\mathrm{d}\tau' = -\frac{1}{4\pi}\iiint_{\tau'} \frac{\boldsymbol{s}\times\boldsymbol{\Omega}}{s^3}\mathrm{d}\tau' \tag{2.157}$$

其中

$$\nabla\times\left(\frac{\boldsymbol{\Omega}}{s}\right) = e_{\alpha\beta\gamma}\frac{\partial}{\partial x_\alpha}\frac{\Omega_\beta}{s}\boldsymbol{i}_\gamma = e_{\alpha\beta\gamma}\frac{\partial}{\partial x_\alpha}\left(\frac{1}{s}\right)\Omega_\beta\boldsymbol{i}_\gamma =$$

$$\nabla\left(\frac{1}{s}\right)\times\boldsymbol{\Omega} = \frac{\partial}{\partial x_\alpha}\left(\frac{1}{s}\right)\boldsymbol{i}_\alpha\times\boldsymbol{\Omega} =$$

$$-\frac{1}{s^2}\frac{\partial s}{\partial x_\alpha}\boldsymbol{i}_\alpha\times\boldsymbol{\Omega} = \frac{-\nabla s}{s^2}\times\boldsymbol{\Omega} = \frac{-\boldsymbol{s}}{s^3}\times\boldsymbol{\Omega}$$

以上表达式中的$\boldsymbol{s} = (x-\xi)\boldsymbol{i} + (y-\eta)\boldsymbol{j} + (z-\varepsilon)\boldsymbol{k}$，与2.8节中的定义相同。

再来看$\nabla\cdot \boldsymbol{B}_v = 0$的假设条件。记

$$\nabla = \boldsymbol{i}\frac{\partial}{\partial x} + \boldsymbol{j}\frac{\partial}{\partial y} + \boldsymbol{k}\frac{\partial}{\partial z}$$

$$\nabla' = \boldsymbol{i}\frac{\partial}{\partial \xi} + \boldsymbol{j}\frac{\partial}{\partial \eta} + \boldsymbol{k}\frac{\partial}{\partial \varepsilon}$$

因为

$$\boldsymbol{s} = (x-\xi)\boldsymbol{i} + (y-\eta)\boldsymbol{j} + (z-\varepsilon)\boldsymbol{k}$$

$$s = \sqrt{(x-\xi)^2 + (y-\eta)^2 + (z-\varepsilon)^2}$$

所以

$$\nabla s = -\nabla' s$$

其中∇'是对ξ、η、ε取偏导数的算子。已知

$$\nabla\left(\frac{1}{s}\right) = -\frac{1}{s^2}\nabla s$$

$$\nabla'\left(\frac{1}{s}\right) = -\frac{1}{s^2}\nabla s'$$

而且有

$$\nabla\cdot\left(\frac{\boldsymbol{\Omega}}{s}\right) = \nabla\left(\frac{1}{s}\right)\cdot\boldsymbol{\Omega}$$

$$\nabla'\cdot\left(\frac{\boldsymbol{\Omega}}{s}\right) = \nabla'\left(\frac{1}{s}\right)\cdot\boldsymbol{\Omega} + \frac{1}{s}\nabla'\cdot\boldsymbol{\Omega} = \nabla'\left(\frac{1}{s}\right)\cdot\boldsymbol{\Omega}$$

因此

$$\nabla' \cdot \left(\frac{\boldsymbol{\Omega}}{s}\right) = -\nabla \cdot \left(\frac{\boldsymbol{\Omega}}{s}\right)$$

故

$$\nabla \cdot \boldsymbol{B}_v = \frac{1}{4\pi}\iiint_{\tau'} \nabla \cdot \left[\frac{\boldsymbol{\Omega}(\xi,\eta,\varepsilon,t)}{s}\right] \mathrm{d}\tau' = -\frac{1}{4\pi}\iiint_{\tau'} \nabla' \cdot \left(\frac{\boldsymbol{\Omega}}{s}\right) \mathrm{d}\tau'$$

其中 τ' 为涡量分布的空间体积。由高斯散度定理可知

$$\nabla \cdot \boldsymbol{B}_v = -\frac{1}{4\pi}\iiint_{\tau'} \nabla' \cdot \left(\frac{\boldsymbol{\Omega}}{s}\right) \mathrm{d}\tau' = -\frac{1}{4\pi}\oiint_{A'} \frac{\boldsymbol{n} \cdot \boldsymbol{\Omega}}{s} \mathrm{d}A' = 0 \tag{2.158}$$

其中 A' 为 τ' 的外围表面。上式表示在边界面法线方向无涡量进出。

由此得出结论,泊松方程的特解(2.156)只适用于在 τ' 的边界上处处满足 $\boldsymbol{n} \cdot \boldsymbol{\Omega}=0$ 的情况。

如果实际流场的边界上涡量的法向投影不等于零,即 $\boldsymbol{n} \cdot \boldsymbol{\Omega} \neq 0$,则可人为地扩大 $\boldsymbol{\Omega}$ 的定义域至 $\tau' + \tau'_1$,使其在 $\tau' + \tau'_1$ 的边界上满足 $\boldsymbol{n} \cdot \boldsymbol{\Omega}=0$。需要注意的是,此时泊松方程的特解是

$$\begin{aligned}\boldsymbol{B}_v &= \frac{1}{4\pi}\iiint_{\tau'+\tau'_1} \frac{\boldsymbol{\Omega}(\xi,\eta,\varepsilon,t)}{s}\mathrm{d}\tau' = \\ &\frac{1}{4\pi}\iiint_{\tau'} \frac{\boldsymbol{\Omega}(\xi,\eta,\varepsilon,t)}{s}\mathrm{d}\tau' + \frac{1}{4\pi}\iiint_{\tau'_1} \frac{\boldsymbol{\Omega}(\xi,\eta,\varepsilon,t)}{s}\mathrm{d}\tau'\end{aligned} \tag{2.159}$$

2.9.2　线涡

设想 $\boldsymbol{\Omega}$ 集中在 $\Delta A'$ 很小的管状体积中。当 $\Delta A' \to 0$ 时,细管变成细线,且

$$\lim_{\Delta A' \to 0}\iint_{\Delta A'} \boldsymbol{\Omega} \cdot \boldsymbol{n}\mathrm{d}A' = \Gamma = \mathrm{const}$$

式中,Γ 为绕该管的封闭曲线上的环量,称 Γ 为**线涡强度**。

根据式(2.157),又由于 $\boldsymbol{\Omega}\mathrm{d}\tau' = \Gamma\mathrm{d}\boldsymbol{l}$,故可以给出线涡的速度场为

$$\boldsymbol{v}_v = -\frac{1}{4\pi}\lim_{\Delta\tau' \to 0}\iiint_{\tau'} \frac{\boldsymbol{s} \times \boldsymbol{\Omega}}{s^3}\mathrm{d}\tau' = -\frac{\Gamma}{4\pi}\int_{l'} \frac{\boldsymbol{s} \times \mathrm{d}\boldsymbol{l}}{s^3} \tag{2.160}$$

线涡速度公式又称**毕奥－萨伐尔公式**,与电磁场理论中的电流感应磁场的毕奥－萨伐尔公式相似:

$$H = cI\int_{l'} \frac{\boldsymbol{s} \times \mathrm{d}\boldsymbol{l}}{s^3}$$

式中,c 为常数;I 为电流;H 为磁场强度。因此也把 $\boldsymbol{v}_v$ 称为线涡引起的**诱导速度**。式(2.160)说明,一些流体力学问题可以用电磁场来模拟。

例 2.6　一无限长的直线涡,线涡强度为 Γ,试确定此直线涡流场的速度。

解　取 z 轴与线涡直线平行,线涡直线与 $z=0$ 平面交于 $(\xi_0, \eta_0, 0)$。如图 2.26 所示。任一点到线涡直线的垂直距离为

$$\sigma = \sqrt{(x-\xi_0)^2 + (y-\eta_0)^2}$$

线涡上的微元矢量线段可以表示为

$$\mathrm{d}\boldsymbol{l}' = \mathrm{d}\varepsilon\boldsymbol{k}$$

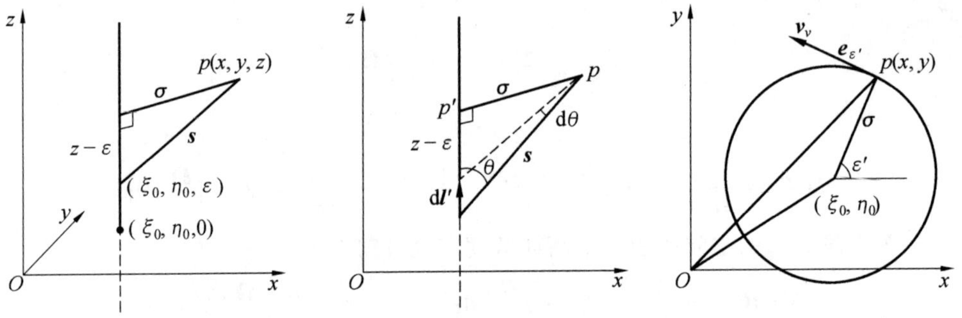

图 2.26　直线线涡

且有

$$\boldsymbol{k}\times\boldsymbol{e}_s=\boldsymbol{e}_{\varepsilon'}\cdot\sin\theta$$

线涡的诱导速度为

$$\boldsymbol{v}_v=\frac{\Gamma}{4\pi}\int_{l'}\frac{\mathrm{d}\boldsymbol{l}'\times\boldsymbol{s}}{s^3}=\frac{\Gamma}{4\pi}\int_{-\infty}^{+\infty}\frac{\mathrm{d}\varepsilon\boldsymbol{k}\times\boldsymbol{e}_s}{s^2}=\frac{\Gamma}{4\pi}\int_{-\infty}^{+\infty}\frac{\sin\theta\mathrm{d}\varepsilon}{s^2}\boldsymbol{e}_{\varepsilon'}\qquad\text{(a)}$$

由几何关系可知

$$\mathrm{d}\varepsilon=s\mathrm{d}\theta/\sin\theta$$

$$s=\sigma/\sin\theta$$

代入式(a)可得

$$\boldsymbol{v}_v=\frac{\Gamma}{4\pi}\int_0^{\pi}\frac{\sin\theta}{\sigma}\mathrm{d}\theta\cdot\boldsymbol{e}_{\varepsilon'}=\frac{\Gamma}{2\pi\sigma}\boldsymbol{e}_{\varepsilon'}=\frac{\Gamma}{2\pi\sigma}(\boldsymbol{k}\times\boldsymbol{e}_{\sigma})\qquad\text{(b)}$$

例 2.7　已知半径为 a、强度为 Γ 的圆周形成涡,如图 2.27 所示,求过此圆心的对称轴线上的速度分布。

解　取 z 轴过圆心并与线涡的对称轴重合。由几何关系可知

$$\mathrm{d}\boldsymbol{l}'=(a\mathrm{d}\varepsilon)\boldsymbol{e}_{\varepsilon}$$

$$\boldsymbol{s}_1=-a\boldsymbol{e}_r$$

$$\boldsymbol{s}_2=z\boldsymbol{k}$$

$$\mathrm{d}\boldsymbol{l}'\times\boldsymbol{s}=\mathrm{d}\boldsymbol{l}'\times(\boldsymbol{s}_1+\boldsymbol{s}_2)=a^2\mathrm{d}\varepsilon\boldsymbol{k}+az\mathrm{d}\varepsilon\boldsymbol{e}_r$$

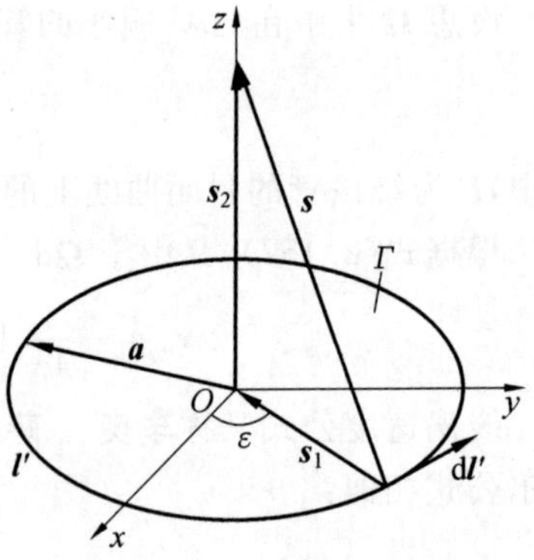

图 2.27　圆周形成涡

圆周形成涡的诱导速度为

$$\boldsymbol{v}_v=\frac{\Gamma}{4\pi}\oint_{l'}\frac{\mathrm{d}\boldsymbol{l}'\times\boldsymbol{s}}{s^3}=\frac{\Gamma}{4\pi}\int_0^{2\pi}\frac{a^2\mathrm{d}\varepsilon\boldsymbol{k}+az\mathrm{d}\varepsilon\boldsymbol{e}_r}{s^3}=$$

$$\frac{\Gamma}{4\pi}\frac{a^2}{s^3}\cdot2\pi\boldsymbol{k}+\frac{\Gamma}{4\pi}\frac{az}{s^3}\int_0^{2\pi}(\cos\varepsilon\boldsymbol{i}+\sin\varepsilon\boldsymbol{j})\mathrm{d}\varepsilon=$$

$$\frac{\Gamma}{2}\frac{a^2}{s^3}\boldsymbol{k}=\frac{\Gamma}{2}\frac{a^2}{(a^2+z^2)^{3/2}}\boldsymbol{k}$$

例 2.8　如图 2.28 所示,有一对等强度 Γ 的线涡,方向相反,分别放在 $(-a,0)$ 和 $(a,0)$ 点上,求这一对线涡对 O 点的诱导速度。

解　在相互诱导作用下,A 和 B 两点均向上运动。

$$\boldsymbol{v}_A = \boldsymbol{v}_B = \frac{\Gamma}{4\pi a}\boldsymbol{j}$$

t 时刻由 A、B 两点指向 O 点的位置矢量分别为

$$\boldsymbol{r}_A = -a\boldsymbol{i} - \frac{\Gamma t}{4\pi a}\boldsymbol{j}$$

$$\boldsymbol{r}_B = a\boldsymbol{i} - \frac{\Gamma t}{4\pi a}\boldsymbol{j}$$

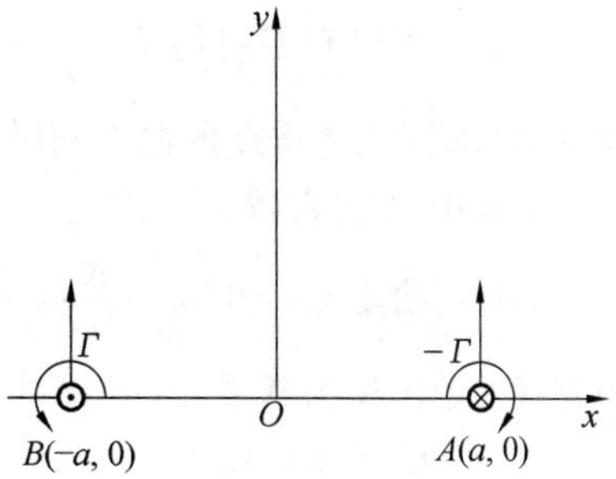

图 2.28　对称线涡

令

$$\sigma = |\boldsymbol{r}_A| = |\boldsymbol{r}_B| = \sqrt{a^2 + \left(\frac{\Gamma t}{4\pi a}\right)^2}$$

A 对 O 的诱导速度为

$$\frac{\Gamma}{2\pi\sigma}\boldsymbol{e}_\varepsilon^A = -\frac{\Gamma}{2\pi\sigma}\boldsymbol{k}\times(\boldsymbol{r}_A/\sigma) = \frac{\Gamma}{2\pi\sigma^2}\left(a\boldsymbol{j} - \frac{\Gamma t}{4\pi a}\boldsymbol{i}\right)$$

B 对 O 的诱导速度为

$$\frac{\Gamma}{2\pi\sigma}\boldsymbol{e}_\varepsilon^B = \frac{\Gamma}{2\pi\sigma}\boldsymbol{k}\times(\boldsymbol{r}_B/\sigma) = \frac{\Gamma}{2\pi\sigma^2}\left(a\boldsymbol{j} + \frac{\Gamma t}{4\pi a}\boldsymbol{i}\right)$$

t 时刻 O 点的诱导速度为

$$\boldsymbol{v}_O(t) = \frac{\Gamma}{2\pi\sigma}\boldsymbol{e}_\varepsilon^A + \frac{\Gamma}{2\pi\sigma}\boldsymbol{e}_\varepsilon^B = \frac{a\Gamma}{\pi\sigma^2}\boldsymbol{j} = \frac{a\Gamma}{\pi\left[a^2 + \left(\frac{\Gamma t}{4\pi a}\right)^2\right]}\boldsymbol{j}$$

O 点的最大速度为

$$\boldsymbol{v}_O(t)_{\max} = \boldsymbol{v}_O(0) = \frac{\Gamma}{\pi a}\boldsymbol{j}$$

习　　题

流体运动分析

2.1　给定速度场 $v_x = x + y$，$v_y = x - y$，$v_z = 0$，且令 $t = 0$ 时，$x = a$，$y = b$，$z = c$，求质点空间分布。

2.2　给定速度场 $v_r = t/r$，$v_\varepsilon = 1/r$，$v_z = 0$，且令 $t = 0$ 时，$r = a$，$\varepsilon = b$，$z = c$，求质点分布及流场加速度。

2.3　已知平面速度 $v_x = x + t$，$v_y = -y + t$，并令 $t = 0$ 时 $x = a$，$y = b$，求：

① 流线方程以及过$(-1, -1)$点的流线；

② 迹线方程以及 $t = 0$ 时过$(-1, -1)$点的迹线；

③ 用拉格朗日变量表示速度分布。

2.4　已知平面速度 $v_x = 1 + 2t$，$v_y = 3 + 4t$，求：

① 流线方程；

② $t = 0$ 时，经过$(0,0)$、$(0,2)$、$(0,-1)$点的三条流线方程；

③ $t = 0$ 时，位置在$(0,0)$点的流体质点的迹线方程。

2.5　若已知温度场 $T=\frac{A}{x^2+y^2+z^2}t^2$，现有一流体质点以 $v_x=xt$、$v_y=yt$、$v_z=zt$ 运动，试求该流体质点的温度随时间的变化关系。该质点在 $t=0$ 时的位置为 $x=a$，$y=b$，$z=c$，式中 A 为常数。

2.6　给定 $v_r=0$，$v_\varepsilon=\frac{K}{a}(t+1)$，$v_z=b$，求通过 $t=0$、$r=a$、$\varepsilon=b$、$z=c$ 点的流线和迹线，式中 K 为常数，a、b、c 为拉格朗日变量。

2.7　已知速度场为 $v_x=yz+t$，$v_y=xz+t$，$v_z=xy$，求：①$t=2$ 时，$p(1,2,3)$ 点处流体质点的加速度；② 该流场是否为无旋流场？ ③ 求流场上任意点处流体微元的线变形速率和角变形速率分量。

2.8　给定拉格朗日与欧拉变换关系 $x=ae^{-2t/K}$，$y=b(1+t/K)^2$，$z=ce^{2t/K}(1+t/K)^{-2}$，式中 K 为常数($K\neq 0$)，a、b、c 分别为 $t=0$ 时 x、y、z 的坐标值。请判别：① 是否为定常流场？② 是否为不可压流体？③ 是否为无旋流场？

有旋运动与无旋运动

2.9　给定非定常流动速度场 $v_x=V_0\left[1-\frac{2}{\sqrt{\pi}}\int_0^\eta \exp(-\eta^2)\,d\eta\right]$，$\eta=\frac{y}{2\sqrt{\nu t}}$，$v_y=0$，式中 ν 为运动黏性系数(常数)，V_0 为常数，求涡量场。

2.10　给定速度场 $v_x=ax$，$v_y=ay$，$v_z=-2az$；式中 a 为常数。求：① 线变形速率分量，角变形速率分量，体积膨胀率；② 该流场是否为无旋流场？若无旋，写出它的速度势函数。

2.11　已知速度场为 $v_x=y+2z$，$v_y=z+2x$，$v_z=x+2y$。求：① 涡量及涡线方程；② 在 $x+y+z=1$ 平面上横截面为 $ds=1\ \text{mm}^2$ 的涡管强度；③ 在 $z=0$ 平面上 $ds=1\ \text{mm}^2$ 的涡通量。

2.12　给定一个函数 $\varphi=V_\infty\left(r\cos\varepsilon+\frac{1}{2}\ln r\right)$，问：① 这个函数能否作为一种二维不可压流体的速度势函数？如能，求速度场；② 计算 $r=\sqrt{2}$，$\varepsilon=\frac{\pi}{4}$ 点沿流线方向的加速度分量。

2.13　对二维不可压流体运动，试证明：① 如运动为无旋，则必满足 $\nabla^2 v_x=0$，$\nabla^2 v_y=0$；② 满足 $\nabla^2 v_x=0$、$\nabla^2 v_y=0$ 的运动不一定无旋。

2.14　给定柱坐标内流场速度势 $\varphi=V_\infty(t)\cos\varepsilon\left(r+\frac{a^2}{r}\right)$，求流线方程，并求通过 $r=a$、$\varepsilon=\frac{\pi}{2}$ 点的流线。

2.15　给定 $v_r=V_\infty\left(1-\frac{a^2}{r^2}\right)\cos\varepsilon$，$v_\varepsilon=-V_\infty\left(1+\frac{a^2}{r^2}\right)\sin\varepsilon$，$v_z=0$，式中 V_∞ 和 a 为常数，已知 $r=a$、$\varepsilon=\pi$ 为流线，求：①$t=0$ 时位于 $r=b(b>a)$、$\varepsilon=\pi$ 的流体质点到达 $r=a$、$\varepsilon=\pi$ 需要的时间；②$t=0$ 时位于 $r=a$、$\varepsilon=\pi/2$ 的流体质点到达 $r=a$、$\varepsilon=0$ 需要的时间。

2.16　不可压无界流场中有一对等强度 Γ 的线涡，方向相反，分别放在$(0,h)$和$(0,-h)$点上。无穷远处有一股来流恰好使这两个涡停留不动，求流线方程。

2.17　在原静止不可压流场中放置两条直线涡，其强度分别为 Γ_1 和 Γ_2。$t=0$ 时，放置在$(x_0,0)$和$(-x_0,0)$点上。已知 $\Gamma_1>\Gamma_2>0$，求这两条直线涡的运动轨迹。

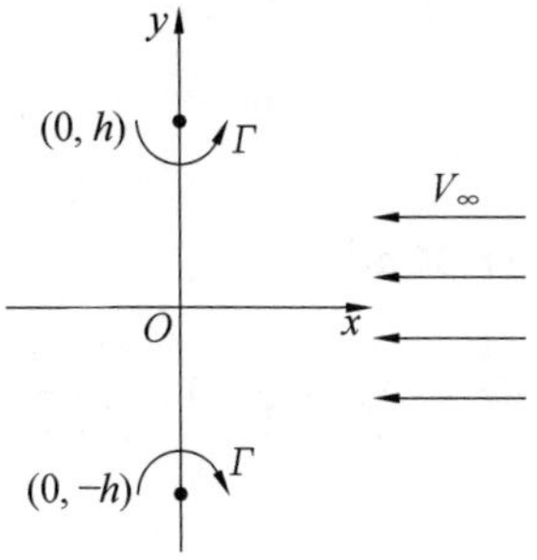

题 2.16 图

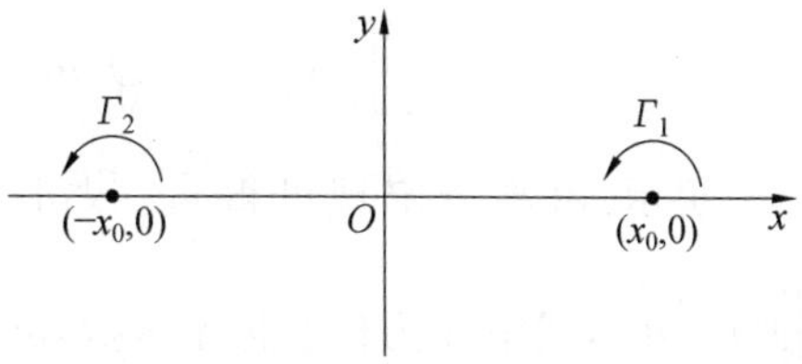

题 2.17 图

2.18　原静止不可压无界流场中给定涡量分布：

$$\Omega=2\omega\boldsymbol{k},r\leqslant a$$
$$\Omega=0,r>a$$

式中 a、ω 为常数，$\boldsymbol{k}$ 为柱坐标中 z 方向的单位向量，求速度分布。

2.19　原静止无界无旋流场中，给定$\nabla\cdot\boldsymbol{v}=q=c,a\leqslant r\leqslant b$；$q=0$，$r>b$ 或 $r<a$，式中 a、b、c 为常数，r 为柱坐标系中的坐标，求速度场。

2.20　试证强度为 Γ、半径为 a 的圆形线涡在圆心处的诱导速度为$\dfrac{\Gamma}{2a}$。

2.21　图示两个同轴心，相距为 h 的圆形线涡，半径相同均为 a，线涡强度均为 Γ，求线涡圆心处流体的诱导速度。

2.22　图示矩形线涡 $\Gamma=40\pi\ \mathrm{m^2/s}$，方向如图中箭头所示，试分别求长度为 0.01 m 的线涡 B_1B、BB_2、C_1C、C_2C 对 D 点诱导速度的大小及方向，并求矩形中心处的诱导速度和方向。

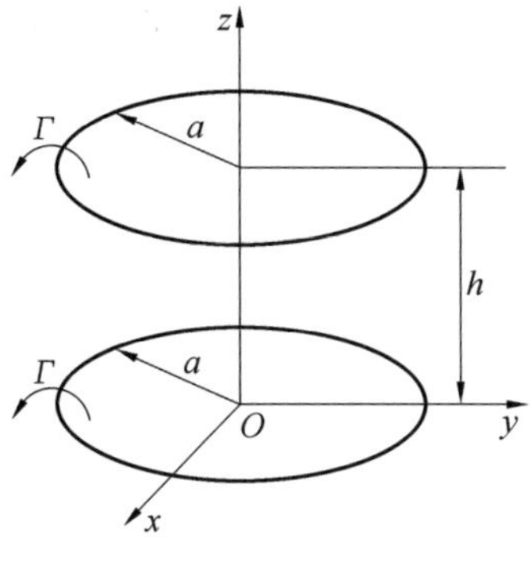

题 2.21 图

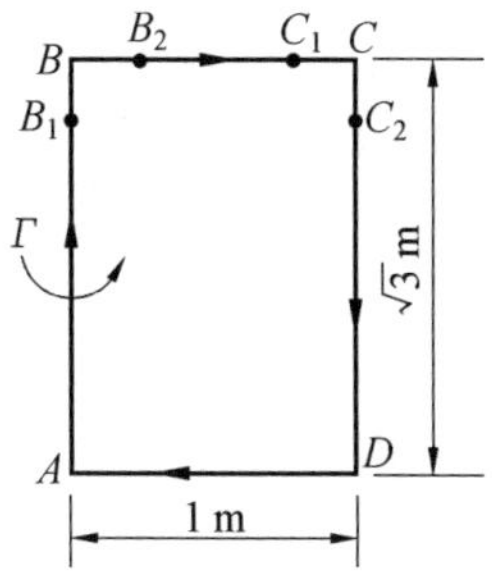

题 2.22 图

速度势与环量

2.23　求向量场 $\boldsymbol{a}=-y\boldsymbol{i}+x\boldsymbol{j}+c\boldsymbol{k}$ 沿下列封闭曲线的环量，式中 c 为常数。

①$x^2+y^2=a^2$, $z=0$；② $(x-2)^2+y^2=a^2$, $z=0$；③ $\dfrac{x^2}{a^2}+\dfrac{y^2}{b^2}=1$, $z=0$。

2.24　如果$\boldsymbol{n}$为封闭曲面A上的微元面$\mathrm{d}A$的单位外法线向量，φ_1、φ_2是封闭曲面内满足$\nabla^2\varphi=0$的两个不同的解，试证明

$$\oiint_A \varphi_1 \frac{\partial \varphi_2}{\partial n}\mathrm{d}A=\oiint_A \varphi_2 \frac{\partial \varphi_1}{\partial n}\mathrm{d}A$$

2.25　由高斯定理证明有下述高斯定理的推广式：

$$\iiint_\tau \nabla\varphi\,\mathrm{d}\tau=\oiint_A \boldsymbol{n}\varphi\,\mathrm{d}A,\quad \iiint_\tau \nabla\times\boldsymbol{a}\,\mathrm{d}\tau=\oiint_A \boldsymbol{n}\times\boldsymbol{a}\,\mathrm{d}A$$

提示：由高斯定理可得$\iiint_\tau \dfrac{\partial\varphi}{\partial x}\mathrm{d}\tau=\oiint_A n_x\varphi\,\mathrm{d}A$，$\iiint_\tau \dfrac{\partial\varphi}{\partial y}\mathrm{d}\tau=\oiint_A n_y\varphi\,\mathrm{d}A$，$\iiint_\tau \dfrac{\partial\varphi}{\partial z}\mathrm{d}\tau=\oiint_A n_z\varphi\,\mathrm{d}A$，式中$\varphi$为任意标量函数，$\boldsymbol{n}=n_x\boldsymbol{i}+n_y\boldsymbol{j}+n_z\boldsymbol{k}$。

2.26　证明$\oiint_A \nabla^2\varphi\dfrac{\partial\varphi}{\partial n}\mathrm{d}A=\iiint_\tau[(\nabla^2\varphi)^2+\nabla\varphi\cdot\nabla(\nabla^2\varphi)]\mathrm{d}\tau$，式中$\tau$为$A$曲面所包围的体积，$\boldsymbol{n}$为$\mathrm{d}A$的外法线方向单位向量。

2.27　证明$\oiint_A(\boldsymbol{r}\cdot\boldsymbol{a})\boldsymbol{n}\,\mathrm{d}A=\boldsymbol{a}\tau$，式中$\tau$为$A$曲面所包围的体积，$\boldsymbol{n}$为$\mathrm{d}A$的外法线方向单位向量，$\boldsymbol{r}$为向径，$\boldsymbol{a}$为常向量。

第 3 章　流体动力学的基本方程

流体动力学研究作用于流体上的力与运动要素之间的关系，以及流体的运动特征与能量转换等。流体动力学的基本方程是将质量守恒原理、牛顿第二定律、能量守恒原理等关于物质运动的普遍规律应用于流体运动这类物理现象，所得到的联系各个运动参数之间的关系式。

流体动力学的基本方程可以用积分形式表示，也可以用微分形式表示，二者本质相同。积分形式的方程可以给出流体动力学问题的总体性能关系，如流体作用在物体上的合力、总的能量传递等。而微分形式的基本方程给出的是流场中每一个流体微元上各点物理量之间的关系，可以了解流场的每个细节。

3.1　输运方程

质量守恒原理、牛顿第二定律和能量守恒等原理的原始形式都是对系统而言的。所谓**系统**是指包含确定不变的物质的集合。系统以外的一切，统称为外界。从系统的概念可知，系统与外界之间没有质量交换，随着流体的运动，系统可以变形，其位置也可以变化，但质量不变。一般情况下，研究流体系统运动的全过程是十分困难和复杂的，而欧拉法是着眼于流场中的固定空间或固定点，因此采用控制体的概念来研究流体动力学要方便得多。所谓**控制体**是指固定不变的空间体积，控制体的边界面称为**控制面**。从控制体的概念可知，在不同时刻可以有不同的流体占据控制体，在控制面上可以有质量和能量交换。

将流体动力学用系统描述的基本方程转化为用控制体描述的这个过程是通过输运方程来实现的。定义系统 τ_0 的某种物理量为

$$I=\iiint_{\tau_0}\phi\mathrm{d}\tau_0 \tag{3.1}$$

其中的 ϕ 为空间坐标和时间的标量或矢量函数。需要注意的是 ϕ 应该是广延量而非强度量。所谓广延量是指系统中会和系统大小或系统中物质多少成比例改变的物理量，广延量具有加成性，即整体的广延量是组成整体的各部分的广延量之和，如质量、动量、内能、自由能、焓、熵等。强度量是指系统中不随系统大小或系统中物质多少而改变的物理量，强度量不具有加成性，其数值与系统的数量无关，例如温度、压力、密度等。

取控制体 τ 为系统在 t 时刻占据的空间体积 $\tau_0(t)$，$A=A_0(t)$ 为控制面，如图 3.1 所示。控制体 $\tau_0(t)$ 内的流体，其表面为 $A_0(t)$，经过时间 Δt 之后，即在 $t+\Delta t$ 时刻，运动到 $\tau'_0(t+\Delta t)$ 处，其表面为 $A'_0(t+\Delta t)$。以 τ_{01} 表示体积 τ_0 及 τ'_0 的公共部分；$\tau_{03}=\tau_0-\tau_{01}$，$\tau_{02}=\tau'_0-\tau_{01}$；$A_{01}$ 为 τ_{01} 和 τ_{02} 的交界面，$A_{02}=A_0-A_{01}$；A'_{02} 为 τ_{01} 和 τ_{03} 的交界面，

$A'_{01}=A'_0-A'_{02}$。

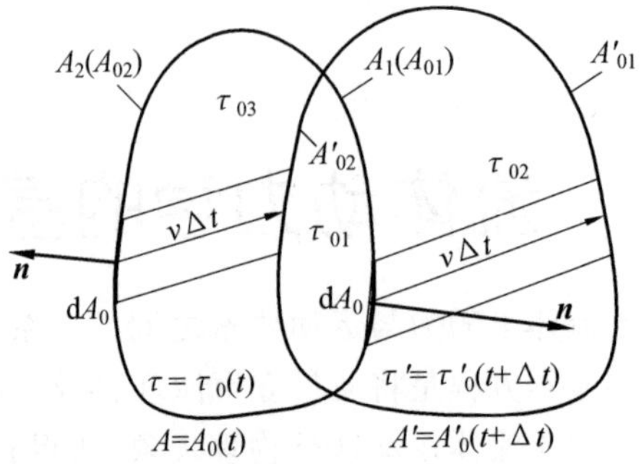

图 3.1　可变体积上积分的时间导数

系统物理量 I 在时间间隔 Δt 内的增量为

$$
\begin{aligned}
\Delta I &= I(t+\Delta t)-I(t)= \\
&\iiint_{\tau_{01}+\tau_{02}}\phi(\boldsymbol{r},t+\Delta t)\,\mathrm{d}\tau_0-\iiint_{\tau_{01}+\tau_{03}}\phi(\boldsymbol{r},t)\,\mathrm{d}\tau_0= \\
&\iiint_{\tau_{01}}[\phi(\boldsymbol{r},t+\Delta t)-\phi(\boldsymbol{r},t)]\,\mathrm{d}\tau_0+ \\
&\iiint_{\tau_{02}}\phi(\boldsymbol{r},t+\Delta t)\,\mathrm{d}\tau_0-\iiint_{\tau_{03}}\phi(\boldsymbol{r},t)\,\mathrm{d}\tau_0
\end{aligned}
\tag{3.2}
$$

由系统导数的定义

$$
\begin{aligned}
\frac{DI}{Dt}&=\lim_{\Delta t\to 0}\frac{\Delta I}{\Delta t}=\lim_{\Delta t\to 0}\frac{1}{\Delta t}\iiint_{\tau_{01}}[\phi(\boldsymbol{r},t+\Delta t)-\phi(\boldsymbol{r},t)]\,\mathrm{d}\tau_0+ \\
&\lim_{\Delta t\to 0}\frac{1}{\Delta t}\left[\iiint_{\tau_{02}}\phi(\boldsymbol{r},t+\Delta t)\,\mathrm{d}\tau_0-\iiint_{\tau_{03}}\phi(\boldsymbol{r},t)\,\mathrm{d}\tau_0\right]
\end{aligned}
\tag{3.3}
$$

由微分中值定理

$$
\phi(\boldsymbol{r},t+\Delta t)-\phi(\boldsymbol{r},t)=\Delta t\left(\frac{\partial\phi}{\partial t}\right)_{t+\theta\Delta t}
$$

其中 $0\leqslant\theta\leqslant 1$；当 $\Delta t\to 0$ 时，$\tau_{01}\to\tau_0$，而 τ_0 即是 t 时刻的控制体体积 τ。所以

$$
\lim_{\Delta t\to 0}\frac{1}{\Delta t}\iiint_{\tau_{01}}[\phi(\boldsymbol{r},t+\Delta t)-\phi(\boldsymbol{r},t)]\,\mathrm{d}\tau_0=\lim_{\Delta t\to 0}\iiint_{\tau_{01}}\left(\frac{\partial\phi}{\partial t}\right)_{t+\theta\Delta t}\mathrm{d}\tau_0=\iiint_{\tau}\frac{\partial\phi}{\partial t}\mathrm{d}\tau \tag{3.4}
$$

以 $\mathrm{d}A_0$ 表示 A_{01}、A_{02} 面上某微元面积，时间间隔 Δt 内，经此微元面积流过的流体质点，可近似认为以 $\mathrm{d}A_0$ 为基面、以 $v\Delta t$ 为棱边的柱体体积 $(\boldsymbol{v}\cdot\boldsymbol{n})\Delta t\mathrm{d}A_0$。于是有

$$
\iiint_{\tau_{02}}\phi(\boldsymbol{r},t+\Delta t)\,\mathrm{d}\tau_0\approx\iint_{A_{01}}\phi(\boldsymbol{r},t)(\boldsymbol{v}\cdot\boldsymbol{n})\Delta t\mathrm{d}A_0
$$

$$
\iiint_{\tau_{03}}\phi(\boldsymbol{r},t)\,\mathrm{d}\tau_0\approx-\iint_{A_{02}}\phi(\boldsymbol{r},t)(\boldsymbol{v}\cdot\boldsymbol{n})\Delta t\mathrm{d}A_0
$$

以上两式中各自的两项在 $\Delta t\to 0$ 时是趋于相等的。又因为 $A_{01}+A_{02}=A$，所以

$$
\lim_{\Delta t\to 0}\frac{1}{\Delta t}\left[\iiint_{\tau_{02}}\phi(\boldsymbol{r},t+\Delta t)\,\mathrm{d}\tau_0-\iiint_{\tau_{03}}\phi(\boldsymbol{r},t)\,\mathrm{d}\tau_0\right]=\oiint_A\phi(\boldsymbol{r},t)(\boldsymbol{v}\cdot\boldsymbol{n})\mathrm{d}A \tag{3.5}
$$

将式(3.4)、式(3.5)代入式(3.3)，最后可得

$$
\frac{DI}{Dt}=\frac{D}{Dt}\iiint_{\tau_0(t)}\phi\mathrm{d}\tau_0(t)=\iiint_{\tau}\frac{\partial\phi}{\partial t}\mathrm{d}\tau+\oiint_A(\boldsymbol{v}\cdot\boldsymbol{n})\phi\mathrm{d}A \tag{3.6}
$$

上式即是**输运公式**，也就是系统导数在欧拉法中的表达式。式中右边第一项表示在单位时间内，假定系统占据的位置不发生变化，仅由被积函数 $\phi(\boldsymbol{r},t)$ 随时间变化而在单位时间内 I 的增量，该项是由于流场的非定常性造成的；右边第二项表示在单位时间内，假定被积函数 $\phi(\boldsymbol{r},t)$ 不随时间变化，由于系统占据的体积位置发生变化而在单位时间内 I 的增量，该项是由于流场的不均匀性造成的。

因此，输运方程(3.6) 可表述为：某物理量的系统导数等于在单位时间内控制体 τ 中所含物理量 ϕ 的增量与通过控制面 A 流出的相应的物理量 ϕ 之和。

若 ϕ 在控制体 τ 内连续可导，根据高斯散度定理，式(3.6) 还可写为

$$\frac{D}{Dt}\iiint_{\tau_0(t)}\phi\mathrm{d}\tau_0(t)=\iiint_{\tau}\frac{\partial\phi}{\partial t}\mathrm{d}\tau+\oint\!\!\!\oint_{A}(\boldsymbol{v}\cdot\boldsymbol{n})\phi\mathrm{d}A=\iiint_{\tau}\left[\frac{\partial\phi}{\partial t}+\nabla\cdot(\phi\boldsymbol{v})\right]\mathrm{d}\tau \tag{3.7}$$

由此可得输运方程的另外两种形式：

(1) 因为

$$\nabla\cdot(\phi\boldsymbol{v})=\boldsymbol{v}\cdot\nabla\phi+\phi\nabla\cdot\boldsymbol{v}$$

质点导数表达式可写为

$$\frac{D\phi}{Dt}=\frac{\partial\phi}{\partial t}+\boldsymbol{v}\cdot\nabla\phi$$

所以

$$\frac{\partial\phi}{\partial t}+\nabla\cdot(\phi\boldsymbol{v})=\frac{D\phi}{Dt}+\phi\nabla\cdot\boldsymbol{v}$$

故输运方程(3.7) 也可写为

$$\frac{D}{Dt}\iiint_{\tau_0}\phi\mathrm{d}\tau_0=\iiint_{\tau}\left[\frac{D\phi}{Dt}+\phi\nabla\cdot\boldsymbol{v}\right]\mathrm{d}\tau \tag{3.8}$$

如果 $\phi=\rho$，根据系统内质量不变的性质，并由被积函数的连续性及积分区间的任意性，则有

$$\frac{D\rho}{Dt}+\rho\nabla\cdot\boldsymbol{v}=0 \tag{3.9}$$

式(3.9) 为微分形式的连续方程。

(2) 若系统物理量可以表示为 $I=\iiint_{\tau_0}\rho\phi\mathrm{d}\tau_0$，则根据方程(3.8) 有

$$\frac{D}{Dt}\iiint_{\tau_0}\rho\phi\mathrm{d}\tau_0=\iiint_{\tau}\left[\frac{D(\rho\phi)}{Dt}+\rho\phi\nabla\cdot\boldsymbol{v}\right]\mathrm{d}\tau=$$
$$\iiint_{\tau}\left[\frac{\rho D\phi}{Dt}+\phi\left(\frac{D\rho}{Dt}+\rho\nabla\cdot\boldsymbol{v}\right)\right]\mathrm{d}\tau$$

将式(3.9) 代入上式可得

$$\frac{D}{Dt}\iiint_{\tau_0}\rho\phi\mathrm{d}\tau_0=\iiint_{\tau}\frac{\rho D\phi}{Dt}\mathrm{d}\tau \tag{3.10}$$

式(3.10) 为输运方程用得较多的一种形式。

需要说明的是，由于式(3.10) 的推导过程引入了微分形式的连续方程，所以只适用于物理量 ϕ 在控制体内连续可导的情况。

3.2　流体动力学积分形式的基本方程

3.2.1　拉格朗日型基本方程

任取一个体积为 $\tau_0(t)$、表面为 $A_0(t)$ 的确定的系统作为研究对象，直接写出该系统的质量守恒原理、动量定理(即牛顿第二定律) 和能量守恒原理的数学表达式，就是拉格朗日型基本方程。

1. 连续性方程

质量守恒原理可表述为：在不存在源和汇的情况下，系统的质量 M 不随时间变化。即

$$\frac{DM}{Dt}=\frac{D}{Dt}\iiint_{\tau_0}\rho\mathrm{d}\tau_0=0 \tag{3.11}$$

2. 动量方程

动量定理可描述为：系统的动量 $\boldsymbol{K}$ 对于时间的变化率等于外界作用在该系统上的合力。即

$$\frac{D\boldsymbol{K}}{Dt}=\frac{D}{Dt}\iiint_{\tau_0}\rho\boldsymbol{v}\mathrm{d}\tau_0=\iiint_{\tau_0}\rho\boldsymbol{f}\mathrm{d}\tau_0+\oiint_{A_0}\boldsymbol{p}_n\mathrm{d}A_0 \tag{3.12}$$

式中，$\boldsymbol{f}$ 为单位质量流体的质量力；$\boldsymbol{p}_n$ 为表面应力。

3. 动量矩方程

动量矩定理可描述为：系统对某点 O 的动量矩 $\boldsymbol{M}_0$ 对时间的变化率等于外界作用于系统上所有外力对于同一点的力矩之和。即

$$\frac{D\boldsymbol{M}_0}{Dt}=\frac{D}{Dt}\iiint_{\tau_0}(\boldsymbol{r}\times\rho\boldsymbol{v})\mathrm{d}\tau_0=\iiint_{\tau_0}\rho(\boldsymbol{r}\times\boldsymbol{f})\mathrm{d}\tau_0+\oiint_{A_0}(\boldsymbol{r}\times\boldsymbol{p}_n)\mathrm{d}A_0 \tag{3.13}$$

式中，$\boldsymbol{r}$ 为以点 O 为原点的向径。

4. 能量方程

能量守恒原理可描述为：系统总能量 E 对于时间的变化率等于单位时间内由外界传入系统的热量 Q 与外力对系统所做的功 W 之和，传热热量 Q 包括热辐射和热传导，外力做功 W 包括质量力做功和表面力做功。即

$$\begin{aligned}\frac{DE}{Dt}&=\frac{D}{Dt}\iiint_{\tau_0}\rho\left(e+\frac{v^2}{2}\right)\mathrm{d}\tau_0=\\&\iiint_{\tau_0}\rho q_R\mathrm{d}\tau_0+\oiint_{A_0}q_\lambda\mathrm{d}A_0+\iiint_{\tau_0}(\boldsymbol{f}\cdot\boldsymbol{v})\rho\mathrm{d}\tau_0+\oiint_{A_0}(\boldsymbol{p}_n\cdot\boldsymbol{v})\mathrm{d}A_0\end{aligned} \tag{3.14}$$

其中，e 为单位质量流体的内能，主要与流体的等容比热 c_v 和绝对温度 T 有关，在热力学中定义为 $e=c_vT$；$v^2/2$ 为单位质量流体的宏观动能；q_R 表示在单位时间内辐射到单位质量流体上的热量；q_λ 表示单位时间内通过系统表面单位面积传入的热传导量，$q_\lambda=-\boldsymbol{q}\cdot\boldsymbol{n}$，$\boldsymbol{q}=-\lambda\nabla T$ 称为热通量(其中的 λ 为导热系数)，$\boldsymbol{n}$ 为系统表面的外法线方向单位矢量。

3.2.2　欧拉型基本方程

欧拉型基本方程可以利用输运公式由拉格朗日基本方程得到。

1. 连续性方程

利用输运公式(3.6)，令 $\phi=\rho$，并考虑到 $\tau=\tau_0(t)$，$A=A_0(t)$，则方程(3.11)可改写为

$$\oiint_A \rho(\boldsymbol{v}\cdot\boldsymbol{n})\,\mathrm{d}A=-\frac{\partial}{\partial t}\iiint_\tau \rho\,\mathrm{d}\tau \tag{3.15}$$

其物理意义为：单位时间内控制体内流体质量的减少等于单位时间内从控制面流出的流体质量。

2. 动量方程

利用输运公式(3.6)，令 $\phi=\rho\boldsymbol{v}$，并考虑到 $\tau=\tau_0(t)$，$A=A_0(t)$，则方程(3.12)可改写为

$$\iiint_\tau \rho\boldsymbol{f}\,\mathrm{d}\tau+\oiint_A \boldsymbol{p}_n\,\mathrm{d}A-\oiint_A(\boldsymbol{v}\cdot\boldsymbol{n})\rho\boldsymbol{v}\,\mathrm{d}A=\frac{\partial}{\partial t}\iiint_\tau \rho\boldsymbol{v}\,\mathrm{d}\tau \tag{3.16}$$

其物理意义为：控制体内流体动量对时间的变化率等于作用在控制体上流体的合力加上单位时间内通过控制面流入的流体动量。

3. 动量矩方程

利用输运公式(3.6)，令 $\phi=\boldsymbol{r}\times\rho\boldsymbol{v}$，并考虑到 $\tau=\tau_0(t)$，$A=A_0(t)$，则方程(3.13)可改写为

$$\iiint_\tau \rho(\boldsymbol{r}\times\boldsymbol{f})\,\mathrm{d}\tau+\oiint_A(\boldsymbol{r}\times\boldsymbol{p}_n)\,\mathrm{d}A-\oiint_A(\boldsymbol{v}\cdot\boldsymbol{n})\rho(\boldsymbol{r}\times\boldsymbol{v})\,\mathrm{d}A=\frac{\partial}{\partial t}\iiint_\tau(\boldsymbol{r}\times\rho\boldsymbol{v})\,\mathrm{d}\tau \tag{3.17}$$

其物理意义为：控制体内流体的动量矩对时间的变化率等于作用在控制体内流体上外力矩之和加上单位时间内通过控制面流入的流体动量矩。

4. 能量方程

利用输运公式(3.6)，令 $\phi=\rho\left(e+\frac{v^2}{2}\right)$，并考虑到 $\tau=\tau_0(t)$，$A=A_0(t)$，则方程(3.14)可改写为

$$\iiint_\tau \rho q_R\,\mathrm{d}\tau+\oiint_A q_\lambda\,\mathrm{d}A+\iiint_\tau(\rho\boldsymbol{f}\cdot\boldsymbol{v})\,\mathrm{d}\tau+\oiint_A(\boldsymbol{p}_n\cdot\boldsymbol{v})\,\mathrm{d}A=-\oiint_A(\boldsymbol{v}\cdot\boldsymbol{n})\rho\left(e+\frac{v^2}{2}\right)\mathrm{d}A=\frac{\partial}{\partial t}\iiint_\tau \rho\left(e+\frac{v^2}{2}\right)\mathrm{d}\tau \tag{3.18}$$

其物理意义为：控制体内流体的总能量对时间的变化率等于单位时间内传给控制体内流体的热量、外界对控制体内流体所做的功，以及单位时间内通过控制面流入的流体总能量之和。

下面讨论理想流体做绝热恒定流动且质量力有势情况下能量方程的形式。

由于是恒定流动，连续方程(3.15)可写为

$$\oiint_A \rho(\boldsymbol{v}\cdot\boldsymbol{n})\,\mathrm{d}A=\iiint_\tau \nabla\cdot(\rho\boldsymbol{v})\,\mathrm{d}\tau=0$$

由于被积函数的连续性及积分区间的任意性，因此被积函数在控制体内应处处为零，即

$$\nabla\cdot(\rho\boldsymbol{v})=0$$

由于是理想流体，表面应力只有法线方向分量，故有

$$\boldsymbol{p}_n=-p\boldsymbol{n}$$

因此能量方程(3.18)中的表面力在单位时间内所做的功可写为

$$\oiint_A(\boldsymbol{p}_n\cdot\boldsymbol{v})\,\mathrm{d}A=-\oiint_A(\boldsymbol{n}\cdot\boldsymbol{v})p\mathrm{d}A$$

由于是绝热流动，即 $q_\lambda=q_R=0$，故能量方程(3.18)中的热交换项为零。即

$$\iiint_\tau\rho q_R\mathrm{d}\tau=\oiint_A q_\lambda\mathrm{d}A=0$$

由于质量力有势，$\boldsymbol{f}=-\nabla U$，故能量方程(3.18)中质量力在单位时间内所做的功可写为

$$\iiint_\tau(\rho\boldsymbol{f}\cdot\boldsymbol{v})\,\mathrm{d}\tau=-\iiint_\tau\nabla U\cdot\rho\boldsymbol{v}\mathrm{d}\tau=$$
$$-\iiint_\tau\nabla\cdot(U\rho\boldsymbol{v})\,\mathrm{d}\tau+\iiint_\tau U\,\nabla\cdot(\rho\boldsymbol{v})\,\mathrm{d}\tau$$

将前面得到的$\nabla\cdot(\rho\boldsymbol{v})=0$代入上式，并利用高斯散度定理，则有

$$\iiint_\tau(\rho\boldsymbol{f}\cdot\boldsymbol{v})\,\mathrm{d}\tau=-\iiint_\tau\nabla\cdot(U\rho\boldsymbol{v})\,\mathrm{d}\tau=-\oiint_A(\boldsymbol{n}\cdot\boldsymbol{v})\rho U\mathrm{d}A$$

由于是恒定流动，故能量方程(3.18)中右侧项为零。即

$$\frac{\partial}{\partial t}\iiint_\tau\rho\left(e+\frac{v^2}{2}\right)\mathrm{d}\tau=0$$

将上述关系式代入能量方程(3.18)中，整理可得

$$\oiint_A(\boldsymbol{v}\cdot\boldsymbol{n})\rho\left(e+\frac{v^2}{2}+\frac{p}{\rho}+U\right)\mathrm{d}A=0\tag{3.19}$$

在流体为不可压缩时，$\oiint_A(\boldsymbol{v}\cdot\boldsymbol{n})e\rho\,\mathrm{d}A=0$，于是式(3.19)可写为

$$\oiint_A(\boldsymbol{v}\cdot\boldsymbol{n})\rho\left(\frac{v^2}{2}+\frac{p}{\rho}+U\right)\mathrm{d}A=0\tag{3.20}$$

3.2.3　欧拉方程的另一种形式

若令式(3.8)中的 $\phi=\rho$，结合拉格朗日型连续方程(3.11)，则可直接得到连续方程的另一种形式

$$\frac{D}{Dt}\iiint_{\tau_0}\rho\mathrm{d}\tau_0=\iiint_\tau\left(\frac{D\rho}{Dt}+\rho\,\nabla\cdot\boldsymbol{v}\right)\mathrm{d}\tau=0\tag{3.21}$$

系统物理量定义为 $I=\iiint_{\tau_0}\rho\phi\mathrm{d}\tau_0$，当 ϕ 分别为 $\boldsymbol{v}$、$\boldsymbol{r}\times\boldsymbol{v}$ 和 $e+\frac{v^2}{2}$ 时，根据式(3.10)(输运方程的另一种形式)，结合拉格朗日型的基本方程，也可以分别得到欧拉型的动量方程、动量矩方程和能量方程。

若令式(3.10)中的 $\phi=\boldsymbol{v}$，并考虑到 $\tau=\tau_0(t)$，$A=A_0(t)$，结合拉格朗日型动量方程，

则欧拉型动量方程还可写为

$$\frac{D}{Dt}\iiint_{\tau_0}\rho\boldsymbol{v}\,\mathrm{d}\tau_0=\iiint_{\tau}\frac{D\boldsymbol{v}}{Dt}\rho\,\mathrm{d}\tau=\iiint_{\tau}\rho\boldsymbol{f}\,\mathrm{d}\tau+\oiint_{A}\boldsymbol{p}_n\,\mathrm{d}A \tag{3.22}$$

若令式(3.10)中的 $\phi=\boldsymbol{r}\times\boldsymbol{v}$,并考虑到 $\tau=\tau_0(t)$,$A=A_0(t)$,结合拉格朗日型动量矩方程,则欧拉型动量矩方程还可写为

$$\frac{D}{Dt}\iiint_{\tau_0}(\boldsymbol{r}\times\rho\boldsymbol{v})\,\mathrm{d}\tau_0=\iiint_{\tau_0}\frac{D}{Dt}(\boldsymbol{r}\times\boldsymbol{v})\rho\,\mathrm{d}\tau_0=\iiint_{\tau}\left(\boldsymbol{r}\times\frac{D\boldsymbol{v}}{Dt}+\frac{D\boldsymbol{r}}{Dt}\times\boldsymbol{v}\right)\rho\,\mathrm{d}\tau=$$
$$\iiint_{\tau}\left(\boldsymbol{r}\times\frac{D\boldsymbol{v}}{Dt}\right)\rho\,\mathrm{d}\tau=\iiint_{\tau}\rho(\boldsymbol{r}\times\boldsymbol{f})\,\mathrm{d}\tau+\oiint_{A}(\boldsymbol{r}\times\boldsymbol{p}_n)\,\mathrm{d}A \tag{3.23}$$

若令式(3.10)中的 $\phi=\left(e+\frac{v^2}{2}\right)$,并考虑到 $\tau=\tau_0(t)$,$A=A_0(t)$,结合拉格朗日型能量方程,则欧拉型能量方程还可写为

$$\frac{D}{Dt}\iiint_{\tau_0}\rho\left(e+\frac{v^2}{2}\right)\mathrm{d}\tau_0=\iiint_{\tau}\left[\frac{D}{Dt}\left(e+\frac{v^2}{2}\right)\right]\rho\,\mathrm{d}\tau=$$
$$\iiint_{\tau}\rho q_R\,\mathrm{d}\tau+\oiint_{A}q_\lambda\,\mathrm{d}A+\iiint_{\tau}(\boldsymbol{f}\cdot\boldsymbol{v})\rho\,\mathrm{d}\tau+\oiint_{A}(\boldsymbol{p}_n\cdot\boldsymbol{v})\,\mathrm{d}A \tag{3.24}$$

需要说明的是,式(3.21)～(3.24)只适用于物理量 ϕ 在控制体 τ 内连续可导的情况,而式(3.15)～(3.18)只要求在控制体 τ 内积分存在即可。

3.2.4　非惯性坐标系中的动量方程和动量矩方程

在研究旋转叶轮中的流动等实际问题时,采用柱坐标、边界层坐标等非惯性坐标系更为方便,这类非惯性坐标系为正交曲线坐标系。实际应用最广的笛卡儿坐标系是属于正交曲线坐标系的一种特殊情况。对已建立起来的矢量形式的动量方程和动量矩方程,通过正交曲线坐标系中的矢量运算关系,可以比较容易地推导出非惯性坐标系中的动量方程和动量矩方程。

如图 3.2 所示,设非惯性坐标系 $O'x'_1x'_2x'_3$ 相对于惯性坐标系 $Ox_1x_2x_3$ 以速度 $\boldsymbol{v}_0(t)$ 移动,并以角速度 $\boldsymbol{\omega}(t)$ 转动。

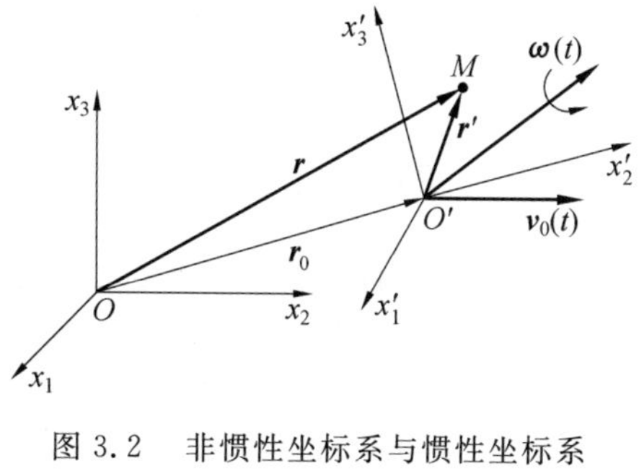

图 3.2　非惯性坐标系与惯性坐标系

首先讨论在两个正交曲线坐标系中的质点导数之间的关系。设 ϕ 为流体质点的任意一个标量函数。对于标量函数而言,在惯性坐标系和非惯性坐标系中的质点导数都是一样的,即

$$\frac{D\phi}{Dt}=\frac{D'\phi}{Dt} \tag{3.25}$$

其中，$\frac{D}{Dt}$ 表示在惯性坐标系中的质点导数；$\frac{D'}{Dt}$ 表示在非惯性坐标系中的质点导数。

设 $\boldsymbol{B}$ 为流体质点的任意一个矢量函数，其在两个坐标系中的质点导数是不一样的。对于矢量 $\boldsymbol{B}$ 而言，在两个坐标系中的表示方法是一样的。

$$\boldsymbol{B}=B_\alpha \boldsymbol{i}_\alpha = B'_\alpha \boldsymbol{i}'_\alpha$$

在惯性坐标系中求其质点导数为

$$\frac{D\boldsymbol{B}}{Dt}=\frac{D(B_\alpha \boldsymbol{i}_\alpha)}{Dt}=\frac{D(B'_\alpha \boldsymbol{i}'_\alpha)}{Dt}=\frac{DB'_\alpha}{Dt}\boldsymbol{i}'_\alpha + B'_\alpha \frac{D\boldsymbol{i}'_\alpha}{Dt} \tag{3.26}$$

上式是用非惯性坐标中表示的矢量 $\boldsymbol{B}$ 在惯性坐标系中求其质点导数。式中的 $\frac{D\boldsymbol{i}'_\alpha}{Dt}$ 表示非惯性坐标系中的单位向量在惯性坐标系中对时间的变化率，是由坐标系 $O'x'_1x'_2x'_3$ 相对于惯性坐标系 $Ox_1x_2x_3$ 的旋转角速度 $\boldsymbol{\omega}$ 所引起的。

设在 $\mathrm{d}t$ 时间内单位向量 $\boldsymbol{i}'_\alpha$ 所转过的角度为 $\mathrm{d}\theta$，因 $\mathrm{d}\boldsymbol{\theta}=\boldsymbol{\omega}\mathrm{d}t$，由图 3.3 可知

$$\mathrm{d}\boldsymbol{i}'_\alpha = -\boldsymbol{i}'_\alpha \times \boldsymbol{\omega}\mathrm{d}t = (\boldsymbol{\omega}\times \boldsymbol{i}'_\alpha)\mathrm{d}t$$

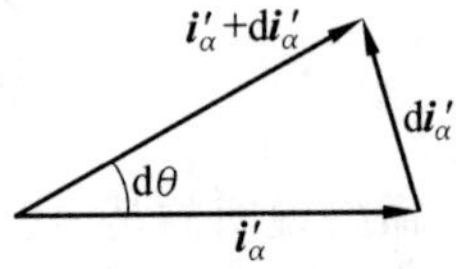

图 3.3　非惯性系中的单位矢量的变化

因此有

$$\frac{D\boldsymbol{i}'_\alpha}{Dt}=\boldsymbol{\omega}\times \boldsymbol{i}'_\alpha$$

上式代入式(3.26) 中可得

$$\frac{D\boldsymbol{B}}{Dt}=\frac{DB'_\alpha}{Dt}\boldsymbol{i}'_\alpha + B'_\alpha \frac{D\boldsymbol{i}'_\alpha}{Dt}=\frac{D'B'_\alpha}{Dt}\boldsymbol{i}'_\alpha + B'_\alpha(\boldsymbol{\omega}\times \boldsymbol{i}'_\alpha)=\frac{D'\boldsymbol{B}}{Dt}+(\boldsymbol{\omega}\times \boldsymbol{B}) \tag{3.27}$$

再来看物理量 ϕ 和 $\boldsymbol{B}$ 在两坐标系中对时间的偏导数之间的关系。对于标量函数 ϕ，由质点导数的概念可知

$$\begin{cases}\dfrac{D\phi}{Dt}=\dfrac{\partial\phi}{\partial t}+\boldsymbol{v}\cdot\nabla\phi \\ \dfrac{D'\phi}{Dt}=\dfrac{\partial'\phi}{\partial t}+\boldsymbol{w}\cdot\nabla'\phi\end{cases}$$

其中，$\boldsymbol{v}$ 为流体质点在惯性坐标系中的速度；$\boldsymbol{w}$ 为质点在非惯性坐标系中的速度。由上式和式(3.25) 可知

$$\frac{\partial\phi}{\partial t}=\frac{\partial'\phi}{\partial t}-(\boldsymbol{v}-\boldsymbol{w})\cdot\nabla\phi \tag{3.28}$$

上式中应用了 $\nabla\phi=\nabla'\phi$ 这一条件。该条件说明 ∇ 在正交坐标系中是个不变量，可用下式简单证明得到

$$\nabla'\phi=\boldsymbol{i}'_\alpha\frac{\partial\phi}{\partial x'_\alpha}=\nabla x'_\alpha\frac{\partial\phi}{\partial x'_\alpha}=\boldsymbol{i}_\beta\frac{\partial x'_\alpha}{\partial x_\beta}\frac{\partial\phi}{\partial x'_\alpha}=\boldsymbol{i}_\beta\frac{\partial\phi}{\partial x_\beta}=\nabla\phi$$

上式中的标量函数 ϕ 换为矢量函数 $\boldsymbol{B}$ 同样成立。

对于矢量函数 $\boldsymbol{B}$，由质点导数的概念可知

$$\begin{cases}\dfrac{D\boldsymbol{B}}{Dt}=\dfrac{\partial\boldsymbol{B}}{\partial t}+\boldsymbol{v}\cdot\nabla\boldsymbol{B}\\ \dfrac{D'\boldsymbol{B}}{Dt}=\dfrac{\partial'\boldsymbol{B}}{\partial t}+\boldsymbol{w}\cdot\nabla\boldsymbol{B}\end{cases}$$

由上式和式(3.27) 可知

$$\frac{\partial\boldsymbol{B}}{\partial t}+\boldsymbol{v}\cdot\nabla\boldsymbol{B}=\frac{\partial'\boldsymbol{B}}{\partial t}+\boldsymbol{w}\cdot\nabla\boldsymbol{B}+\boldsymbol{\omega}\times\boldsymbol{B}$$

即

$$\frac{\partial\boldsymbol{B}}{\partial t}=\frac{\partial'\boldsymbol{B}}{\partial t}-(\boldsymbol{v}-\boldsymbol{w})\cdot\nabla\boldsymbol{B}+\boldsymbol{\omega}\times\boldsymbol{B}\tag{3.29}$$

由图 3.2 可知，任意 M 点处的流体质点在两坐标系中的位置存在关系

$$\boldsymbol{r}=\boldsymbol{r}_0+\boldsymbol{r}'$$

对上式两边在惯性坐标系中求质点导数可得

$$\frac{D\boldsymbol{r}}{Dt}=\frac{D\boldsymbol{r}_0}{Dt}+\frac{D\boldsymbol{r}'}{Dt}=\frac{D\boldsymbol{r}_0}{Dt}+\left(\frac{D'\boldsymbol{r}'}{Dt}+\boldsymbol{\omega}\times\boldsymbol{r}'\right)$$

因此，该流体质点在两坐标系中的速度 $\boldsymbol{v}$ 和 $\boldsymbol{w}$ 之间有如下关系

$$\boldsymbol{v}=\boldsymbol{v}_0+\boldsymbol{w}+\boldsymbol{\omega}\times\boldsymbol{r}'$$

对上式两边求质点导数可得

$$\begin{aligned}\frac{D\boldsymbol{v}}{Dt}=&\frac{D\boldsymbol{v}_0}{Dt}+\frac{D\boldsymbol{w}}{Dt}+\frac{D(\boldsymbol{\omega}\times\boldsymbol{r}')}{Dt}=\\&\frac{D\boldsymbol{v}_0}{Dt}+\left(\frac{D'\boldsymbol{w}}{Dt}+\boldsymbol{\omega}\times\boldsymbol{w}\right)+\left(\frac{D\boldsymbol{\omega}}{Dt}\times\boldsymbol{r}'+\boldsymbol{\omega}\times\frac{D\boldsymbol{r}'}{Dt}\right)=\\&\frac{D\boldsymbol{v}_0}{Dt}+\left(\frac{D'\boldsymbol{w}}{Dt}+\boldsymbol{\omega}\times\boldsymbol{w}\right)+\left[\frac{D\boldsymbol{\omega}}{Dt}\times\boldsymbol{r}'+\boldsymbol{\omega}\times\left(\frac{D'\boldsymbol{r}'}{Dt}+\boldsymbol{\omega}\times\boldsymbol{r}'\right)\right]=\\&\boldsymbol{a}_0+\left(\frac{D'\boldsymbol{w}}{Dt}+\boldsymbol{\omega}\times\boldsymbol{w}\right)+\left[\frac{D\boldsymbol{\omega}}{Dt}\times\boldsymbol{r}'+\boldsymbol{\omega}\times(\boldsymbol{w}+\boldsymbol{\omega}\times\boldsymbol{r}')\right]=\\&\boldsymbol{a}_0+\frac{D'\boldsymbol{w}}{Dt}+2\boldsymbol{\omega}\times\boldsymbol{w}+\frac{D\boldsymbol{\omega}}{Dt}\times\boldsymbol{r}'+\boldsymbol{\omega}\times(\boldsymbol{\omega}\times\boldsymbol{r}')\end{aligned}\tag{3.30}$$

将上式代入动量方程(3.22)，并整理可得

$$\begin{aligned}&\iiint_{\tau'}\frac{D'\boldsymbol{w}}{Dt}\rho\,d\tau'=\\&\iiint_{\tau'}\left[\boldsymbol{f}-\boldsymbol{a}_0-2\boldsymbol{\omega}\times\boldsymbol{w}-\frac{D\boldsymbol{\omega}}{Dt}\times\boldsymbol{r}'-\boldsymbol{\omega}\times(\boldsymbol{\omega}\times\boldsymbol{r}')\right]\rho\,d\tau'+\oint\!\!\oint_{A'}\boldsymbol{p}_n\,dA'\end{aligned}\tag{3.31}$$

这就是非惯性坐标系中的动量方程。

由此可见，非惯性坐标系中的动量方程(3.31) 与绝对坐标系中的动量方程(3.22) 的区别，在于在质量力中除了 $\boldsymbol{f}$ 以外，还包括了各种惯性力：$-\boldsymbol{a}_0$(平动惯性力)，$-\boldsymbol{\omega}\times(\boldsymbol{\omega}\times\boldsymbol{r}')$(向心惯性力或称离心力)，$-\dfrac{D\boldsymbol{\omega}}{Dt}\times\boldsymbol{r}'$(切向惯性力) 和 $-2\boldsymbol{\omega}\times\boldsymbol{w}$(哥氏惯性力)。

同样，将式(3.30) 代入动量矩方程(3.23)，并整理可得

$$\iiint_{\tau'}\left(\boldsymbol{r}'\times\frac{D'\boldsymbol{w}}{Dt}\right)\rho\,\mathrm{d}\tau' =$$

$$\iiint_{\tau'}\boldsymbol{r}'\times\left[\boldsymbol{f}-\boldsymbol{a}_0-2\boldsymbol{\omega}\times\boldsymbol{w}-\frac{D\boldsymbol{\omega}}{Dt}\times\boldsymbol{r}'-\boldsymbol{\omega}\times(\boldsymbol{\omega}\times\boldsymbol{r}')\right]\rho\,\mathrm{d}\tau'+\oiint_{A'}\boldsymbol{r}'\times\boldsymbol{p}_n\mathrm{d}A' \tag{3.32}$$

由输运方程(3.6),若系统的物理量定义为$\iiint_{\tau_0}\rho\phi\,\mathrm{d}\tau_0$,则

$$\iiint_{\tau}\frac{\rho D\phi}{Dt}\mathrm{d}\tau=\iiint_{\tau}\frac{\partial(\rho\phi)}{\partial t}\mathrm{d}\tau+\oiint_{A}(\boldsymbol{v}\cdot\boldsymbol{n})(\rho\phi)\,\mathrm{d}A \tag{3.33}$$

因此非惯性坐标系中的动量方程(3.31)和动量矩方程(3.32)还可写为

$$\iiint_{\tau'}\frac{\partial'(\rho\boldsymbol{w})}{\partial t}\mathrm{d}\tau'+\oiint_{A'}(\boldsymbol{w}\cdot\boldsymbol{n})(\rho\boldsymbol{w})\,\mathrm{d}A' =$$

$$\iiint_{\tau'}\left[\boldsymbol{f}-\boldsymbol{a}_0-2\boldsymbol{\omega}\times\boldsymbol{w}-\frac{D\boldsymbol{\omega}}{Dt}\times\boldsymbol{r}'-\boldsymbol{\omega}\times(\boldsymbol{\omega}\times\boldsymbol{r}')\right]\rho\,\mathrm{d}\tau'+\oiint_{A'}\boldsymbol{p}_n\mathrm{d}A' \tag{3.34}$$

$$\iiint_{\tau'}\frac{\partial'(\boldsymbol{r}'\times\rho\boldsymbol{w})}{\partial t}\mathrm{d}\tau'+\oiint_{A'}(\boldsymbol{w}\cdot\boldsymbol{n})(\boldsymbol{r}'\times\rho\boldsymbol{w})\,\mathrm{d}A' =$$

$$\iiint_{\tau'}\boldsymbol{r}'\times\left[\boldsymbol{f}-\boldsymbol{a}_0-2\boldsymbol{\omega}\times\boldsymbol{w}-\frac{D\boldsymbol{\omega}}{Dt}\times\boldsymbol{r}'-\boldsymbol{\omega}\times(\boldsymbol{\omega}\times\boldsymbol{r}')\right]\rho\,\mathrm{d}\tau'+\oiint_{A'}\boldsymbol{r}'\times\boldsymbol{p}_n\mathrm{d}A' \tag{3.35}$$

非惯性坐标系中的能量方程也可用类似的方法推导出来,但其形式比较复杂,在此不再推导。本书仅在 4.1 节中介绍非惯性坐标系中理想流体微分形式的能量方程。

3.3 欧拉型积分形式基本方程的应用

欧拉型积分形式的基本方程在实际的流体力学问题中有广泛应用,本节仅对一些典型的工程流体力学问题进行分析。用欧拉型积分形式的基本方程求解问题时,关键在于正确选取控制面。通常控制面应包括以下几种面:

(1) 所研究的边界面。

(2) 全部或部分物理量已知的面。

(3) 流面。

3.3.1 理想不可压缩流体对弯管的作用力

理想不可压缩流体流过如图 3.4 所示的固定弯管,设流动是恒定的,且质量力只有重力。若已知进出口截面积分别为 A_1 和 A_2,且其上流速、压力都分布均匀,分别为 V_1、p_1 和 V_2、p_2。

采用固结于弯管上的绝对坐标系,并取如图 3.4 中截面 A_1 和 A_2 间的流体所占据的空间体积为控制体。以 A_0 表示控制体的侧面,A_1 和 A_2 为其断面。控制面 $A=A_0+A_1+A_2$。

动量方程为

$$\iiint_{\tau}\rho\boldsymbol{f}\,\mathrm{d}\tau+\oiint_{A}\boldsymbol{p}_n\mathrm{d}A-\oiint_{A}(\boldsymbol{v}\cdot\boldsymbol{n})\rho\boldsymbol{v}\,\mathrm{d}A=\frac{\partial}{\partial t}\iiint_{\tau}\rho\boldsymbol{v}\,\mathrm{d}\tau$$

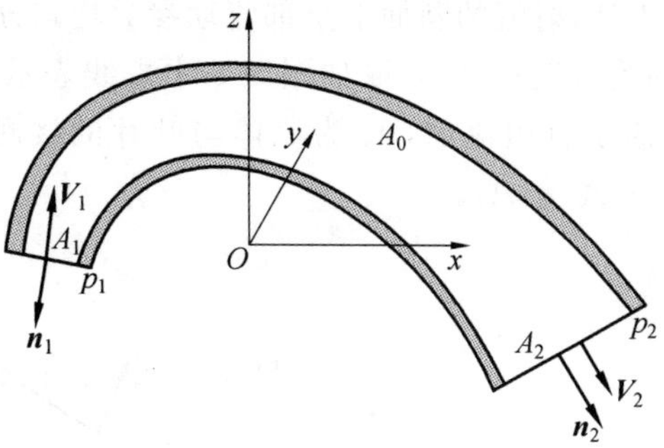

图 3.4　弯管中的流动

若以 $\boldsymbol{F}$ 表示流体作用于弯管的合力，则

$$\boldsymbol{F}=-\iint_{A_0}\boldsymbol{p}_n\mathrm{d}A=-\oiint_A\boldsymbol{p}_n\mathrm{d}A+\iint_{A_1}\boldsymbol{p}_n\mathrm{d}A+\iint_{A_2}\boldsymbol{p}_n\mathrm{d}A=$$

$$-\oiint_A\boldsymbol{p}_n\mathrm{d}A-p_1A_1\boldsymbol{n}_1-p_2A_2\boldsymbol{n}_2$$

由于流动为恒定流动，因此

$$\frac{\partial}{\partial t}\iiint_\tau\rho\boldsymbol{v}\mathrm{d}\tau=\boldsymbol{0}$$

由于质量力只有重力，因此

$$\iiint_\tau\rho\boldsymbol{f}\mathrm{d}\tau=\iiint_\tau\rho\boldsymbol{g}\mathrm{d}\tau=\rho\tau\boldsymbol{g}$$

在 A_0 面上 $\boldsymbol{v}\cdot\boldsymbol{n}=0$，因此动量方程中的

$$\oiint_A(\boldsymbol{v}\cdot\boldsymbol{n})\rho\boldsymbol{v}\mathrm{d}A=\boldsymbol{n}_1\rho V_1^2A_1+\boldsymbol{n}_2\rho V_2^2A_2$$

将以上关系式代入动量方程中，并整理可得

$$\boldsymbol{F}=\rho\tau\boldsymbol{g}-(p_1+\rho V_1^2)A_1\boldsymbol{n}_1-(p_2+\rho V_2^2)A_2\boldsymbol{n}_2 \tag{3.36}$$

根据恒定流动的连续方程，并在 A_0 面上 $\boldsymbol{v}\cdot\boldsymbol{n}=0$，则有

$$\oiint_A\rho(\boldsymbol{v}\cdot\boldsymbol{n})\mathrm{d}A=\rho(V_2A_2-V_1A_1)=0$$

假设是不可压缩理想流体绝热定常流动，且忽略质量力，并有 $A_1=A_2$，则由上式可得

$$V_2=V_1=V$$

又由能量方程得

$$\oiint_A(\boldsymbol{v}\cdot\boldsymbol{n})\rho\left(\frac{v^2}{2}+\frac{p}{\rho}+U\right)\mathrm{d}A=V_2\left(\frac{V_2^2}{2}+\frac{p_2}{\rho}\right)\rho A_2-V_1\left(\frac{V_1^2}{2}+\frac{p_1}{\rho}\right)\rho A_1=0$$

再由 $V_2=V_1=V$ 可得

$$p_2=p_1=p$$

则流体作用于弯管的作用力为

$$\boldsymbol{F}=-(p+\rho V^2)A(\boldsymbol{n}_1+\boldsymbol{n}_2) \tag{3.37}$$

3.3.2　理想不可压缩射流对叶片的作用力

如图 3.5 所示，理想不可压缩射流冲击一个叶片后，流速方向改变了 θ 角。假设流动

是绝热且恒定的，质量力不计，射流的断面上全部流动参数均匀分布。

采用固结于叶片上的绝对坐标系，并取如图 3.5 中虚线表示的两截面间流体所占据的体积为控制体。以 A_a 表示自由流面，A_b 为流体与叶片的接触面，A_1 和 A_2 为射流断面。控制面 $A = A_a + A_b + A_1 + A_2$。

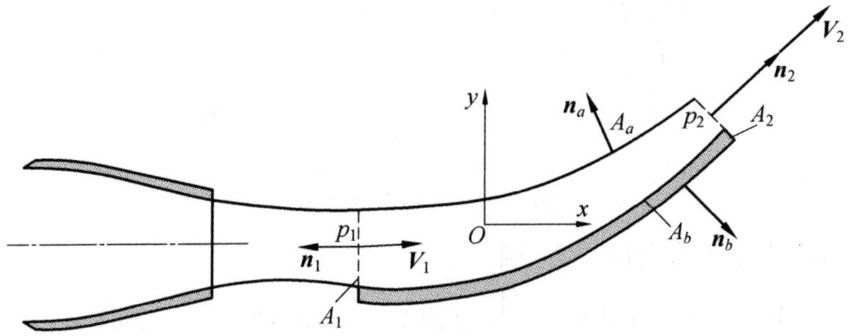

图 3.5　射流冲击叶片

应用连续方程，并注意到在 A_a 和 A_b 面上 $\boldsymbol{v}\cdot\boldsymbol{n}=0$，可得

$$\oiint_A \rho(\boldsymbol{v}\cdot\boldsymbol{n})\mathrm{d}A = \rho(V_2A_2 - V_1A_1) = 0$$

则有

$$\rho V_1 A_1 = \rho V_2 A_2 = Q_m$$

应用能量方程，并注意到不计质量力，在 A_a 和 A_b 面上 $\boldsymbol{v}\cdot\boldsymbol{n}=0$，则

$$\oiint_A (\boldsymbol{v}\cdot\boldsymbol{n})\rho\left(\frac{v^2}{2}+\frac{p}{\rho}+U\right)\mathrm{d}A = Q_m\left[\left(\frac{V_2^2}{2}+\frac{p_a}{\rho}\right)-\left(\frac{V_1^2}{2}+\frac{p_a}{\rho}\right)\right]=0$$

由于流动为自由出流，故 $p_1 = p_2 = p_a$，因此有

$$V_1 = V_2 = V$$

应用动量方程，并注意到不计质量力，即

$$\oiint_A \boldsymbol{p}_n\mathrm{d}A - \oiint_A (\boldsymbol{v}\cdot\boldsymbol{n})\rho\boldsymbol{v}\mathrm{d}A = \boldsymbol{0}$$

由于是理想流体，故 $\boldsymbol{p}_n = -\boldsymbol{n}p$，并且注意到

$$\oiint_A p_a\boldsymbol{n}\mathrm{d}A = \iiint_\tau \nabla(p_a)\,\mathrm{d}\tau = \boldsymbol{0}$$

因此有

$$\oiint_A \boldsymbol{p}_n\mathrm{d}A = -\oiint_A p\boldsymbol{n}\mathrm{d}A = -\oiint_A p\boldsymbol{n}\mathrm{d}A + \oiint_A p_a\boldsymbol{n}\mathrm{d}A = -\oiint_A (p-p_a)\boldsymbol{n}\mathrm{d}A$$

根据题意，在 A_a、A_1、A_2 面上的压强均为 p_a，所以有

$$\oiint_A \boldsymbol{p}_n\mathrm{d}A = -\oiint_A (p-p_a)\boldsymbol{n}\mathrm{d}A = -\oiint_{A_b} (p-p_a)\boldsymbol{n}\mathrm{d}A$$

若以 $\boldsymbol{F}$ 表示射流和大气作用于叶片内外表面的合力，则

$$\boldsymbol{F} = \oiint_{A_b} (p-p_a)\boldsymbol{n}\mathrm{d}A = -\oiint_A \boldsymbol{p}_n\mathrm{d}A$$

在 A_a 和 A_b 面上 $\boldsymbol{v}\cdot\boldsymbol{n}=0$，并且 $\rho V_1A_1 = \rho V_2A_2 = Q_m$，因此动量方程中的

$$\oiint_A (\boldsymbol{v}\cdot\boldsymbol{n})\rho\boldsymbol{v}\mathrm{d}A=\boldsymbol{n}_1\rho V_1^2A_1+\boldsymbol{n}_2\rho V_2^2A_2=Q_mV(\boldsymbol{n}_1+\boldsymbol{n}_2)$$

将以上关系式代入动量方程中，并整理可得

$$\boldsymbol{F}=-Q_mV(\boldsymbol{n}_1+\boldsymbol{n}_2) \tag{3.38}$$

$\boldsymbol{F}$ 在 x、y 坐标轴方向的分量为

$$F_x=Q_mV(1-\cos\theta)$$
$$F_y=-Q_mV\sin\theta \tag{3.39}$$

再考虑另一种情况，即在上述力作用下，叶片以恒定速度 u 沿 x 方向匀速运动，此时将坐标系固定在动叶片上，则射流速度只需要用相对速度 $\mathbf{V}'$ 代替绝对速度 $\mathbf{V}$ 即可。经过与上述过程完全相同的分析，可得作用于动叶片上的合力 $\boldsymbol{F}$ 的分量为

$$\begin{cases}F_x=Q'_mV'(1-\cos\theta)=\rho A_1V'^2_1(1-\cos\theta)=\rho A_1\ (V_1-u)^2(1-\cos\theta)\\F_y=-Q'_mV'\sin\theta=-\rho A_1V'^2_1\sin\theta=\rho A_1\ (V_1-u)^2\sin\theta\end{cases} \tag{3.40}$$

其中 $Q'_m=\rho V'A_1=\rho(V_1-u)A_1$。

在上述作用下，叶片以速度 u 运动，叶片所接收到的功率为

$$N=F_xu=\rho A_1\ (V_1-u)^2u(1-\cos\theta)=$$
$$Q'_m(V_1-u)u(1-\cos\theta) \tag{3.41}$$

由此可得出下列结论：

(1) 若 θ 和 V_1 为定值，则 $u=V_1/3$ 时，叶片所接收到的功率最大。

(2) 若 V_1 和 u 为定值，则 $\theta=\pi$ 时，叶片所接收到的功率最大。

(3) 若 Q'_m 和 θ 为定值，则 $u=V_1/2$ 时，叶片所接收到的功率最大；特殊地，当 $\theta=\pi$ 时，最大功率 $N_{\max}=Q'_mV_1^2/2$。

3.3.3 理想不可压缩射流冲击挡板

如图 3.6 所示，一股理想不可压缩流体的平面流束以速度 V 冲击一个斜置的光滑平板，相遇后分成两股流束。已知这两股流束的宽度为 d_1 和 d_2，来流流束宽度为 d_3，各流束截面上的流动参数分布均匀，忽略质量力。求该挡板所受外力的合力与压力中心 E 的位置。

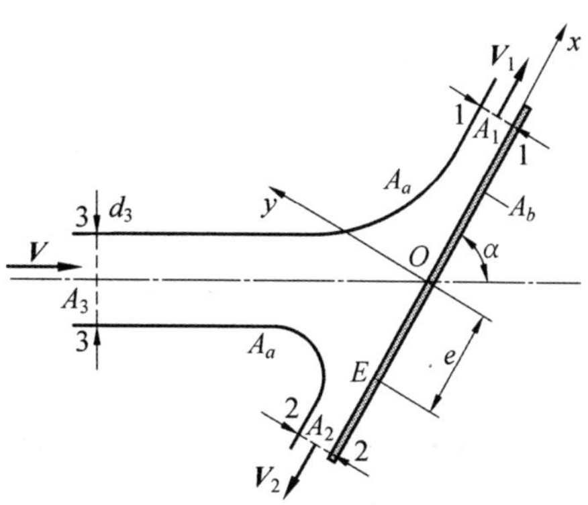

图 3.6　射流冲击挡板

采用固结于挡板的绝对坐标系，坐标原点 O 为来流射流中心线与挡板的交点。如图 3.6 所示，控制面 $A=A_a+A_b+A_1+A_2+A_3$。

忽略质量力的不可压缩绝热恒定流动的能量方程为

$$\oiint_A (\boldsymbol{v}\cdot\boldsymbol{n})\left(\frac{v^2}{2}+\frac{p}{\rho}\right)\rho\mathrm{d}A=0$$

由于流动为自由出流,故 $p_1 = p_2 = p_3 = p_a$,因此有

$$V_1 = V_2 = V_3 = V$$

不可压缩流体恒定流动的连续方程为

$$\oiint_A \rho(\boldsymbol{v} \cdot \boldsymbol{n})\mathrm{d}A = \rho V_1 A_1 + \rho V_2 A_2 - \rho V_3 A_3 = 0$$

由于 $V_1 = V_2 = V_3 = V$,因此有

$$d_1 + d_2 - d_3 = 0 \tag{3.42}$$

设控制面 A 上的全部外力的合力为 $\boldsymbol{F}_f$,挡板所受的所有外力的合力为 $\boldsymbol{F}$。则有

$$\boldsymbol{F}_f = \oiint_A \boldsymbol{p}_n \mathrm{d}A = -\oiint_A p\boldsymbol{n}\mathrm{d}A = -\oiint_{A_b} (p - p_a)\boldsymbol{n}\mathrm{d}A = \oiint_{A_b} (p - p_a)\boldsymbol{j}\,\mathrm{d}A = -\boldsymbol{F}$$

忽略质量力,恒定流动的动量方程为

$$\oiint_A \boldsymbol{p}_n \mathrm{d}A - \oiint_A (\boldsymbol{v} \cdot \boldsymbol{n})\rho\boldsymbol{v}\mathrm{d}A = \boldsymbol{0}$$

因此有

$$\boldsymbol{F} = -\oiint_A (\boldsymbol{v} \cdot \boldsymbol{n})\rho\boldsymbol{v}\mathrm{d}A = -\rho V^2 (d_1\boldsymbol{n}_1 + d_2\boldsymbol{n}_2 + d_3\boldsymbol{n}_3)$$

又因为 $\boldsymbol{n}_1 = \boldsymbol{i}, \boldsymbol{n}_2 = -\boldsymbol{i}, \boldsymbol{n}_3 = -\boldsymbol{i}\cos\alpha + \boldsymbol{j}\sin\alpha$,代入上式可得

$$\boldsymbol{F} = \rho V^2 (d_3\cos\alpha - d_1 + d_2)\boldsymbol{i} - \rho V^2 d_3 \sin\alpha\boldsymbol{j}$$

由于是理想流体,因此有 $\boldsymbol{F} \cdot \boldsymbol{i} = 0$,即

$$\boldsymbol{F} = -\rho V^2 d_3 \sin\alpha\boldsymbol{j}$$

且有

$$d_1 - d_2 = d_3\cos\alpha \tag{3.43}$$

联立式(3.42) 和式(3.43) 可得

$$d_1 = \frac{1 + \cos\alpha}{2} d_3$$

$$d_2 = \frac{1 - \cos\alpha}{2} d_3$$

根据合力矩定理,表面力对原点的矩可表示为

$$\oiint_A (\boldsymbol{r} \times \boldsymbol{p}_n)\,\mathrm{d}A = \boldsymbol{e} \times \boldsymbol{F}_f = -\boldsymbol{e} \times \boldsymbol{F} = -\rho V^2 e d_3 \sin\alpha\boldsymbol{k}$$

忽略质量力的恒定流动其动量矩方程为

$$\oiint_A (\boldsymbol{r} \times \boldsymbol{p}_n)\,\mathrm{d}A - \oiint_A (\boldsymbol{v} \cdot \boldsymbol{n})\,\rho\,(\boldsymbol{r} \times \boldsymbol{v})\,\mathrm{d}A = \boldsymbol{0}$$

其中

$$\oiint_A (\boldsymbol{v} \cdot \boldsymbol{n})\,\rho\,(\boldsymbol{r} \times \boldsymbol{v})\,\mathrm{d}A = \iint_{A_1+A_2} (\boldsymbol{v} \cdot \boldsymbol{n})\,\rho\,(\boldsymbol{r} \times \boldsymbol{v})\,\mathrm{d}A + \iint_{A_3} (\boldsymbol{v} \cdot \boldsymbol{n})\,\rho\,(\boldsymbol{r} \times \boldsymbol{v})\,\mathrm{d}A$$

由于从断面 d_3 流入的动量沿来流射流中心线对称,故其对 O 点取矩为零,因此上式中等式右侧第二项为零。则

$$\oiint_A (\boldsymbol{v} \cdot \boldsymbol{n})\,\rho\,(\boldsymbol{r} \times \boldsymbol{v})\,\mathrm{d}A = \iint_{A_1} \rho v^2 (x\boldsymbol{i} + y\boldsymbol{j}) \times \boldsymbol{i}\mathrm{d}A + \iint_{A_2} \rho v^2 (x\boldsymbol{i} + y\boldsymbol{j}) \times (-\boldsymbol{i})\,\mathrm{d}A =$$

$$\left(\rho d_2 V^2 \frac{d_2}{2} - \rho d_1 V^2 \frac{d_1}{2}\right)\boldsymbol{k} = -\frac{1}{2}\rho V^2 d_3^2 \cos\alpha\boldsymbol{k}$$

因此有

$$\rho V^2 e d_3 \sin \alpha \boldsymbol{k} = \frac{1}{2}\rho V^2 d_3^2 \cos \alpha \boldsymbol{k}$$

求解上式可得

$$e = \frac{1}{2} d_3 \cot \alpha$$

3.3.4　库塔－儒科夫斯基升力定理

讨论理想不可压缩流体绕固定平面叶栅的绝热恒定流动，且质量力忽略不计。设叶栅前、后无穷远处的速度 V、压力 p 都是均匀的，求流体作用于单位翼展叶片上的力。

如图 3.7 所示，采用固结于固定叶栅的绝对坐标系，取 $A = A_1 + A_2 + A_a + A_b$ 所围成的体积为控制体。其中，A_a 为所研究叶片与上、下两个相邻叶片间的中间流面，这两个中间流面地位完全相同。A_b 为所研究叶片的表面。易知在控制面 A_a 和 A_b 上有

$$\boldsymbol{v} \cdot \boldsymbol{n}\big|_{A_a, A_b} = 0$$

将叶栅前、后无穷远处的流动速度分解为 $\boldsymbol{V} = V_x \boldsymbol{i} + V_y \boldsymbol{j}$。

由不可压流体的连续方程

$$\oiint_A \rho(\boldsymbol{v} \cdot \boldsymbol{n})\mathrm{d}A = 0$$

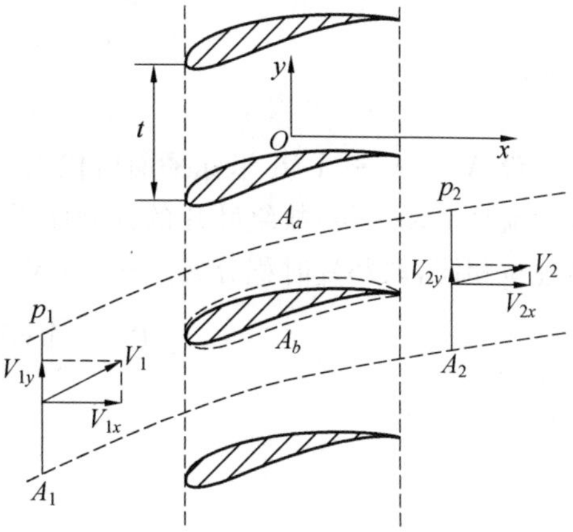

图 3.7　平面叶栅绕流

可知

$$\rho V_{1x} t = \rho V_{2x} t \Rightarrow V_{1x} = V_{2x} = V_x$$

理想不可压缩流体绝热恒定流动，忽略质量力的能量方程为

$$\oiint_A (\boldsymbol{v} \cdot \boldsymbol{n})\left(\frac{v^2}{2} + \frac{p}{\rho}\right)\rho \mathrm{d}A = 0$$

即

$$\left(\frac{V_2^2}{2} + \frac{p_2}{\rho}\right) V_{2x}\rho t - \left(\frac{V_1^2}{2} + \frac{p_1}{\rho}\right) V_{1x}\rho t = 0$$

所以

$$p_2 - p_1 = \frac{1}{2}\rho(V_1^2 - V_2^2) = \frac{1}{2}\rho(V_{1y}^2 - V_{2y}^2)$$

设流体作用于所研究叶片上的作用力为 $\boldsymbol{F}$，则有

$$\boldsymbol{F} = -\oiint_{A_b} \boldsymbol{p}_n \mathrm{d}A$$

理想不可压缩流体恒定流动且忽略质量力情况下的动量方程为

$$\oiint_A \boldsymbol{p}_n \mathrm{d}A - \oiint_A (\boldsymbol{v} \cdot \boldsymbol{n})\rho \boldsymbol{v} \mathrm{d}A = \boldsymbol{0}$$

其中作用在 A_a 截面上下两个流面上的表面力抵消，故有

$$\oiint_A \boldsymbol{p}_n \mathrm{d}A = \iint_{A_1} \boldsymbol{p}_1 \mathrm{d}A + \iint_{A_2} \boldsymbol{p}_2 \mathrm{d}A + \oiint_{A_b} \boldsymbol{p}_n \mathrm{d}A =$$

$$(p_1 - p_2) t\boldsymbol{i} - \boldsymbol{F} = \frac{1}{2}\rho t (V_{2y}^2 - V_{1y}^2) \boldsymbol{i} - \boldsymbol{F}$$

动量方程中的

$$\oiint_A (\boldsymbol{v} \cdot \boldsymbol{n}) \rho \boldsymbol{v} \mathrm{d}A = \rho V_x t (\boldsymbol{V}_2 - \boldsymbol{V}_1) = \rho V_x t (V_{2y} - V_{1y}) \boldsymbol{j}$$

因此有

$$\boldsymbol{F} = \frac{1}{2}\rho t (V_{2y}^2 - V_{1y}^2) \boldsymbol{i} + \rho V_x t (V_{1y} - V_{2y}) \boldsymbol{j}$$

在 x、y 方向的分量为

$$F_x = \frac{1}{2}\rho t (V_{2y}^2 - V_{1y}^2)$$

$$F_y = \rho V_x t (V_{1y} - V_{2y})$$

设 $A_1 + A_2 + A_a$ 在坐标平面所代表的封闭曲线 l 上的顺时针速度环量为 Γ，由于控制体内流体流动无旋，故绕叶片的控制体周界 l 上的顺时针速度环量为 Γ。由于上下两条流线地位相同，取环量时积分方向相反，故

$$\Gamma = -\oint_l \boldsymbol{v} \mathrm{d}\boldsymbol{l} = (V_{1y} - V_{2y}) t \tag{3.44}$$

于是

$$F_x = -\rho\Gamma \left(\frac{V_{1y} + V_{2y}}{2} \right)$$

$$F_y = \rho\Gamma V_x$$

即

$$\boldsymbol{F} = -\rho\Gamma \left(\frac{V_{1y} + V_{2y}}{2} \right) \boldsymbol{i} + \rho\Gamma V_x \boldsymbol{j}$$

定义平均速度为

$$\boldsymbol{V}_\mathrm{m} = \frac{1}{2}(\boldsymbol{V}_1 + \boldsymbol{V}_2) = V_x \boldsymbol{i} + \frac{V_{1y} + V_{2y}}{2} \boldsymbol{j}$$

则由以上两式知 $\boldsymbol{V}_\mathrm{m} \perp \boldsymbol{F}$，即 $\boldsymbol{V}_\mathrm{m} \cdot \boldsymbol{F} = 0$，因此

$$\boldsymbol{V}_\mathrm{m} \times \boldsymbol{F} = \rho \left[V_x^2 + \left(\frac{V_{1y} + V_{2y}}{2} \right)^2 \right] \Gamma \boldsymbol{k}$$

所以

$$V_\mathrm{m} F = \rho \left[V_x^2 + \left(\frac{V_{1y} + V_{2y}}{2} \right)^2 \right] \Gamma = \rho V_\mathrm{m}^2 \Gamma$$

故而有

$$F = \rho V_\mathrm{m} \Gamma$$

即

$$|\boldsymbol{F}| = \rho |\boldsymbol{V}_\mathrm{m}| \Gamma \tag{3.45}$$

$\boldsymbol{F}$ 的方向为 $\boldsymbol{V}_\mathrm{m}$ 的方向逆环量旋转 90°，如图 3.8 所示。

若令栅距 $t \to \infty$，且使环量 Γ 保持不变，则由式(3.44) 可知，此时的

$$V_{1y}=V_{2y}$$

又因为 $V_{1x}=V_{2x}$，所以

$$V_1=V_2=V_{\rm m}=V_\infty$$

其中 V_∞ 为无穷远处来流速度。

因此，单个无限翼展翼型的升力为

$$|\boldsymbol{F}|=\rho V_\infty \Gamma$$

上式即为著名的库塔－儒科夫斯基定理。

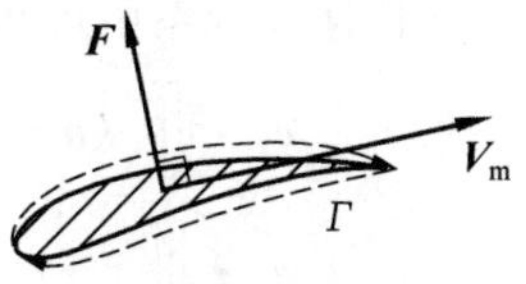

图 3.8　翼型升力的方向

3.3.5　叶轮机械的欧拉方程

如图 3.9 所示，叶轮以角速度 ω 转动，在叶轮通道内，叶轮与流体之间进行能量交换。不考虑流体黏性，假设进出口处的流动参数分布均匀。设进出口处的绝对速度分别为 $\boldsymbol{v}_1$、$\boldsymbol{v}_2$，牵连速度为 $\boldsymbol{u}_1$、$\boldsymbol{u}_2$，相对速度为 $\boldsymbol{w}_1$、$\boldsymbol{w}_2$。

取叶轮流道如图 3.10 所示，控制面 $A=A_1+A_2+A_a+A_b$，令 (r,θ,z) 在绝对坐标系，(r,ε,z) 在随同叶轮以相同角速度 ω 旋转的相对坐标系，因此有

$$\theta=\varepsilon+\omega t$$

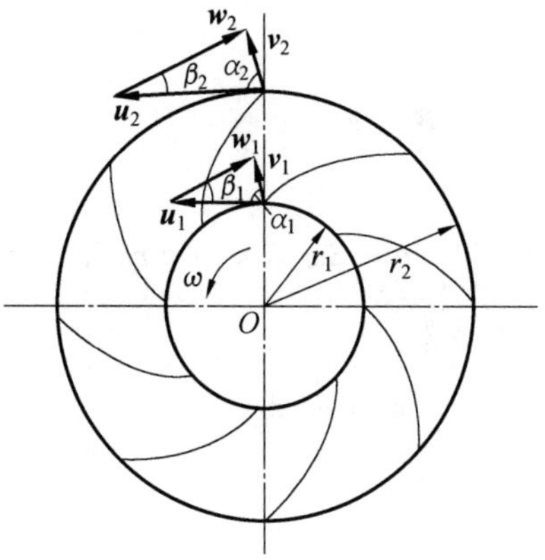

图 3.9　叶轮内流动的速度三角形

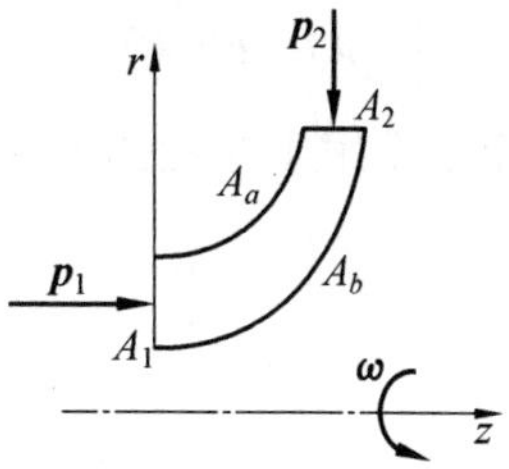

图 3.10　叶轮流道平面

则根据速度三角形可知

$$\boldsymbol{v}=\boldsymbol{w}+\boldsymbol{\omega}\times\boldsymbol{r}=\boldsymbol{w}+\boldsymbol{u}$$

将绝对速度在 r、θ、z 方向投影可知

$$v_r=w_r$$

$$v_u=w_u+u$$

$$v_z=w_z$$

假设在相对坐标系内流动是恒定的。并注意到在 A_a 和 A_b 面上有 $\boldsymbol{n}\cdot\boldsymbol{w}=0$，故相对恒定流动的连续方程可写为

$$\oint\!\!\!\oint_A(\boldsymbol{n}\cdot\boldsymbol{w})\rho\,\mathrm{d}A=\iint_{A_2}\boldsymbol{e}_r\cdot\boldsymbol{w}\rho\,\mathrm{d}A-\iint_{A_1}\boldsymbol{e}_z\cdot\boldsymbol{w}\rho\,\mathrm{d}A=0$$

因此进出口的质量流量为

$$Q_m=\rho_1 w_{1z}A_1=\rho_2 w_{2r}A_2=\mathrm{const}$$

非惯性坐标系中理想流体恒定流动的动量矩方程在 z 轴方向的投影方程可写为

$$\boldsymbol{e}_z \cdot \oiint_A (\boldsymbol{n} \cdot \boldsymbol{w})(\boldsymbol{r} \times \rho \boldsymbol{w})\,\mathrm{d}A =$$

$$\boldsymbol{e}_z \cdot \iiint_\tau \boldsymbol{r} \times \left[\boldsymbol{f} - \boldsymbol{a}_0 - 2\boldsymbol{\omega} \times \boldsymbol{w} - \frac{D\boldsymbol{\omega}}{Dt} \times \boldsymbol{r} - \boldsymbol{\omega} \times (\boldsymbol{\omega} \times \boldsymbol{r})\right]\rho\,\mathrm{d}\tau +$$

$$\boldsymbol{e}_z \cdot \oiint_A \boldsymbol{r} \times \boldsymbol{p}_n\,\mathrm{d}A \tag{3.46}$$

根据题目条件可知,质量力中各项

$$\boldsymbol{f} = \boldsymbol{g}$$

$$\boldsymbol{a}_0 = \boldsymbol{0}$$

$$\frac{D\boldsymbol{\omega}}{Dt} = \boldsymbol{0}$$

$$\boldsymbol{e}_z \cdot \{\boldsymbol{r} \times [\boldsymbol{\omega} \times (\boldsymbol{\omega} \times \boldsymbol{r})]\} = [\boldsymbol{\omega} \times (\boldsymbol{\omega} \times \boldsymbol{r})] \cdot (\boldsymbol{e}_z \times \boldsymbol{r}) = 0$$

所以式(3.46)可简化为

$$\boldsymbol{e}_z \cdot \oiint_A (\boldsymbol{r} \times \boldsymbol{p}_n)\,\mathrm{d}A =$$

$$\boldsymbol{e}_z \cdot \oiint_A (\boldsymbol{n} \cdot \boldsymbol{w})(\boldsymbol{r} \times \rho \boldsymbol{w})\,\mathrm{d}A - \boldsymbol{e}_z \cdot \iiint_\tau \boldsymbol{r} \times (\boldsymbol{g} - 2\boldsymbol{\omega} \times \boldsymbol{w})\rho\,\mathrm{d}\tau \tag{3.47}$$

由矢量运算知识可知

$$\boldsymbol{e}_z \cdot (\boldsymbol{r} \times \boldsymbol{B}) = \boldsymbol{B} \cdot (\boldsymbol{e}_z \times \boldsymbol{r}) = \boldsymbol{B} \cdot r\boldsymbol{e}_\theta$$

故式(3.47)可进一步简化为

$$\oiint_A \boldsymbol{p}_n \cdot \boldsymbol{e}_\theta r\,\mathrm{d}A = \oiint_A (\boldsymbol{n} \cdot \boldsymbol{w})\rho \boldsymbol{w} \cdot \boldsymbol{e}_\theta r\,\mathrm{d}A - \iiint_\tau (\boldsymbol{g} - 2\boldsymbol{\omega} \times \boldsymbol{w}) \cdot \boldsymbol{e}_\theta r\rho\,\mathrm{d}\tau \tag{3.48}$$

设叶轮作用于控制体内流体表面力矩为 M,可表示为

$$M = \boldsymbol{e}_z \cdot \iint_{A_a + A_b} (\boldsymbol{r} \times \boldsymbol{p}_n)\,\mathrm{d}A = \iint_{A_a + A_b} \boldsymbol{p}_n \cdot \boldsymbol{e}_\theta r\,\mathrm{d}A$$

因为

$$\iint_A \boldsymbol{p}_n \cdot \boldsymbol{e}_\theta r\,\mathrm{d}A = \oiint_{A_a + A_b} \boldsymbol{p}_n \cdot \boldsymbol{e}_\theta r\,\mathrm{d}A + \iint_{A_1} p_1 \boldsymbol{e}_z \cdot \boldsymbol{e}_\theta r\,\mathrm{d}A - \iint_{A_2} p_2 \boldsymbol{e}_r \cdot \boldsymbol{e}_\theta r\,\mathrm{d}A$$

由于 $\boldsymbol{e}_r$、$\boldsymbol{e}_\theta$、$\boldsymbol{e}_z$ 互相垂直,故上式中等式右边后两项均为零。因此叶轮作用于控制体内流体表面力矩 M 可进一步表示为

$$M = \oiint_A \boldsymbol{p}_n \cdot \boldsymbol{e}_\theta r\,\mathrm{d}A$$

由于重力 $\boldsymbol{g}$ 的作用是对称的,对叶轮轴线不产生力矩,因此有

$$\iiint_\tau \boldsymbol{g} \cdot \boldsymbol{e}_\theta r\rho\,\mathrm{d}\tau = 0$$

式(3.48)中的

$$\iiint_\tau (2\boldsymbol{\omega} \times \boldsymbol{w}) \cdot \boldsymbol{e}_\theta r\rho\,\mathrm{d}\tau = \iiint_\tau 2(\boldsymbol{e}_\theta \times \boldsymbol{\omega}) \cdot \rho \boldsymbol{w} r\,\mathrm{d}\tau = \iiint_\tau 2r\omega\rho \boldsymbol{e}_r \cdot \boldsymbol{w}\,\mathrm{d}\tau =$$

$$\iiint_\tau 2r\omega\rho(\nabla r) \cdot \boldsymbol{w}\,\mathrm{d}\tau = \iiint_\tau \nabla(\omega r^2) \cdot \rho \boldsymbol{w}\,\mathrm{d}\tau =$$

$$\iiint_\tau \nabla \cdot (\omega r^2 \rho \boldsymbol{w})\,\mathrm{d}\tau - \iiint_\tau \omega r^2\, \nabla \cdot (\rho \boldsymbol{w})\,\mathrm{d}\tau$$

对于相对恒定流动，根据连续微分方程知$\nabla \cdot (\rho \boldsymbol{w})=0$，由高斯散度定理，上式可继续简化为

$$\iiint_\tau (2\boldsymbol{\omega}\times\boldsymbol{w})\cdot\boldsymbol{e}_\theta r\rho\,\mathrm{d}\tau=\iiint_\tau \nabla\cdot(\omega r^2\rho\boldsymbol{w})\,\mathrm{d}\tau=\oiint_A \boldsymbol{n}\cdot\boldsymbol{w}\rho\omega r^2\,\mathrm{d}\tau=$$
$$\iint_{A_2} w_r\rho u r\,\mathrm{d}A-\iint_{A_1} w_z\rho u r\,\mathrm{d}A=Q_m(\overline{u_2r_2}-\overline{u_1r_1})$$

其中的$\overline{ur}$定义为进出口面的速度u的平均速度矩，令其为Ur。

式(3.48)中的

$$\oiint_A (\boldsymbol{n}\cdot\boldsymbol{w})\rho\boldsymbol{w}\cdot\boldsymbol{e}_\theta r\,\mathrm{d}A=\iint_{A_2} w_r\rho w_u r\,\mathrm{d}A-\iint_{A_1} w_z\rho w_u r\,\mathrm{d}A=Q_m(\overline{w_{2u}r_2}-\overline{w_{1u}r_1})$$

其中的$\overline{w_ur}$定义为进出口面的速度w_u的平均速度矩，令其为W_ur。

将以上各式代入动量矩方程(3.48)，可得

$$M=Q_m(\overline{w_{2u}r_2}-\overline{w_{1u}r_1})+Q_m(\overline{u_2r_2}-\overline{u_1r_1})=$$
$$Q_m[(W_{2u}+U_2)r_2-(W_{1u}+U_1)r_1]=$$
$$Q_m(V_{2u}r_2-V_{1u}r_1)$$

其中的$\boldsymbol{V}=\boldsymbol{W}+\boldsymbol{U}$。外界所做的轴功率为

$$N=M\omega=Q_m(V_{2u}U_2-V_{1u}U_1) \tag{3.49}$$

这就是著名的叶轮机械的欧拉方程。当$N>0$时，为透平压缩机；当$N<0$时，为透平发动机。

3.3.6　喷气推进器

图 3.11 为一个喷气推进器的示意图。若将坐标系与推进器固结在一起，假设流动是相对恒定的，且质量力可忽略不计，求推力并分析推力的构成。

根据质量守恒原理有

$$m_2=m_1+m_\mathrm{f}$$

其中m_1是流入推进器的空气流量；m_2是流出推进器的燃气流量；m_f是单位时间内燃料消耗量。

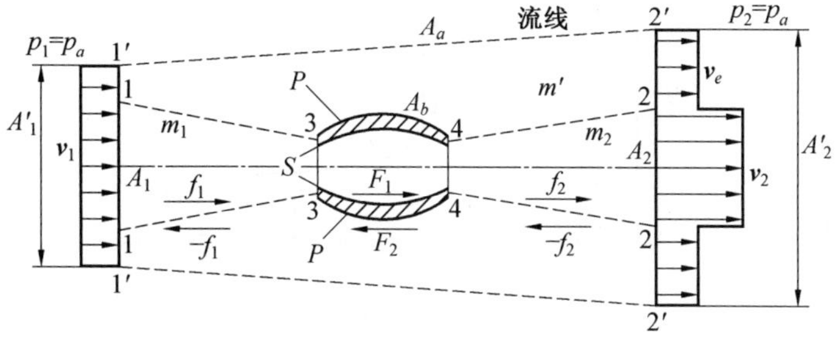

图 3.11　喷气推进器

取推进器前方截面A'_1和后方截面A'_2，流面A_a和推进器内外表面A_b组成控制面，忽略质量力且恒定流动的动量方程为

$$\oiint_A \boldsymbol{p}_n \mathrm{d}A - \oiint_A (\boldsymbol{n} \cdot \boldsymbol{v}) \rho \boldsymbol{v} \mathrm{d}A = \boldsymbol{0}$$

定义 $\boldsymbol{F}$ 为推进器对流体的合力。因此有

$$\oiint_A \boldsymbol{p}_n \mathrm{d}A = \oiint_{A_b} \boldsymbol{p}_n \mathrm{d}A + \oiint_{A-A_b} \boldsymbol{p}_a \mathrm{d}A = \oiint_{A_b} \boldsymbol{p}_n \mathrm{d}A = \boldsymbol{F}$$

另有

$$\oiint_A (\boldsymbol{n} \cdot \boldsymbol{v}) \rho \boldsymbol{v} \mathrm{d}A = -(m_1 + m')\boldsymbol{v}_1 + m_2 \boldsymbol{v}_2 + m' \boldsymbol{v}_e$$

其中 m' 为流过推进器壳体外面的空气流量。以上两式代入动量方程可得

$$\boldsymbol{F} = m_2 \boldsymbol{v}_2 - m_1 \boldsymbol{v}_1 + m'(\boldsymbol{v}_e - \boldsymbol{v}_1)$$

下面来分析推力 $\boldsymbol{F}$ 的构成。设 f_1 和 f_2 分别是如图 3.11 所示的控制面 1－3 段和 4－2 段的面外流体对面内流体的作用力，F_1 和 F_2 是推进器内表面和外表面对流体的作用力，这两个力方向相反。

取 1－3－S－4－2－2－4－S－3－1 所围成的控制面，动量方程可写为

$$p_1 A_1 - p_2 A_2 + f_1 + F_1 + f_2 = m_2 v_2 - m_1 v_1$$

因此有

$$F_1 = m_2 v_2 - m_1 v_1 + p_a (A_2 - A_1) - (f_1 + f_2)$$

取 1－3－P－4－2－2′－1′－1 所围成的控制面，动量方程可写为

$$p_1 (A'_1 - A_1) - p_2 (A'_2 - A_2) + p_a (A'_2 - A'_1) - f_1 - F_2 - f_2 = m'(v_e - v_1)$$

因此有

$$F_2 = m'(v_1 - v_e) + p_a (A_2 - A_1) - (f_1 + f_2)$$

3.3.7 明渠闸门受力(求闸门单位宽度上所受的力)

如图 3.12 所示，流体流经闸门。假定流动为理想不可压缩流体的绝热恒定流动，且截面上流动参数分布均匀，求单位宽度闸门所受到的流体作用力。

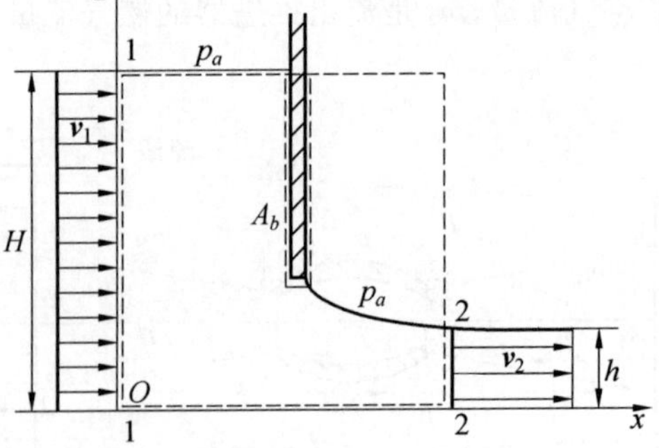

图 3.12 明渠闸门受力

取如图 3.12 中虚线所示的控制体，在截面 1－1 和 2－2 上的压强分布为

$$p_1 = p_a + \rho g (H - z)$$

$$p_2 = p_a + \rho g (h - z)$$

恒定流动的连续方程可写为

$$\oiint_A (\boldsymbol{n}\cdot\boldsymbol{v})\rho\,\mathrm{d}A=0$$

因此有

$$Hv_1\rho=hv_2\rho=Q_m$$

其中 Q_m 为流经 1－1 和 2－2 截面的质量流量。

从上式可得

$$v_2=\frac{H}{h}v_1$$

质量力只有重力，恒定流动情况下的动量方程在水平方向的投影方程为

$$\boldsymbol{i}\cdot\iiint_\tau \rho(-g\boldsymbol{k})\,\mathrm{d}\tau+\boldsymbol{i}\cdot\oiint_A \boldsymbol{p}_n\,\mathrm{d}A-\boldsymbol{i}\cdot\oiint_A(\boldsymbol{n}\cdot\boldsymbol{v})\rho\boldsymbol{v}\,\mathrm{d}A=0$$

设流体对闸门的合力在水平方向分量为 F，因此有

$$F=-\iint_{A_b}(\boldsymbol{i}\cdot\boldsymbol{p}_n)\,\mathrm{d}A$$

又因为

$$\boldsymbol{i}\cdot\oiint_A \boldsymbol{p}_n\,\mathrm{d}A=-\iint_{A-A_b}p(\boldsymbol{i}\cdot\boldsymbol{n})\,\mathrm{d}A+\iint_{A_b}(\boldsymbol{i}\cdot\boldsymbol{p}_n)\,\mathrm{d}A=$$
$$\int_0^H p_1\,\mathrm{d}z-\int_0^h p_2\,\mathrm{d}z-\int_h^H p_a\,\mathrm{d}z-F$$

代入动量方程可得

$$F=\int_0^H p_1\,\mathrm{d}z-\int_0^h p_2\,\mathrm{d}z-\int_h^H p_a\,\mathrm{d}z-\boldsymbol{i}\cdot\oiint_A(\boldsymbol{n}\cdot\boldsymbol{v})\rho\boldsymbol{v}\,\mathrm{d}A$$

其中的

$$\boldsymbol{i}\cdot\oiint_A(\boldsymbol{n}\cdot\boldsymbol{v})\rho\boldsymbol{v}\,\mathrm{d}A=Q_m(v_2-v_1)$$

因此有

$$\begin{aligned}F=&\int_0^H[p_a+\rho g(H-z)]\,\mathrm{d}z-\int_0^h[p_a+\rho g(h-z)]\,\mathrm{d}z\\&-\int_h^H p_a\,\mathrm{d}z-Q_m(v_2-v_1)=\\&\frac{1}{2}\rho g(H^2-h^2)-Q_m v_1\left(\frac{v_2}{v_1}-1\right)=\\&\frac{1}{2}\rho g(H^2-h^2)-\rho v_1^2\frac{H}{h}(H-h)\end{aligned}\tag{3.50}$$

理想不可压缩流体的绝热恒定流动的能量方程为

$$\oiint_A(\boldsymbol{n}\cdot\boldsymbol{v})\left(\frac{v^2}{2}+\frac{p}{\rho}+gz\right)\rho\,\mathrm{d}A=0$$

上式可写为

$$\int_0^h\left(\frac{v_2^2}{2}+\frac{p_2}{\rho}+gz\right)\rho v_2\,\mathrm{d}z-\int_0^H\left(\frac{v_1^2}{2}+\frac{p_1}{\rho}+gz\right)\rho v_1\,\mathrm{d}z=0$$

因为 $p_1=p_a+\rho g(H-z)$，$p_2=p_a+\rho g(h-z)$ 且 $v_2=v_1(H/h)$，代入上式积分可得

$$\frac{1}{2}v_1^2\left[\left(\frac{H}{h}\right)^2-1\right]=g(H-h)$$

整理上式可得

$$v_1=\frac{2g(H-h)h^2}{[H^2-h^2]}$$

将此结果代入式(3.50),并整理可得

$$F=\rho g(H-h)\left[\frac{1}{2}(H+h)-2Hh\,\frac{1}{H+h}\right]$$

3.3.8　火箭运动

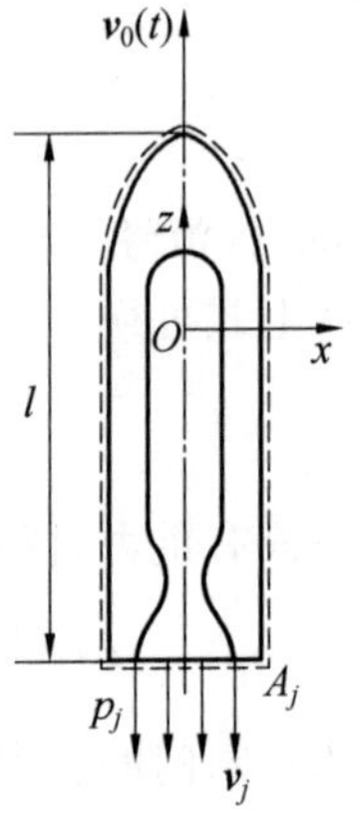

图 3.13　火箭运动

火箭的初始总质量为 m_0,发射后以 $v_0(t)$ 速度垂直向上飞行。相对于火箭的排气速度为 v_j,单位时间内的排气质量为 Q_m,排气压力为 p_j,排气面积为 A_j(图 3.13)。假定 v_j、Q_m 和 p_j 均为常数。设飞行时空气阻力为 $-D\boldsymbol{k}$,求火箭的运动微分方程。

取固结在火箭上的相对坐标系,该非惯性坐标系的加速度为

$$\boldsymbol{a}_0=\frac{\mathrm{d}v_0(t)}{\mathrm{d}t}\boldsymbol{k}$$

非惯性坐标系的动量方程可写为

$$\iiint_\tau\rho(\boldsymbol{f}-\boldsymbol{a}_0)\,\mathrm{d}\tau+\oiint_A\boldsymbol{p}_n\mathrm{d}A-\oiint_A(\boldsymbol{n}\cdot\boldsymbol{v})\rho\boldsymbol{v}\mathrm{d}A=\iiint_\tau\frac{\partial}{\partial t}(\rho\boldsymbol{v})\,\mathrm{d}\tau$$

其中质量力项为

$$\iiint_\tau\rho(\boldsymbol{f}-\boldsymbol{a}_0)\,\mathrm{d}\tau=-(g+a_0)\boldsymbol{k}\iiint_\tau\rho\mathrm{d}\tau=$$
$$-(g+a_0)(m_0-Q_mt)\boldsymbol{k}=-(g+a_0)m(t)\boldsymbol{k}$$

表面力项为

$$\oiint_A\boldsymbol{p}_n\mathrm{d}A=\iint_{A-A_j}\boldsymbol{p}_n\mathrm{d}A+\iint_{A_j}\boldsymbol{p}_n\mathrm{d}A=$$
$$\iint_{A-A_j}\boldsymbol{p}_n\mathrm{d}A+\iint_{A_j}p_a\mathrm{d}A\cdot\boldsymbol{k}+\iint_{A_j}(p_j-p_a)\,\mathrm{d}A\cdot\boldsymbol{k}=$$
$$\boldsymbol{D}+\iint_{A_j}(p_j-p_a)\,\mathrm{d}A\cdot\boldsymbol{k}=\boldsymbol{D}+(p_j-p_a)A_j\boldsymbol{k}$$

其中控制面受到的总表面力(飞行阻力)为

$$\boldsymbol{D}=\iint_{A-A_j}\boldsymbol{p}_n\mathrm{d}A+\iint_{A_j}p_a\mathrm{d}A\cdot\boldsymbol{k}$$

控制面上动量变化为

$$\oiint_A(\boldsymbol{n}\cdot\boldsymbol{v})\rho\boldsymbol{v}\mathrm{d}A=-\iint_{A_j}\rho_jv_j^2\mathrm{d}A\cdot\boldsymbol{k}=\rho_jv_j^2A_j\boldsymbol{k}=-Q_mv_j\boldsymbol{k}$$

将以上结果代入动量方程得

$$-(g+a_0)m(t)\boldsymbol{k}-D\boldsymbol{k}+(p_j-p_a)A_j\boldsymbol{k}+Q_mv_j\boldsymbol{k}=\boldsymbol{0}$$

最后可得

$$a_0=\frac{\mathrm{d}v_0(t)}{\mathrm{d}t}=\frac{Q_mv_j+(p_j-p_a)A_j-D}{m_0-Q_mt}-g$$

从以上几个欧拉型积分形式的基本方程应用实例可以看出，一些流体力学问题的总体特性可以用积分形式的基本方程进行求解，比如当流体流经管道、叶栅、推进器、闸门等物体后，流体的压力、温度等特性的总体变化，流体与固体间的总作用力、流体与外界交换的能量等。这些总体特性往往是工程实际问题所希望获得的，因此是十分必要和有用的。

3.4　运动流体中的应力张量

欧拉型积分形式的基本方程可以求取一些实际流动问题的总体特性，但是对流场中压力、温度、密度等参数的分布和随时间的变化关系等流场细节无法求解，因此还需要建立微分形式的基本方程。

要建立微分形式的基本方程，首先应该对流场内各个位置上流体微元所受的作用力进行分析，也就是说首先要了解流场中应力的分布情况。不同于静止流体，在运动的流体中微元的应力状态比较复杂。

3.4.1　运动流体中的应力张量

在流场中的 M 点处取如图 3.14 所示的四面体微元，各面所受的应力分别为 $\boldsymbol{p}_n$ 和 $\boldsymbol{p}_{-\alpha}$。与坐标轴相垂直的三个面与斜面之间的面积关系为

$$\Delta A_\alpha = (\boldsymbol{i}_\alpha \cdot \boldsymbol{n})\,\Delta A_n = n_\alpha \Delta A_n \tag{3.51}$$

其中，n_α 为斜面的法线方向单位矢量 $\boldsymbol{n}$ 在 $\boldsymbol{i}_\alpha$ 方向的投影。

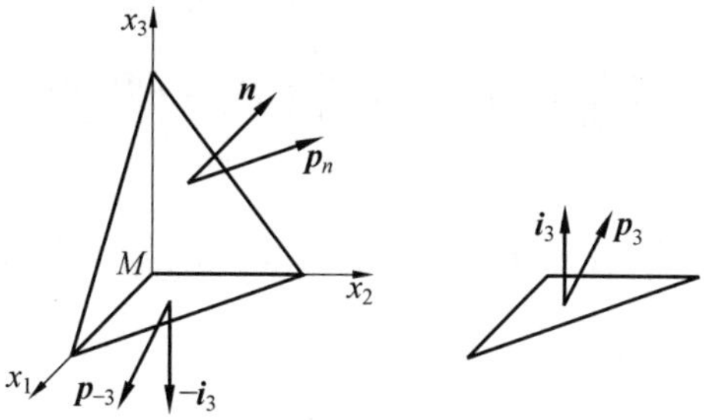

图 3.14　四面体微元所受的应力

对流体微元的质心列运动方程

$$\Delta m \frac{D\boldsymbol{v}_c}{Dt} = \boldsymbol{f} \cdot \Delta m + \boldsymbol{p}_n \cdot \Delta A_n + \boldsymbol{p}_{-\alpha} \cdot \Delta A_\alpha =$$

$$\boldsymbol{f} \cdot \Delta m + (\boldsymbol{p}_n - \boldsymbol{p}_\alpha n_\alpha) \cdot \Delta A_n \tag{3.52}$$

令 $\Delta m \to 0$，则

$$\boldsymbol{p}_n = \boldsymbol{p}_\alpha n_\alpha \tag{3.53}$$

上式可改写为

$$\boldsymbol{p}_n = \boldsymbol{p}_\alpha n_\alpha = \boldsymbol{n} \cdot \boldsymbol{i}_\alpha\, \boldsymbol{p}_\alpha = \boldsymbol{n} \cdot \boldsymbol{i}_\alpha p_{\alpha\beta}\, \boldsymbol{i}_\beta = \boldsymbol{n} \cdot P \tag{3.54}$$

其中的 P 为二阶应力张量，由于上述结果是 $\Delta m \to 0$ 时得到的，因此 P 是坐标的函数，表征的是空间点的应力特性。如果 M 点的应力张量 P 为已知，则作用在过 M 点的不同方

位的面元上的应力向量 $\boldsymbol{p}_n$ 就可通过式(3.54)完全确定了。

3.4.2 应力张量的对称性

下面用用动量矩定理来证明应力张量的对称性。设流场中某点处的微元体积为 τ，控制面为 A，列动量矩方程为

$$\iiint_\tau \boldsymbol{r}\times\frac{D\boldsymbol{v}}{Dt}\rho\,\mathrm{d}\tau=\iiint_\tau(\boldsymbol{r}\times\boldsymbol{f})\rho\,\mathrm{d}\tau+\oiint_A(\boldsymbol{r}\times\boldsymbol{p}_n)\,\mathrm{d}A$$

在该点处，动量矩方程中的

$$\boldsymbol{r}\times\boldsymbol{p}_n=x_\alpha\boldsymbol{i}_\alpha\times\boldsymbol{n}\cdot\boldsymbol{i}_k p_{k\beta}\boldsymbol{i}_\beta=x_\alpha\boldsymbol{i}_\alpha\times n_k p_{k\beta}\boldsymbol{i}_\beta=e_{\alpha\beta\gamma}x_\alpha n_k p_{k\beta}\boldsymbol{i}_\gamma \tag{3.55}$$

两个矢量的叉乘运算还可表示为

$$\boldsymbol{r}\times\boldsymbol{p}_n=e_{\alpha\beta\gamma}x_\alpha p_{n\beta}\boldsymbol{i}_\gamma$$

因此有

$$p_{n\beta}=n_k p_{k\beta} \tag{3.56}$$

应用式(3.55)，并结合高斯散度定理，则

$$\begin{aligned}\oiint_A(\boldsymbol{r}\times\boldsymbol{p}_n)\,\mathrm{d}A&=\boldsymbol{i}_\gamma\oiint_A e_{\alpha\beta\gamma}x_\alpha n_k p_{k\beta}\,\mathrm{d}A=\boldsymbol{i}_\gamma\oiint_A\boldsymbol{n}\cdot(e_{\alpha\beta\gamma}x_\alpha p_{k\beta}\boldsymbol{i}_k)\,\mathrm{d}A=\\&\boldsymbol{i}_\gamma\iiint_\tau\nabla\cdot(e_{\alpha\beta\gamma}x_\alpha p_{k\beta}\boldsymbol{i}_k)\,\mathrm{d}\tau=\boldsymbol{i}_\gamma\iiint_\tau e_{\alpha\beta\gamma}\frac{\partial(x_\alpha p_{k\beta})}{\partial x_k}\mathrm{d}\tau=\\&\boldsymbol{i}_\gamma\iiint_\tau e_{\alpha\beta\gamma}\frac{\partial x_\alpha}{\partial x_k}p_{k\beta}\,\mathrm{d}\tau+\iiint_\tau e_{\alpha\beta\gamma}x_\alpha\frac{\partial p_{k\beta}}{\partial x_k}\boldsymbol{i}_\gamma\,\mathrm{d}\tau=\\&\boldsymbol{i}_\gamma\iiint_\tau e_{\alpha\beta\gamma}\delta_{\alpha k}p_{k\beta}\,\mathrm{d}\tau+\iiint_\tau e_{\alpha\beta\gamma}x_\alpha[\nabla\cdot P]_\beta\boldsymbol{i}_\gamma\,\mathrm{d}\tau=\\&\boldsymbol{i}_\gamma\iiint_\tau e_{\alpha\beta\gamma}p_{\alpha\beta}\,\mathrm{d}\tau+\iiint_\tau\boldsymbol{r}\times(\nabla\cdot P)\,\mathrm{d}\tau\end{aligned}$$

因此，动量矩方程变为

$$\iiint_\tau\boldsymbol{r}\times\frac{D\boldsymbol{v}}{Dt}\rho\,\mathrm{d}\tau=\iiint_\tau(\boldsymbol{r}\times\boldsymbol{f})\rho\,\mathrm{d}\tau+\boldsymbol{i}_\gamma\iiint_\tau e_{\alpha\beta\gamma}p_{\alpha\beta}\,\mathrm{d}\tau+\iiint_\tau\boldsymbol{r}\times(\nabla\cdot P)\,\mathrm{d}\tau$$

上式可改写为

$$\boldsymbol{i}_\gamma\iiint_\tau e_{\alpha\beta\gamma}p_{\alpha\beta}\,\mathrm{d}\tau=\iiint_\tau\boldsymbol{r}\times\left(\rho\frac{D\boldsymbol{v}}{Dt}-\rho\boldsymbol{f}-\nabla\cdot P\right)\mathrm{d}\tau=\boldsymbol{0}$$

式中

$$\rho\frac{D\boldsymbol{v}}{Dt}-\rho\boldsymbol{f}-\nabla\cdot P=\boldsymbol{0}$$

是微分形式的运动方程，将在下节进行介绍，这里先引用这一结论。

因此 $e_{\alpha\beta\gamma}p_{\alpha\beta}=0$，也可写为

$$\begin{cases}e_{\alpha\beta1}p_{\alpha\beta}=p_{23}-p_{32}=0\\e_{\alpha\beta2}p_{\alpha\beta}=p_{31}-p_{13}=0\\e_{\alpha\beta3}p_{\alpha\beta}=p_{12}-p_{21}=0\end{cases}$$

即

$$p_{\alpha\beta}=p_{\beta\alpha} \tag{3.57}$$

这就证明了应力张量 P 是二阶对称张量，它的九个分量中只有六个是独立的。

3.4.3　理想流体中的应力

理想流体全部切应力为零，只有法向应力，即

$$p_{\alpha\beta}\begin{cases}=0 & (\alpha\neq\beta)\\ \neq 0 & (\alpha=\beta)\end{cases}$$

因此有

$$\boldsymbol{p}_n = p_{nn}\cdot\boldsymbol{n}$$

又因为

$$p_{nn}n_\beta = \boldsymbol{i}_\beta\cdot p_{nn}\boldsymbol{n} = \boldsymbol{i}_\beta\cdot\boldsymbol{p}_n = p_{n\beta}$$

根据式(3.56)

$$p_{nn}n_\beta = n_\alpha p_{\alpha\beta}$$

上式还可表示为

$$\begin{cases}p_{nn}n_1 = n_1p_{11}+n_2p_{21}+n_3p_{31} = n_1p_{11}\\ p_{nn}n_2 = n_1p_{12}+n_2p_{22}+n_3p_{32} = n_2p_{22}\\ p_{nn}n_3 = n_1p_{13}+n_2p_{23}+n_3p_{33} = n_3p_{33}\end{cases}$$

由上式可得

$$p_{nn} = p_{11} = p_{22} = p_{33} = -p$$

也就是说，理想流体中的应力张量可以写为

$$P = -p\delta \tag{3.58}$$

3.5　流体动力学微分形式的基本方程

3.5.1　连续方程

1. 欧拉型连续方程

由欧拉型积分形式的连续方程(3.21)可以直接推导出微分形式的欧拉型连续方程，若式(3.21)中的被积函数连续，且因为积分区域的任意性，欲使式(3.21)成立，则必须有

$$\frac{D\rho}{Dt}+\rho\,\nabla\cdot\boldsymbol{v} = \frac{\partial\rho}{\partial t}+\nabla\cdot(\rho\boldsymbol{v}) = 0 \tag{3.59}$$

为应用方便，把常用坐标系中微分形式的连续方程给出如下：

在直角坐标系(x,y,z)中

$$\frac{\partial\rho}{\partial t}+\frac{\partial(\rho v_x)}{\partial x}+\frac{\partial(\rho v_y)}{\partial y}+\frac{\partial(\rho v_z)}{\partial z} = 0 \tag{3.60}$$

在柱坐标系(r,ε,z)中

$$\frac{\partial\rho}{\partial t}+\frac{\rho v_r}{r}+\frac{\partial(\rho v_r)}{\partial r}+\frac{1}{r}\frac{\partial(\rho v_\varepsilon)}{\partial\varepsilon}+\frac{\partial(\rho v_z)}{\partial z} = 0 \tag{3.61}$$

在球坐标系(r,θ,ε)中

$$\frac{\partial\rho}{\partial t}+\frac{1}{r^2}\frac{\partial(\rho v_r r^2)}{\partial r}+\frac{1}{r\sin\theta}\frac{\partial(\rho v_\theta\sin\theta)}{\partial\theta}+\frac{1}{r\sin\theta}\frac{\partial(\rho v_\varepsilon)}{\partial\varepsilon}=0 \tag{3.62}$$

2. 拉格朗日型连续方程

对于同一流体微元，在 t_0 时刻其封闭表面为 A_0，体积为 τ_0，密度为 ρ_0，空间位置为

$$x_{\alpha0}=x_{\alpha0}(b_1,b_2,b_3,t_0)$$

在 t 时刻其封闭表面为 A，体积为 τ，密度为 ρ，空间位置为

$$x_\alpha=x_\alpha(b_1,b_2,b_3,t)$$

若不存在源和汇，则

$$\iiint_{\tau_0}\rho_0\,\mathrm{d}\tau_0=\iiint_\tau\rho\,\mathrm{d}\tau \tag{3.63}$$

设微元体为平行六面体，则

$$\mathrm{d}\tau=\mathrm{d}\boldsymbol{r}_1\cdot(\mathrm{d}\boldsymbol{r}_2\times\mathrm{d}\boldsymbol{r}_3)$$

其中 $\mathrm{d}\boldsymbol{r}_1$、$\mathrm{d}\boldsymbol{r}_2$、$\mathrm{d}\boldsymbol{r}_3$ 分别为流体微元三个坐标轴方向的长度矢量。因为

$$\mathrm{d}\boldsymbol{r}_1=\mathrm{d}b_1\frac{\partial x_\alpha}{\partial b_1}\boldsymbol{i}_\alpha$$

$$\mathrm{d}\boldsymbol{r}_2=\mathrm{d}b_2\frac{\partial x_\beta}{\partial b_2}\boldsymbol{i}_\beta$$

$$\mathrm{d}\boldsymbol{r}_3=\mathrm{d}b_3\frac{\partial x_\gamma}{\partial b_3}\boldsymbol{i}_\gamma$$

所以

$$\mathrm{d}\tau=\frac{\partial x_\alpha}{\partial b_1}\boldsymbol{i}_\alpha\cdot\left(\frac{\partial x_\beta}{\partial b_2}\boldsymbol{i}_\beta\times\frac{\partial x_\gamma}{\partial b_3}\boldsymbol{i}_\gamma\right)\mathrm{d}b_1\mathrm{d}b_2\mathrm{d}b_3=D\mathrm{d}b_1\mathrm{d}b_2\mathrm{d}b_3$$

其中的 D 为雅可比行列式，其定义为

$$D=\begin{vmatrix}\dfrac{\partial x_1}{\partial b_1} & \dfrac{\partial x_1}{\partial b_2} & \dfrac{\partial x_1}{\partial b_3}\\[2ex] \dfrac{\partial x_2}{\partial b_1} & \dfrac{\partial x_2}{\partial b_2} & \dfrac{\partial x_2}{\partial b_3}\\[2ex] \dfrac{\partial x_3}{\partial b_1} & \dfrac{\partial x_3}{\partial b_2} & \dfrac{\partial x_3}{\partial b_3}\end{vmatrix}$$

故拉格朗日和欧拉方法之间的变换为

$$\mathrm{d}\tau_0=D_0\mathrm{d}b_1\mathrm{d}b_2\mathrm{d}b_3$$

$$\mathrm{d}\tau=D\mathrm{d}b_1\mathrm{d}b_2\mathrm{d}b_3$$

则式(3.63)可写为

$$\iiint_{\tau_0}\rho_0(x_{10},x_{20},x_{30},t_0)\,\mathrm{d}x_{10}\mathrm{d}x_{20}\mathrm{d}x_{30}=\iiint_\tau\rho(x_1,x_2,x_3,t)\,\mathrm{d}x_1\mathrm{d}x_2\mathrm{d}x_3$$

以拉格朗日变数描述为

$$\iiint_{\tau_1}\rho_0(b_1,b_2,b_3,t_0)\,D_0\mathrm{d}b_1\mathrm{d}b_2\mathrm{d}b_3=\iiint_{\tau_1}\rho(b_1,b_2,b_3,t)\,D\mathrm{d}b_1\mathrm{d}b_2\mathrm{d}b_3$$

即

$$\iiint_{\tau_1}(\rho_0D_0-\rho D)\,\mathrm{d}b_1\mathrm{d}b_2\mathrm{d}b_3=0 \tag{3.64}$$

因此有

$$\rho_0 D_0 = \rho D$$

上式即为微分形式的拉格朗日型连续方程。

若流体不可压，则 $\rho_0 = \rho$，因此有

$$D_0 = D$$

特殊情况下，若令 $(b_1, b_2, b_3) = (x_{10}, x_{20}, x_{30})$，则 $D_0 = 1$。

3.5.2 运动方程

1. 惯性坐标系中的运动方程

由于

$$\oiint_A \boldsymbol{p}_n \mathrm{d}A = \oiint_A \boldsymbol{n} \cdot P \mathrm{d}A = \iiint_\tau \nabla \cdot P \mathrm{d}\tau$$

则欧拉型积分形式的运动方程(3.22) 可写为

$$\iiint_\tau \left(\rho \frac{D\boldsymbol{v}}{Dt} - \rho \boldsymbol{f} - \nabla \cdot P\right) \mathrm{d}\tau = \boldsymbol{0}$$

若上式中的被积函数连续，且因为积分区域的任意性，欲使上式成立，则必须有

$$\frac{D\boldsymbol{v}}{Dt} = \boldsymbol{f} + \frac{1}{\rho} \nabla \cdot P \tag{3.65}$$

根据质点导数的定义，上式还可写为

$$\frac{D\boldsymbol{v}}{Dt} = \frac{\partial \boldsymbol{v}}{\partial t} + (\boldsymbol{v} \cdot \nabla) \boldsymbol{v} = \boldsymbol{f} + \frac{1}{\rho} \nabla \cdot P \tag{3.66}$$

2. 非惯性坐标系中的运动方程

在非惯性坐标系下欧拉型积分形式的运动方程(3.31) 中

$$\oiint_{A'} \boldsymbol{p}_n \mathrm{d}A' = \oiint_{A'} \boldsymbol{n} \cdot P \mathrm{d}A' = \iiint_{\tau'} \nabla' \cdot P \mathrm{d}\tau'$$

代入式(3.31) 可得

$$\iiint_{\tau'} \left[\frac{D'\boldsymbol{w}}{Dt} - \boldsymbol{f} + \boldsymbol{a}_0 + \boldsymbol{\omega} \times (\boldsymbol{\omega} \times \boldsymbol{r}') + \frac{D\boldsymbol{\omega}}{Dt} \times \boldsymbol{r}' + 2\boldsymbol{\omega} \times \boldsymbol{w} - \frac{1}{\rho} \nabla' \cdot P\right] \rho \mathrm{d}\tau' = \boldsymbol{0}$$

若上式中的被积函数连续，且因为积分区域的任意性，欲使上式成立，则必须有

$$\frac{D'\boldsymbol{w}}{Dt} = \frac{\partial' \boldsymbol{w}}{\partial t} + (\boldsymbol{w} \cdot \nabla) \boldsymbol{w} = \boldsymbol{f} - \boldsymbol{a}_0 - \boldsymbol{\omega} \times (\boldsymbol{\omega} \times \boldsymbol{r}') - \frac{D\boldsymbol{\omega}}{Dt} \times \boldsymbol{r}' - 2\boldsymbol{\omega} \times \boldsymbol{w} + \frac{1}{\rho} \nabla' \cdot P \tag{3.67}$$

3.5.3 能量方程

在欧拉型积分形式的能量方程(3.24) 中

$$\oiint_A \boldsymbol{p}_n \cdot \boldsymbol{v} \mathrm{d}A = \oiint_A (\boldsymbol{n} \cdot P) \cdot \boldsymbol{v} \mathrm{d}A = \iiint_\tau \nabla \cdot (P \cdot \boldsymbol{v}) \mathrm{d}\tau$$

又因为

$$q_\lambda = -\boldsymbol{q} \cdot \boldsymbol{n} = -(-\lambda \nabla T) \cdot \boldsymbol{n} = \lambda \nabla T \cdot \boldsymbol{n} = \lambda \frac{\partial T}{\partial n}$$

所以

$$\oiint_A q_\lambda \mathrm{d}A = \oiint_A (\boldsymbol{n} \cdot \lambda \nabla T)\,\mathrm{d}A = \iiint_\tau \nabla \cdot (\lambda \nabla T)\,\mathrm{d}\tau$$

将以上结论代入式(3.24)中，则欧拉型积分形式的能量方程可写为

$$\iiint_\tau \left[\frac{D}{Dt}\left(e + \frac{v^2}{2}\right) - \boldsymbol{f} \cdot \boldsymbol{v} - \frac{1}{\rho}\nabla \cdot (P \cdot \boldsymbol{v}) - q_R - \frac{1}{\rho}\nabla \cdot (\lambda \nabla T)\right]\rho\,\mathrm{d}\tau = 0$$

若上式中的被积函数连续，且因为积分区域的任意性，欲使上式成立，则必须有

$$\frac{D}{Dt}\left(e + \frac{v^2}{2}\right) = \frac{\partial}{\partial t}\left(e + \frac{v^2}{2}\right) + (\boldsymbol{v} \cdot \nabla)\left(e + \frac{v^2}{2}\right) =$$

$$\boldsymbol{f} \cdot \boldsymbol{v} + \frac{1}{\rho}\nabla \cdot (P \cdot \boldsymbol{v}) + q_R + \frac{1}{\rho}\nabla \cdot (\lambda \nabla T) \qquad (3.68)$$

3.5.4 方程的封闭性

前面推导的连续方程(3.59)、运动方程(3.66)和能量方程(3.68)对任何连续的流体运动都是适用的。其中独立的未知量有 ρ、e、T、$\boldsymbol{v}$、P，共 12 个标量，但方程个数只有 5 个，因此上述方程组是不封闭的，需要补充 7 个方程才能使方程封闭。

常见的封闭方程有：

(1) 对于牛顿流体，应力与应变之间的关系满足本构方程

$$P = -p\delta + p' = -\left(p + \frac{2}{3}\mu \nabla \cdot \boldsymbol{v}\right)\delta + 2\mu\varepsilon$$

牛顿流体的本构方程将在本书 6.1 节进行介绍。

(2) 对于完全气体，满足

$$p = \rho R T$$

$$e = c_v T \quad 或 \quad i = c_p T$$

(3) 对于不可压缩流体，满足 $\rho = \text{const}$；

(4) 对于理想流体，满足 $P = -p\delta$；由分子运动论知，流体的黏性和热传导性是分子运动迁移过程的两个不同方面。分子的动量迁移表现为黏性，分子的动能迁移表现为热传导性，因此它们之间有着确定的关系。黏性系数 μ 与热传导系数 λ 具有下列关系

$$\lambda = \frac{c_v \mu}{m}$$

其中 m 为分子量。

对于理想流体而言，$\mu = 0$，那么就应该有 $\lambda = 0$，也就是说理想流体中没有热传导。

习 题

动力学积分形式方程

3.1 比容 $v = 0.381\,6\ \mathrm{m^3/kg}$ 的汽轮机废气沿一直径 $d_0 = 100$ mm 的输气管进入主管，质量流量 $\dot{m} = 2\,000$ kg/h，然后沿主管上的另外两管输送给用户。已知用户的需用流

量分别为 $\dot{m}_1=500$ kg/h，$\dot{m}_2=1\ 500$ kg/h，管内流速均为 25 m/s，求输气管中蒸气的平均流速以及两支管的直径 d_1 和 d_2。

3.2　空气从 A、B 入口进入箱子，从 C 处流出。已知流动定常，A、B 入口面积均为 5 cm²，出口面积为 10 cm²，$p_A=p_B=1.08\times10^5\ \mathrm{N/m^2}$，$V_A=V_B=30$ m/s，出口压力为大气压力 $p_a=1.03\times10^6\ \mathrm{N/m^2}$，空气密度 $\rho=1.23\ \mathrm{kg/m^3}$，求支撑力 F_1 和 F_2。

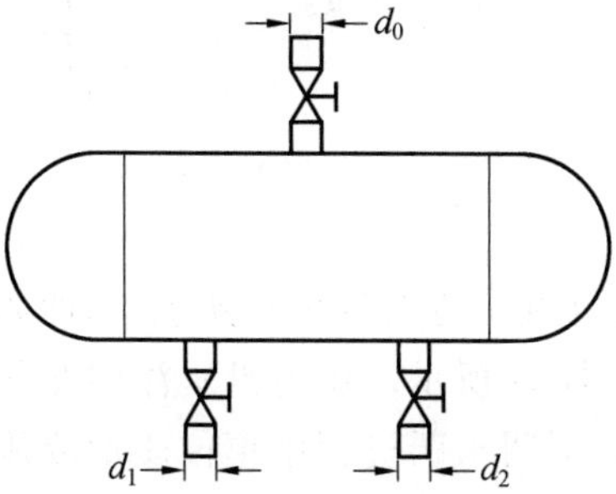

题 3.1 图

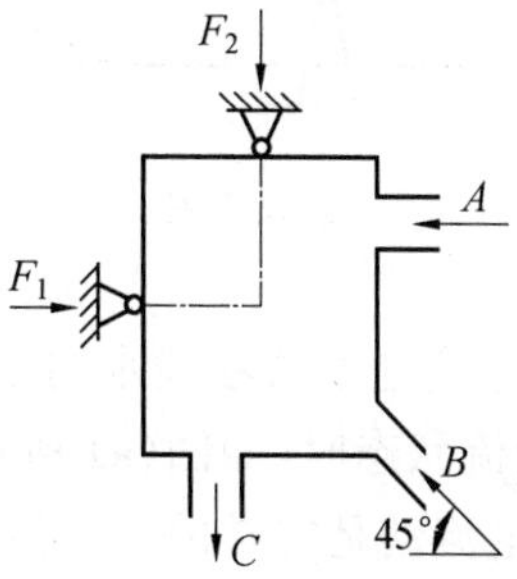

题 3.2 图

3.3　水力采煤是用水枪在高压下喷出强力水柱冲击煤层。设水枪出口直径为 30 mm，出口水流速度 V_1 为 50 m/s，求水柱对煤层的附加冲击力。假定流动是定常的，质量力和摩擦力可以忽略，水的密度为 1 000 kg/m³。

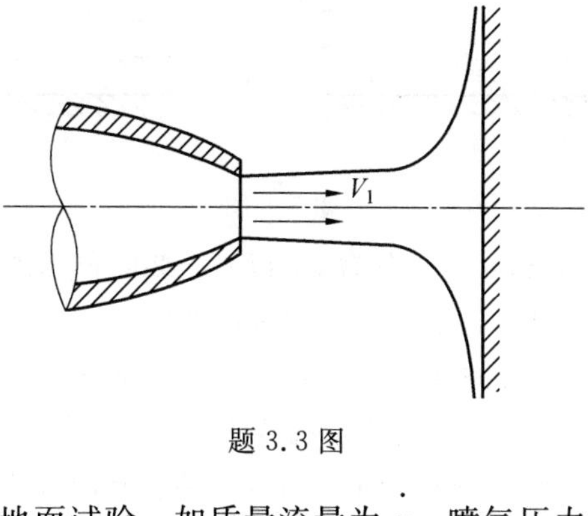

题 3.3 图

3.4　喷气发动机做地面试验。如质量流量为 $\dot{m}_j$，喷气压力为 p_j，喷气速度为 V_j，喷管出口面积为 A，大气压力为 p_a，流动是定常的，求试验台所受推力 F 的大小和方向。

3.5　为了测定圆柱体的阻力系数 c_D，将一个直径为 d、长度为 l 的圆柱放在风洞中进行实验，流动可视为二维定常不可压缩流动。在图中 1—1、2—2 截面上测得的近似的速度分布如图。这两个截面上的压力都是均匀的，数值为 p_∞。试求圆柱体的阻力系数 c_D，c_D 定义为 $c_D=\dfrac{D}{\frac{1}{2}\rho V_\infty^2 ld}$，其中 D 为圆柱绕流时的阻力（水对圆柱的作用力，方向水平向右），ρ 为流体的密度，V_∞ 为来流速度。

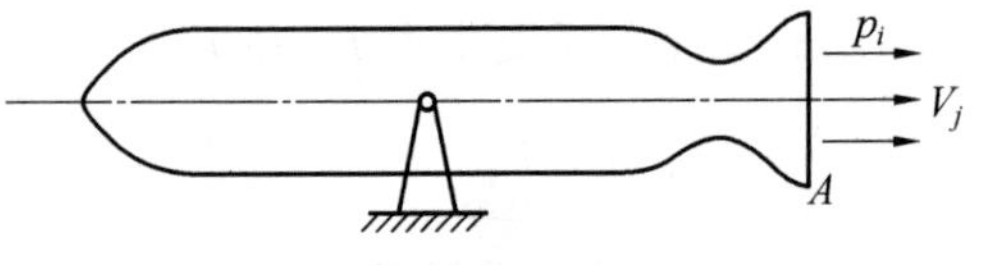

题 3.4 图

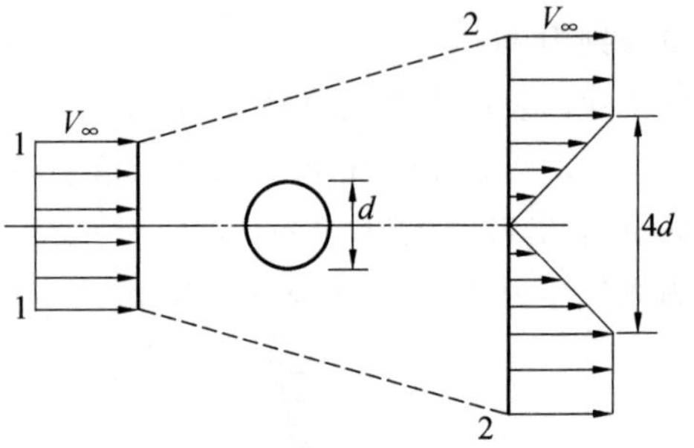

题 3.5 图

3.6　高速水流在浅水明渠中流动，遇到物体在其后方会发生水跃现象，即急流状态过渡到缓流状态时，如图(a)所示，其简化模型如图(b)所示。压力沿水深的变化与静水相同，假定流动是定常的，不考虑渠道壁面阻力，试证明水跃过程中单位质量流体的机械能损失可以表示为

$$E=(y_2-y_1)^3 g/4y_1y_2$$

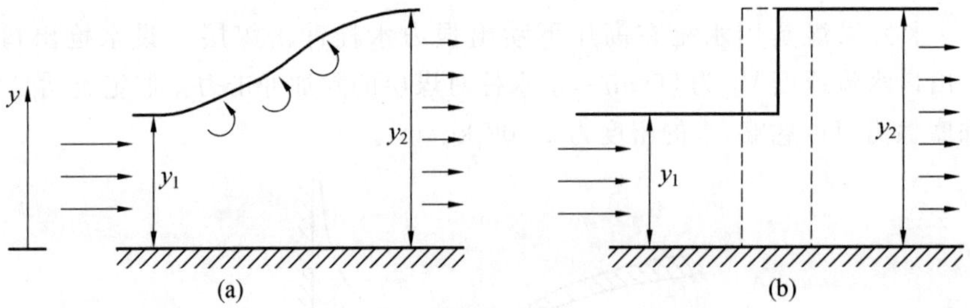

题 3.6 图

3.7　空气以 $V_1=100$ m/s 进入气罐，又以 $V_2=200$ m/s 离开气罐。如果流动是绝热的，空气也不做功，试证明出口处空气温度比进口处低 14.9 ℃。

3.8　空气进入一机器时的速度 $V_1=200$ m/s，温度 $t_1=100$ ℃，离开时温度 $t_2=15$ ℃。如过程是绝热的，每千克空气传给机器的功为 100 kJ，求空气出口速度 V_2。

3.9　如图所示直立圆管，管径为 10 mm，一端装有出口直径为 5 mm 的喷嘴，喷嘴中心离圆管的 1—1 截面的高度为 3.6 m。从喷嘴排入大气的水流的出口速度为 18 m/s，不计摩擦损失，流动定常，计算截面 1—1 处所需的表压力。

3.10　有一射流泵(引射器)如图所示。高速流体从主流道中在 1—1 截面上以 V_1 速度喷出，带动流道中的流体在 1—1 截面上以 V_2 速度流出。假定二者为同一不可压流体。这两股流体在等直径的混合室中由于流体间的摩擦和相互掺混，在出口截面 3—3 处速度变为均匀。假定 1—1 截面上两股流体压力相同，混合室表面的摩擦力可以忽略，流动是定常的。现测 $A_1=0.009\ 3\ \text{m}^2$，$A_3=0.093\ \text{m}^2$，$V_1=30.48$ m/s，$V_2=3.048$ m/s，$\rho=1\ 000\ \text{kg/m}^3$，试求 V_3 和 p_3-p_1 值，这里 A_1 是主流出口面积。

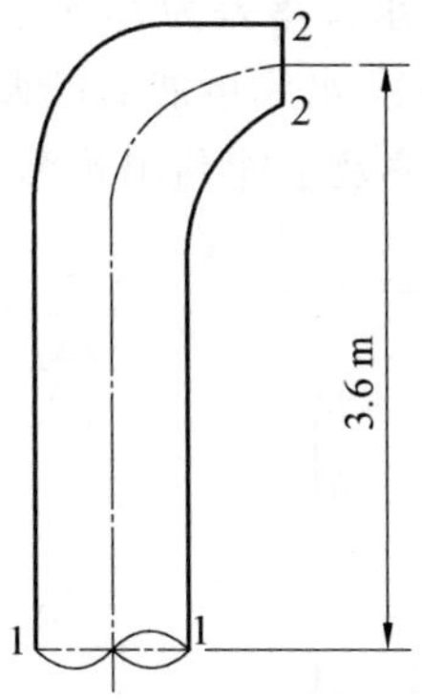

题 3.9 图

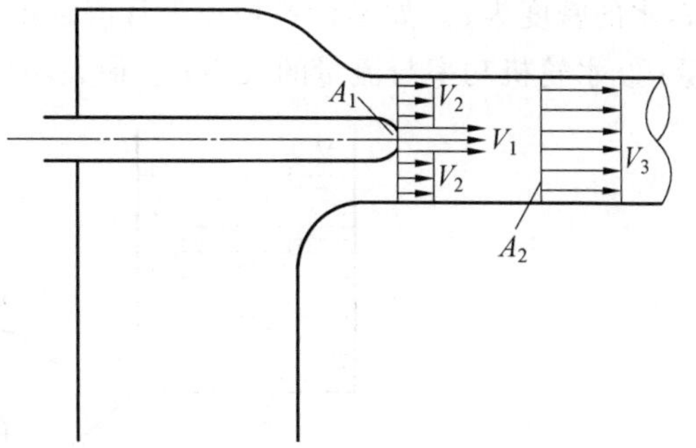

题 3.10 图

3.11　自由射流与平板相遇。Q_1 流量偏转 90°，其余偏转 α 角，如图所示。已知射流速度 $V_0=20$ m/s，总流量 $Q_0=24$ L/s 及 $Q_1=8$ L/s，$\rho=1\ 000$ kg/m^3，不计水的重量和黏性。并假定流动定常，且在足够远处 V_1、V_2 均匀。求：①Q_2、V_2、α；② 平板上所受的力。

3.12　如图所示，密度为 ρ 的不可压流体在 A—A 截面处均匀进入 AB 段圆管。由于黏性作用，在 B—B 截面处以抛物线速度分布流出，进入大气。测得 A—A 截面上压力为 p，速度为 V，大气压力为 p_a，求由于管内流动，法兰上所受的力 F。

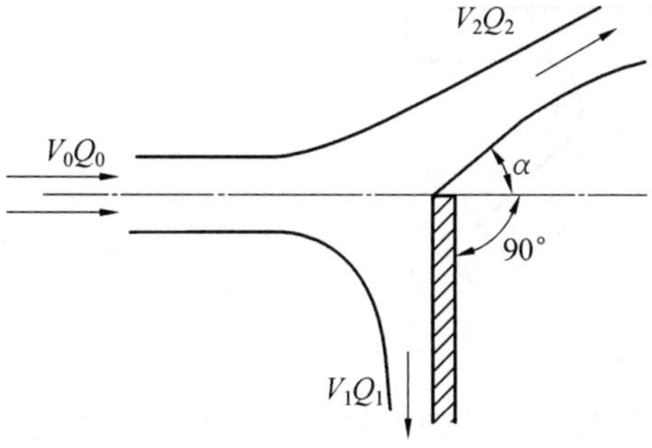

题 3.11 图

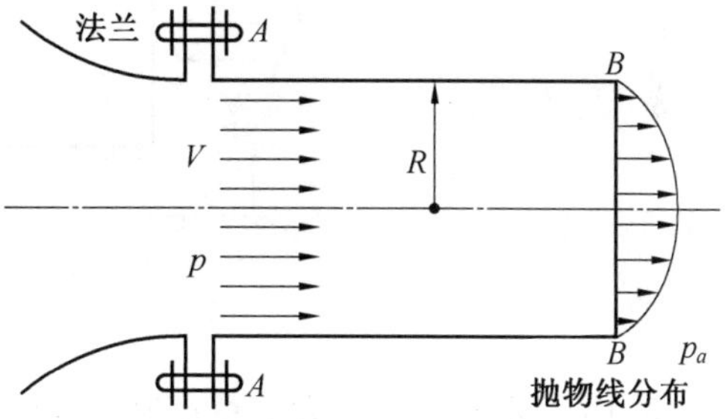

题 3.12 图

3.13　定常水流流过宽度不变的溢水道，如图所示。已知水的密度 $\rho=1\ 000$ kg/m^3，不考虑摩擦阻力，不计大气压力，又假设 1—1、2—2 截面上压力为静水压力分布且速度均匀，求水作用于单位宽度溢水道上的水平力。

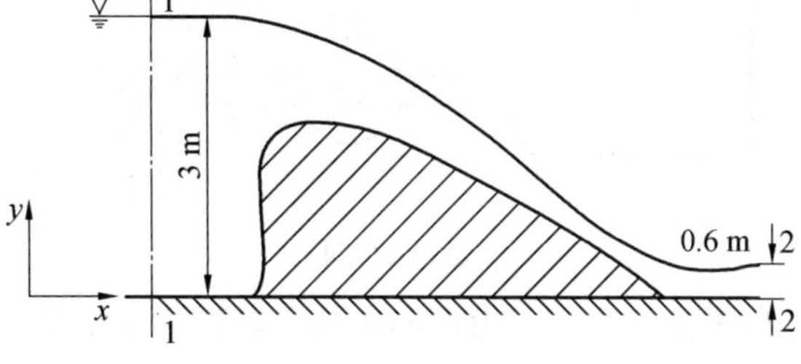

题 3.13 图

3.14　如图所示，水库下游拟安装一水轮机发电。已知水位落差为 h，出水管道直径为 d，水的密度为 ρ。如不计各种损失且假定流动定常，试求：① 水库可能的最大出口体积流量；② 水轮机功率与流量的关系；③ 最大功率时的流量功率及水能利用效率。

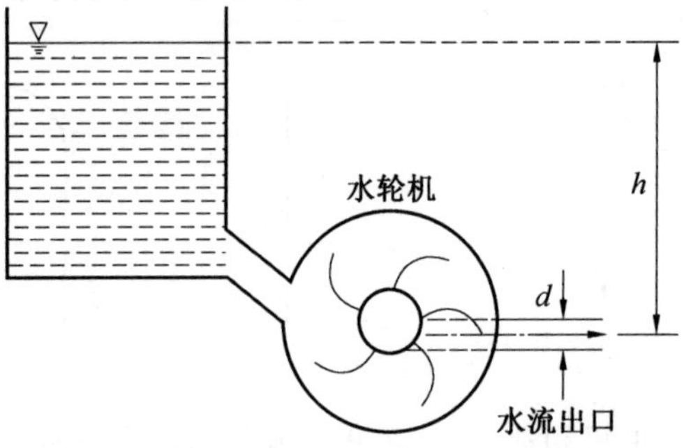

题 3.14 图

3.15　理想不可压流体密度为 ρ，定常地通过一水平分岔管道流出，如图所示。进口截面积均为 A，两个出口截面积为 $A/4$，进出口参数均匀。进口压力为 p_1，速度为 V_1，出口压力为 p_a。已知 A、p_1、p_a、ρ、α，求：① 通过总管的流量；② 流体作用于该分岔管道上的力 F。

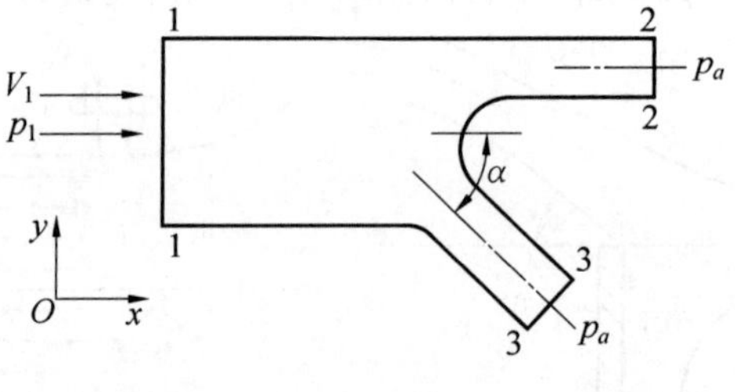

题 3.15 图

3.16　水从一个很大的蓄水池中流出，经水力透平冲到一块 90° 挡板上再流入大气（自由射流），如图所示。现已知挡板受到的水平推力为 890 N，求水力透平发出多少功率？假定流动定常，忽略摩擦力并不计弯管中流体的质量力。

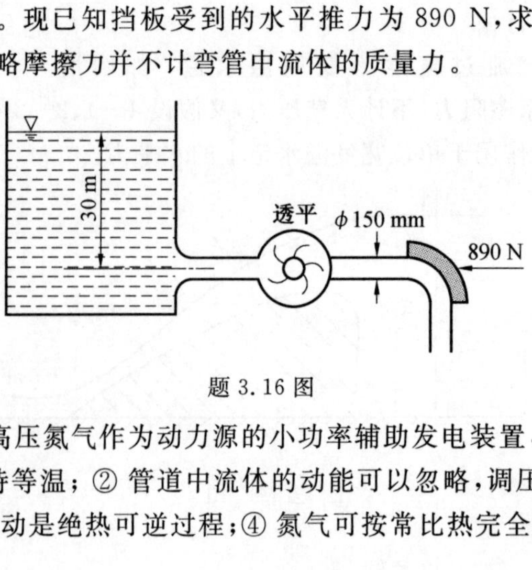

题 3.16 图

3.17　有一使用高压氮气作为动力源的小功率辅助发电装置，如图所示。假定透平运转时：① 氮气罐保持等温；② 管道中流体的动能可以忽略，调压过程和管内流动均是绝热的；③ 透平内的流动是绝热可逆过程；④ 氮气可按常比热完全气体处理，其定压比热

$c_p = 1.038\ \mathrm{kJ/(kg \cdot K)}$，比热比 $c_p/c_v = 1.4$。现打开阀门让透平运转，并保持透平进口压力为$p_1 = 686\ \mathrm{kN/m^2}$，当气罐压力降到 686 $\mathrm{kN/m^2}$ 时装置停止工作。如透平背压 $p_a = 9.8\ \mathrm{kN/m^2}$，透平发出功率为 75 W，要求工作 1 h，试问氮气罐需要多大体积？又问气罐吸热多少？

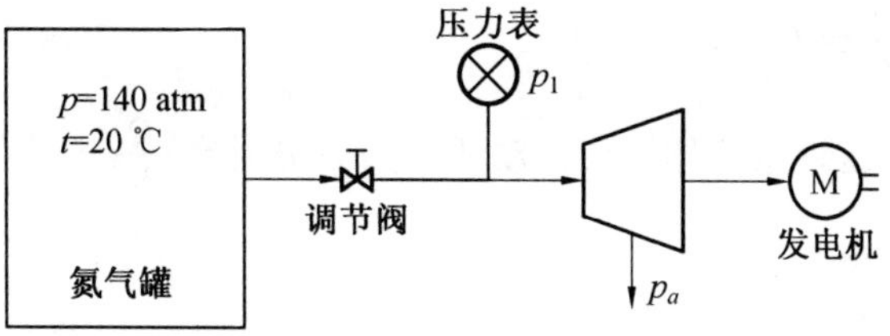

题 3.17 图

动力学微分形式方程

3.18　已知应力张量 $P = \begin{Bmatrix} p_{xx} & p_{xy} & p_{xz} \\ p_{yx} & p_{yy} & p_{yz} \\ p_{zx} & p_{zy} & p_{zz} \end{Bmatrix}$，且有两坐标系关系

	$\boldsymbol{i}$	$\boldsymbol{j}$	$\boldsymbol{k}$
$\boldsymbol{i}'$	(l_1)	(m_1)	(n_1)
$\boldsymbol{j}'$	(l_2)	(m_2)	(n_2)
$\boldsymbol{k}'$	(l_3)	(m_3)	(n_3)

，其中 l_i、m_i、n_i $(i = 1,2,3)$ 为坐标轴间的方向余弦，求 $p_{x'x'}$ 和 $p_{y'z'}$。

3.19　如图所示的拉杆被均匀拉伸，已知拉力为 F，拉杆横截面积为 A，$\boldsymbol{n}$ 截面的倾角为 α，求此平面应力张量在 Oxy 坐标系中的表达式，并求 $\boldsymbol{n}$ 截面上的应力分量 p_{nn} 和 p_{ns}。

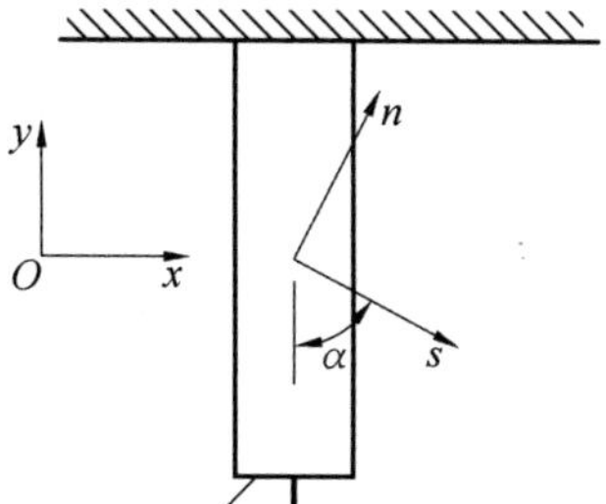

题 3.19 图

3.20　利用广义高斯定理证明，单位体积流体当体积趋于零时受到的表面力的合力为$\nabla \cdot P$。

3.21　已知流场中任一点的流体应力分量 p_{ij}，试证明在以该点为中心的半径为 a 的球面上，当 $a \to 0$ 时，法向应力的算术平均值的负值为 $-\dfrac{1}{3} p_{ii}$，即 $\lim\limits_{a \to 0} \dfrac{-1}{4\pi a^2} \oint_A p_{nn} \mathrm{d}A = -\dfrac{1}{3} p_{ii}$。

3.22　写出下列流体运动的连续方程：① 流体质点以角速度 ω 绕 z 轴做圆周运动；② 流体轨迹位于绕 z 轴圆柱面上；③ 流体质点在包含 z 轴的平面上运动；④ 流体质点位于与 z 轴共轴并有共同顶点（原点）的圆锥上。

3.23　不可压理想流体做无旋运动，质量力有势 $\boldsymbol{f}=-\nabla U$，证明流体中任意两点存在 $\frac{\partial\varphi}{\partial t}+\frac{1}{2}v^2+U+\frac{p}{\rho}=f(t)$。

3.24　证明不可压理想流体平面流动质量力有势时有 $\frac{\partial\Omega^2}{\partial t}+\nabla\cdot(\Omega^2\boldsymbol{v})=0$。

第 4 章　理想流体动力学基础

当系统各部分的物理性质如速度、温度或密度不均匀时，则系统处于非平衡态。在不受外界干预时，系统总是要从非平衡态向平衡态过渡，这种过渡称为**输运过程**，是流体的一种自发过程。从微观角度看，流体输运性质是由分子热运动以及分子之间的碰撞产生的，使流体宏观性质趋于一致。输运过程有三种：动量输运、热量输运、质量输运。流体的这三种输运性质分别对应黏滞现象、导热现象和扩散现象。当流体的动量输运性质不明显时，可以忽略黏性的影响，把流体认为是理想流体，例如在边界层之外的流动。

实际的流体都是有黏性的，并不存在理想流体。但在很多情况下，黏性力的作用与其他力相比较很小，可以忽略。这样，将使流体动力学的研究大为简化，容易得到流体运动的基本规律。这样做不仅对解决工程中的流体运动规律有普遍指导意义，而且对解决某些可以忽略黏性的流体运动问题有实际意义。

4.1　理想流体动力学的基本方程

4.1.1　连续方程

无论理想流体还是黏性流体，连续性方程都是式(3.59)，即

$$\frac{D\rho}{Dt}+\rho\,\nabla\cdot\boldsymbol{v}=\frac{\partial\rho}{\partial t}+\nabla\cdot(\rho\boldsymbol{v})=0 \tag{4.1}$$

4.1.2　运动方程

1. 欧拉方程

由于理想流体中 $P=-p\delta$，代入动量方程(3.66)可得

$$\frac{D\boldsymbol{v}}{Dt}=\frac{\partial\boldsymbol{v}}{\partial t}+(\boldsymbol{v}\cdot\nabla)\boldsymbol{v}=\boldsymbol{f}-\frac{1}{\rho}\nabla p \tag{4.2}$$

这就是欧拉型理想流体的运动微分方程，或简称**欧拉方程**。

2. 非惯性坐标系中的欧拉方程

同理可以得到非惯性坐标系中的运动方程为

$$\frac{D'\boldsymbol{w}}{Dt}=\frac{\partial'\boldsymbol{w}}{\partial t}+(\boldsymbol{w}\cdot\nabla)\boldsymbol{w}=\boldsymbol{f}-\boldsymbol{a}_0-\boldsymbol{\omega}\times(\boldsymbol{\omega}\times\boldsymbol{r}')-\frac{D\boldsymbol{\omega}}{Dt}\times\boldsymbol{r}'-2\boldsymbol{\omega}\times\boldsymbol{w}-\frac{1}{\rho}\nabla p \tag{4.3}$$

3. 兰姆方程

根据向量公式

$$\boldsymbol{v}\times(\nabla\times\boldsymbol{v})=\nabla\frac{v^2}{2}-(\boldsymbol{v}\cdot\nabla)\boldsymbol{v}$$

即

$$(\boldsymbol{v}\cdot\nabla)\boldsymbol{v}=\nabla\frac{v^2}{2}-\boldsymbol{v}\times\boldsymbol{\Omega}$$

代入欧拉方程中可得

$$\frac{\partial\boldsymbol{v}}{\partial t}+\nabla\frac{v^2}{2}-\boldsymbol{v}\times\boldsymbol{\Omega}=\boldsymbol{f}-\frac{1}{\rho}\nabla p \tag{4.4}$$

这就是兰姆型的理想流体运动方程，或简称**兰姆方程**。

4. 佛里德曼方程

对式(4.4)两边进行旋度计算，其中

$$\nabla\times\frac{\partial\boldsymbol{v}}{\partial t}=\frac{\partial}{\partial t}(\nabla\times\boldsymbol{v})=\frac{\partial\boldsymbol{\Omega}}{\partial t}$$

$$\nabla\times\left(\nabla\frac{v^2}{2}\right)=\boldsymbol{0}$$

$$\begin{aligned}\nabla\times(\boldsymbol{v}\times\boldsymbol{\Omega})&=(\boldsymbol{\Omega}\cdot\nabla)\boldsymbol{v}-(\boldsymbol{v}\cdot\nabla)\boldsymbol{\Omega}-\boldsymbol{\Omega}(\nabla\cdot\boldsymbol{v})+\boldsymbol{v}(\nabla\cdot\boldsymbol{\Omega})=\\&(\boldsymbol{\Omega}\cdot\nabla)\boldsymbol{v}-(\boldsymbol{v}\cdot\nabla)\boldsymbol{\Omega}-\boldsymbol{\Omega}(\nabla\cdot\boldsymbol{v})\end{aligned}$$

$$\nabla\times\frac{1}{\rho}\nabla p=-\frac{1}{\rho^2}\nabla\rho\times\nabla p+\frac{1}{\rho}\nabla\times(\nabla p)=-\frac{1}{\rho^2}\nabla\rho\times\nabla p$$

最终可得

$$\frac{D\boldsymbol{\Omega}}{Dt}-(\boldsymbol{\Omega}\cdot\nabla)\boldsymbol{v}+\boldsymbol{\Omega}(\nabla\cdot\boldsymbol{v})=\nabla\times\boldsymbol{f}+\frac{1}{\rho^2}\nabla\rho\times\nabla p \tag{4.5}$$

这就是佛里德曼型的理想流体运动方程，或简称**佛里德曼方程**。

5. 拉格朗日型运动方程

欧拉方程(4.2)中的两项可表示为

$$\frac{D\boldsymbol{v}}{Dt}=\frac{\partial^2\boldsymbol{r}}{\partial t^2}=\frac{\partial^2 x_\alpha}{\partial t^2}\boldsymbol{i}_\alpha$$

$$\frac{1}{\rho}\nabla p=\frac{1}{\rho}\frac{\partial p}{\partial x_\alpha}\boldsymbol{i}_\alpha=\frac{1}{\rho}\frac{\partial p}{\partial b_\beta}\frac{\partial b_\beta}{\partial x_\alpha}\boldsymbol{i}_\alpha$$

将上述结果代入欧拉方程中，列 $\boldsymbol{i}_\alpha$ 方向的分量方程可得

$$f_\alpha-\frac{\partial^2 x_\alpha}{\partial t^2}=\frac{1}{\rho}\frac{\partial p}{\partial b_\beta}\frac{\partial b_\beta}{\partial x_\alpha}$$

上式也可写为

$$\left[\left(f_k-\frac{\partial^2 x_k}{\partial t^2}\right)\frac{\partial x_k}{\partial b_\beta}-\frac{1}{\rho}\frac{\partial p}{\partial b_\beta}\right]\frac{\partial b_\beta}{\partial x_\alpha}=0$$

若变换矩阵 $\left[\dfrac{\partial b_\beta}{\partial x_\alpha}\right]$ 非奇异，其行列式不等于 0，则

$$\left(f_k-\frac{\partial^2 x_k}{\partial t^2}\right)\frac{\partial x_k}{\partial b_\beta}-\frac{1}{\rho}\frac{\partial p}{\partial b_\beta}=0 \tag{4.6}$$

这就是拉格朗日型的理想流体运动方程。

4.1.3 能量方程

1. 理想流体的能量方程

由于是理想流体，因此 $\mu=0$ 且 $\lambda=0$，并且理想流体应力张量 $P=-p\delta$，因此欧拉型微分形式的能量方程(3.68) 中的

$$\nabla\cdot(\lambda\nabla T)=0$$

$$\nabla\cdot(P\cdot\boldsymbol{v})=\nabla\cdot(-p\delta\cdot\boldsymbol{v})=\nabla\cdot(-p\boldsymbol{v})=-p(\nabla\cdot\boldsymbol{v})-\boldsymbol{v}\cdot\nabla p=$$
$$\frac{p}{\rho}\frac{D\rho}{Dt}-\boldsymbol{v}\cdot\nabla p=-\rho\frac{D}{Dt}\left(\frac{p}{\rho}\right)+\frac{Dp}{Dt}-\boldsymbol{v}\cdot\nabla p=-\rho\frac{D}{Dt}\left(\frac{p}{\rho}\right)+\frac{\partial p}{\partial t}$$

将上述结果代入式(3.68) 中可得

$$\rho\frac{D}{Dt}\left(e+\frac{p}{\rho}+\frac{v^2}{2}\right)=\rho\frac{Di^*}{Dt}=\rho\boldsymbol{f}\cdot\boldsymbol{v}+\rho q_R+\frac{\partial p}{\partial t}\tag{4.7}$$

式中 i^* 是单位质量气体的**迟滞焓**。对欧拉方程(4.2) 两边点乘 $\rho\boldsymbol{v}$ 得

$$\rho\frac{D}{Dt}\left(\frac{v^2}{2}\right)=\rho\boldsymbol{f}\cdot\boldsymbol{v}-\boldsymbol{v}\cdot\nabla p\tag{4.8}$$

由以上两式可知

$$\frac{D}{Dt}\left(e+\frac{p}{\rho}\right)=\frac{Di}{Dt}=q_R+\frac{1}{\rho}\left(\frac{\partial p}{\partial t}+\boldsymbol{v}\cdot\nabla p\right)=q_R+\frac{1}{\rho}\frac{Dp}{Dt}\tag{4.9}$$

或可写成

$$q_R=\frac{De}{Dt}+p\frac{D}{Dt}\left(\frac{1}{\rho}\right)\tag{4.10}$$

也可写成

$$q_R=\frac{Di}{Dt}-\frac{1}{\rho}\frac{Dp}{Dt}\tag{4.11}$$

式中 i 是单位质量气体的焓。式(4.9) ～ (4.11) 是常用的理想流体的能量方程的表达式。

2. 理想完全气体绝热运动的能量方程

对于大多数气体来说，在通常的温度和压力条件下，均可视为完全气体。另外，在常温条件下，热辐射可忽略不计，即 $q_R=0$。

由完全气体定义可知：$i=c_pT$，$\frac{p}{\rho}=RT$，$R=c_p-c_v$，$\gamma=\frac{c_p}{c_v}$，于是有

$$\frac{Di}{Dt}=c_p\frac{DT}{Dt}=\frac{\gamma}{\gamma-1}\frac{D}{Dt}\left(\frac{p}{\rho}\right)=\frac{\gamma}{\gamma-1}\frac{1}{\rho}\frac{Dp}{Dt}-\frac{\gamma}{\gamma-1}\frac{p}{\rho^2}\frac{D\rho}{Dt}$$

上式代入方程(4.11) 中，并注意到 $q_R=0$，可得

$$\frac{Dp}{Dt}-\gamma\frac{p}{\rho}\frac{D\rho}{Dt}=0$$

或

$$\frac{D}{Dt}\left(\frac{p}{\rho^\gamma}\right)=0\tag{4.12}$$

由热力学知，对于完全气体来说，其熵为

$$s = c_v \ln \frac{p}{\rho^{\gamma}} + \text{const}$$

于是可把式(4.12)改写为

$$\frac{Ds}{Dt} = 0 \tag{4.13}$$

3. 非惯性坐标系的能量方程

在研究例如旋转叶轮中的能量转换等实际问题时,采用非惯性坐标系更为方便。能量方程(4.7)还可写为

$$\frac{D}{Dt}\left(i + \frac{v^2}{2}\right) = \boldsymbol{f} \cdot \boldsymbol{v} + q_R + \frac{1}{\rho} \frac{\partial p}{\partial t} \tag{4.14}$$

接下来在非惯性坐标系下表示式中各项。其中的

$$\frac{1}{\rho} \frac{\partial p}{\partial t} = \frac{1}{\rho} \frac{\partial' p}{\partial t} - (\boldsymbol{v} - \boldsymbol{w}) \cdot \frac{\nabla p}{\rho} \tag{4.15}$$

由绝对坐标系下的理想流体运动方程可知

$$\frac{1}{\rho} \nabla p = \boldsymbol{f} - \frac{D\boldsymbol{v}}{Dt}$$

因此有

$$\frac{1}{\rho} \boldsymbol{v} \cdot \nabla p = \boldsymbol{f} \cdot \boldsymbol{v} - \frac{D}{Dt}\left(\frac{v^2}{2}\right) \tag{4.16}$$

由相对坐标系下的理想流体运动方程可知

$$\frac{1}{\rho} \nabla p = \left[\boldsymbol{f} - \boldsymbol{a}_0 - \boldsymbol{\omega} \times (\boldsymbol{\omega} \times \boldsymbol{r}') - \frac{D\boldsymbol{\omega}}{Dt} \times \boldsymbol{r}' - 2\boldsymbol{\omega} \times \boldsymbol{w}\right] - \frac{D'\boldsymbol{w}}{Dt}$$

因此有

$$\frac{1}{\rho} \boldsymbol{w} \cdot \nabla p = \boldsymbol{w} \cdot (\boldsymbol{f} - \boldsymbol{a}_0) - \boldsymbol{w} \cdot \left[\boldsymbol{\omega} \times (\boldsymbol{\omega} \times \boldsymbol{r}') + \frac{D\boldsymbol{\omega}}{Dt} \times \boldsymbol{r}'\right] - \frac{D}{Dt}\left(\frac{w^2}{2}\right) \tag{4.17}$$

将式(4.16)和式(4.17)代入式(4.15)可得

$$\frac{1}{\rho} \frac{\partial p}{\partial t} = \frac{1}{\rho} \frac{\partial' p}{\partial t} - \boldsymbol{f} \cdot \boldsymbol{v} + \frac{D}{Dt}\left(\frac{v^2}{2}\right) + \boldsymbol{w} \cdot (\boldsymbol{f} - \boldsymbol{a}_0) -$$
$$\boldsymbol{w} \cdot \left[\boldsymbol{\omega} \times (\boldsymbol{\omega} \times \boldsymbol{r}') + \frac{D\boldsymbol{\omega}}{Dt} \times \boldsymbol{r}'\right] - \frac{D}{Dt}\left(\frac{w^2}{2}\right)$$

将上式代入能量方程(4.14)中,整理可得

$$\frac{D}{Dt}\left(i + \frac{w^2}{2}\right) = \left[\boldsymbol{f} - \boldsymbol{a}_0 - \boldsymbol{\omega} \times (\boldsymbol{\omega} \times \boldsymbol{r}') - \frac{D\boldsymbol{\omega}}{Dt} \times \boldsymbol{r}'\right] \cdot \boldsymbol{w} + q_R + \frac{1}{\rho} \frac{\partial' p}{\partial t} \tag{4.18}$$

等式左边为相对坐标系中的**相对迟滞焓**,右边第一项为广义力做功。式中

$$[\boldsymbol{\omega} \times (\boldsymbol{\omega} \times \boldsymbol{r}')] \cdot \boldsymbol{w} = (\boldsymbol{w} \times \boldsymbol{\omega}) \cdot (\boldsymbol{\omega} \times \boldsymbol{r}') = \left(\frac{D'\boldsymbol{r}'}{Dt} \times \boldsymbol{\omega}\right) \cdot (\boldsymbol{\omega} \times \boldsymbol{r}') =$$
$$\left[\left(\frac{D\boldsymbol{r}'}{Dt} - \boldsymbol{\omega} \times \boldsymbol{r}'\right) \times \boldsymbol{\omega}\right] \cdot (\boldsymbol{\omega} \times \boldsymbol{r}') = \left[\frac{D\boldsymbol{r}'}{Dt} \times \boldsymbol{\omega}\right] \cdot (\boldsymbol{\omega} \times \boldsymbol{r}') =$$
$$\left[\frac{D\boldsymbol{\omega}}{Dt} \times \boldsymbol{r}' - \frac{D(\boldsymbol{\omega} \times \boldsymbol{r}')}{Dt}\right] \cdot (\boldsymbol{\omega} \times \boldsymbol{r}') =$$
$$\left(\frac{D\boldsymbol{\omega}}{Dt} \times \boldsymbol{r}'\right) \cdot (\boldsymbol{\omega} \times \boldsymbol{r}') - \frac{D(\boldsymbol{\omega} \times \boldsymbol{r}')}{Dt} \cdot (\boldsymbol{\omega} \times \boldsymbol{r}') =$$

$$\left(\frac{D\boldsymbol{\omega}}{Dt}\times\boldsymbol{r}'\right)\cdot(\boldsymbol{\omega}\times\boldsymbol{r}')-\frac{D}{Dt}\left[\frac{1}{2}(\boldsymbol{\omega}\times\boldsymbol{r}')\cdot(\boldsymbol{\omega}\times\boldsymbol{r}')\right]$$

因此有

$$\frac{D}{Dt}\left[i+\frac{w^2}{2}-\frac{1}{2}(\boldsymbol{\omega}\times\boldsymbol{r}')\cdot(\boldsymbol{\omega}\times\boldsymbol{r}')\right]=$$

$$(\boldsymbol{f}-\boldsymbol{a}_0)\cdot\boldsymbol{w}-\left(\frac{D\boldsymbol{\omega}}{Dt}\times\boldsymbol{r}'\right)\cdot[\boldsymbol{w}+(\boldsymbol{\omega}\times\boldsymbol{r}')]+q_R+\frac{1}{\rho}\frac{\partial' p}{\partial t} \tag{4.19}$$

定义 $I=i+\frac{w^2}{2}-\frac{1}{2}(\boldsymbol{\omega}\times\boldsymbol{r}')\cdot(\boldsymbol{\omega}\times\boldsymbol{r}')$ 为**迟滞转焓**,所以

$$\frac{DI}{Dt}=(\boldsymbol{f}-\boldsymbol{a}_0)\cdot\boldsymbol{w}-\left(\frac{D\boldsymbol{\omega}}{Dt}\times\boldsymbol{r}'\right)\cdot[\boldsymbol{w}+(\boldsymbol{\omega}\times\boldsymbol{r}')]+q_R+\frac{1}{\rho}\frac{\partial' p}{\partial t} \tag{4.20}$$

假定 $\boldsymbol{a}_0=0$,$\frac{D\boldsymbol{\omega}}{Dt}=0$,即 $\boldsymbol{\omega}=\omega\boldsymbol{e}_z$,则有

$$\frac{DI}{Dt}=\boldsymbol{f}\cdot\boldsymbol{w}+q_R+\frac{1}{\rho}\frac{\partial' p}{\partial t} \tag{4.21}$$

其中

$$I=i+\frac{w^2}{2}-\frac{1}{2}\omega r'\boldsymbol{e}_\theta\cdot\omega r'\boldsymbol{e}_\theta=i+\frac{w^2}{2}-\frac{1}{2}u^2$$

对于理想流体、忽略质量力、绝热、相对恒定流动,则有

$$\frac{DI}{Dt}=\frac{D}{Dt}\left(i+\frac{w^2}{2}-\frac{1}{2}(\boldsymbol{\omega}\times\boldsymbol{r}')\cdot(\boldsymbol{\omega}\times\boldsymbol{r}')\right)=0 \tag{4.22}$$

即迟滞转焓为常数。

4.1.4　理想流体动力学方程组的封闭性

1. 方程组的封闭性

理想流体的流动满足如下的连续方程和运动方程

$$\frac{1}{\rho}\frac{D\rho}{Dt}+\nabla\cdot\boldsymbol{v}=0$$

$$\frac{D\boldsymbol{v}}{Dt}=\boldsymbol{f}-\frac{1}{\rho}\nabla p$$

共 4 个方程,5 个未知量,即 v_x、v_y、v_z、p 和 ρ。由此可知,连续方程和运动方程组成的方程组是不封闭的。为使方程组封闭,还需添加一个方程式。需要说明的是,能量方程不能作为封闭方程,因为在能量方程中引入了新的未知量 e、i 和 q_R。目前没有对所有理想流体都适用的封闭方程。

2. 一些具体形式的封闭方程

封闭方程的一般形式为

$$F(p,\rho,\boldsymbol{v},\boldsymbol{r},t)=0$$

方程中还可以包括基本未知数 $\boldsymbol{v}$、p 和 ρ 的导数。

下面举出三类不同形式的封闭方程。

(1) 均质不可压流体假设

最简单的封闭方程形式为

$$\rho = \mathrm{const}$$

(2) 正压流场假设

一般形式的正压流场封闭方程可以表示为

$$F(p,\rho) = 0$$

也就是说,流场中的密度只是压力的单值函数。例如:

均温流场假设:$p/\rho = \mathrm{const}$

均熵流场假设:$p/\rho^{\gamma} = \mathrm{const}$

(3) 等熵流动假设

对于完全气体的绝热流动,可以做等熵流动的假设,封闭方程为

$$\frac{D}{Dt}\left(\frac{p}{\rho^{\gamma}}\right) = 0$$

4.1.5 理想流体运动的初始条件和边界条件

由数理方程知识,偏微分方程的求解需满足一定的附加条件才能使解是唯一的。这些附加条件称为定解条件。定解条件可分为初始条件和边界条件。

1. 初始条件

初始条件都是针对非恒定流动而言的。初始条件就是给定初始时刻流场每一点的表征流动状态的物理量。在理想流体的流动中,表征流动状态的物理量包括 $\boldsymbol{v}$、p 和 ρ。所以初始条件就是在 t_0 时刻给定

$$\boldsymbol{v}(\boldsymbol{r},t_0) = f_1(\boldsymbol{r})$$

$$p(\boldsymbol{r},t_0) = f_2(\boldsymbol{r})$$

$$\rho(\boldsymbol{r},t_0) = f_3(\boldsymbol{r})$$

其中 f_1、f_2、f_3 是给定的函数。对于恒定流动而言,不存在初始条件。

2. 边界条件

在流体动力学中,边界条件起着重要的作用。边界条件通常与速度和力有关,分别称为运动学边界条件和动力学边界条件。

实际问题中,比较常见的边界条件可分为以下三类:

(1) 固体壁面上的运动学边界条件

对于理想流体而言,可以给定在固体壁面上无分离、无渗透的边界条件,也就是说在固体壁面上,流体对于固体壁面的法向速度为零。可表示为

$$(\boldsymbol{v} \cdot \boldsymbol{n})_{\mathrm{W}} = \boldsymbol{v}_{\mathrm{W}} \cdot \boldsymbol{n}_{\mathrm{W}}$$

需要说明的是,理想流体对于固体壁面的切向速度一般不为零。

(2) 无穷远或管道进口处的边界条件

一般给定无穷远或管道进口处的 $\boldsymbol{v}$、p 和 ρ。管道出口的边界条件需要根据不同的情况确定,不同类型的方程,边界条件给法不一样,这里不再讨论。

(3) 自由表面上的边界条件

自由表面是由流体质点组成的光滑流体面,在交界面上压力相等,温度一般没有突跃。

例 4.1　写出以等角速度 ω 转动的相对坐标系中，常比热完全理想气体绝热相对恒定流动的封闭方程组。

解　绝对坐标系下常比热完全理想气体绝热流动的封闭方程组可以表示为

$$\frac{D\rho}{Dt}+\rho\,\nabla\cdot\boldsymbol{v}=0 \tag{a}$$

$$\frac{D\boldsymbol{v}}{Dt}=\boldsymbol{f}-\frac{1}{\rho}\nabla p \tag{b}$$

$$\frac{D}{Dt}(p/\rho^{\gamma})=0 \tag{c}$$

由于相对速度 $\boldsymbol{w}$ 与绝对速度 $\boldsymbol{v}$ 的关系为

$$\boldsymbol{v}=\boldsymbol{w}+\boldsymbol{\omega}\times\boldsymbol{r} \tag{d}$$

故式(a) 可变化为

$$\frac{D\rho}{Dt}+\rho\,\nabla\cdot\boldsymbol{v}=\frac{D'\rho}{Dt}+\rho\,\nabla\cdot(\boldsymbol{w}+\boldsymbol{\omega}\times\boldsymbol{r})=\frac{\partial'\rho}{\partial t}+\boldsymbol{w}\cdot\nabla\rho+\rho\,\nabla\cdot\boldsymbol{w}=0 \tag{e}$$

其中

$$\nabla\cdot(\boldsymbol{\omega}\times\boldsymbol{r})=\nabla\cdot(e_{\alpha\beta\gamma}\omega_{\alpha}x_{\beta}\boldsymbol{i}_{\gamma})=\nabla\cdot(e_{\alpha\beta\gamma}\omega_{\alpha}x_{\beta}\boldsymbol{i}_{\beta}\delta_{\beta\gamma})=e_{\alpha\beta\gamma}\delta_{\beta\gamma}\omega_{\alpha}\,\nabla\cdot\boldsymbol{r}=0$$

由于流动在相对坐标系内恒定，故式(e) 可变化为

$$\nabla\cdot(\rho\boldsymbol{w})=0 \tag{f}$$

将式(d) 代入式(b) 可得

$$\begin{aligned}\frac{D\boldsymbol{v}}{Dt}&=\frac{D\boldsymbol{w}}{Dt}+\boldsymbol{\omega}\times\frac{D\boldsymbol{r}}{Dt}=\left(\frac{D'\boldsymbol{w}}{Dt}+\boldsymbol{\omega}\times\boldsymbol{w}\right)+\boldsymbol{\omega}\times\left(\frac{D'\boldsymbol{r}}{Dt}+\boldsymbol{\omega}\times\boldsymbol{r}\right)=\\&\frac{D'\boldsymbol{w}}{Dt}+\boldsymbol{\omega}\times(\boldsymbol{\omega}\times\boldsymbol{r})+2\boldsymbol{\omega}\times\boldsymbol{w}=\boldsymbol{f}-\frac{1}{\rho}\nabla p\end{aligned} \tag{g}$$

式(c) 为标量方程，在绝对坐标系和相对坐标系中具有相同的形式

$$\frac{D}{Dt}(p/\rho^{\gamma})=\frac{D'}{Dt}(p/\rho^{\gamma})=0 \tag{h}$$

综上可知，以等角速度 ω 转动的相对坐标系中常比热完全理想气体绝热相对恒定流动的封闭方程组为

$$\begin{cases}\nabla\cdot(\rho\boldsymbol{w})=0\\ \dfrac{D'\boldsymbol{w}}{Dt}=\boldsymbol{f}-\boldsymbol{\omega}\times(\boldsymbol{\omega}\times\boldsymbol{r})-2\boldsymbol{\omega}\times\boldsymbol{w}-\dfrac{1}{\rho}\nabla p\\ \dfrac{D'}{Dt}(p/\rho^{\gamma})=0\end{cases}$$

4.2　伯努利定理

对于理想流体的运动方程，在一定的条件下存在伯努利积分，该积分在理想流体运动的理论研究和实际应用中都具有重要的意义。

4.2.1　压力函数

对于流场中任意一条空间曲线 L，如图 4.1 所示，其上任意一点 M 可用其距离 O 点的

曲线长度 l 来表示，该点处的曲线微元长度用 $\mathrm{d}l$ 表示。显然，在曲线 L 上，密度和压力是长度 l 的函数。在给定的曲线 L 上，密度与压力表示为

$$\rho=\rho(l,L)$$
$$p=p(l,L)$$

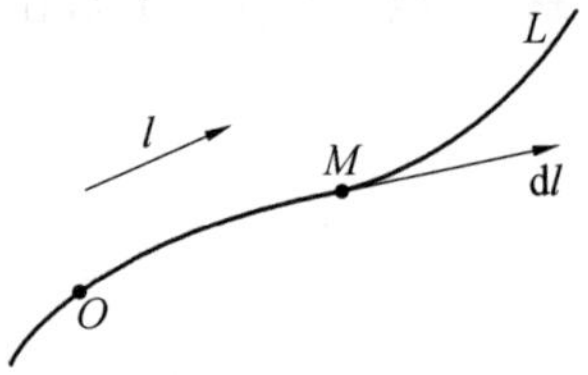

图 4.1　空间曲线 L

一般来说，在不同的曲线 L 上，这些函数也是不同的。在给定的 L 上，密度可看作是压力的函数

$$\rho=\rho(p,L)$$

定义**压力函数**为

$$\mathscr{P}=\int\frac{\mathrm{d}p}{\rho}\tag{4.23}$$

由以上两式可知

$$\mathscr{P}=\mathscr{P}(p,L)=\int\frac{\mathrm{d}p}{\rho(p,L)}\tag{4.24}$$

从上式可知，当曲线 L 一定时，压力函数仅是 p 的函数。于是在 L 曲线上，压力函数沿 l 的变化率为

$$\frac{\partial\mathscr{P}}{\partial l}=\frac{\partial\mathscr{P}}{\partial p}\frac{\partial p}{\partial l}=\frac{\mathrm{d}\mathscr{P}}{\mathrm{d}p}\frac{\partial p}{\partial l}=\frac{1}{\rho}\frac{\partial p}{\partial l}\tag{4.25}$$

一般情况下，在任意给定的曲线 L 上，函数关系 $\rho=\rho(p,L)$ 是不知道的，只有在某些特定情况下才能够确定。下面讨论两种特殊情况下的压力函数。

1. 正压流场中的压力函数

在正压流场中存在 $p=p(\rho)$ 或 $\rho=\rho(p)$，且与所选曲线 L 无关。因此由式(4.23)所表示的压力函数 $\mathscr{P}$ 也与曲线 L 无关。因此

$$\begin{cases}\mathscr{P}=\displaystyle\int\frac{\mathrm{d}p}{\rho}\\[2mm]\nabla\mathscr{P}=\dfrac{\nabla p}{\rho}\end{cases}\tag{4.26}$$

例如在均质不可压流场中 $\rho=\mathrm{const}$，于是流场的压力函数为

$$\mathscr{P}=\int\frac{\mathrm{d}p}{\rho}=\frac{1}{\rho}\int\mathrm{d}p=\frac{p}{\rho}+\mathrm{const}\tag{4.27}$$

又如在完全气体的等温流场中，$T=\mathrm{const}$，由状态方程知

$$\rho=\frac{p}{RT}$$

于是流场的压力函数为

$$\mathscr{P}=\int\frac{\mathrm{d}p}{\rho}=\int\frac{RT}{p}\mathrm{d}p=RT\int\frac{\mathrm{d}p}{p}=RT\ln p+\mathrm{const}\tag{4.28}$$

2. 完全气体绝热可逆恒定流动中的压力函数

在绝热可逆流动中，确定的流体质点的熵 s 保持不变，但不同的流体质点可以具有不同的熵值。即

$$\frac{Ds}{Dt}=0$$

若流动恒定，迹线和流线重合，因此沿同一条流线运动的所有流体质点具有相同的熵值，但不同的流线上可以有不同的熵值。

将热力学第一定律用于理想气体的可逆方程

$$T\mathrm{d}s = c_p \mathrm{d}T - \frac{1}{\rho}\mathrm{d}p$$

将上式变化为

$$\mathrm{d}s = c_p \frac{\mathrm{d}T}{T} - R\frac{\mathrm{d}p}{p} = c_p\left(\frac{\mathrm{d}p}{p} - \frac{\mathrm{d}\rho}{\rho}\right) - R\frac{\mathrm{d}p}{p} = c_p\left(\frac{1}{\gamma}\frac{\mathrm{d}p}{p} - \frac{\mathrm{d}\rho}{\rho}\right)$$

因此有

$$\frac{\mathrm{d}\rho}{\rho} = \frac{1}{\gamma}\frac{\mathrm{d}p}{p} - \frac{\mathrm{d}s}{c_p}$$

积分上式可得

$$\ln\frac{\rho}{\rho_1} = \ln\left(\frac{p}{p_1}\right)^{1/\gamma} + \frac{s_1 - s_2}{c_p}$$

即

$$\rho = \rho_1\left(\frac{p}{p_1}\right)^{1/\gamma}\exp\frac{s_1 - s_2}{c_p} = \rho(p, s_L)$$

其中 s_L 是流线 L 上的熵，为常数。

由此可得，沿同一条流线的压力函数可以表示为

$$\mathscr{P}(p,L) = \int\frac{\mathrm{d}p}{\rho} = \int\frac{\mathrm{d}p}{\rho_1\left(\frac{p}{p_1}\right)^{1/\gamma}\exp\frac{s_1 - s_2}{c_p}} =$$

$$\frac{\gamma}{\gamma - 1}\left[\rho_1\left(\frac{p}{p_1}\right)^{1/\gamma}\exp\frac{s_1 - s_2}{c_p}\right]^{-1}p + \mathrm{const} =$$

$$\frac{\gamma}{\gamma - 1}\frac{p}{\rho} + \mathrm{const} \tag{4.29}$$

4.2.2　恒定流动沿流线和沿涡线的伯努利积分

对于兰姆型的理想流体运动方程

$$\frac{\partial \boldsymbol{v}}{\partial t} + \nabla\frac{v^2}{2} - \boldsymbol{v}\times\boldsymbol{\Omega} = \boldsymbol{f} - \frac{1}{\rho}\nabla p$$

若流动恒定、质量力有势，则

$$\nabla\frac{v^2}{2} + \frac{1}{\rho}\nabla p + \nabla U = \boldsymbol{v}\times\boldsymbol{\Omega} \tag{4.30}$$

在任意空间曲线 L 上，上式可表示为

$$\frac{\partial}{\partial l}\left(\frac{v^2}{2}\right) + \frac{1}{\rho}\frac{\partial p}{\partial l} + \frac{\partial U}{\partial l} = (\boldsymbol{v}\times\boldsymbol{\Omega})_l$$

将式(4.25)表示的压力函数代入上式，则有

$$\frac{\partial}{\partial l}\left[\left(\frac{v^2}{2}\right) + \mathscr{P}(p,L) + U\right] = (\boldsymbol{v}\times\boldsymbol{\Omega})_l \tag{4.31}$$

若所取 L 是流线或涡线，则 $(\boldsymbol{v}\times\boldsymbol{\Omega})_l = \mathbf{0}$，由此可知，若 L 是流线或涡线，则

$$\frac{\partial}{\partial l}\left[\frac{v^2}{2}+\mathscr{P}(p,L)+U\right]=0 \tag{4.32}$$

积分上式可得

$$\frac{v^2}{2}+\mathscr{P}(p,L)+U=i_0(L) \tag{4.33}$$

这就是理想流体运动方程的伯努利积分。由伯努利积分可知，对于理想流体恒定流动，在质量力有势条件下，沿任一流线或涡线存在伯努利积分。积分常数 i_0 对于确定的流线或涡线是一定的，但对于不同的流线和涡线一般是不同的。

4.2.3　伯努利积分常数与所取曲线 L 无关的情况

在下列几种情况下，伯努利积分常数与所选曲线无关，也就是说，在整个流场中 i_0 为同一常数。

1. 正压流场且 $\boldsymbol{v}\times\boldsymbol{\Omega}=\mathbf{0}$

在正压流场中，压力函数 $\mathscr{P}$ 与 L 无关，即 $\mathscr{P}=\mathscr{P}(p)$。则式(4.30)可表示为

$$\nabla\left[\frac{v^2}{2}+\mathscr{P}(p)+U\right]=\boldsymbol{v}\times\boldsymbol{\Omega}$$

若在整个流场中又满足 $\boldsymbol{v}\times\boldsymbol{\Omega}=\mathbf{0}$，则上式可写为

$$\nabla\left[\frac{v^2}{2}+\mathscr{P}(p)+U\right]=\mathbf{0}$$

积分可得

$$\frac{v^2}{2}+\mathscr{P}(p)+U=i_0 \tag{4.34}$$

显然，伯努利积分常数 i_0 在整个流场中为同一数值。而条件 $\boldsymbol{v}\times\boldsymbol{\Omega}=\mathbf{0}$ 在三种情况下成立：

(1) 静止流场，$\boldsymbol{v}=\mathbf{0}$；

(2) 无旋流场，$\boldsymbol{\Omega}=\mathbf{0}$；

(3) 螺旋运动，$\boldsymbol{v}\,/\!/\,\boldsymbol{\Omega}$，即流线与涡线重合的情况；这种情况在任何平面流动中是不可能出现的。

2. 在具有均匀流区域的流场中

对于从具有均匀流区域出发或通过的流线，因为流线在均匀流处有相同的物理量，故每条流线上的 i_0 相同。

4.2.4　完全气体做绝热可逆恒定流动时的伯努利积分

对于热完全气体 $p=\rho RT$，$R=c_p-c_v$，$\gamma=c_p/c_v$。因此有

$$c_pT=\frac{c_p}{R}\frac{p}{\rho}=\frac{\gamma}{\gamma-1}\frac{p}{\rho}$$

热完全气体做绝热可逆恒定流动时，压力函数为

$$\mathscr{P}=\frac{\gamma}{\gamma-1}\frac{p}{\rho}=c_pT=i \tag{4.35}$$

因此，对于任何具有两个独立的热力学参数的理想流体来说，在恒定绝热流动的情况下，

压力函数 $\mathscr{P}$ 也是焓 i。因此，在忽略质量力的条件下，式(4.34) 中沿流线的伯努利积分可以表示为

$$\frac{v^2}{2}+i=i_0 \tag{4.36}$$

式中 i_0 对确定的流线为常数。上式表明，随着速度增加，沿流线上焓将降低。

对于完全气体可写为

$$\frac{v^2}{2}+\frac{\gamma}{\gamma-1}\frac{p}{\rho}=\frac{v^2}{2}+c_pT=i_0 \tag{4.37}$$

可以用以下三种特定状态来说明完全气体做可逆绝热流动：

1. 滞止状态

若沿流线，在速度 $v=0$ 处，温度用 T_0 表示。则由式(4.37) 可得

$$i_0=c_pT_0=\frac{\gamma}{\gamma-1}\frac{p}{\rho} \tag{4.38}$$

T_0 称**滞止温度**或总温，i_0 称**滞止焓**或总焓。

实际上在流线上没有速度为零的点，滞止状态是假定想象的。但某些流动在特定位置可以假定速度为零。例如大容器经小孔做恒定可逆绝热的出流问题，理想可压缩流体绕翼型的流动(在翼型表面形成驻点) 等。

2. 最大速度

若沿流线，在压强 $p=0$ 处，速度用 $v_{\max}$ 表示。则由式(4.37) 可得

$$i_0=\frac{v_{\max}^2}{2} \tag{4.39}$$

或者

$$v_{\max}=\sqrt{2c_pT_0} \tag{4.40}$$

$v_{\max}$ 称**最大速度**。$v_{\max}$ 只在理论上成立，可用其间接表示气流的总能量。在气体的非恒定绝热运动中，不排除有大于 $\sqrt{2c_pT_0}$ 的速度。

3. 临界状态

完全气体做可逆绝热流动满足等熵关系式

$$\frac{p}{\rho^\gamma}=\text{const}$$

由上式可得

$$\frac{\mathrm{d}p}{\mathrm{d}\rho}=\gamma\frac{p}{\rho}$$

声速 c 可表示为

$$c=\sqrt{\frac{\mathrm{d}p}{\mathrm{d}\rho}}=\sqrt{\gamma\frac{p}{\rho}}=\sqrt{\gamma RT}$$

式(4.37) 可改写为

$$\frac{v^2}{2}+\frac{c^2}{\gamma-1}=i_0=\frac{v_{\max}^2}{2}=c_pT_0$$

声速的最大可能值 c_0 在 $v=0$ 处取得，称之为**滞止声速**，可表示为

$$c_0=\sqrt{\gamma RT_0}$$

若流动沿流线等熵地变为 $v=c$ 的状态，称此状态为**临界状态**。此时的速度用 v_{cr} 表示，称之为**临界速度**。则有

$$\frac{v_{cr}^2}{2}+\frac{v_{cr}^2}{\gamma-1}=\frac{c_0^2}{\gamma-1}=\frac{v_{max}^2}{2}$$

即

$$v_{cr}=\sqrt{\frac{2}{\gamma+1}}c_0=\sqrt{\frac{2\gamma}{\gamma+1}RT_0}=\sqrt{\frac{\gamma-1}{\gamma+1}}\ v_{max} \tag{4.41}$$

如果流体质点的运动速度 $v<c$，则称**亚声速流动**；反之，当流体质点的运动速度 $v>c$，则称**超声速流动**。

4.3　柯西－拉格朗日积分定理

前一节主要讨论了理想流体运动方程在恒定流动中沿流线或涡线的伯努利积分，本节将讨论运动方程在无旋流动中整场适用的柯西－拉格朗日积分。

4.3.1　柯西－拉格朗日积分

由兰姆型的理想流体运动方程

$$\frac{\partial \boldsymbol{v}}{\partial t}+\nabla\frac{v^2}{2}+\boldsymbol{\Omega}\times\boldsymbol{v}=\boldsymbol{f}-\frac{1}{\rho}\nabla p$$

并假定：

(1) 流动无旋，即 $\boldsymbol{\Omega}=\mathbf{0}$，因此速度存在势函数，$\boldsymbol{v}=\nabla\varphi$；

(2) 流场正压，即 $p=p(\rho)$，因此压力函数满足

$$\frac{1}{\rho}\nabla p=\nabla\mathscr{P}$$

于是兰姆型方程可改写为

$$\nabla\left(\frac{\partial\varphi}{\partial t}+\frac{v^2}{2}+\mathscr{P}\right)=\boldsymbol{f}$$

由此可见，在运动无旋和流场正压的条件下，质量力必有势；反之，在无旋且质量力有势的条件下，流场必定正压。

令 $\boldsymbol{f}=-\nabla U$，则上式可写为

$$\nabla\left(\frac{\partial\varphi}{\partial t}+\frac{v^2}{2}+\mathscr{P}+U\right)=\mathbf{0}$$

由此可得

$$\frac{\partial\varphi}{\partial t}+\frac{v^2}{2}+\mathscr{P}+U=f(t) \tag{4.42}$$

其中 $f(t)$ 为对整场都适用的积分常数。上式即为**柯西－拉格朗日积分**方程，或称非恒定流动的伯努利方程。

若流动是恒定的，则式(4.42)可进一步改写为

$$\frac{v^2}{2}+\mathscr{P}+U=\mathrm{const}=i_0 \tag{4.43}$$

该式与同样条件下的伯努利积分式(4.34)一样，且积分常数在整场中为同一值，而压力函数也仅仅取决于压强 p。

4.3.2　动坐标系的柯西－拉格朗日积分

设 $O'x'y'z'$ 为相对于 $Oxyz$ 做任意运动的动坐标系。由于向量场不因坐标系的变化而变化，即同一向量可以用不同坐标系描述，因此

$$\boldsymbol{v}(\boldsymbol{r},t)=\boldsymbol{v}(\boldsymbol{r}',t)$$

$$\varphi(\boldsymbol{r},t)=\varphi(\boldsymbol{r}',t)$$

两个坐标系之间的速度满足

$$\boldsymbol{v}=\boldsymbol{v}_0+\boldsymbol{w}+\boldsymbol{\omega}\times\boldsymbol{r}'=\boldsymbol{v}_e+\boldsymbol{w}$$

又因为

$$\frac{D\varphi}{Dt}=\frac{\partial\varphi}{\partial t}+\boldsymbol{v}\cdot\nabla\varphi$$

$$\frac{D'\varphi}{Dt}=\frac{\partial'\varphi}{\partial t}+\boldsymbol{w}\cdot\nabla'\varphi$$

而标量函数的质点导数和梯度都不随坐标系变化，所以

$$\frac{D\varphi}{Dt}=\frac{D'\varphi}{Dt}$$

$$\nabla\varphi=\nabla'\varphi$$

于是有

$$\frac{\partial\varphi}{\partial t}=\frac{\partial'\varphi}{\partial t}-(\boldsymbol{v}-\boldsymbol{w})\cdot\nabla'\varphi=\frac{\partial'\varphi}{\partial t}-\boldsymbol{v}_e\cdot\nabla'\varphi$$

其中 $\boldsymbol{v}_e=\boldsymbol{v}-\boldsymbol{w}$ 称为**牵连速度**。又因为 $\boldsymbol{v}=\nabla\varphi$，所以绝对坐标系的柯西－拉格朗日积分式(4.42)可改写为

$$\frac{\partial'\varphi}{\partial t}-\boldsymbol{v}_e\cdot\nabla'\varphi+\frac{|\nabla\varphi|^2}{2}+\mathscr{P}+U=f(t) \tag{4.44}$$

上式即为动坐标系的柯西－拉格朗日积分。

如果动坐标系以恒定速度 u_e 沿 x' 轴方向运动，而 x' 轴与 x 轴平行，即

$$\boldsymbol{v}_e=\boldsymbol{i}'u_e$$

则

$$\boldsymbol{v}_e\cdot\nabla'\varphi=\boldsymbol{i}'u_e\cdot\left(\boldsymbol{i}'\frac{\partial\varphi}{\partial x'}+\boldsymbol{j}'\frac{\partial\varphi}{\partial y'}+\boldsymbol{k}'\frac{\partial\varphi}{\partial z'}\right)=u_e\frac{\partial\varphi}{\partial x'}$$

则方程(4.44)可写为

$$\frac{\partial'\varphi}{\partial t}-u_e\frac{\partial\varphi}{\partial x'}+\frac{|\nabla\varphi|^2}{2}+\mathscr{P}+U=f(t) \tag{4.45}$$

在不可压缩流体的特殊情况下，上式还可表示为

$$\frac{\partial'\varphi}{\partial t}-u_e\frac{\partial\varphi}{\partial x'}+\frac{|\nabla\varphi|^2}{2}+\frac{p}{\rho}+U=f(t) \tag{4.46}$$

例 4.2 原静止无界不可压缩理想流体中，原点处有一强度为 $Q(t)$ 的点源，流体质点的位移 $R_b = R_b(t)$，已知通过球心水平面上无穷远处的压力为 p_∞，流体密度为 ρ，求流场的压力分布。

解 取坐标系(r,θ,ε)如图 4.2 所示。点源强度为

$$Q(t) = 4\pi R_b^2 \cdot v_b = 4\pi R_b^2 \cdot \dot{R}_b$$

点源的速度势为

$$\varphi = -\frac{Q(t)}{4\pi r} = -\frac{R_b^2 \dot{R}_b}{r}$$

速度场为

$$\boldsymbol{v} = \nabla\varphi = \frac{\mathrm{d}\varphi}{\mathrm{d}r}\boldsymbol{e}_r = \frac{R_b^2 \dot{R}_b}{r^2}\boldsymbol{e}_r$$

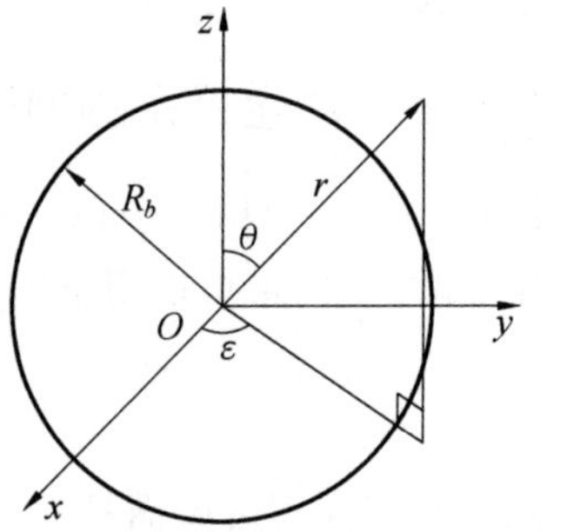

图 4.2 点源流场的压力分布求解

质量力有势，故

$$\boldsymbol{f} = \boldsymbol{g} = -\nabla(gz) = -\nabla(gr\cos\theta)$$

由于流动无旋，柯西 — 拉格朗日积分为

$$\frac{\partial\varphi}{\partial t} + \frac{v^2}{2} + \frac{p}{\rho} + gr\cos\theta = \left(\frac{\partial\varphi}{\partial t} + \frac{v^2}{2} + \frac{p}{\rho} + gr\cos\theta\right)_{r\to\infty,\theta=\frac{\pi}{2}} = \frac{p_\infty}{\rho}$$

其中

$$\frac{\partial\varphi}{\partial t} = -\frac{1}{r}(R_b^2 \ddot{R}_b + 2R_b \dot{R}_b^2)$$

$$\frac{v^2}{2} = \frac{R_b^4 \dot{R}_b^2}{2r^4}$$

所以，柯西 — 拉格朗日积分可改写为

$$\frac{p}{\rho} = \frac{p_\infty}{\rho} + \frac{1}{r}(R_b^2 \ddot{R}_b + 2R_b \dot{R}_b^2) - \frac{R_b^4 \dot{R}_b^2}{2r^4} - gr\cos\theta$$

4.4 压力冲量作用和速度势的动力学解释

本节讨论一类特殊形式的流动，例如水下爆炸，液体中的物体骤然变速，物体突然冲入水中或击打水面等。此类运动的特点是，流体及其边界在短时间间隔 Δt 内承受很大的压力 p'，但是在无限小时间间隔内的冲量，即瞬时压力冲量是有限的。表示为

$$\Pi = \lim_{\Delta t\to 0}\int_0^{\Delta t} p'\,\mathrm{d}t$$

其中 Π 称为**压力冲量**。为了确定这种压力冲量对流体运动的作用，应用理想不可压缩流体的欧拉运动方程，并把瞬时压力分离出来，则

$$\frac{D\boldsymbol{v}}{Dt} = \boldsymbol{f} - \frac{1}{\rho}\nabla p - \frac{1}{\rho}\nabla p' = \frac{1}{\rho}\nabla p^* - \frac{1}{\rho}\nabla p'$$

其中

$$\frac{1}{\rho}\nabla p^{*}=\boldsymbol{f}-\frac{1}{\rho}\nabla p$$

称为**名义压力**。由于名义压力为有限值，当 $\Delta t\to 0$ 时对流场的作用为零，即

$$\lim_{\Delta t\to 0}\int_{0}^{\Delta t}\left(\boldsymbol{f}-\frac{1}{\rho}\nabla p\right)\mathrm{d}t=0$$

取瞬时压力开始时刻为起始时刻，在 Δt 时间内积分动量方程，并取 $\Delta t\to 0$ 时的极限，可得

$$\boldsymbol{v}'-\boldsymbol{v}=-\lim_{\Delta t\to 0}\int_{0}^{\Delta t}\frac{1}{\rho}\nabla p'\mathrm{d}t=-\nabla\left(\frac{\Pi}{\rho}\right)\tag{4.47}$$

此关系式表明，瞬时压力冲量可以引起速度场的突变；反之，速度场的突变必然有瞬时压力冲量的作用。

假定瞬时压力冲量作用之前流场无旋，则 $\boldsymbol{v}=\nabla\varphi$，则式(4.47)变为

$$\boldsymbol{v}'=\boldsymbol{v}-\nabla\left(\frac{\Pi}{\rho}\right)=\nabla\left(\varphi-\frac{\Pi}{\rho}\right)$$

也就是说，受压力冲量作用以后的流场无旋。若用 φ' 表示作用后的速度势，则

$$\varphi'=\varphi-\frac{\Pi}{\rho}+\mathrm{const}\tag{4.48}$$

式中的常数是全流场都适用的。

如果对理想不可压缩流体作用的瞬时压力对各点均相等，即 $\nabla\Pi=\boldsymbol{0}$，则流场的速度是不变的。这是因为此时 $\Pi=\mathrm{const}$，故有

$$\boldsymbol{v}'-\boldsymbol{v}=-\nabla\left(\frac{\Pi}{\rho}\right)=\boldsymbol{0}$$

即

$$\boldsymbol{v}'=\boldsymbol{v}$$

由式(4.48)还可以知道，如果 $\varphi=\mathrm{const}$，即原来是静止流场，则作用后的流场必然无旋，其速度势为

$$\varphi'=-\frac{\Pi}{\rho}+\mathrm{const}\tag{4.49}$$

上式表明，速度势为 φ' 的无旋流动，可以从 $\varphi=\mathrm{const}$ 的静止流场，经过具有冲量为

$$\Pi=-\rho\varphi'+\mathrm{const}$$

的瞬时压力的作用而产生。

反之，若在式(4.48)中，设 $\varphi'=\mathrm{const}$，那么速度势为 φ 的无旋流动，经过具有冲量为

$$\Pi=\rho\varphi+\mathrm{const}$$

的瞬时压力的作用后，将变成静止状态。

另外，对不可压缩流体，由 $\nabla\cdot\boldsymbol{v}=0$ 且 $\nabla\cdot\boldsymbol{v}'=0$，则对式(4.48)取散度可得

$$\nabla\cdot(\boldsymbol{v}'-\boldsymbol{v})=\nabla^{2}\left(\frac{\Pi}{\rho}\right)=0$$

由于流体不可压，因此有

$$\nabla^{2}\Pi=0\tag{4.50}$$

上式表明，压力冲量为调和函数，满足拉普拉斯方程。根据拉普拉斯方程解的唯一性

定理,在有界单连通域 τ 中,若在某个区域的边界 A 上给定 Π 的函数值,则在 τ 内的 Π 分布就唯一确定了。由此可知,若在静止的理想不可压缩流体中,在 τ 的边界 A 上,已知压力冲量 Π 的分布,由此压力冲量所引起的无旋流动的速度势 φ' 可由式(4.50)及式(4.49)完全确定。

4.5 凯尔文定理及拉格朗日定理

4.5.1 凯尔文定理

定理 4.1 (**凯尔文定理**)在质量力有势、流场正压条件下的理想流体流动中,沿任一条封闭流体线的速度环量不随时间发生变化。凯尔文定理又称**汤姆逊定理**。

证明 在 2.4 节中已经证明:封闭流体线的速度环量对于时间的变化率等于此封闭流体线的加速度的环量,即

$$\frac{D\Gamma}{Dt}=\frac{D}{Dt}\oint_L \boldsymbol{v}\cdot \mathrm{d}\boldsymbol{l}=\oint_L \frac{D\boldsymbol{v}}{Dt}\cdot \mathrm{d}\boldsymbol{l} \tag{4.51}$$

由质量力有势,即 $\boldsymbol{f}=-\nabla U$;流场正压,即 $\frac{1}{\rho}\nabla p=\nabla \mathscr{P}$。因此理想流体的欧拉运动方程可写为

$$\frac{D\boldsymbol{v}}{Dt}=-(\nabla U+\nabla \mathscr{P})$$

将上式代入式(4.51)中,并注意到 U 和 $\mathscr{P}$ 为单值函数,可得

$$\frac{D\Gamma}{Dt}=-\oint_L \nabla U\cdot \mathrm{d}\boldsymbol{l}-\oint_L \nabla \mathscr{P}\cdot \mathrm{d}\boldsymbol{l}=-\oint_L \mathrm{d}(U+\mathscr{P})=0 \tag{4.52}$$

由此,凯尔文定理得到证明。

4.5.2 拉格朗日定理

定理 4.2 (**拉格朗日定理**)在质量力有势、流场正压条件下的理想流体的流动中,若在任一时刻流体的某一部分内没有旋涡,则在此之前及以后的时间里,该部分流体内也不会有旋涡。

拉格朗日定理是凯尔文定理的直接推论。

证明 在某一时刻,在被讨论的那部分流体中,处处有 $\boldsymbol{\Omega}=\boldsymbol{0}$,则由斯托克斯公式可知

$$\Gamma=\oint_L \boldsymbol{v}\cdot \mathrm{d}\boldsymbol{l}=\iint_A \boldsymbol{n}\cdot \boldsymbol{\Omega}\mathrm{d}A=\iint_A \Omega_n \mathrm{d}A=0$$

式中 A 是以 L 为边界的任意流体面,A 和 L 在此部分流体内任意。上式表明,在初始时刻沿此部分流体内的任意流体线的速度环量为零。

又由凯尔文定理,沿 L 的速度环量在以前和以后的任何时刻始终保持为零。

在应用斯托克斯公式,以 L 为边界的任意流体面 A 上,在运动的任意时刻都有

$$\iint_A \boldsymbol{n}\cdot \boldsymbol{\Omega}\mathrm{d}A=0$$

由于曲面 A 的任意性，欲使上式成立，则必须处处有 $\boldsymbol{\Omega}=\mathbf{0}$，这就证明了，在任意时刻，在所讨论的这部分流体中始终是无旋的。

4.5.3　关于旋涡的形成与消失

由拉格朗日定理可知，如果满足了如下条件，则旋涡既不能产生，也不会消失。

(1) 流体是理想的；

(2) 流场是正压的；

(3) 质量力是有势的。

以上条件只要有一个不满足，旋涡就可能产生，也可能消失。

凯尔文定理和拉格朗日定理是用来判断流场是否有旋的重要定理。例如，在满足上述条件的情况下，根据这个定理可以断言：无穷远均匀来流的物体绕流流场为无旋流场；物体在静止流场中运动所造成的流场也是无旋的，如二元旋涡的涡核外部区域是无旋的。

4.6　涡线及涡管强度保持性定理

4.6.1　涡线保持性定理

定理 4.3 (**涡线保持性定理**) 如果流体是理想的，流场是正压的，且质量力有势，则在某一时刻构成涡面、涡管或涡线的流体质点，在运动的全部时间中，仍能构成涡面、涡管或涡线。

证明　首先证明涡面的保持性。取涡面上任一流体曲面为 A，其边界为 L，则

$$\oint_L \boldsymbol{v}\cdot \mathrm{d}\boldsymbol{l}=\iint_A \Omega_n \mathrm{d}A=0$$

某一时刻 L 移动到 L_1，其面积为 A_1，由凯尔文定理可知

$$\frac{D\Gamma}{Dt}=\frac{D}{Dt}\oint_L \boldsymbol{v}\cdot \mathrm{d}\boldsymbol{l}=0$$

即

$$\oint_L \boldsymbol{v}\cdot \mathrm{d}\boldsymbol{l}=\oint_{L_1} \boldsymbol{v}\cdot \mathrm{d}\boldsymbol{l}=0$$

再由斯托克斯公式

$$\iint_{A_1} \Omega_n \mathrm{d}A=\oint_{L_1} \boldsymbol{v}\cdot \mathrm{d}\boldsymbol{l}=0$$

由于 L_1 任意，故 A_1 面上任一点处 $\Omega_n=0$；故 A_1 为涡面。

再来证明涡线的保持性。由连续流体面的保持性，两个涡面的交线在任意时刻仍在两个涡面上，即仍是两个涡面的交线。由两个涡面的保持性，某一时刻后运动到新位置的交线仍是涡线。

4.6.2　涡管强度保持性定理

定理 4.4 (**涡管强度保持性定理**) 如果流体是理想的，流场是正压的，且质量力有

势，则任何涡管的强度在运动的全部时间内均保持不变。

证明 在 2.4 节中已经证明：涡管强度是通过涡管的任意截面的涡量通量，即

$$\Gamma=\oint_{L_1}\boldsymbol{v}\cdot\mathrm{d}\boldsymbol{l}=\iint_{A_1}\Omega_n\mathrm{d}A$$

其中 A_1 是涡管的任意截面；L_1 是截面与涡管相交的封闭曲线。

由凯尔文定理，沿封闭流体线周线 L_1 的速度环量在运动的全部时间均保持不变，再由 2.4 节的涡管强度守恒定理可知，涡管强度保持不变。

4.7 亥姆霍兹方程

4.7.1 亥姆霍兹方程

根据 4.1 节的讨论，理想流体的运动方程可以表示成佛里德曼方程的形式，该方程为

$$\frac{D\boldsymbol{\Omega}}{Dt}-(\boldsymbol{\Omega}\cdot\nabla)\boldsymbol{v}+\boldsymbol{\Omega}(\nabla\cdot\boldsymbol{v})=\nabla\times\boldsymbol{f}+\frac{1}{\rho^2}(\nabla\rho\times\nabla p)$$

引入质量力有势和流场正压的条件

$$\nabla\times\boldsymbol{f}=\boldsymbol{0}$$

$$\nabla\rho\times\nabla p=\boldsymbol{0}$$

则佛里德曼方程可以表示为

$$\frac{D\boldsymbol{\Omega}}{Dt}-(\boldsymbol{\Omega}\cdot\nabla)\boldsymbol{v}+\boldsymbol{\Omega}(\nabla\cdot\boldsymbol{v})=\boldsymbol{0} \tag{4.53}$$

这就是**亥姆霍兹方程**，又称理想流体的涡量输运方程，是理想流体在流场正压及质量力有势条件下的运动方程的另一种形式。亥姆霍兹方程中不出现压力、密度，而只包含 $\boldsymbol{v}$ 和 $\boldsymbol{\Omega}$。这个方程对于可压缩流体和不可压缩流体都是适用的。应该指出，理想流体的涡量输运方程从形式上虽然只含有运动学的物理量，但它仍然是动力学方程。

由亥姆霍兹方程可以直接证明拉格朗日定律。式(4.53)还可以写为

$$\frac{D\boldsymbol{\Omega}}{Dt}=(\boldsymbol{\Omega}\cdot\nabla)\boldsymbol{v}-\boldsymbol{\Omega}(\nabla\cdot\boldsymbol{v})$$

由此可见，若流场初始时刻无旋，即 $\boldsymbol{\Omega}=\boldsymbol{0}$，则

$$\frac{D\boldsymbol{\Omega}}{Dt}=\boldsymbol{0}$$

4.7.2 佛里德曼定理

任意向量 $\boldsymbol{a}$ 的向量线的保持性的必要条件是：在整个研究区域内，对所有的研究时刻 t，都有

$$\left[\frac{D\boldsymbol{a}}{Dt}-(\boldsymbol{a}\cdot\nabla)\boldsymbol{v}\right]\times\boldsymbol{a}=\boldsymbol{0}$$

任意向量 $\boldsymbol{a}$ 的向量线及向量管的保持性的充要条件是：在整个研究区域内，对所有的研究时刻 t，同时有

$$\frac{D\boldsymbol{a}}{Dt}-(\boldsymbol{a}\cdot\nabla)\boldsymbol{v}+\boldsymbol{a}(\nabla\cdot\boldsymbol{v})=\boldsymbol{0}$$

$$\nabla\cdot\boldsymbol{a}=0$$

这就是**佛里德曼定理**。证明如下：

(1) 必要性：任意向量 $\boldsymbol{a}$ 的向量线表示为 $\boldsymbol{a}\times\delta\boldsymbol{r}=\boldsymbol{0}$ 或者是

$$\boldsymbol{a}=\lambda\delta\boldsymbol{r}$$

其中 $\lambda=f(\boldsymbol{r})$ 为不为零的标量函数。对于 $\boldsymbol{a}\times\delta\boldsymbol{r}$ 取其质点导数，表示为

$$\begin{aligned}\frac{D(\boldsymbol{a}\times\delta\boldsymbol{r})}{Dt}&=\frac{D\boldsymbol{a}}{Dt}\times\delta\boldsymbol{r}-\frac{D\delta\boldsymbol{r}}{Dt}\times\boldsymbol{a}=\frac{D\boldsymbol{a}}{Dt}\times\delta\boldsymbol{r}-\delta\left(\frac{D\boldsymbol{r}}{Dt}\right)\times\boldsymbol{a}=\\&\frac{D\boldsymbol{a}}{Dt}\times\delta\boldsymbol{r}-\delta\boldsymbol{v}\times\boldsymbol{a}=\frac{D\boldsymbol{a}}{Dt}\times\delta\boldsymbol{r}-(\delta\boldsymbol{r}\cdot\nabla)\boldsymbol{v}\times\lambda\delta\boldsymbol{r}=\\&\frac{D\boldsymbol{a}}{Dt}\times\delta\boldsymbol{r}-(\lambda\delta\boldsymbol{r}\cdot\nabla)\boldsymbol{v}\times\delta\boldsymbol{r}=\\&\left[\frac{D\boldsymbol{a}}{Dt}-(\boldsymbol{a}\cdot\nabla\boldsymbol{v})\right]\times\boldsymbol{a}/\lambda=\boldsymbol{0}\end{aligned}$$

若向量 $\boldsymbol{a}$ 的向量线得到保持，即 $\frac{D(\boldsymbol{a}\times\delta\boldsymbol{r})}{Dt}=\boldsymbol{0}$，必有 $\left[\frac{D\boldsymbol{a}}{Dt}-(\boldsymbol{a}\cdot\nabla)\boldsymbol{v}\right]\times\boldsymbol{a}=\boldsymbol{0}$。

(2) 充分性：如果向量线满足

$$\frac{D\boldsymbol{a}}{Dt}-(\boldsymbol{a}\cdot\nabla)\boldsymbol{v}+\boldsymbol{a}(\nabla\cdot\boldsymbol{v})=\boldsymbol{0}$$

即

$$\frac{D\boldsymbol{a}}{Dt}-(\boldsymbol{a}\cdot\nabla)\boldsymbol{v}=-\boldsymbol{a}(\nabla\cdot\boldsymbol{v})$$

由(1)知

$$\frac{D(\boldsymbol{a}\times\delta\boldsymbol{r})}{Dt}=\left[\frac{D\boldsymbol{a}}{Dt}-(\boldsymbol{a}\cdot\nabla\boldsymbol{v})\right]\times\boldsymbol{a}/\lambda=-\boldsymbol{a}(\nabla\cdot\boldsymbol{v})\times\boldsymbol{a}/\lambda=\boldsymbol{0}$$

若 $\frac{D\boldsymbol{a}}{Dt}-(\boldsymbol{a}\cdot\nabla)\boldsymbol{v}+\boldsymbol{a}(\nabla\cdot\boldsymbol{v})=\boldsymbol{0}$，则必有 $\frac{D(\boldsymbol{a}\times\delta\boldsymbol{r})}{Dt}=\boldsymbol{0}$，也就是说向量 $\boldsymbol{a}$ 的向量线得到保持。

在这里添加 $\nabla\cdot\boldsymbol{a}$ 作为前提条件。不用这个前提条件也可证明充分性，添加这一条件是为了在物理上有意义。这样，佛里德曼定理得到证明。

4.8　旋涡的形成和皮叶克尼斯定理

本节研究由于流场的非正压性形成旋涡的情况。

在 2.4 节中已经证明：封闭流体线的速度环量对于时间的变化率等于此封闭流体线的加速度的环量，即

$$\frac{D\Gamma}{Dt}=\frac{D}{Dt}\oint_L\boldsymbol{v}\cdot d\boldsymbol{l}=\oint_L\frac{D\boldsymbol{v}}{Dt}\cdot d\boldsymbol{l}$$

对于理想流体在质量力有势条件下的运动，欧拉运动方程可写为

$$\frac{D\boldsymbol{v}}{Dt}=-\nabla U-\frac{1}{\rho}\nabla p$$

由以上两式可知

$$\frac{D\Gamma}{Dt}=-\oint_L \nabla U\cdot \mathrm{d}\boldsymbol{l}-\oint_L \frac{1}{\rho}\nabla p\cdot \mathrm{d}\boldsymbol{l}=-\oint_L \mathrm{d}U-\oint_L \frac{1}{\rho}\mathrm{d}p$$

封闭流体线的环量对时间的变化率取决于上式中等式右边的两项。对于有势质量力,第一项为零。即

$$\frac{D\Gamma}{Dt}=-\oint_L \frac{1}{\rho}\mathrm{d}p \tag{4.54}$$

为研究方便,引入比容 v,v 为密度的倒数。因此上式中的

$$-\oint_L \frac{1}{\rho}\mathrm{d}p=-\oint_L v\,\mathrm{d}p \tag{4.55}$$

在流场中作一系列等压面,这些等压面的 p 值依次各相差一个单位;另外还作一系列等容面,这些等容面的 v 值依次也各相差一个单位。这样,全部流场被分隔为一系列由两个相邻的等压面和两个相邻的等容面构成的单位管,如图 4.3 中 $ABCD$ 所示。把这种单位管称为**等压等容单位管**。对于正压流场,等压面和等容面将重合,因此不存在等压等容单位管。

对于式(4.55)中的积分,在将流场以等压面和等容面划分以后,可以表示为

$$-\oint_{L_1} \frac{1}{\rho}\mathrm{d}p=-\oint_{L_1} v\,\mathrm{d}p=-v_0+(v_0+1)=1$$

在上式中,规定积分路径与从∇p 起到∇v 的箭头转动的方向为正。

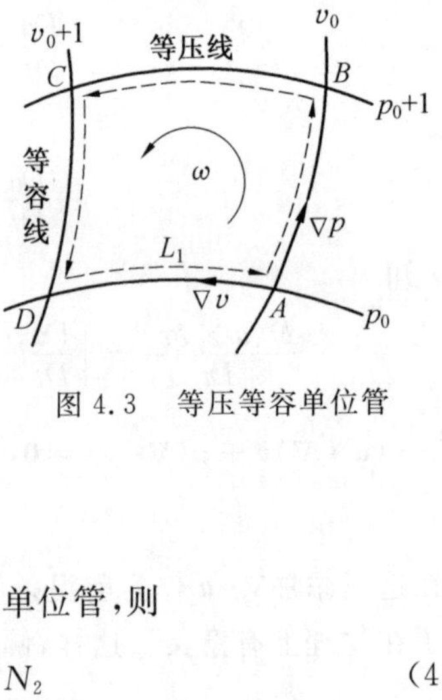

图 4.3 等压等容单位管

把沿其周线的积分 $-\oint_{L_1} \frac{1}{\rho}\mathrm{d}p=1$ 的等压等容单位管称为**正单位管**;把$-\oint_{L_1} \frac{1}{\rho}\mathrm{d}p=-1$ 的等压等容单位管称为**负单位管**。

如果流场的周线 L 包括 N_1 个正单位管和 N_2 个负单位管,则

$$\frac{D\Gamma}{Dt}=-\oint_L \frac{1}{\rho}\mathrm{d}p=N_1-N_2 \tag{4.56}$$

这就是**皮叶克尼斯定理**。

进一步分析,根据斯托克斯公式可知

$$\frac{D\Gamma}{Dt}=-\oint_L \frac{1}{\rho}\mathrm{d}p=-\oint_L\left(\frac{1}{\rho}\nabla p\right)\cdot \mathrm{d}\boldsymbol{l}=$$

$$-\iint_A \nabla\times\left(\frac{1}{\rho}\nabla p\right)\cdot \mathrm{d}\boldsymbol{A}=\iint_A \frac{1}{\rho^2}(\nabla\rho\times\nabla p)\cdot \mathrm{d}\boldsymbol{A}$$

令$(\nabla\rho\times\nabla p)$ 与 $\mathrm{d}\boldsymbol{A}$(即 $\boldsymbol{n}$) 的夹角为 θ,则有如下结论:

(1) 若 $\theta < \frac{\pi}{2}$,则 $\frac{D\Gamma}{Dt} > 0$,将产生逆时针的环量;

(2) 若 $\theta > \frac{\pi}{2}$,则 $\frac{D\Gamma}{Dt} < 0$,将产生顺时针的环量;

(3) 若 $\theta = \frac{\pi}{2}$,则 $\frac{D\Gamma}{Dt} = 0$,将不产生环量。

例 4.3　以地球为例分析北半球的贸易风形成的原因。

解　根据拉格朗日定理,不产生旋涡的原因有:理想流体、正压流场、质量力有势,只要有一个条件不满足,旋涡就可以产生。由于流体的黏性产生旋涡的原因比较复杂,本题中不予考虑,下面对流场非正压和质量力无势所产生旋涡的原因进行讨论。

(1) 由于非正压引起的

如图 4.4 所示,在同样高度,由于温度不同导致热带地区的空气比容大于极地地区的空气比容,而压力变化不大,故认为等压面压力梯度是指向地心的。

如此便使等容面与等压面不重合,有 $\nabla\rho \times \nabla p \neq 0$ 且与 $\mathrm{d}\boldsymbol{A}(\boldsymbol{n})$ 的方向相同。故

$$\frac{D\Gamma}{Dt} = \iint_A \frac{1}{\rho^2}(\nabla\rho \times \nabla p) \cdot \mathrm{d}\boldsymbol{A} > 0$$

从而地球表面产生由北到南的贸易风。

(2) 质量力无势条件下

以太阳上的坐标系为绝对坐标系,以地球上的坐标系为相对坐标系,研究哥氏惯性力引起的旋涡。

非惯性系下的理想流体的运动方程表示为

$$\frac{D\boldsymbol{w}}{Dt} = \boldsymbol{g} - \frac{1}{\rho}\nabla p - \boldsymbol{\omega} \times (\boldsymbol{\omega} \times \boldsymbol{r}) - 2(\boldsymbol{\omega} \times \boldsymbol{w})$$

其中

$$\boldsymbol{\omega} \times (\boldsymbol{\omega} \times \boldsymbol{r}) = \boldsymbol{\omega} \times (\omega r \boldsymbol{e}_\theta) = -\omega^2 r \boldsymbol{e}_r = -\omega^2 r \nabla r = -\nabla\left(\frac{\omega^2 r^2}{2}\right)$$

说明向心惯性力为有势力。因此

$$\frac{D\boldsymbol{w}}{Dt} = -\nabla\left(U - \frac{\omega^2 r^2}{2}\right) - \frac{1}{\rho}\nabla p - 2(\boldsymbol{\omega} \times \boldsymbol{w})$$

从而有

$$\frac{D\Gamma}{Dt} = \oint_L \frac{D\boldsymbol{w}}{Dt} \cdot \mathrm{d}\boldsymbol{l} = \iint_A \frac{1}{\rho^2}(\nabla\rho \times \nabla p) \cdot \mathrm{d}\boldsymbol{A} - 2\oint_L (\boldsymbol{\omega} \times \boldsymbol{w}) \cdot \mathrm{d}\boldsymbol{l} =$$

$$\iint_A \frac{1}{\rho^2}(\nabla\rho \times \nabla p) \cdot \mathrm{d}\boldsymbol{A} - 2\oint_L (\boldsymbol{w} \times \mathrm{d}\boldsymbol{l}) \cdot \boldsymbol{\omega}$$

上式中等式右边第一项是由非正压所引起的,第二项是由质量力无势所引起的。其中,由于 $\boldsymbol{w} \times \mathrm{d}\boldsymbol{l}$ 与 $\boldsymbol{\omega}$ 的夹角小于 90°,如图 4.5 所示,所以会附加上一个顺时针方向的环量,与非正压引起的环量相加,从而在地球北半球表面产生由东北到西南的贸易风。

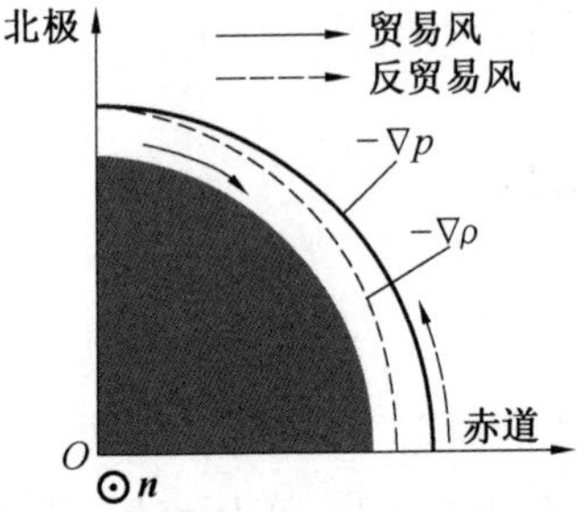

图 4.4　北半球的等压面和等容面

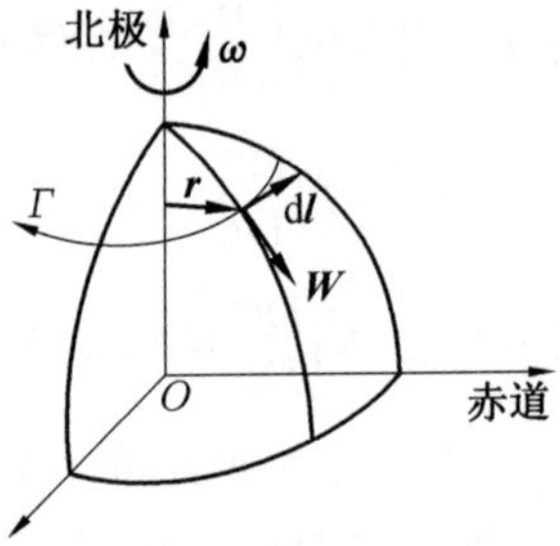

图 4.5　北半球的贸易风

4.9　不可压理想流体一元流动

任意时刻，若流场中所讨论的各物理量都只是一个空间坐标 q_1 的函数，而与另外两个空间坐标 q_2、q_3 无关，则称这种流动为一元流动。许多实际流动可以近似地认为是一元流动，如管道中的流动、球对称的流动等。在叶轮机械的设计中往往把叶片通道内的流动也看作一元流动。在一元流动问题中，通常选取流线作为坐标轴，各物理量只沿流线变化。下面将利用一元流动的条件对连续方程和运动方程进行简化。

4.9.1　连续方程

由欧拉型积分形式的连续方程

$$\frac{\partial}{\partial t}\iiint_{\tau}\rho\,\mathrm{d}\tau+\oiint_{A}\rho(\boldsymbol{v}\cdot\boldsymbol{n})\,\mathrm{d}A=0$$

其中 τ 是沿流线微元弧长 $\mathrm{d}l$ 的微元体积；A 为流线上该处的通流面积。对于管道流动，A 就是流管的截面积；对于球对称流动，A 就是球面面积。对于一元流动有

$$\frac{\partial}{\partial t}\iiint_{\tau}\rho\,\mathrm{d}\tau=\frac{\partial}{\partial t}(\rho A\,\mathrm{d}l)=\frac{\partial(\rho A)}{\partial t}\mathrm{d}l$$

并且有

$$\begin{aligned}\oiint_{A}\rho(\boldsymbol{v}\cdot\boldsymbol{n})\,\mathrm{d}A&=\left[\rho V+\frac{\partial(\rho V)}{\partial l}\mathrm{d}l\right]\left(A+\frac{\partial A}{\partial l}\mathrm{d}l\right)-\rho VA=\\&\left[A\,\frac{\partial(\rho V)}{\partial l}+\rho V\,\frac{\partial A}{\partial l}\right]\mathrm{d}l=\frac{\partial(\rho VA)}{\partial l}\mathrm{d}l\end{aligned}\tag{4.57}$$

其中，V 为一元流动的速度。

于是连续方程可写为

$$\frac{\partial(\rho A)}{\partial t}+\frac{\partial(\rho VA)}{\partial l}=0\tag{4.58}$$

若流动恒定，则上式可变为

$$\frac{\partial(\rho VA)}{\partial l}=0\tag{4.59}$$

若流体不可压缩，则

$$\frac{\partial(VA)}{\partial l}=0\tag{4.60}$$

即

$$VA = \text{const} = Q(t) \tag{4.61}$$

4.9.2　运动方程

沿流线微元弧长 dl 的兰姆型运动方程为

$$\mathrm{d}\boldsymbol{l}\cdot\left(\frac{\partial \boldsymbol{v}}{\partial t}+\nabla\frac{v^2}{2}-\boldsymbol{v}\times(\nabla\times\boldsymbol{v})-\boldsymbol{f}+\frac{1}{\rho}\nabla p\right)=0$$

其中 $\mathrm{d}\boldsymbol{l}\cdot[\boldsymbol{v}\times(\nabla\times\boldsymbol{v})]=0$。

设质量力有势，$\boldsymbol{f}=-\nabla U$，流体不可压缩，$\frac{1}{\rho}\nabla p=\nabla\left(\frac{p}{\rho}\right)$。由于在流线上 $\boldsymbol{v}$ 和 d$\boldsymbol{l}$ 方向相同，则上式可写为

$$\frac{\partial V}{\partial t}\mathrm{d}l+\nabla\left(\frac{V^2}{2}+U+\frac{p}{\rho}\right)\mathrm{d}\boldsymbol{l}=\frac{\partial V}{\partial t}\mathrm{d}l+\mathrm{d}\left(\frac{V^2}{2}+U+\frac{p}{\rho}\right)=0$$

将上式沿流线积分可得

$$\int_{l_1}^{l}\frac{\partial V}{\partial t}\mathrm{d}l+\left(\frac{V^2}{2}+U+\frac{p}{\rho}\right)_l-\left(\frac{V^2}{2}+U+\frac{p}{\rho}\right)_{l_1}=0$$

式中 l_1 表示流线上的某一点位置。上式也可写为

$$\int_{l_1}^{l}\frac{\partial V}{\partial t}\mathrm{d}l+\left(\frac{V^2}{2}+U+\frac{p}{\rho}\right)_l=\left(\frac{V^2}{2}+U+\frac{p}{\rho}\right)_{l_1}=c(t) \tag{4.62}$$

由于一元流动无旋，存在速度势 φ，可直接用柯西－拉格朗日积分来代替上述运动方程

$$\frac{\partial \varphi}{\partial t}+\frac{V^2}{2}+U+\frac{p}{\rho}=f(t) \tag{4.63}$$

例 4.4　如图 4.6 所示的等截面直角管道，其中 $AB=BC=L$，管中盛满水，C 处阀门突然打开，求管中的压力分布。已知管道进出口接大气，大气压强为 p_a，质量力为重力。

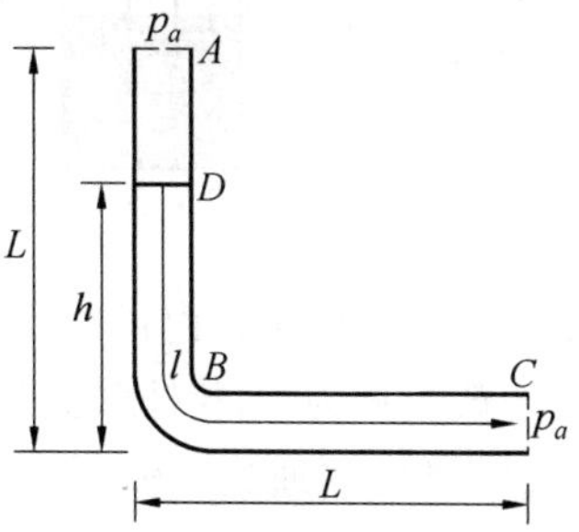

图 4.6　直角管道突然放水

解　设某一时刻 t 液面下降到 D 处，对管道内的流体列连续方程

$$V=V(t)=-\frac{\mathrm{d}h}{\mathrm{d}t}$$

运动方程

$$\int_0^{l}\frac{\partial V}{\partial t}\mathrm{d}l+\left(\frac{V^2}{2}+gz+\frac{p}{\rho}\right)_l=\left(\frac{V^2}{2}+gz+\frac{p}{\rho}\right)_D$$

由于 $\frac{\partial V}{\partial l}=0$，$V$ 与 l 无关，故

$$\int_0^l \frac{\partial V}{\partial t} \mathrm{d}l = \frac{\partial V}{\partial t} \int_0^l \mathrm{d}l = \frac{\partial V}{\partial t} l = \frac{\mathrm{d}V}{\mathrm{d}t} l$$

根据运动方程则有

$$\frac{p}{\rho} = \frac{p_a}{\rho} + g(h-z) - \frac{\mathrm{d}V}{\mathrm{d}t} l$$

在 C 截面上 $p=p_a, z=0, l=h+L$，代入上式可得

$$\frac{\mathrm{d}V}{\mathrm{d}t} = \frac{gh}{h+L}$$

于是可以得到管道内流体的压力分布为

$$p = p_a + \rho g(h-z) - \rho g \frac{hl}{h+L}$$

习　　题

伯努利定理

4.1　图示喷雾器，活塞以 V 等速运动，喉部处空气造成低压，将液体吸入向大气喷雾，如空气密度为 ρ，液体密度为 ρ'，假定流动为不可压理想定常的，求能喷雾的最大吸入高度。

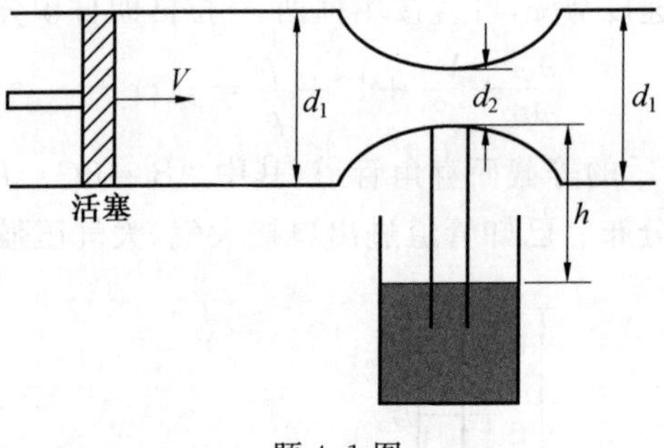

题 4.1 图

4.2　密度为 ρ 的不可压流体在水平截面管内做一维定常流动，在管子位置 A、B 处连接一个U形管压力计，已知 A 处截面积为 F，B 处截面积为 f，U形管内液体密度为 ρ'，今测得U形管内两液面高度差为 h，求管内通过的体积流量。

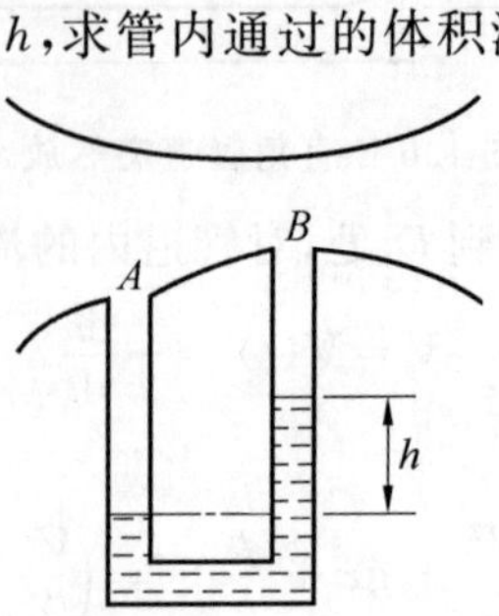

题 4.2 图

4.3　图示虹吸管吸水，假定流动是理想定常的，已知水的汽化压力为 2 kPa，大气压力为 101.2 kPa，现设计一个虹吸管要求吸水量为 0.08 m^3/s，管径为 10 cm，且管内不出现气泡，求 h_1 和 h_2。

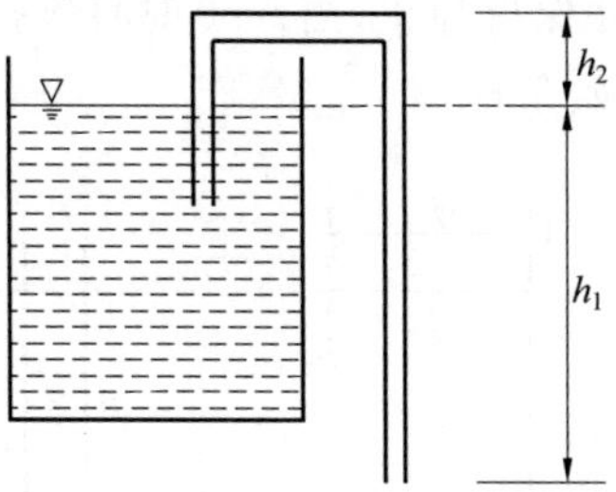

题 4.3 图

4.4　在开式风洞（即洞口两端通大气）中用毕托管进行可压缩气流的速度测量，测得总压与静压之差为 $p_0 - p$，假定流动是定常等熵的，已知实验室大气压力为 p_a，密度为 ρ_a，求证被测气流速度为 $v = \sqrt{\dfrac{2\gamma}{\gamma - 1}\dfrac{p_a}{\rho_a}\left[\left(1 - \dfrac{p_0 - p}{p_a}\right)^{\frac{\gamma-1}{\gamma}}\right]}$。

4.5　气体从一点源出发，球对称地沿径向流出，压力和密度满足 $p = k\rho$，k 为常数，且质量流量 $\dot{m}$ 保持不变，求证：$4\pi VR^2 = \dot{m}\exp\left(\dfrac{V^2 - V_1^2}{2k}\right)$，式中 V 为距离点源为 R 处的气流速度，V_1 为 $\rho = 1$ 处的气流速度。

4.6　证明：在细小流管中气体做等熵定常流动，忽略质量力时存在

$$\frac{\mathrm{d}}{\mathrm{d}s}(\ln A) + (1 - \frac{v^2}{a^2})\frac{\mathrm{d}}{\mathrm{d}s}(\ln V) = 0$$

式中 A 为流管截面积；ds 为流管微元长度；a 为声速（等熵流动时 $\dfrac{\mathrm{d}p}{\mathrm{d}\rho} = a^2$）；$V$ 为气流速度。

4.7　图示水平变截面管道，截面 1－1 处接引射管，截面 2－2 处通大气，截面积分别为 A_1 和 A_2，当管内流过密度为 ρ、流量为 Q 的不可压流体时，把密度为 ρ' 的流体吸入管道，求管道内能吸入 ρ' 流体的最大吸入管高度 h，假定流动是一元定常的。

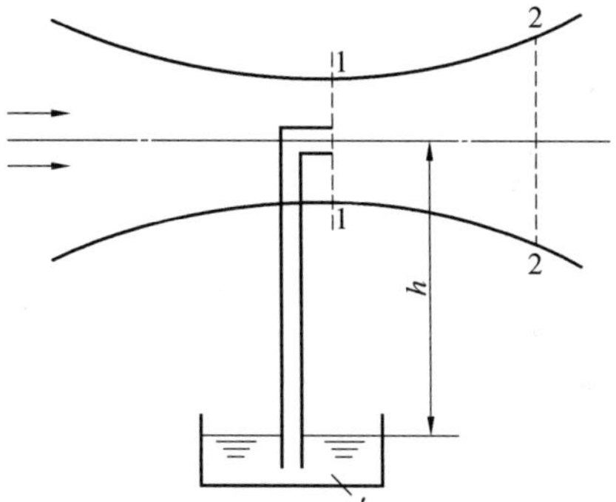

题 4.7 图

柯西－拉格朗日积分定理

4.8　图示连通器内盛有液体，两端通大气，粗管截面积为细管的2倍，平衡时两液面高度均为L。将A液面提高h并保持静止，当$t=0$时将维持该静止状态的外力突然撤去，试建立液面B的运动方程及起始条件。

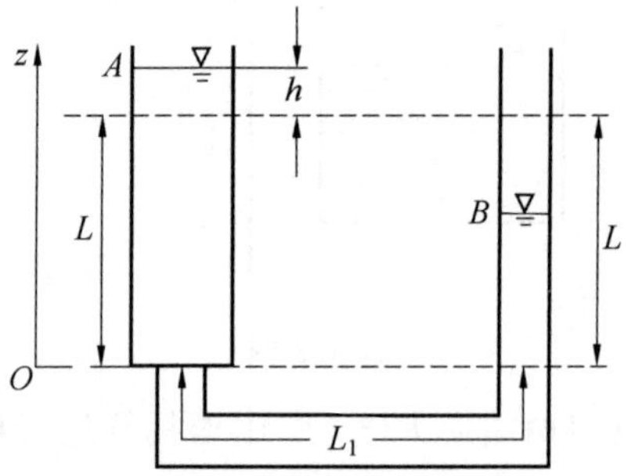

题4.8图

4.9　半径为a的球体一边以$a(t)$膨胀，一边又以$V_0(t)$沿Oz负轴方向在无界原静止理想流体中做直线运动，求球面上的压力分布及所受的合力，设静止流体$R=\infty,\theta=0$处的压力为p_∞，密度为ρ。

4.10　一物体在原静止的无界流场中运动，试确定柯西积分中的积分常数$f(t)$。

4.11　在原静止的理想无界均质不可压缩流体中有一半径为a的气球，初始时刻气球内部表压强为p_0，气球表面的速度为零，若不考虑质量力和表面张力的作用，无穷远处的压强为零，试确定在等温条件下气球半径R的变化速度。

4.12　水下有一球形气泡半径为a，由于受浮力等作用做上升运动。流场可视为无界不可压理想流动的无旋场。如已知气泡的膨胀规律$a(t)$，求气泡质心在上升运动中应满足的方程。该气体密度为ρ_1，水的密度为ρ。

4.13　半径为a、密度为ρ_1的上半球靠自重下沉在渠道底面上，设水流平均速度为V_∞，密度为ρ，问V_∞为多大时半球能从水中浮起？设渠道深度和宽度比a大得多，且上半球与渠道底面间有间隙，其中压力为p_0（滞止压力）。

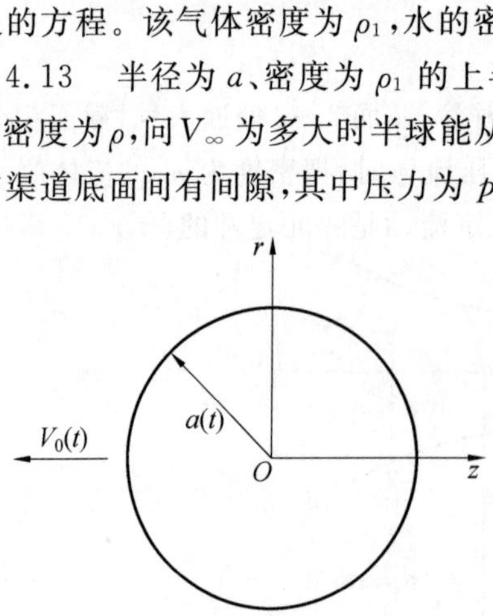

题4.9图

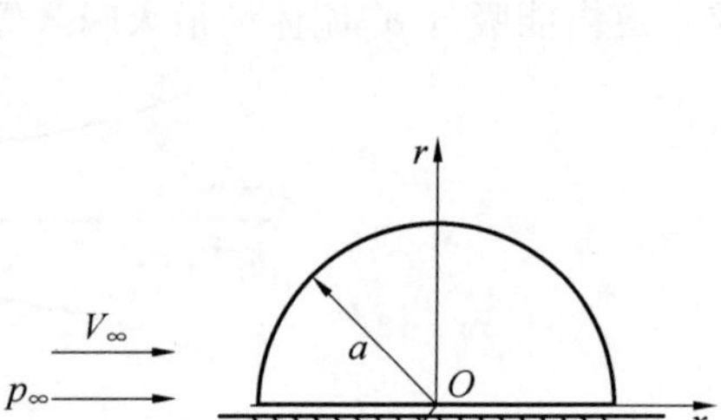

题4.13图

4.14　半径为a的二维圆柱，在无界原静止不可压理想流体中围绕O点做圆周运动，角速度为$\omega(t)$，证明物面压力分布

$$\frac{p}{\rho}=\frac{p_{\infty}}{\rho}-\dot{\omega}al\cos\varepsilon+\frac{\omega^2 l^2}{2}(1-4\sin^2\varepsilon)-\omega^2 al\sin\varepsilon$$

式中 ρ 为流体密度，p_{∞} 为无穷远处压力，已知 $\Gamma=0$，忽略质量力。

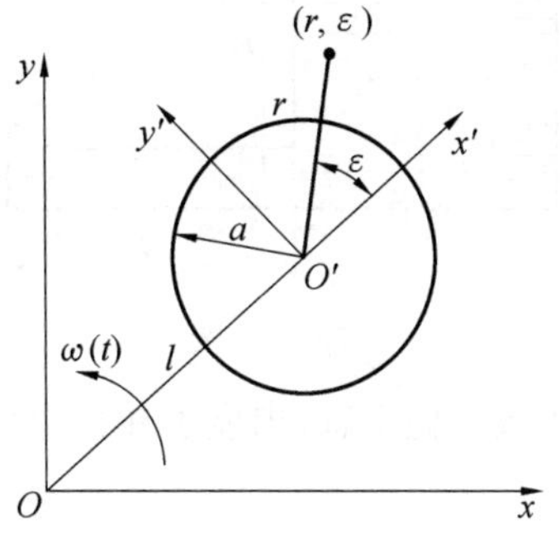

题 4.14 图

压力冲量作用

4.15　半径为 a 的圆平板突然与水面垂直相击，相击后，平板速度为 V_0，试写出相击后的这一瞬时速度场的方程和边界条件，流体是不可压缩的。

4.16　半径为 a 的内圆柱和同心的半径为 b 的外圆筒之间充满了静止不可压理想流体，流体密度为 ρ，内圆柱密度为 ρ_1，如果某压力冲量作用后，内圆柱以速度 V_0 沿负 x 轴方向移动，外圆筒保持不动，已解得此时流场的速度势为

$$\varphi=\frac{V_0 a^2}{b^2-d^2}\left(r+\frac{b^2}{r}\right)\cos\varepsilon$$

求：① 流体作用在单位长度内圆柱和外圆筒上压力冲量之和；② 内圆柱的附加质量；③ 要造成这种流场，外界需给单位长度内圆柱的能量为多少？

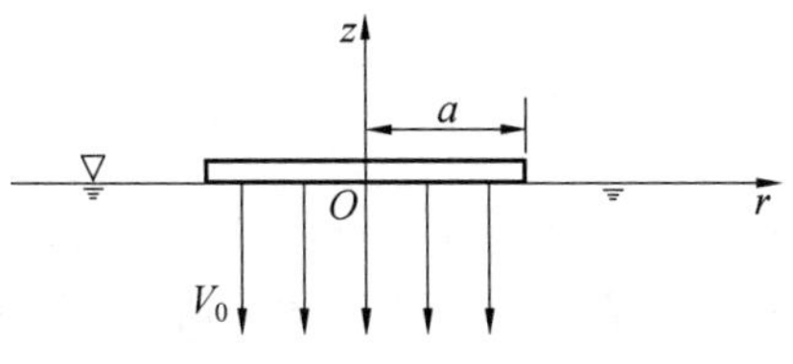

题 4.15 图

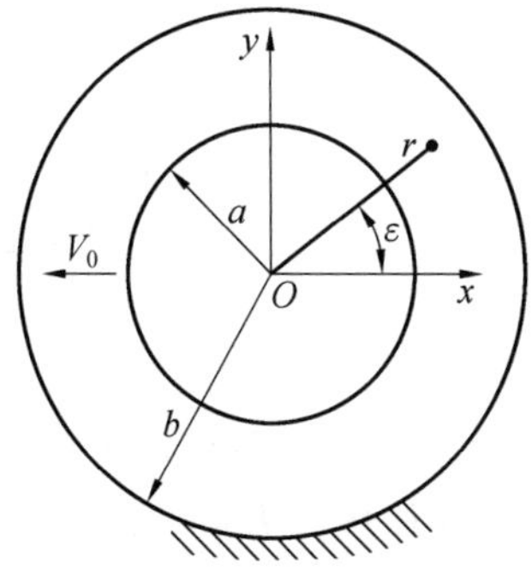

题 4.16 图

一元流动

4.17　如图所示容器中盛水，高度为 h，当打开阀门 B 时，求：① 出口水流速度随时间的变化；② 管道中压力分布；③ 何时出口速度最大？最大值为多少？ ④$l\rightarrow 0$ 时出口速度为多少？假设容器的截面积远大于管道的截面积，流动过程中 h 保持不变，p_a 为大气压

力。

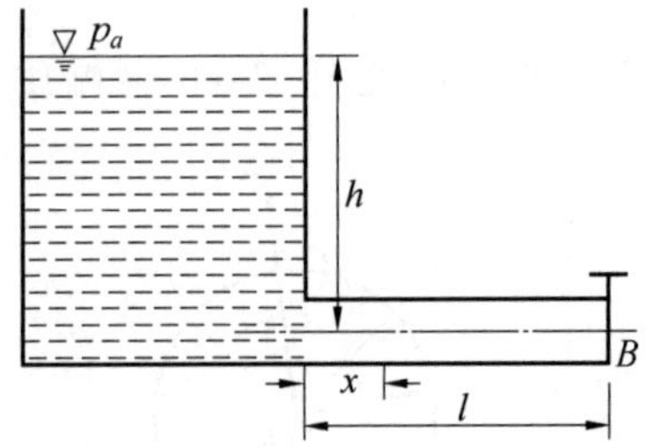

题 4.17 图

4.18 与地面倾斜 60° 的敞口盛水管，内盛水柱长度为 10 m，如底部突然打开，求泄空的时间。

4.19 图示等截面 V 形管内盛液体，液柱长度为 l。求液面自由振荡的周期。

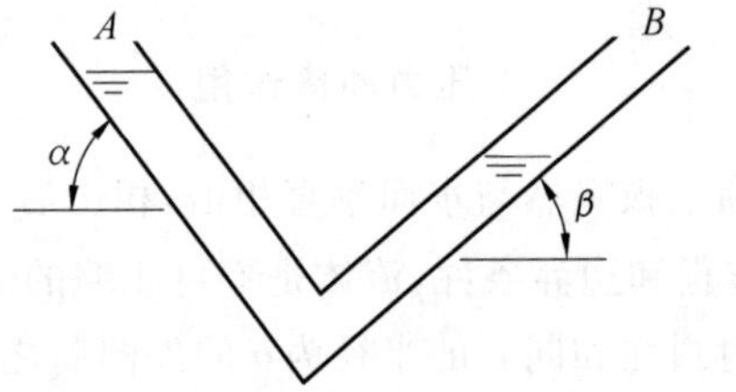

题 4.19 图

4.20 如图所示锅炉水位指示器，指示部分的玻璃管断面为 A_1，平衡时水位高度为 h，连接管断面为 A_2，长度为 l。汽包中水面面积 A_0 很大，水位可认为保持不变，求指示器中水面高度 z_B 的波动方程。

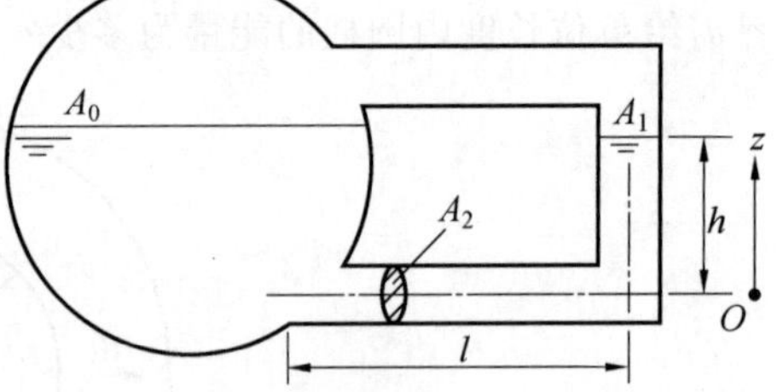

题 4.20 图

4.21 在充满整个空间的原静止的不可压流中，有一半径为 a 的空心球突然破碎。设无穷远处流体压力为 p_∞，密度为 ρ，质量力不计，求流体充满整个球体体积所需时间的积分表达式。

4.22 深水炸弹在原静止的无界水中爆炸后形成一股半径为 a 的气团，压力为 p_0，设 $p_\infty=0$，气体运动过程是等温的，不计质量力。求证水和气体边界 R_b 的运动规律如下：

$$t=\sqrt{\frac{\rho}{p_0 a^3}}\int_a^{R_b}\frac{x^{\frac{3}{2}}\,\mathrm{d}x}{\sqrt{\ln\dfrac{x}{a}}}$$

4.23　等截面垂直管在下端分成两个水平管 BC 和 DE，其截面积也是常数，且等于垂直截面积的一半，B、D 处有阀门控制启闭。先关闭阀门灌液体，如图所示。现同时开启两个阀门，试求垂直管道水面的运动规律，并求垂直管内液体流空需要的时间。

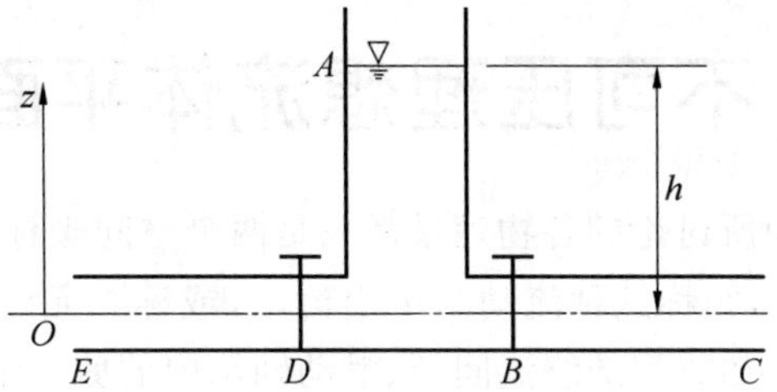

题 4.23 图

4.24　密度为 ρ 的液体盛于一等截面的 U 形管内，一端通大气，压力为 p_a，一端从阀门 C 连通一盛有气体的密封容器，该 U 形管截面积为 S，液体在 U 型管内总长度为 l，初始时刻 A、B 端液面高度相差 h，液体静止，阀门 C 以上容器体积为 V_0，容器中气体的初始压力为 p_a，求打开阀门 C 后液面的运动方程和初始条件，并给出液面速度与液面高度的关系，设密封容器中气体变化为等温过程。

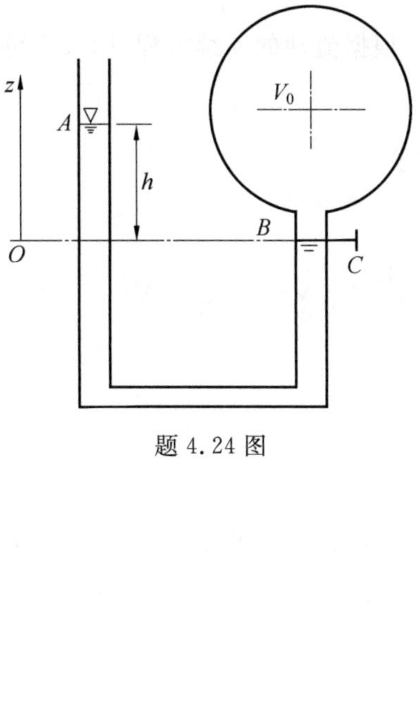

题 4.24 图

第 5 章　不可压理想流体平面无旋流动

任意时刻，若流场中所讨论的各物理量都只是两个空间坐标 q_1 和 q_2 的函数，而与另外一个空间坐标 q_3 无关，则称这种流动为平面流动，或称二元流动。许多实际流动可以近似地认为是平面流动，如翼型的绕流问题、滑动轴承内的剪切流动等。

不可压理想流体平面无旋流动是比较简单的一种流动，对其流动规律的研究可为工程实践提供理论依据，同时也是研究黏性流体流动的基础，因而具有重要的理论和应用价值。另外，其研究方法和结论对于分析空间流动也有很大的借鉴意义，所以本章内容在流体力学中有着重要的地位。

5.1　平面流动的流函数及其性质

本节将利用解析的方法，根据流动的连续方程，引入不可压理想流体平面流动的流函数，并讨论其特性。

5.1.1　流函数的定义

流体运动的连续方程为

$$\frac{D\rho}{Dt}+\rho\,\nabla\cdot\boldsymbol{v}=\frac{\partial\rho}{\partial t}+\nabla\cdot(\rho\boldsymbol{v})=0$$

若流动恒定，有

$$\nabla\cdot(\rho\boldsymbol{v})=0 \tag{5.1}$$

若流体不可压，有

$$\nabla\cdot\boldsymbol{v}=0 \tag{5.2}$$

对于恒定的平面流动，引入正交曲线坐标系，式(5.1) 可表示为

$$\nabla\cdot(\rho\boldsymbol{v})=\frac{1}{h_1h_2}\left(\frac{\partial h_2\rho v_1}{\partial q_1}+\frac{\partial h_1\rho v_2}{\partial q_2}\right)=0 \tag{5.3}$$

上式可定义一个流函数 ψ，令

$$\begin{cases}\dfrac{\partial\psi}{\partial q_2}=h_2\rho v_1\\[2ex]\dfrac{\partial\psi}{\partial q_1}=-h_1\rho v_2\end{cases} \tag{5.4}$$

同样，对于不可压平面流动，式(5.2) 可表示为

$$\nabla\cdot\boldsymbol{v}=\frac{1}{h_1h_2}\left(\frac{\partial h_2v_1}{\partial q_1}+\frac{\partial h_1v_2}{\partial q_2}\right)=0 \tag{5.5}$$

上式也可定义一个流函数 ψ，令

$$\begin{cases}\dfrac{\partial\psi}{\partial q_2}=h_2 v_1\\[2ex]\dfrac{\partial\psi}{\partial q_1}=-h_1 v_2\end{cases}\tag{5.6}$$

对于式(5.6)所定义的不可压平面流动的流函数称为**拉格朗日流函数**。

定义式(5.4)和式(5.6)中的正负号是人为规定的。一般来说，将流函数对某一坐标方向求导，若得到的速度方向为该坐标方向顺时针旋转 90°，则该方向上的流函数导数为正值，否则为负值。

在常用的坐标系中平面流动的流函数与速度分量间的关系可表示为：

在直角坐标系中

$$\begin{cases}\dfrac{\partial\psi}{\partial y}=v_x\\[2ex]\dfrac{\partial\psi}{\partial x}=-v_y\end{cases}\tag{5.7}$$

在柱坐标系中

$$\begin{cases}\dfrac{\partial\psi}{\partial\varepsilon}=rv_r\\[2ex]\dfrac{\partial\psi}{\partial r}=-v_\varepsilon\end{cases}\tag{5.8}$$

在自然坐标系中

$$\begin{cases}\dfrac{\partial\psi}{\partial q_2}=h_2 v_1=h_2 V\\[2ex]\dfrac{\partial\psi}{\partial q_1}=-h_1 v_2=0\end{cases}\tag{5.9}$$

5.1.2　不可压平面流动的流函数的性质

下面以直角坐标系中的流函数为例说明其基本性质。

1. 流函数 ψ 的值是速度 $\boldsymbol{v}$ 的矢量势的模

不可压平面流动的速度可表示为

$$\boldsymbol{v}=v_x\boldsymbol{i}+v_y\boldsymbol{j}=\frac{\partial\psi}{\partial y}\boldsymbol{i}-\frac{\partial\psi}{\partial x}\boldsymbol{j}=\frac{\partial\psi}{\partial x}(\boldsymbol{i}\times\boldsymbol{k})+\frac{\partial\psi}{\partial y}(\boldsymbol{j}\times\boldsymbol{k})=$$
$$\left(\frac{\partial\psi}{\partial x}\boldsymbol{i}+\frac{\partial\psi}{\partial y}\boldsymbol{j}\right)\times\boldsymbol{k}=\nabla\psi\times\boldsymbol{k}=\nabla\times(\psi\boldsymbol{k})\tag{5.10}$$

由上式可知，速度的矢量势为 $\psi\boldsymbol{k}$，其模为 ψ。

2. 等流函数线就是流线

在流线上有

$$\boldsymbol{v}\times\mathrm{d}\boldsymbol{r}=(\nabla\psi\times\boldsymbol{k})\times\mathrm{d}\boldsymbol{r}=(\mathrm{d}\boldsymbol{r}\cdot\nabla\psi)\boldsymbol{k}-(\mathrm{d}\boldsymbol{r}\cdot\boldsymbol{k})\nabla\psi=\mathrm{d}\psi\boldsymbol{k}=\boldsymbol{0}\tag{5.11}$$

所以沿流线方向有 $\mathrm{d}\psi=0$，即 $\psi=\text{const}$。

3. 两点的流函数值之差等于过此两点连线的流量

在如图 5.1 所示的 xOy 平面上任取 A、B 两点，所以 A、B 两点间的连线 AB 表示垂直

于 xOy 方向的单位宽度柱面。此柱面上的流量可表示为

$$Q=\int_A^B \boldsymbol{n}\cdot\boldsymbol{v}\mathrm{d}l=\int_A^B \boldsymbol{n}\cdot(\nabla\psi\times\boldsymbol{k})\mathrm{d}l=$$

$$\int_A^B \nabla\psi\cdot(\boldsymbol{k}\times\boldsymbol{n})\mathrm{d}l=$$

$$\int_A^B \nabla\psi\cdot\boldsymbol{e}_l\mathrm{d}l=$$

$$\int_A^B \nabla\psi\cdot\mathrm{d}\boldsymbol{l}=\int_A^B \mathrm{d}\psi=\psi_B-\psi_A \tag{5.12}$$

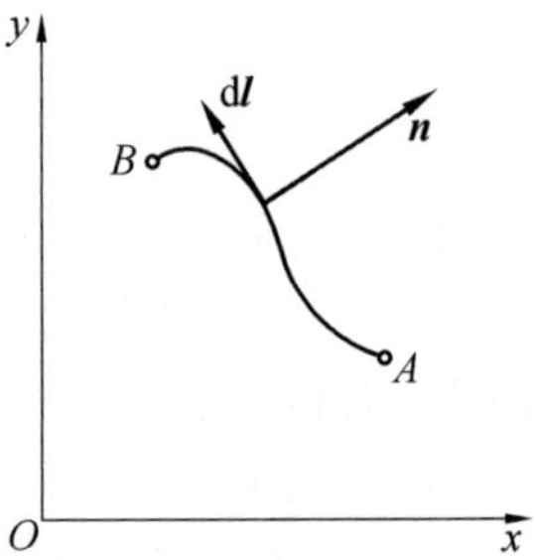

图 5.1 流函数与流量

需要说明的是：

(1) 经过任意曲线 AB 的流量，等于曲线两端点间的流函数之差，而与 AB 曲线的形状无关；

(2) 若 B 为 A 绕一圈后得到的点，当 ψ 为单值函数时，$Q=0$；当 ψ 为多值函数时，需进一步进行讨论。

4. 流函数可以是多值函数

通过图 5.2 所示的内边界 L_0 的总流量 Q_0 不为零时，则流函数 ψ 可能是多值函数。如水下爆炸、水下气泡运动等。

若由 $L=L_1+L_0$（含割线）内围成的域内无源无汇，则在 L 代表的单位宽度面积上 $\mathrm{d}A=\mathrm{d}l\times 1$，由于流体不可压缩，故通过该面积的总流量为零，可表示为

$$\oint_L(\boldsymbol{n}\cdot\boldsymbol{v})\mathrm{d}l=0$$

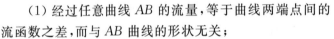

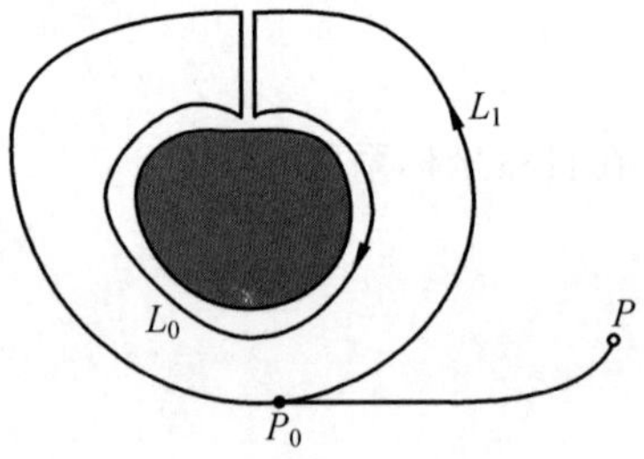

图 5.2 两点的流函数之差

于是有

$$\oint_{L_1}(\boldsymbol{n}\cdot\boldsymbol{v})\mathrm{d}l=\oint_{L_0}(\boldsymbol{n}\cdot\boldsymbol{v})\mathrm{d}l=Q_0$$

则图 5.2 中的 P_0 点和 P 点之间的流函数之差为

$$\psi_P-\psi_{P_0}=\oint_{L_1}(\boldsymbol{n}\cdot\boldsymbol{v})\mathrm{d}l+\int_{P_0}^{P}(\boldsymbol{n}\cdot\boldsymbol{v})\mathrm{d}l=Q_0+\int_{P_0}^{P}(\boldsymbol{n}\cdot\boldsymbol{v})\mathrm{d}l$$

如果从 P_0 到 P 的积分路径为绕内边界 n 圈的封闭曲线，则

$$\psi_P-\psi_{P_0}=nQ_0+\int_{P_0}^{P}(\boldsymbol{n}\cdot\boldsymbol{v})\mathrm{d}l \tag{5.13}$$

5. 流函数的调和量的负值等于涡量的模

涡量 $\boldsymbol{\Omega}$ 可表示为

$$\boldsymbol{\Omega}=\nabla\times\boldsymbol{v}$$

由式(5.10)可知 $\boldsymbol{v}=\nabla\psi\times\boldsymbol{k}$，代入上式可得

$$\boldsymbol{\Omega}=\nabla\times(\nabla\psi\times\boldsymbol{k})=(\boldsymbol{k}\cdot\nabla)\nabla\psi-(\nabla\psi\cdot\nabla)\boldsymbol{k}+$$

$$\nabla\psi(\nabla\cdot\boldsymbol{k})-\boldsymbol{k}(\nabla\cdot\nabla\psi)=-\nabla^2\psi\boldsymbol{k} \tag{5.14}$$

上式中，注意到流动为平面流动，故 ∇ 为二元矢量算子，则 $\boldsymbol{k}\cdot\nabla$、$\nabla\cdot\boldsymbol{k}$ 和 $(\nabla\psi\cdot\nabla)\boldsymbol{k}$ 均为零。于是有

$$\Omega = -\nabla^2 \psi \tag{5.15}$$

若流动无旋，则$\nabla^2 \psi = 0$。

6. 无旋流动的等势线与流线相互正交

我们知道

$$\boldsymbol{v} \times \boldsymbol{v} = \nabla\varphi \times (\nabla\psi \times \boldsymbol{k}) = (\nabla\varphi \cdot \boldsymbol{k})\,\nabla\psi - (\nabla\varphi \cdot \nabla\psi)\boldsymbol{k} = -(\nabla\varphi \cdot \nabla\psi)\boldsymbol{k} = \boldsymbol{0}$$

故而有

$$(\nabla\varphi \cdot \nabla\psi)\boldsymbol{k} = \boldsymbol{0}$$

即

$$\nabla\varphi \cdot \nabla\psi = 0 \tag{5.16}$$

可见等势线与流线正交。

5.2　不可压理想流体平面流动的流函数方程

5.2.1　不可压理想流体平面流动的流函数方程

理想流体的佛里德曼方程可表示为

$$\frac{D\boldsymbol{\Omega}}{Dt} - (\boldsymbol{\Omega} \cdot \nabla)\boldsymbol{v} + \boldsymbol{\Omega}(\nabla \cdot \boldsymbol{v}) = \nabla \times \boldsymbol{f} + \frac{1}{\rho^2}(\nabla\rho \times \nabla p)$$

对于平面流动，上式中的

$$(\boldsymbol{\Omega} \cdot \nabla)\boldsymbol{v} = (\Omega\boldsymbol{k} \cdot \nabla)\boldsymbol{v} = \left(\Omega\frac{\partial}{\partial z}\right)\boldsymbol{v} = \boldsymbol{0}$$

对于不可压缩流体有

$$\boldsymbol{\Omega}(\nabla \cdot \boldsymbol{v}) = \boldsymbol{0}$$

设质量力有势，$\boldsymbol{f} = -\nabla U$，流场正压，$(\nabla\rho \times \nabla p) = \boldsymbol{0}$。则佛里德曼方程可以写为

$$\frac{D\boldsymbol{\Omega}}{Dt} = \frac{\partial\boldsymbol{\Omega}}{\partial t} + (\boldsymbol{v} \cdot \nabla)\boldsymbol{\Omega} = \boldsymbol{0} \tag{5.17}$$

其中

$$(\boldsymbol{v} \cdot \nabla)\boldsymbol{\Omega} = [(\nabla\psi \times \boldsymbol{k}) \cdot \nabla\Omega]\boldsymbol{k} = [(\nabla\Omega \times \nabla\psi) \cdot \boldsymbol{k}]\boldsymbol{k} = \nabla\Omega \times \nabla\psi$$

再由 $\Omega = -\nabla^2\psi$，以上条件代入式(5.17)中可得

$$\frac{\partial}{\partial t}(\nabla^2\psi)\boldsymbol{k} + \nabla(\nabla^2\psi) \times \nabla\psi = \boldsymbol{0} \tag{5.18}$$

这就是理想的不可压流体在质量力有势条件下平面流动的流函数方程。

5.2.2　不可压理想流体恒定平面流动的流函数方程

对于恒定有旋流动，流函数方程(5.18)可以写为

$$\nabla(\nabla^2\psi) \times \nabla\psi = \boldsymbol{0}$$

说明$\nabla^2\psi$ 的梯度和 ψ 的梯度平行，根据这一性质，令

$$\nabla(\nabla^2\psi) = -f'(\psi)\,\nabla\psi = -\nabla[f(\psi)]$$

其中 $f(\psi)$ 为 ψ 的标量函数，由上式可得

$$\nabla^2\psi=-f(\psi)+\text{const} \tag{5.19}$$

上式中的常数对流场的求解无意义,可以令其为零。该式就是不可压理想流体恒定平面流动的流函数方程,是一个泊松方程,对于整场都适用。

若是沿流线,由于流线上 ψ 为常数,因此 $f(\psi)$ 一定,则沿流线的 $\nabla^2\psi$ 为常数,由式(5.15)可知,沿流线有 $\Omega=\text{const}$。

5.2.3　不可压理想流体平面无旋流动的流函数方程

对于无旋流动,由于流场中处处 $\Omega=0$,因此流函数方程为

$$\nabla^2\psi=0 \tag{5.20}$$

该式对恒定与非恒定都适用。这就是不可压理想流体平面无旋流动的流函数方程,也是本章要进行求解的方程。

5.2.4　流函数的物面边界条件

对应流函数方程,物面边界条件也应以流函数的形式表示出来。

如图 5.3 所示,对于固定不动的物体边界,无分离无渗透的物面边界条件为

$$\boldsymbol{n}\cdot\boldsymbol{v}=\boldsymbol{n}\cdot(\nabla\psi\times\boldsymbol{k})=\nabla\psi\cdot(\boldsymbol{k}\times\boldsymbol{n})=-\nabla\psi\cdot\boldsymbol{\tau}=-\frac{\partial\psi}{\partial l}=0$$

因此物面边界条件可以写为

$$(\psi)_b=\text{const}$$

通常令上式中的常数为零。

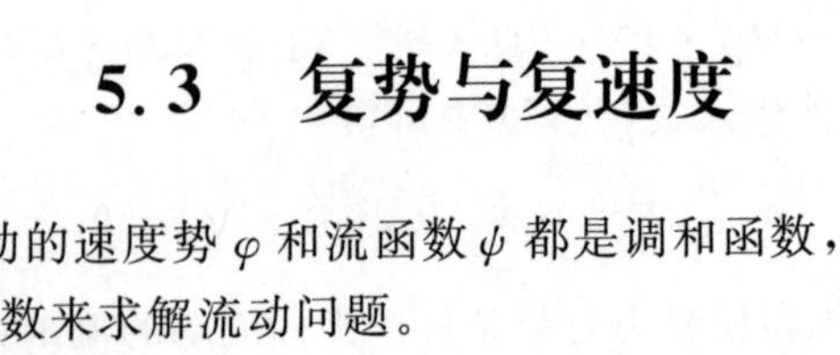

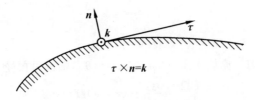

图 5.3　物面的边界条件

5.3　复势与复速度

不可压平面无旋流动的速度势 φ 和流函数 ψ 都是调和函数,并且满足柯西－黎曼条件,因此可以利用复变函数来求解流动问题。

5.3.1　复势与复速度

对于不可压平面无旋流动,速度与势函数、流函数的关系可以表示为

$$\boldsymbol{v}=\nabla\varphi=\nabla\psi\times\boldsymbol{k}$$

在直角坐标系下可以表示为

$$\begin{aligned} v_x &= \frac{\partial \varphi}{\partial x} = \frac{\partial \psi}{\partial y} \\ v_y &= \frac{\partial \varphi}{\partial y} = -\frac{\partial \psi}{\partial x} \end{aligned} \tag{5.21}$$

在柱坐标系下可以表示为

$$\begin{aligned} v_r &= \frac{\partial \varphi}{\partial r} = \frac{1}{r}\frac{\partial \psi}{\partial \theta} \\ v_\theta &= \frac{1}{r}\frac{\partial \varphi}{\partial \theta} = -\frac{\partial \psi}{\partial r} \end{aligned} \tag{5.22}$$

这就是**柯西－黎曼条件**。

以直角坐标系为例，满足柯西－黎曼条件且可导的速度势 φ 和流函数 ψ 构成**复势**

$$W(z) = \varphi + \mathrm{i}\psi \tag{5.23}$$

因此

$$\frac{\mathrm{d}W(z)}{\mathrm{d}z} = \frac{\partial \varphi}{\partial x} + \mathrm{i}\frac{\partial \psi}{\partial x} = \frac{\partial \psi}{\partial y} - \mathrm{i}\frac{\partial \varphi}{\partial y} = v_x - \mathrm{i}v_y \tag{5.24}$$

定义 $\frac{\mathrm{d}W(z)}{\mathrm{d}z}$ 为**复速度**，复速度也可以表示为

$$\frac{\mathrm{d}W(z)}{\mathrm{d}z} = V\mathrm{e}^{-\mathrm{i}\alpha} \tag{5.25}$$

其中 $V = \left|\frac{\mathrm{d}W}{\mathrm{d}z}\right| = \sqrt{v_x^2 + v_y^2}$ 为复速度的模；$\alpha = \arctan\frac{v_y}{v_x}$。

复速度的共轭函数为

$$\overline{\frac{\mathrm{d}W}{\mathrm{d}z}} = \frac{\mathrm{d}\,\overline{W}}{\mathrm{d}\bar{z}} = v_x + \mathrm{i}v_y = V\mathrm{e}^{\mathrm{i}\alpha} \tag{5.26}$$

称其为**共轭复速度**。

5.3.2　解的可叠加性

任意两个或两个以上的解析函数的线性组合仍然是解析函数，因此任意两个或两个以上的复势的线性组合仍然是代表某一种流动的复势。利用简单的复势进行线性组合来获得问题的解的方法，称为**奇点叠加法**，因为简单复势往往带有奇点。

5.4　几种简单的平面势流

本节将讨论一些在物理上有意义的简单流动的速度势、流函数及相应的复势。

5.4.1　均匀流场

如图 5.4 所示，在整个流场中速度为 V_∞，它与 x 轴的夹角为 α，速度的分量为

$$v_x = V_\infty \cos\alpha$$
$$v_y = V_\infty \sin\alpha$$

这就是均匀流场。

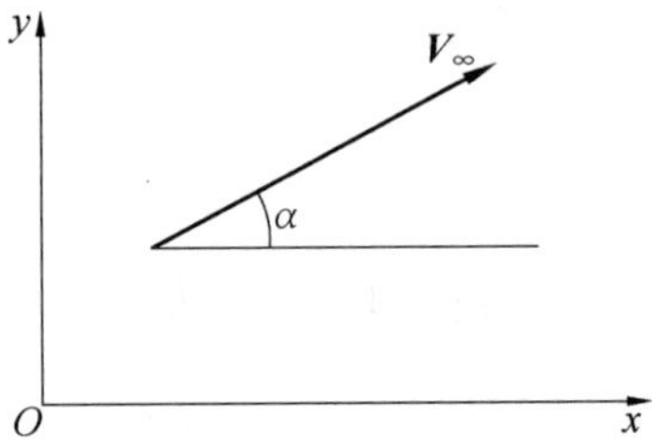

图 5.4 均匀流场

由速度势、流函数与速度分量之间的关系可知

$$\mathrm{d}\varphi=\nabla\varphi\cdot\mathrm{d}\boldsymbol{r}=\boldsymbol{v}\cdot\mathrm{d}\boldsymbol{r}=v_x\mathrm{d}x+v_y\mathrm{d}y$$

$$\mathrm{d}\psi=\nabla\psi\cdot\mathrm{d}\boldsymbol{r}=[\boldsymbol{k}\times(\nabla\psi\times\boldsymbol{k})]\cdot\mathrm{d}\boldsymbol{r}=(\boldsymbol{k}\times\boldsymbol{v})\cdot\mathrm{d}\boldsymbol{r}=(\mathrm{d}\boldsymbol{r}\times\boldsymbol{k})\cdot\boldsymbol{v}=(-\mathrm{d}x\boldsymbol{j}+\mathrm{d}y\boldsymbol{i})\cdot\boldsymbol{v}=-v_y\mathrm{d}x+v_x\mathrm{d}y$$

将均匀流动的速度分量代入上式，积分并令积分常数为零，可得

$$\begin{cases}\varphi=xV_\infty\cos\alpha+yV_\infty\sin\alpha\\ \psi=-xV_\infty\sin\alpha+yV_\infty\cos\alpha\end{cases}\tag{5.27}$$

因此均匀流动的复势可表示为

$$W=\varphi+\mathrm{i}\psi=V_\infty(\cos\alpha-\mathrm{i}\sin\alpha)(x+\mathrm{i}y)=V_\infty\mathrm{e}^{-\mathrm{i}\alpha}z\tag{5.28}$$

5.4.2 源与汇的复势

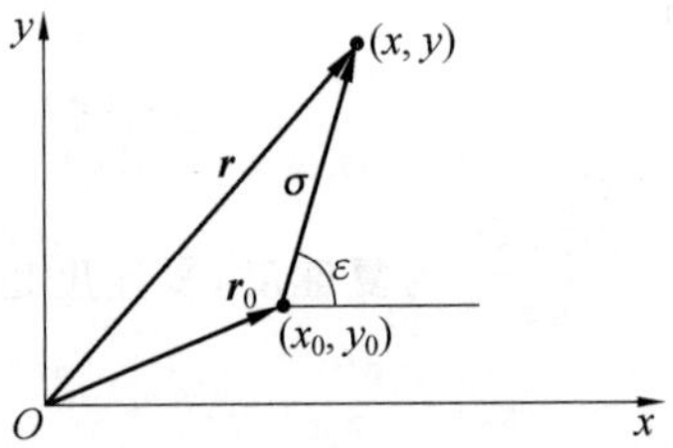

图 5.5 点源与点汇

如图 5.5 所示，点源位于复平面的位置 $z_0=x_0+\mathrm{i}y_0$，则此平面点源的速度势为

$$\varphi=\frac{Q}{2\pi}\ln\sigma\tag{5.29}$$

其中 Q 为**源强**；$\sigma=\sqrt{(x-x_0)^2+(y-y_0)^2}$。由此可得在坐标方向的速度分量为

$$v_x=\frac{\partial\psi}{\partial y}=\frac{\partial\varphi}{\partial x}=\frac{Q}{2\pi\sigma^2}(x-x_0)$$

$$v_y=-\frac{\partial\psi}{\partial x}=\frac{\partial\varphi}{\partial y}=\frac{Q}{2\pi\sigma^2}(y-y_0)$$

由流函数与速度分量之间的关系可知

$$\mathrm{d}\psi=-v_y\mathrm{d}x+v_x\mathrm{d}y=\frac{Q}{2\pi\sigma^2}[(x-x_0)\mathrm{d}y-(y-y_0)\mathrm{d}x]=\frac{Q}{2\pi\sigma^2}(x-x_0)^2\left[\frac{\mathrm{d}y}{(x-x_0)}-\frac{y-y_0}{(x-x_0)^2}\mathrm{d}x\right]=\frac{Q}{2\pi\sigma^2}(x-x_0)^2\mathrm{d}\,\frac{y-y_0}{x-x_0}=\frac{Q}{2\pi}\frac{1}{1+[(y-y_0)/(x-x_0)]^2}\mathrm{d}\,\frac{y-y_0}{x-x_0}=\frac{Q}{2\pi}\mathrm{d}\arctan\frac{y-y_0}{x-x_0}$$

对上式积分并令积分常数为零，可得

$$\psi=\frac{Q}{2\pi}\arctan\frac{y-y_0}{x-x_0}=\frac{Q}{2\pi}\varepsilon\tag{5.30}$$

因此点源流动的复势可表示为

$$W=\varphi+\mathrm{i}\psi=\frac{Q}{2\pi}\ln\sigma+\mathrm{i}\frac{Q}{2\pi}\varepsilon=\frac{Q}{2\pi}\ln(\sigma\mathrm{e}^{\mathrm{i}\varepsilon})=\frac{Q}{2\pi}\ln(z-z_0)\tag{5.31}$$

若上述讨论中的源强 Q 为负值，则流动称为**点汇**。

5.4.3　点涡

如图 5.6 所示，点涡位于复平面的位置 $z_0=x_0+\mathrm{i}y_0$，则此平面点涡的速度场为

$$\boldsymbol{V}=\frac{\Gamma}{2\pi\sigma}\boldsymbol{e}_\varepsilon$$

在坐标方向的速度分量为

$$v_x=-V\sin\varepsilon=-\frac{\Gamma}{2\pi\sigma^2}(y-y_0)$$

$$v_y=V\cos\varepsilon=\frac{\Gamma}{2\pi\sigma^2}(x-x_0)$$

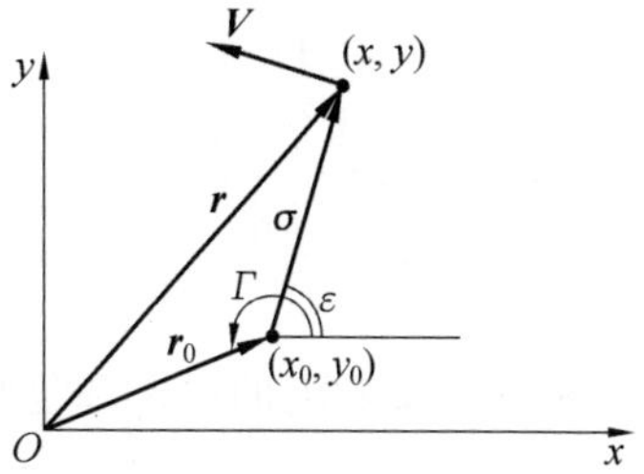

图 5.6　点涡

由流函数与速度分量之间的关系可知

$$\mathrm{d}\psi=-v_y\mathrm{d}x+v_x\mathrm{d}y=-\frac{\Gamma}{2\pi}\left(\frac{x-x_0}{\sigma^2}\mathrm{d}x+\frac{y-y_0}{\sigma^2}\mathrm{d}y\right)=$$

$$-\frac{\Gamma}{2\pi}\frac{\mathrm{d}(\sigma^2)}{2\sigma^2}=-\frac{\Gamma}{2\pi}\frac{\mathrm{d}\sigma}{\sigma}$$

$$\mathrm{d}\varphi=v_x\mathrm{d}x+v_y\mathrm{d}y=-\frac{\Gamma}{2\pi}\frac{y-y_0}{\sigma^2}\mathrm{d}x+\frac{\Gamma}{2\pi}\frac{x-x_0}{\sigma^2}\mathrm{d}y=$$

$$\frac{\Gamma}{2\pi}\frac{(x-x_0)^2}{\sigma^2}\left[-\frac{y-y_0}{(x-x_0)^2}\mathrm{d}x+\frac{x-x_0}{(x-x_0)^2}\mathrm{d}y\right]=$$

$$\frac{\Gamma}{2\pi}\frac{1}{1+[(y-y_0)/(x-x_0)]^2}\mathrm{d}\frac{y-y_0}{x-x_0}=$$

$$\frac{\Gamma}{2\pi}\mathrm{d}\arctan\frac{y-y_0}{x-x_0}$$

对上式积分并令积分常数为零，可得

$$\begin{cases}\psi=-\dfrac{\Gamma}{2\pi}\ln\sigma\\[2mm]\varphi=\dfrac{\Gamma}{2\pi}\varepsilon\end{cases}\tag{5.32}$$

因此点涡流动的复势可表示为

$$W=\varphi+\mathrm{i}\psi=\frac{\Gamma}{2\pi}\varepsilon+\mathrm{i}\left(-\frac{\Gamma}{2\pi}\ln\sigma\right)=$$

$$-\frac{\mathrm{i}\Gamma}{2\pi}\ln(\sigma\mathrm{e}^{\mathrm{i}\varepsilon})=-\frac{\mathrm{i}\Gamma}{2\pi}\ln(z-z_0)\tag{5.33}$$

5.4.4　偶极子

如图 5.7 所示，在复平面上相距为 Δh 的 z_0 和 z'_0 点分别分布着强度对等的一对平面点汇和点源，并且当 $\Delta h\to 0$ 时

$$\lim_{\Delta h\to 0}(Q\Delta h)=m\tag{5.34}$$

m 为有限值，称其为**偶极子强度**。

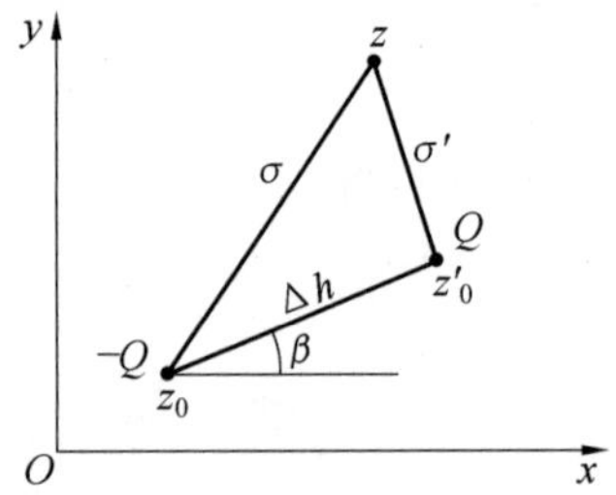

图 5.7　任意方向的偶极子

根据对源和汇的讨论和复势叠加性，偶极子的复势为

$$W(z)=\lim_{\Delta h\to 0}\left[-\frac{Q}{2\pi}\ln(z-z_0)+\frac{Q}{2\pi}\ln(z-z'_0)\right]=$$
$$-\lim_{\Delta h\to 0}\left[\frac{Q}{2\pi}(z'_0-z_0)\frac{\ln(z-z_0)-\ln(z-z'_0)}{(z'_0-z_0)}\right]$$

令 $z-z_0=\xi, z-z'_0=\xi+\Delta\xi$，则 $-\Delta\xi=z'_0-z_0=\Delta h\mathrm{e}^{\mathrm{i}\beta}$，因此上式可改写为

$$W(z)=-\lim_{\Delta h\to 0}\left(\frac{Q}{2\pi}\Delta h\mathrm{e}^{\mathrm{i}\beta}\right)\cdot\lim_{\Delta\xi\to 0}\frac{\ln(\xi+\Delta\xi)-\ln\xi}{\Delta\xi}=$$
$$-\frac{m}{2\pi}\mathrm{e}^{\mathrm{i}\beta}\cdot\frac{\partial\ln\xi}{\partial\xi}=-\frac{m}{2\pi\xi}\mathrm{e}^{\mathrm{i}\beta}=-\frac{m}{2\pi(z-z_0)}\mathrm{e}^{\mathrm{i}\beta}\tag{5.35}$$

式中

$$\frac{1}{z-z_0}=\frac{1}{(x-x_0)+\mathrm{i}(y-y_0)}=\frac{(x-x_0)-\mathrm{i}(y-y_0)}{\sigma^2}$$

所以式(5.35)可改写为

$$W(z)=\left[-\frac{m}{2\pi}\frac{(x-x_0)\cos\beta+(y-y_0)\sin\beta}{\sigma^2}\right]+$$
$$\mathrm{i}\left[-\frac{m}{2\pi}\frac{(x-x_0)\sin\beta-(y-y_0)\cos\beta}{\sigma^2}\right]\tag{5.36}$$

相应的速度势和流函数为

$$\begin{cases}\varphi=-\dfrac{m}{2\pi}\dfrac{(x-x_0)\cos\beta+(y-y_0)\sin\beta}{\sigma^2}\\ \psi=-\dfrac{m}{2\pi}\dfrac{(x-x_0)\sin\beta-(y-y_0)\cos\beta}{\sigma^2}\end{cases}\tag{5.37}$$

令 $\varphi=\text{const}$ 可以得到等势线；$\psi=\text{const}$ 可以得到流线。将等势线簇和流线簇画到坐标平面上，就可以得到偶极子的流动图谱，如图 5.8 所示。

若偶极子的源和汇的连线与 x 轴平行，则有 $\beta=0$。定义 $\beta=0$ 时的偶极子方向为与 x 轴方向相同。因此式(5.35) 可写为

$$W(z)=-\frac{m}{2\pi}\frac{1}{(z-z_0)}\tag{5.38}$$

式(5.37) 可写为

$$\begin{cases}\varphi=-\dfrac{m}{2\pi}\dfrac{(x-x_0)}{\sigma^2}\\ \psi=\dfrac{m}{2\pi}\dfrac{(y-y_0)}{\sigma^2}\end{cases}\tag{5.39}$$

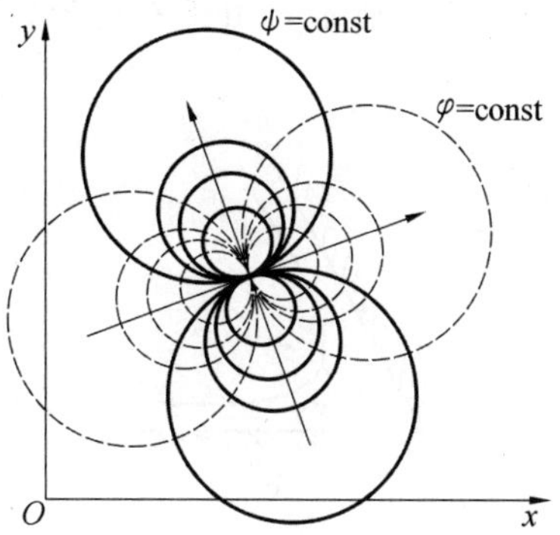

图 5.8　任意方向偶极子的流动图谱

5.4.5　垂直拐角绕流

讨论复势

$$W(z)=Az^2=A(x^2-y^2)+\mathrm{i}2Axy$$

相应的势函数与流函数为

$$\begin{cases}\varphi=A(x^2-y^2)\\ \psi=2Axy\end{cases} \tag{5.40}$$

该流场的复速度为

$$\frac{\mathrm{d}W}{\mathrm{d}z}=2Az=2Ax+\mathrm{i}2Ay$$

因此速度场可表示为

$$\begin{cases}v_x=2Ax\\ v_y=-2Ay\end{cases} \tag{5.41}$$

对于该流动，显然原点为驻点。在无穷远处，$W(z)$ 和 v_x、v_y 将是无穷大。

实际上无穷远处 $v_x=2Ax$，$v_y=-2Ay$ 是不可能的，而且无穷远的平面壁也是不存在的。上述复势的解实际上代表着有两股对称射流或一股射流射向有限壁面时驻点附近的流场；或表示一股射流沿直角拐角壁面时驻点附近的流场，该流动的流线分布如图 5.9 所示。

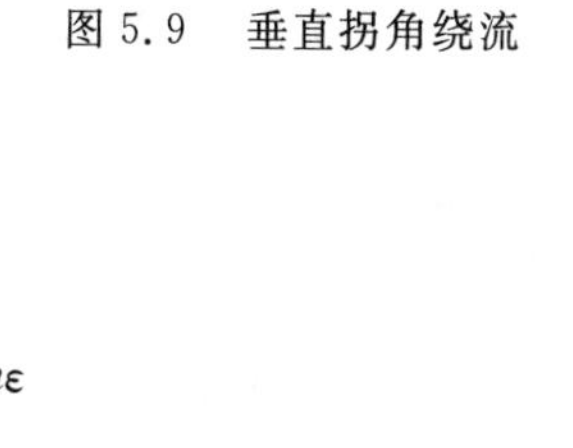

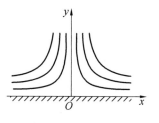

图 5.9　垂直拐角绕流

5.4.6　任意拐角绕流

讨论复势

$$W(z)=Az^n=Ar^n\cos n\varepsilon+\mathrm{i}Ar^n\sin n\varepsilon$$

其中 A 为实数；n 为正实数。相应的势函数与流函数为

$$\begin{cases}\varphi=Ar^n\cos n\varepsilon\\ \psi=Ar^n\sin n\varepsilon\end{cases} \tag{5.42}$$

当 $\psi=0$ 时为零流线，在零流线上有 $\varepsilon=0$ 和 $\varepsilon=\pi/n$。因此，上述复势代表的是夹角 θ 为 π/n

的相交壁面间的流动。如图 5.10(a) 所示。由于 θ 的最大值为 2π，因此限定 n 最小为 1/2。

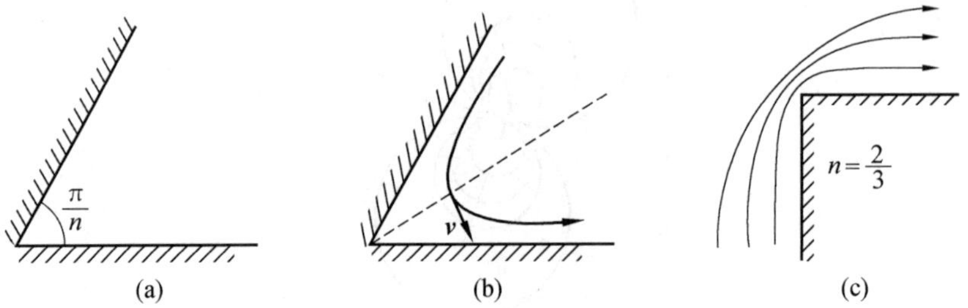

图 5.10　任意拐角绕流

该流动的速度场为

$$\begin{cases} v_r = \dfrac{\partial \varphi}{\partial r} = nAr^{n-1}\cos n\varepsilon \\ v_\varepsilon = \dfrac{1}{r}\dfrac{\partial \varphi}{\partial \varepsilon} = -nAr^{n-1}\sin n\varepsilon \end{cases} \tag{5.43}$$

如图 5.10(b) 所示，上式中的 $\varepsilon=0$ 和 $\varepsilon=\pi/n$ 对应的是两个壁面上的速度，可以表示为

$$v_r = \pm nAr^{n-1}$$

$$v_\varepsilon = 0$$

$\varepsilon=\pi/(2n)$ 对应的是角平分线上的速度，可以表示为

$$v_r = 0$$

$$v_\varepsilon = -nAr^{n-1}$$

从上述分析可知，驻点速度可能出现在拐角处($r\to 0$)，拐角处的速度为

$$\lim_{r\to 0} v = \lim_{r\to 0}\sqrt{v_r^2+v_\varepsilon^2} = \lim_{r\to 0}(n\mid A\mid r^{n-1}) = \begin{cases} 0 & (n>1) \\ A & (n=1) \\ \infty & (n<1) \end{cases}$$

当 $n<1$ 时，两壁面间的夹角为钝角，例如当 $n=2/3$ 时，如图 5.10(c) 所示，两壁面间的夹角为 $\theta=3\pi/2$。而这种情况下实际上 $\lim\limits_{r\to 0} v=\infty$ 是不可能的，由于黏性的存在，在拐角附近会出现流动分离，会有大量旋涡出现。

5.5　流体对圆柱体的绕流问题

理想不可压流体的平面无旋流动问题中主要是求解绕流问题，其中平行流对圆柱体的绕流是最基本的问题之一。

5.5.1　无环量圆柱绕流

1. 均匀流与偶极子的组合

在坐标原点有一个强度为 m、方向与 x 轴相反的偶极子(点源在左，点汇在右)，再叠加一个速度为 V_∞、沿 x 轴的均匀流，如图 5.11 所示。

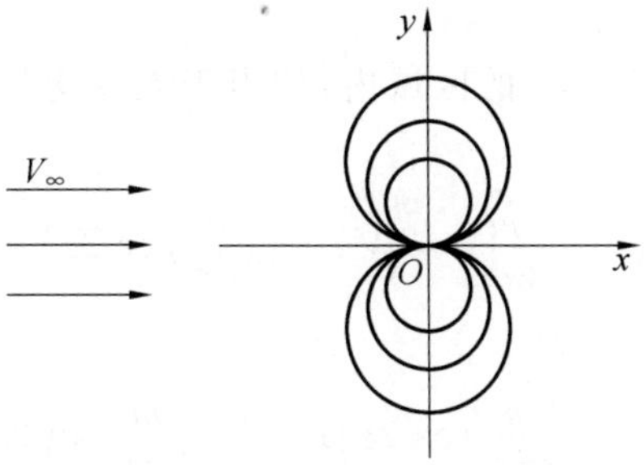

图 5.11　均匀流与偶极子的组合

根据速度势、流函数和复势的叠加性，这个组合流场的复势为

$$W(z)=V_\infty z+\frac{m}{2\pi}\frac{1}{z}=V_\infty re^{i\varepsilon}+\frac{m}{2\pi}\frac{1}{r}e^{-i\varepsilon} \tag{5.44}$$

对应的速度势和流函数分别为

$$\begin{cases}\varphi=V_\infty r\cos\varepsilon+\dfrac{m}{2\pi r}\cos\varepsilon\\ \psi=V_\infty r\sin\varepsilon-\dfrac{m}{2\pi r}\sin\varepsilon\end{cases} \tag{5.45}$$

利用 $\psi=\text{const}$，可以给出这个流场的流动图谱，如图 5.12 所示。

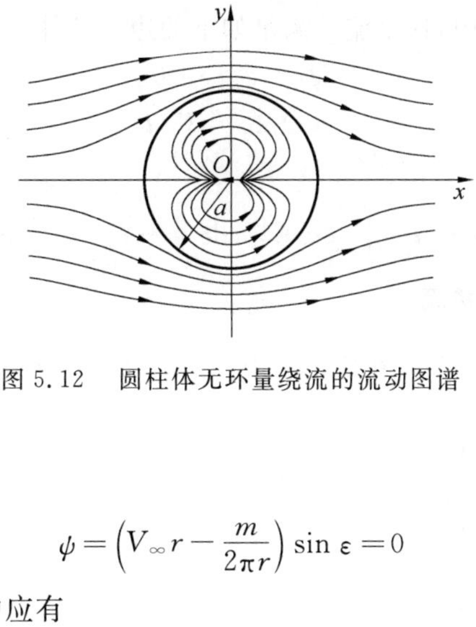

图 5.12　圆柱体无环量绕流的流动图谱

(1) 零流线

在零流线上有

$$\psi=\left(V_\infty r-\frac{m}{2\pi r}\right)\sin\varepsilon=0$$

若流函数 ψ 为零，则上式中应有

$$\begin{cases}\varepsilon=0\\ \varepsilon=\pi\\ r=\sqrt{\dfrac{m}{2\pi V_\infty}}\end{cases} \tag{5.46}$$

若令 $\sqrt{\dfrac{m}{2\pi V_\infty}}=a$，则零流线方程为

$$\begin{cases}y=0\\ r=a\end{cases} \tag{5.47}$$

(2)相应的流场

显然，这个流场在 $r=|z|\geqslant a$ 的区域内，相当于无界均匀来流对半径为 a 的圆柱绕流。流动的复速度为

$$v_x-\mathrm{i}v_y=\frac{\mathrm{d}W}{\mathrm{d}z}=V_\infty-\frac{m}{2\pi z^2}=\left(V_\infty-\frac{m}{2\pi r^2}\cos 2\varepsilon\right)-\mathrm{i}\left(-\frac{m}{2\pi r^2}\sin 2\varepsilon\right) \tag{5.48}$$

由此，流动的速度矢量可以表示为

$$\boldsymbol{v}=\left(V_\infty-\frac{m}{2\pi r^2}\cos 2\varepsilon\right)\boldsymbol{i}+\left(-\frac{m}{2\pi r^2}\sin 2\varepsilon\right)\boldsymbol{j}=$$
$$V_\infty\left[\left(1-\frac{a^2}{r^2}\cos 2\varepsilon\right)\boldsymbol{i}-\frac{a^2}{r^2}\sin 2\varepsilon\boldsymbol{j}\right] \tag{5.49}$$

柱坐标(r,θ) 和直角坐标(x,y) 之间的单位矢量满足

$$\boldsymbol{e}_\varepsilon=-\boldsymbol{i}\sin\varepsilon+\boldsymbol{j}\cos\varepsilon$$
$$\boldsymbol{e}_r=\boldsymbol{i}\cos\varepsilon+\boldsymbol{j}\sin\varepsilon$$

因此可得用柱坐标表示的速度分量为

$$\begin{cases}v_\varepsilon=\boldsymbol{v}\cdot\boldsymbol{e}_\varepsilon=-\left(1+\dfrac{a^2}{r^2}\right)V_\infty\sin\varepsilon\\ v_r=\boldsymbol{v}\cdot\boldsymbol{e}_r=\left(1-\dfrac{a^2}{r^2}\right)V_\infty\cos\varepsilon\end{cases} \tag{5.50}$$

在 $r=|z|\geqslant a$ 的区域中，这个流动满足如下的边界条件

$$\psi_b=\psi_{r=a}=0$$
$$(\boldsymbol{v})_{r\to\infty}=V_\infty\boldsymbol{i}$$

圆柱面的速度环量为

$$\Gamma=\oint_{r=a}\boldsymbol{v}\cdot\mathrm{d}\boldsymbol{l}=\int_0^{2\pi}(v_\varepsilon)_{r=a}a\,\mathrm{d}\varepsilon=-2\int_0^{2\pi}V_\infty\sin\varepsilon a\,\mathrm{d}\varepsilon=0$$

2. 无环量圆柱的外部绕流

半径为 $a=\sqrt{\dfrac{m}{2\pi V_\infty}}$ 的圆柱在均匀流中的绕流速度势和流函数由式(5.45) 知

$$\begin{cases}\varphi=V_\infty r\cos\varepsilon+\dfrac{m}{2\pi r}\cos\varepsilon=V_\infty\left(r+\dfrac{a^2}{r}\right)\cos\varepsilon\\ \psi=V_\infty r\sin\varepsilon-\dfrac{m}{2\pi r}\sin\varepsilon=V_\infty\left(r-\dfrac{a^2}{r}\right)\sin\varepsilon\end{cases} \tag{5.51}$$

由式(5.44) 可知绕流的复势为

$$W(z)=V_\infty z+\frac{m}{2\pi}\frac{1}{z}=V_\infty\left(z+\frac{a^2}{z}\right) \tag{5.52}$$

在柱面上$(r=a)$ 的速度分布为

$$\begin{cases}(v_r)_b=0\\ (v_\varepsilon)_b=-2V_\infty\sin\varepsilon\end{cases} \tag{5.53}$$

由此可见，柱面上的驻点位置在 $\varepsilon=0$ 和 $\varepsilon=\pi$ 处；柱面上的最大速度在 $\varepsilon=\pm\pi/2$ 处，并且有

$$v_{b\max}=2V_\infty \tag{5.54}$$

忽略质量力，由不可压缩理想流体的伯努利方程，可以求得压力场为

$$p = p_\infty + \frac{1}{2}\rho(V_\infty^2 - v^2)$$

将式(5.53)代入上式，可得柱面上的压力分布为

$$(p)_b = p_\infty + \frac{1}{2}\rho V_\infty^2(1 - 4\sin^2\varepsilon) \tag{5.55}$$

定义柱面上的压力系数为

$$c_p = \frac{(p)_b - p_\infty}{\frac{1}{2}\rho V_\infty^2} \tag{5.56}$$

将式(5.55)代入上式，可得

$$c_p = 1 - 4\sin^2\varepsilon \tag{5.57}$$

柱面所受的合力 $\boldsymbol{F}$ 为

$$\begin{aligned}\boldsymbol{F} &= \oint_{r=a}(-p_b)\boldsymbol{n}\mathrm{d}A = \oint_{r=a}\left(-p_\infty - \frac{1}{2}\rho V_\infty^2 + 2\rho V_\infty^2\sin^2\varepsilon\right)\boldsymbol{n}\,\mathrm{d}A = \\ &\oint_{r=a}2\rho V_\infty^2\sin^2\varepsilon\boldsymbol{n}\,\mathrm{d}A = 2\rho V_\infty^2 a\int_0^{2\pi}\sin^2\varepsilon(\cos\varepsilon\boldsymbol{i} + \sin\varepsilon\boldsymbol{j})\mathrm{d}\varepsilon = \boldsymbol{0}\end{aligned} \tag{5.58}$$

可见，柱体表面所受的合力为零。

5.5.2　有环量圆柱绕流

1. 复势

在无环量圆柱绕流的基础上，再在原点放置一个环量为 Γ 的平面点涡，叠加后这个流动的复势、速度势和流函数为

$$W(z) = V_\infty\left(z + \frac{a^2}{z}\right) - \frac{\mathrm{i}\Gamma}{2\pi}\ln z \tag{5.59}$$

$$\varphi = V_\infty\left(r + \frac{a^2}{r}\right)\cos\varepsilon + \frac{\Gamma}{2\pi}\varepsilon \tag{5.60}$$

$$\psi = V_\infty\left(r - \frac{a^2}{r}\right)\sin\varepsilon - \frac{\Gamma}{2\pi}\ln r \tag{5.61}$$

显然，$r = a$ 的圆柱面仍然是一条流线，这是因为

$$(\psi)_{r=a} = -\frac{\Gamma}{2\pi}\ln a = \text{const} \tag{5.62}$$

相应的速度场为

$$v_r = \frac{\partial\varphi}{\partial r} = V_\infty\left(1 - \frac{a^2}{r^2}\right)\cos\varepsilon \tag{5.63}$$

$$v_\varepsilon = \frac{1}{r}\frac{\partial\varphi}{\partial\varepsilon} = -V_\infty\left(1 + \frac{a^2}{r^2}\right)\sin\varepsilon + \frac{\Gamma}{2\pi r} \tag{5.64}$$

2. 驻点分析

流场中的驻点由下式决定

$$v_r = V_\infty\left(1 - \frac{a^2}{r^2}\right)\cos\varepsilon = 0$$

$$v_\varepsilon = -V_\infty\left(1+\frac{a^2}{r^2}\right)\sin\varepsilon + \frac{\Gamma}{2\pi r} = 0$$

由 $v_r=0$ 可知，驻点处有 $r=a$ 或者 $\varepsilon=\pi/2,\varepsilon=3\pi/2$。在圆柱面上应有

$$(v_\varepsilon)_b = -2V_\infty\sin\varepsilon + \frac{\Gamma}{2\pi a} = 0$$

因此，在圆柱面上的驻点处

$$\varepsilon = \arcsin\frac{\Gamma}{4\pi a V_\infty} \tag{5.65}$$

对上式进行如下讨论：

(1) 当 $|\Gamma| < 4\pi a V_\infty$ 时，$|\sin\varepsilon| < 1$，此时在柱面上有两个驻点。

(2) 当 $|\Gamma| = 4\pi a V_\infty$ 时，$|\sin\varepsilon| = 0$，此时在柱面上有一个驻点。

(3) 当 $|\Gamma| > 4\pi a V_\infty$ 时，$|\sin\varepsilon| > 1$，式(5.65)无解，因此驻点不在柱面上。

现以 $\Gamma < 0$ 的情况为例，给出上述三种情况下的流动图谱，如图 5.13 所示。

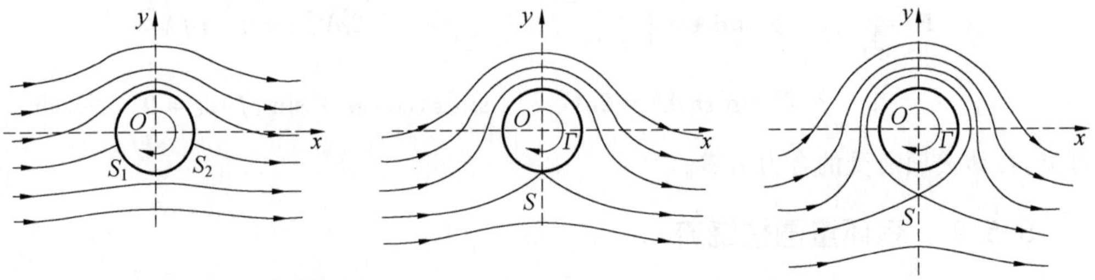

图 5.13　圆柱体有环量绕流的流动图谱

3. 物面速度、压力分布及合力

圆柱面上的速度可以利用式(5.63)、式(5.64)求得

$$(v_r)_b = \left[V_\infty\left(1-\frac{a^2}{r^2}\right)\cos\varepsilon\right]_{r=a} = 0$$

$$(v_\varepsilon)_b = -2V_\infty\sin\varepsilon + \frac{\Gamma}{2\pi a}$$

相应的，圆柱面上的压强分布为

$$(p)_b = p_\infty + \frac{1}{2}\rho V_\infty^2 - \frac{1}{2}\rho\left(-2V_\infty\sin\varepsilon + \frac{\Gamma}{2\pi a}\right)^2 \tag{5.66}$$

作用在圆柱面上的合力为

$$\boldsymbol{F} = \oint_{r=a}(-p_b)\boldsymbol{n}\mathrm{d}A = \oint_{r=a}\left(p_\infty + \frac{1}{2}\rho V_\infty^2 - \frac{1}{2}\rho\left(-2V_\infty\sin\varepsilon + \frac{\Gamma}{2\pi a}\right)^2\right)\boldsymbol{n}\mathrm{d}A =$$

$$\frac{1}{2}\rho\int_0^{2\pi}\left(\frac{\Gamma}{2\pi a} - 2V_\infty\sin\varepsilon\right)^2(\cos\varepsilon\boldsymbol{i} + \sin\varepsilon\boldsymbol{j})\mathrm{d}\varepsilon = -\rho V_\infty\Gamma\boldsymbol{j} \tag{5.67}$$

由上式可知，当环量为负值，即环量为顺时针时，作用于圆柱面上的合力向上。

圆柱体的有环量绕流，相当于在均匀来流的情况下，圆柱体以角速度 ω 旋转时，在黏性作用下使柱面上的流体产生绕圆柱的速度环量。此时，圆柱面外部的流动可以近似认为是有环量的圆柱绕流，环量近似为 $\Gamma=2\pi\omega a^2$。此时圆柱面上会产生一个和来流速度方

向垂直的横向作用力，因此产生横向运动。这种现象称为**马格努斯效应**。对于球体等三维物体的旋转运动也有类似的效应，例如旋转的乒乓球、网球和足球等，在做向前运动时都有这样的效应。

5.6　恒定绕流中的物体受力

本节来讨论不可压缩理想流体恒定绕流一个任意形状的无限长柱体，假设流体对此柱体做二维的无分离绕流，并且忽略质量力。

5.6.1　布拉修斯合力及合力矩公式

采用绝对坐标系，将坐标系固结在物体上。设 l_b 为柱体横截面的周线，由边界条件知，在绝对坐标系下，l_b 为流线，如图 5.14 所示。

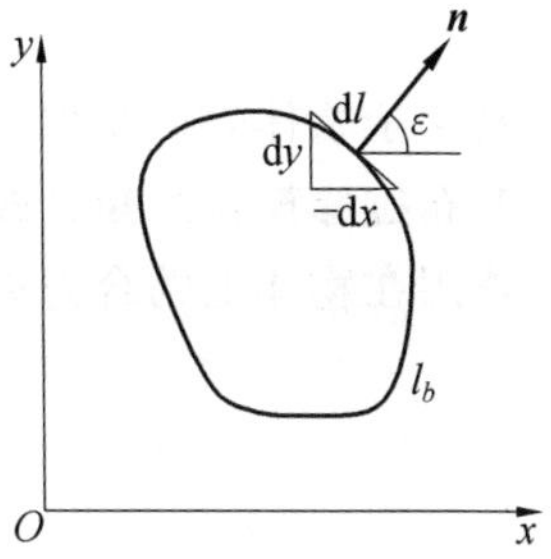

图 5.14　任意形状柱体的恒定绕流

为了确定柱体表面所受的合力及合力矩，必须首先讨论流场中的压力分布情况。由忽略质量力情况下的伯努利方程可知

$$p = c - \frac{1}{2}\rho v^2$$

式中 c 为常数。而速度的平方可以用复速度和共轭复速度来表示

$$\frac{\mathrm{d}W}{\mathrm{d}z}\cdot\overline{\frac{\mathrm{d}W}{\mathrm{d}z}} = \frac{\mathrm{d}W}{\mathrm{d}z}\cdot\frac{\mathrm{d}\overline{W}}{\mathrm{d}\overline{z}} = (v_x - \mathrm{i}v_y)(v_x + \mathrm{i}v_y) = v_x^2 + v_y^2 = v^2$$

由此可得

$$p = c - \frac{1}{2}\rho\frac{\mathrm{d}W}{\mathrm{d}z}\cdot\frac{\mathrm{d}\overline{W}}{\mathrm{d}\overline{z}} \tag{5.68}$$

1. 布拉修斯合力公式

作用在物体上的合力为

$$\boldsymbol{F} = -\oint_{l_b}\boldsymbol{n}p\,\mathrm{d}l = -\oint_{l_b}p(\boldsymbol{i}\cos\varepsilon + \boldsymbol{j}\sin\varepsilon)\mathrm{d}l = -\boldsymbol{i}\oint_{l_b}p\,\mathrm{d}y + \boldsymbol{j}\oint_{l_b}p\,\mathrm{d}x$$

写成分量形式为

$$F_x = -\oint_{l_b}p\,\mathrm{d}y$$

$$F_y = \oint_{l_b}p\,\mathrm{d}x$$

于是有

$$F_x - \mathrm{i}F_y = -\oint_{l_b}p\,\mathrm{d}y - \mathrm{i}\oint_{l_b}p\,\mathrm{d}x = -\oint_{l_b}p(\mathrm{d}y + \mathrm{i}\mathrm{d}x) = -\mathrm{i}\oint_{l_b}p\,\mathrm{d}\overline{z}$$

将式(5.68)代入上式，可得

$$F_x - \mathrm{i}F_y = -\mathrm{i}\oint_{l_b}\left(c - \frac{1}{2}\rho\frac{\mathrm{d}W}{\mathrm{d}z}\cdot\frac{\mathrm{d}\overline{W}}{\mathrm{d}\overline{z}}\right)\mathrm{d}\overline{z} = \mathrm{i}\frac{\rho}{2}\oint_{l_b}\frac{\mathrm{d}W}{\mathrm{d}z}\cdot\frac{\mathrm{d}\overline{W}}{\mathrm{d}\overline{z}}\mathrm{d}\overline{z} \tag{5.69}$$

注意到 l_b 为流线，沿流线有 $\mathrm{d}\psi = 0$，因此

$$\frac{\mathrm{d}W}{\mathrm{d}z}\mathrm{d}z=\mathrm{d}W=\mathrm{d}\varphi+\mathrm{i}\mathrm{d}\psi=\mathrm{d}\varphi$$

$$\frac{\mathrm{d}\overline{W}}{\mathrm{d}\bar{z}}\mathrm{d}\bar{z}=\mathrm{d}\overline{W}=\mathrm{d}\varphi-\mathrm{i}\mathrm{d}\psi=\mathrm{d}\varphi$$

所以，在物面上有

$$\frac{\mathrm{d}W}{\mathrm{d}z}\mathrm{d}z=\frac{\mathrm{d}\overline{W}}{\mathrm{d}\bar{z}}\mathrm{d}\bar{z} \tag{5.70}$$

将此关系式代入式(5.69) 可得

$$F_x-\mathrm{i}F_y=\mathrm{i}\,\frac{\rho}{2}\oint_{l_b}\left(\frac{\mathrm{d}W}{\mathrm{d}z}\right)^2\mathrm{d}z \tag{5.71}$$

这就是关于物体表面受力的布拉修斯合力公式。

2. 布拉修斯合力矩公式

作用在物体上的合力矩也可用复速度的形式来表示。

$$\begin{aligned}\boldsymbol{M}=&-\oint_{l_b}(\boldsymbol{r}\times\boldsymbol{n})p\mathrm{d}l=\\&-\oint_{l_b}p(x\boldsymbol{i}+y\boldsymbol{j})\times(\boldsymbol{i}\cos\varepsilon+\boldsymbol{j}\sin\varepsilon)\mathrm{d}l=\\&-\oint_{l_b}p(x\boldsymbol{i}+y\boldsymbol{j})\times(\boldsymbol{i}\mathrm{d}y-\boldsymbol{j}\mathrm{d}x)=\\&\oint_{l_b}p(x\mathrm{d}x+y\mathrm{d}y)\boldsymbol{k}\end{aligned}$$

将式(5.68) 代入上式，可得

$$\begin{aligned}M=&\oint_{l_b}p(x\mathrm{d}x+y\mathrm{d}y)=\\&\oint_{l_b}\left(c-\frac{\rho}{2}\frac{\mathrm{d}W}{\mathrm{d}z}\cdot\frac{\mathrm{d}\overline{W}}{\mathrm{d}\bar{z}}\right)\mathrm{Re}(z\mathrm{d}\bar{z})=\\&-\frac{\rho}{2}\mathrm{Re}\left[\oint_{l_b}\frac{\mathrm{d}W}{\mathrm{d}z}\cdot\frac{\mathrm{d}\overline{W}}{\mathrm{d}\bar{z}}z\mathrm{d}\bar{z}\right]\end{aligned}$$

式中 Re 表示取实部。将边界条件(5.70) 代入上式可得

$$M=-\frac{\rho}{2}\mathrm{Re}\left[\oint_{l_b}\left(\frac{\mathrm{d}W}{\mathrm{d}z}\right)^2 z\mathrm{d}z\right] \tag{5.72}$$

这就是关于物面受力的布拉修斯合力矩公式。

应当指出，上述讨论过程中，压强 p 是由伯努利方程求得的，因此布拉修斯合力及合力矩公式(5.71)、(5.72) 都是对恒定流动而言的。对于非恒定流动，则应利用柯西－拉格朗日积分公式来求取压强 p。这里不再赘述。

5.6.2 库塔－儒科夫斯基升力定理

对于无穷远均匀来流的物体绕流问题，若在物体以外的域内没有奇点，则作用在物体上的合力及合力矩可以给出更为具体的形式。这里讨论物体绕流的升力问题。

1. 绕流复速度的一般形式

将坐标原点取在物体上，作圆周 l_1 把物体包括在内。由于在物体外部的域中没有奇

点，因此复势 $W(z)$ 与复速度 $\frac{\mathrm{d}W}{\mathrm{d}z}$ 在圆周 l_1 上及 l_1 的外部是没有奇点的解析函数。因此总可以将它们展开成洛朗级数。现以原点对复速度 $\frac{\mathrm{d}W}{\mathrm{d}z}$ 展开

$$\frac{\mathrm{d}W}{\mathrm{d}z}=\cdots+\frac{c_{-n}}{z^n}+\cdots+\frac{c_{-1}}{z}+c_0+c_1z+\cdots+c_nz^n+\cdots \tag{5.73}$$

式中系数为

$$c_m=\frac{1}{2\pi\mathrm{i}}\oint_{l_1}\frac{\frac{\mathrm{d}W}{\mathrm{d}z}}{z^{m+1}}\mathrm{d}z=\frac{1}{2\pi\mathrm{i}}\oint_{l}\frac{\frac{\mathrm{d}W}{\mathrm{d}z}}{z^{m+1}}\mathrm{d}z \tag{5.74}$$

其中 $m=0,\pm1,\pm2,\cdots,\pm n,\cdots,l$ 是包围物体的任意封闭曲线。式中 $\frac{\mathrm{d}W}{\mathrm{d}z}$ 和 z^{m+1} 在物体外部都是解析函数。

例如，c_{-1} 可写成

$$c_{-1}=\frac{1}{2\pi\mathrm{i}}\oint_l\frac{\mathrm{d}W}{\mathrm{d}z}\mathrm{d}z=\frac{1}{2\pi\mathrm{i}}\oint_l\mathrm{d}\varphi+\mathrm{i}\mathrm{d}\psi=\frac{1}{2\pi\mathrm{i}}(\Gamma+\mathrm{i}Q)=\frac{Q}{2\pi}-\mathrm{i}\frac{\Gamma}{2\pi}$$

利用无穷远处均匀来流的条件

$$\left(\frac{\mathrm{d}W}{\mathrm{d}z}\right)_{z=\infty}=V_\infty\mathrm{e}^{-\mathrm{i}\alpha}$$

将此条件代入式(5.73)可得

$$c_0=V_\infty\mathrm{e}^{-\mathrm{i}\alpha}$$
$$c_1=\cdots=c_n=\cdots=0$$

如此，式(5.73)可改写为如下负幂级数的形式

$$\frac{\mathrm{d}W}{\mathrm{d}z}=c_0+\frac{c_{-1}}{z}+\frac{c_{-2}}{z}+\cdots+\frac{c_{-n}}{z}+\cdots$$

为简单起见，将 c_{-n} 改写为 a_n，则上式可改写为

$$\frac{\mathrm{d}W}{\mathrm{d}z}=V_\infty\mathrm{e}^{-\mathrm{i}\alpha}+\frac{Q-\mathrm{i}\Gamma}{2\pi}\frac{1}{z}+\frac{a_2}{z^2}+\cdots+\frac{a_n}{z^n}+\cdots$$

式中 a_n 可表示为

$$a_n=\frac{1}{2\pi\mathrm{i}}\oint_l\frac{\mathrm{d}W}{\mathrm{d}z}z^{n-1}\mathrm{d}z$$

对于物体绕流而言，$Q=0$，因此复速度公式为

$$\frac{\mathrm{d}W}{\mathrm{d}z}=V_\infty\mathrm{e}^{-\mathrm{i}\alpha}-\frac{\mathrm{i}\Gamma}{2\pi}\frac{1}{z}+\frac{a_2}{z^2}+\cdots+\frac{a_n}{z^n}+\cdots \tag{5.75}$$

2. 库塔－儒科夫斯基升力定理

将绕流的复速度公式(5.75)代入布拉修斯合力公式(5.71)，并考虑到 l_b 和 l_1 之间 $\frac{\mathrm{d}W}{\mathrm{d}z}$ 是解析的，由此并根据留数定理可得

$$F_x-\mathrm{i}F_y=\mathrm{i}\frac{\rho}{2}\oint_{l_b}\left(\frac{\mathrm{d}W}{\mathrm{d}z}\right)^2\mathrm{d}z=\mathrm{i}\frac{\rho}{2}\oint_{l_1}\left(\frac{\mathrm{d}W}{\mathrm{d}z}\right)^2\mathrm{d}z=$$
$$\mathrm{i}\frac{\rho}{2}\oint_{l_1}\left(V_\infty\mathrm{e}^{-\mathrm{i}\alpha}-\frac{\mathrm{i}\Gamma}{2\pi}\frac{1}{z}+\frac{a_2}{z^2}+\cdots+\frac{a_n}{z^n}+\cdots\right)^2\mathrm{d}z=$$

$$-\mathrm{i}\frac{\rho}{2}\cdot 2\pi\mathrm{i}\cdot 2V_\infty \mathrm{e}^{-\mathrm{i}\alpha}\cdot\frac{\mathrm{i}\Gamma}{2\pi}=$$
$$\rho V_\infty(\cos\alpha-\mathrm{i}\sin\alpha)(\mathrm{i}\Gamma)=$$
$$\rho V_\infty\Gamma\sin\alpha+\mathrm{i}\rho V_\infty\Gamma\cos\alpha$$

也可写成分量形式

$$F_x=\rho V_\infty\Gamma\sin\alpha$$
$$F_y=-\rho V_\infty\Gamma\cos\alpha$$

由此可见,在不可压缩理想流体恒定无旋流场中,物体所受的力为

$$\begin{aligned}\boldsymbol{F}=&F_x\boldsymbol{i}+F_y\boldsymbol{j}=\\&\boldsymbol{i}\rho V_\infty\Gamma\sin\alpha-\boldsymbol{j}\rho V_\infty\Gamma\cos\alpha=\\&\rho V_\infty\Gamma(\boldsymbol{j}\times\boldsymbol{k}\sin\alpha+\boldsymbol{i}\times\boldsymbol{k}\cos\alpha)=\\&\rho V_\infty\Gamma(\boldsymbol{j}\sin\alpha+\boldsymbol{i}\cos\alpha)\times\boldsymbol{k}=\\&\rho\boldsymbol{V}_\infty\times\Gamma\boldsymbol{k}\end{aligned}\tag{5.76}$$

该合力与来流方向相垂直,称为升力。因此上式称为库塔－儒科夫斯基升力公式。升力方向为来流方向逆环量方向旋转 90°。

由库塔－儒科夫斯基升力定理可知,在一定的来流情况下,升力只与绕物体的速度环量大小有关,如果用一个强度为 Γ 的平面点涡来代替物体,从作用力的观点来看,结果完全相同。另外,动力学问题依附于运动学问题,若能求出速度分布、$\frac{\mathrm{d}W}{\mathrm{d}z}$ 和 Γ 等表征运动学的参数,那么绕流的动力学问题也就解决了。

例 5.1　不可压平面无旋流动的流函数为

$$\psi=\left(r-\frac{a^2}{r}\right)\sin\theta$$

其中 a 为常数。忽略质量力,试求:

(1) 势函数 $\varphi(r,\theta)$,复势 $W(z)$ 和零流线的形状;

(2)通过圆 $|z|=a$ 的体积流量 Q 和该圆周线的速度环量 Γ;

(3)无穷远处的来流速度 $\boldsymbol{V}_\infty$;

(4) 物面($r=a$) 上的压力分布 p_b 及合力 $\boldsymbol{F}$。

解　(1) 势函数与流函数的相互关系为

$$\frac{\partial\varphi}{\partial r}=v_r=\frac{1}{r}\frac{\partial\psi}{\partial\theta}=\left(1-\frac{a^2}{r^2}\right)\cos\theta$$
$$\frac{\partial\varphi}{\partial\theta}=rv_\theta=-r\frac{\partial\psi}{\partial r}=-\left(r+\frac{a^2}{r}\right)\sin\theta$$

因此有

$$\begin{aligned}\varphi=&\int\left(\frac{\partial\varphi}{\partial r}\mathrm{d}r+\frac{\partial\varphi}{\partial\theta}\mathrm{d}\theta\right)+\text{const}=\\&\int\left[\left(1-\frac{a^2}{r^2}\right)\cos\theta\mathrm{d}r-\left(r+\frac{a^2}{r}\right)\sin\theta\mathrm{d}\theta\right]+\text{const}=\\&\int\mathrm{d}\left[\left(r+\frac{a^2}{r}\right)\cos\theta\right]+\text{const}=\left(r+\frac{a^2}{r}\right)\cos\theta+\text{const}\end{aligned}$$

式中的常数可取为零。流动的复势可以表示为

$$W(z)=\varphi+\mathrm{i}\psi=\left(r+\frac{a^2}{r}\right)\cos\theta+\mathrm{i}\left(r-\frac{a^2}{r}\right)\sin\theta+\mathrm{const}=$$

$$r(\cos\theta+\mathrm{i}\sin\theta)+\frac{a^2}{r}(\cos\theta-\mathrm{i}\sin\theta)+\mathrm{const}=$$

$$r\mathrm{e}^{\mathrm{i}\theta}+a^2\frac{1}{r}\mathrm{e}^{-\mathrm{i}\theta}+\mathrm{const}=z+\frac{a^2}{z}+\mathrm{const}$$

零流线满足

$$\psi=\left(r-\frac{a^2}{r}\right)\sin\theta=0$$

零流线形状为

$$|z|=r=a;\quad \theta=0,\pi$$

(2)根据环量的定义和流函数的性质

$$\mathrm{d}\Gamma=\boldsymbol{v}\cdot\mathrm{d}\boldsymbol{l}=\nabla\varphi\cdot\mathrm{d}\boldsymbol{l}=\mathrm{d}\varphi$$

$$\mathrm{d}Q=\mathrm{d}\psi$$

可得

$$\Gamma+\mathrm{i}Q=\oint_{|z|=a}(\mathrm{d}\varphi+\mathrm{i}\mathrm{d}\psi)=\oint_{|z|=a}\frac{\mathrm{d}W}{\mathrm{d}z}\mathrm{d}z=\oint_{|z|=a}\left(1-\frac{a^2}{z^2}\right)\mathrm{d}z=0$$

根据柯西积分定理,在简单的封闭周线 c 及其围成区域内,函数 $f(z)$ 解析且单值,则

$$\oint_c f(z)\mathrm{d}z=0$$

利用留数定理可知

$$\operatorname*{Res}_0\left(\frac{a}{z}\right)^2=\lim_{z\to0}\frac{\mathrm{d}}{\mathrm{d}z}\left(z^2\frac{a^2}{z^2}\right)=0$$

因此有

$$\oint_{|z|=a}\frac{a^2}{z^2}\mathrm{d}z=2\pi\mathrm{i}\operatorname*{Res}_0\frac{a^2}{z^2}=0$$

所以

$$\Gamma+\mathrm{i}Q=0$$

亦即 $\Gamma=0$ 且 $Q=0$。

(3) 无穷远处的来流速度 $\boldsymbol{V}_\infty$ 的复速度为

$$V_\infty\mathrm{e}^{-\mathrm{i}\alpha}=\lim_{|z|\to\infty}\frac{\mathrm{d}W}{\mathrm{d}z}=\lim_{|z|\to\infty}\left(1-\frac{a^2}{z^2}\right)=1$$

其中 α 代表无穷远处来流的攻角。上式表明,无穷远来流速度 $\boldsymbol{V}_\infty=\boldsymbol{i}$。

(4) 忽略质量力情况下不可压流体恒定流动的柯西－拉格朗日积分为

$$p=p_\infty+\frac{\rho}{2}(1-v^2)$$

其中

$$\boldsymbol{v}=\nabla\psi\times\boldsymbol{k}=\left(\frac{\partial\psi}{\partial r}\boldsymbol{e}_r+\frac{1}{r}\frac{\partial\psi}{\partial\theta}\boldsymbol{e}_\theta\right)\times\boldsymbol{k}=\frac{1}{r}\frac{\partial\psi}{\partial\theta}\boldsymbol{e}_r-\frac{\partial\psi}{\partial r}\boldsymbol{e}_\theta=$$

$$\left(1-\frac{a^2}{r^2}\right)\cos\theta\boldsymbol{e}_r-\left(1+\frac{a^2}{r^2}\right)\sin\theta\boldsymbol{e}_\theta$$

在物面($r=a$)上

$$\boldsymbol{v}_b=-2\sin\theta\boldsymbol{e}_\theta$$
$$v_b^2=4\sin^2\theta$$

因此有

$$p_b=p_\infty+\frac{\rho}{2}(1-4\sin^2\theta)$$

作用在物面上的合力为

$$\boldsymbol{F}=-\oint_{|z|=a}p_b\boldsymbol{n}\,\mathrm{d}l=-\oint_{|z|=a}\left(p_\infty+\frac{\rho}{2}-2\rho\sin^2\theta\right)\boldsymbol{n}\,\mathrm{d}l=$$
$$\int_0^{2\pi}2\rho\sin^2\theta(\boldsymbol{i}\cos\theta+\boldsymbol{j}\sin\theta)a\mathrm{d}\theta=\boldsymbol{0}$$

习　　题

速度势与流函数

5.1　已知直角坐标系中流函数 ①$\psi=\arctan\dfrac{y}{x}$;②$\psi=\ln(x^2+y^2)$,求复势。

5.2　已知柱坐标系中速度势 ①$\varphi=\dfrac{1}{r^2}\cos 2\varepsilon$;②$\varphi=-V_0\left(r-\dfrac{a^2}{r}\right)\cos(\varepsilon+\alpha)$,式中 V_0、a、α 为常数,求复势。

5.3　证明不可压轴对称流动的流函数方程为$\dfrac{\partial^2\psi}{\partial r^2}-\dfrac{1}{r}\dfrac{\partial\psi}{\partial r}+\dfrac{\partial^2\psi}{\partial z^2}=-r\Omega$。

5.4　求下列不可压平面流动中半径为 r_1 和 r_2 的两流线间的流量值:①$v_r=0,v_z=\dfrac{c}{r}$;②$v_r=0,v_z=cr$。式中 c 为常数。

5.5　试确定下列流函数所描述的流动是否无旋:

①$\psi=Kxy$; ②$\psi=x^2-y^2$; ③$\psi=K\ln(xy^2)$; ④$\psi=K\left(1-\dfrac{1}{r^2}\right)r\sin\varepsilon$。

式中 K 为常数。

5.6　已知不可压平面流动的流函数为 $\psi=\dfrac{Q}{2\pi}\left(\arctan\dfrac{y-2}{x+2}+\arctan\dfrac{y+2}{x+2}\right)+\dfrac{3}{8}\sqrt{2}(x^2+y^2)$,求各流速分量,并判别是否为无旋运动。

5.7　在无界不可压原静止的流场中,椭圆柱以速度 $V_0(t)$ 平移并以角速度 $\omega(t)$ 绕椭圆中心旋转,坐标取在物体上,如图所示。若已知流场中绝对流动无旋,并知道环量为 Γ,试用流函数建立此问题。

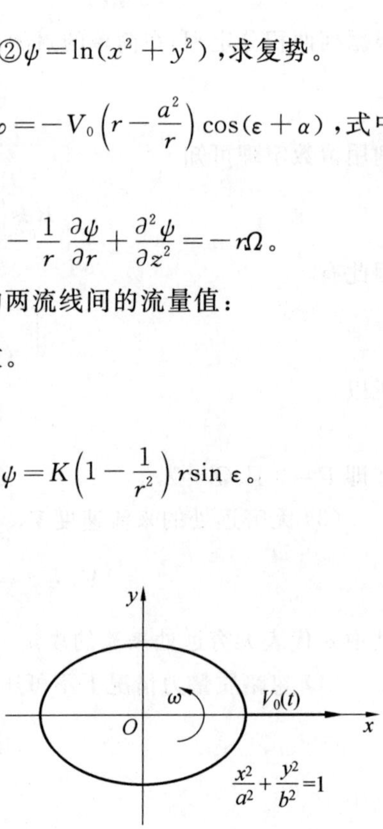

题 5.7 图

5.8　给定 $v_x = 2xy + x$，$v_y = x^2 - y^2 - y$，$v_z = 0$，问是否存在不可压流函数及速度势函数？如存在，给出具体形式。

5.9　已知不可压平面位势流的流函数 $\psi = xy + 2x - 3y + 10$，求势函数与速度分量。

5.10　已知不可压平面流动势函数 $\varphi = xy$，求流函数 ψ 及流速分量。

5.11　某一不可压无旋流动的轴对称流函数，在 $R=1$ 处 $\psi = A\cos^3\theta - \frac{2}{3}A\cos\theta$，$R=\infty$ 处流场没有扰动，求 ψ 和 φ。A 为常数。

5.12　证明不可压缩理想流体做二维定常流动时，忽略质量力，其流函数 ψ 和涡量 Ω 满足 $\frac{\partial\psi}{\partial y}\cdot\frac{\partial\Omega}{\partial x} - \frac{\partial\psi}{\partial x}\cdot\frac{\partial\Omega}{\partial y} = 0$；若 Ω 为常数，则能量方程可表示为

$$\frac{p}{\rho} + \frac{v^2}{2} + \Omega\psi = \text{常数}$$

复势及绕流

5.13　求图示不可压平面无旋流动代表什么样的物体绕流问题。

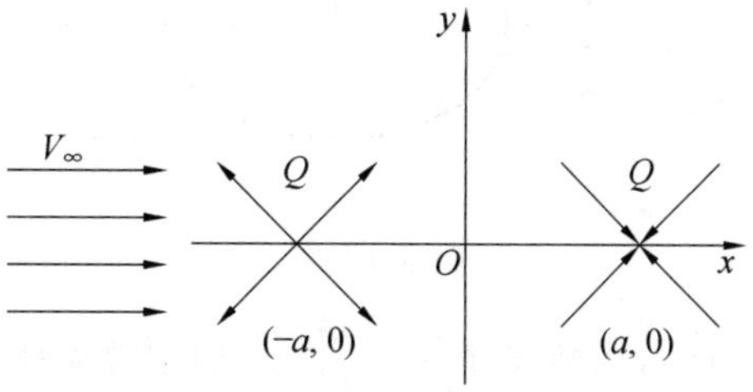

题 5.13 图

5.14　已知来流 $\boldsymbol{V}_\infty = 5\boldsymbol{i}$，在 $(0,2)$ 和 $(0,-2)$ 点分有平面点源强度 $Q = 20\pi$，求叠加后流动的驻点位置及过驻点的流线方程(令该流线上流函数为零)。

5.15　求图示流场的复势，并证明 $|z| = a$ 是流线。

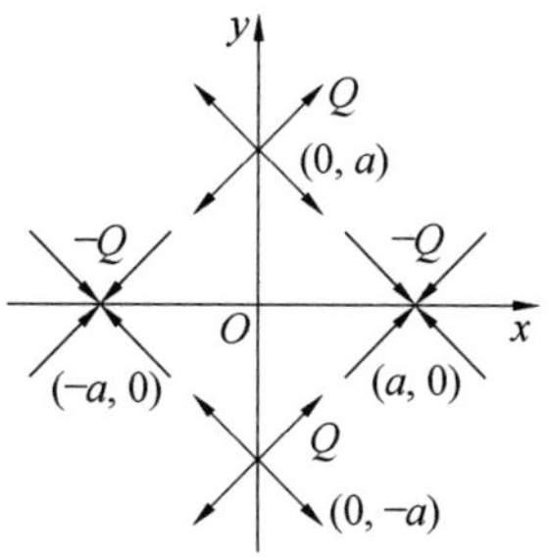

题 5.15 图

5.16　求半径为 a 的圆柱后有两个固定点涡(如图)的圆柱绕流的复势。

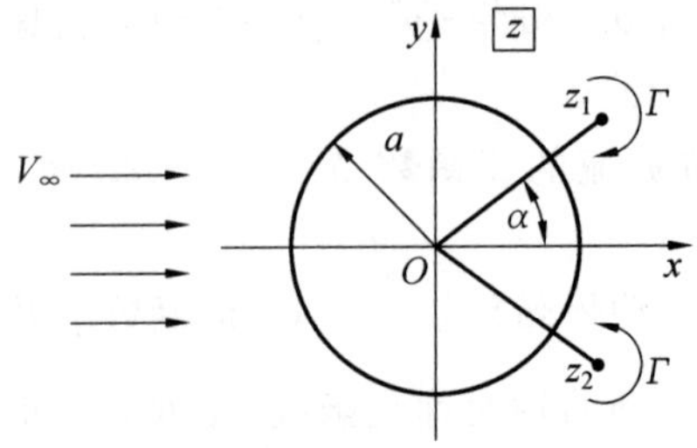

题 5.16 图

5.17　给定复势 $\chi=(1+\mathrm{i})\ln(z^2+1)+(2-3\mathrm{i})\ln(z^2+4)+\dfrac{1}{z}$，求通过 $|z|=3$ 的体积流量 Q 和沿该圆周的速度环量 Γ。

5.18　如图所示椭圆柱对称绕流，试确定椭圆柱表面上最大压力 $P_{\max}$、最大速度 $|V|_{\max}$、最大压力系数 $c_{p\max}$、最小速度 $|V|_{\min}$、最小压力系数 $c_{p\min}$ 的数值与所在位置。

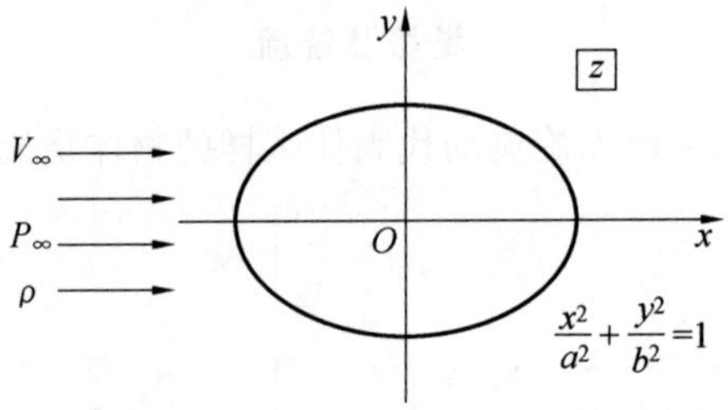

题 5.18 图

5.19　V_∞ 来流，攻角为 α，绕椭圆柱 $\dfrac{x^2}{a^2}+\dfrac{y^2}{b^2}=1$ 的定常无环量绕流，流体密度为 ρ，求椭圆柱所受的力和力矩。

第 6 章　黏性流体动力学基础

对于黏性力作用不显著的情况下，可以将实际的流体简化为理想流体，在前两章利用理想流体的简化模型研究了许多流体动力学的理论问题。而在研究边界层流动、管道流动或是其他由黏性力占主导地位的流动现象时，就需要考虑黏性力的作用，以分析由黏性力导致的流动特征、损失机理等问题。

本章从黏性应力与变形速度之间的本构关系出发，建立黏性流体的动力学基本方程，并对几种情况下的基本方程的求解问题进行讨论。

6.1　黏性流体动力学的基本方程

黏性流体的流动是十分复杂的，原因是在黏性流体中除了法向应力以外还存在剪切应力，黏性应力与变形速度的关系是对黏性流体进行动力学分析的基础。

6.1.1　连续方程

无论理想流体还是黏性流体，连续性方程都是式(3.59)，即

$$\frac{D\rho}{Dt}+\rho\,\nabla\cdot\boldsymbol{v}=\frac{\partial\rho}{\partial t}+\nabla\cdot(\rho\boldsymbol{v})=0$$

6.1.2　运动方程

对于一般的三维流动，斯托克斯通过引入三条假定，将牛顿内摩擦定律进行推广，提出广义牛顿内摩擦定律。在黏性流体的流动过程，应力与变形之间的关系服从广义牛顿内摩擦定律。这几点假设包括：

(1) 流体是连续的，它的应力张量与变形率张量呈线性关系，与流体的平动和转动无关。

(2) 流体是各向同性的，其应力与变形率的关系与坐标系的选择和位置无关。

(3) 当流体静止时，变形率为零，流体中的应力为流体静压强。

接下来将根据上述三条假设给出牛顿流体的应力张量与变形率张量之间的一般关系式。

1. 应力与变形速度之间的关系

根据斯托克斯的第(1)条假设，应力与变形呈线性关系，因此运动流体中的应力与应变的关系可写为如下线性表达式

$$p_{ij}=C_{ijkl}\varepsilon_{kl}+D_{ij} \tag{6.1}$$

根据斯托克斯的第(3)条假设，对于静止流体，$\varepsilon_{kl}=0$，因此上式中的 D_{ij} 可确定为静

止流体中的应力

$$D_{ij}=-p\delta_{ij} \tag{6.2}$$

根据斯托克斯的第(2) 条假设,流体的力学特性是各向同性的,因此运动流体中的应力满足如下表达式

$$p_{ij}=-p\delta_{ij}+C_{ijkl}\varepsilon_{kl}=p_{ji}=-p\delta_{ji}+C_{jikl}\varepsilon_{kl} \tag{6.3}$$

若上式成立,则有

$$C_{ijkl}=C_{jikl} \tag{6.4}$$

满足上式的四阶各向同性张量可表示为

$$C_{ijkl}=\lambda\delta_{ij}\delta_{kl}+\mu\delta_{ik}\delta_{jl}+\gamma\delta_{il}\delta_{jk} \tag{6.5}$$

$$C_{jikl}=\lambda\delta_{ji}\delta_{kl}+\mu\delta_{jk}\delta_{il}+\gamma\delta_{jl}\delta_{ik} \tag{6.6}$$

因为 $C_{ijkl}=C_{jikl}$,所以 $\mu=\gamma$,故有

$$C_{ijkl}=\lambda\delta_{ij}\delta_{kl}+\mu(\delta_{ik}\delta_{jl}+\delta_{il}\delta_{jk}) \tag{6.7}$$

将式(6.2) 和(6.7) 代入式(6.1) 中,并由变形率张量的对称性,可得

$$\begin{aligned} p_{ij}=&-p\delta_{ij}+[\lambda\delta_{ij}\delta_{kl}+\mu(\delta_{ik}\delta_{jl}+\delta_{il}\delta_{jk})]\varepsilon_{kl}=\\ &-p\delta_{ij}+[\lambda\delta_{ij}\varepsilon_{kk}+\mu(\varepsilon_{ij}+\varepsilon_{ji})]=\\ &-p\delta_{ij}+[\lambda\delta_{ij}\varepsilon_{kk}+2\mu\varepsilon_{ij}]=\\ &(-p+\lambda\varepsilon_{kk})\delta_{ij}+2\mu\varepsilon_{ij} \end{aligned} \tag{6.8}$$

根据式(6.8) 可得流体微元的平均压力为

$$\bar{p}=-\frac{1}{3}p_{ii}=-(-p+\lambda\varepsilon_{kk})\frac{\delta_{ii}}{3}-\frac{2}{3}\mu\varepsilon_{ii}=p-\left(\lambda+\frac{2}{3}\mu\right)\nabla\cdot\boldsymbol{v} \tag{6.9}$$

斯托克斯又假定平均压力与体变形速度无关,因此

$$\lambda+\frac{2}{3}\mu=0 \tag{6.10}$$

即 $\lambda=-\frac{2}{3}\mu$,代入式(6.8) 中可得

$$p_{ij}=-\left(p+\frac{2}{3}\mu\varepsilon_{kk}\right)\delta_{ij}+2\mu\varepsilon_{ij} \tag{6.11}$$

或者写成

$$P=-\left(p+\frac{2}{3}\mu\ \nabla\cdot\boldsymbol{v}\right)\delta+2\mu\varepsilon \tag{6.12}$$

式(6.11) 和式(6.12) 称为牛顿流体的**本构方程**,是反映牛顿流体的应力和应变之间关系的重要表达式。

2. 纳维 — 斯托克斯方程

对本构关系式(6.12) 两边取散度,其中

$$\nabla\cdot(2\mu\varepsilon)=2\mu\ \nabla\cdot\varepsilon=\mu\frac{\partial}{\partial x_\alpha}\left(\frac{\partial v_\beta}{\partial x_\alpha}+\frac{\partial v_\alpha}{\partial x_\beta}\right)\boldsymbol{i}_\beta=\mu[\nabla^2\boldsymbol{v}+\nabla(\nabla\cdot\boldsymbol{v})] \tag{6.13}$$

因此有

$$\nabla\cdot P=-\nabla p+\mu\left[\nabla^2\boldsymbol{v}+\frac{1}{3}\nabla(\nabla\cdot\boldsymbol{v})\right] \tag{6.14}$$

将式(6.14) 代入运动方程的微分形式,可得

$$\frac{D\boldsymbol{v}}{Dt}=\frac{\partial \boldsymbol{v}}{\partial t}+(\boldsymbol{v}\cdot\nabla)\boldsymbol{v}=\boldsymbol{f}-\frac{1}{\rho}\nabla p+\nu\left[\nabla^2\boldsymbol{v}+\frac{1}{3}\nabla(\nabla\cdot\boldsymbol{v})\right] \tag{6.15}$$

假定流体不可压,则上式变为

$$\frac{D\boldsymbol{v}}{Dt}=\frac{\partial \boldsymbol{v}}{\partial t}+(\boldsymbol{v}\cdot\nabla)\boldsymbol{v}=\boldsymbol{f}-\frac{1}{\rho}\nabla p+\nu\nabla^2\boldsymbol{v} \tag{6.16}$$

上式即为不可压缩黏性流体的**纳维－斯托克斯方程**(Navier－Stokes 方程,简称为 N－S 方程)。

3. 黏性流体运动的涡量输运方程

黏性流体的运动方程为

$$\frac{D\boldsymbol{v}}{Dt}=\frac{\partial \boldsymbol{v}}{\partial t}+(\boldsymbol{v}\cdot\nabla)\boldsymbol{v}=\boldsymbol{f}+\frac{1}{\rho}\nabla\cdot P$$

其兰姆型方程是

$$\frac{\partial \boldsymbol{v}}{\partial t}+\nabla\left(\frac{v^2}{2}\right)+\boldsymbol{\Omega}\times\boldsymbol{v}=\boldsymbol{f}+\frac{1}{\rho}\nabla\cdot P$$

引入广义牛顿内摩擦定律

$$P=-p\delta+\tau=-\left(p+\frac{2}{3}\mu\nabla\cdot\boldsymbol{v}\right)\delta+2\mu\varepsilon \tag{6.17}$$

兰姆型方程变为

$$\frac{\partial \boldsymbol{v}}{\partial t}+\nabla\left(\frac{v^2}{2}\right)+\boldsymbol{\Omega}\times\boldsymbol{v}=\boldsymbol{f}-\frac{1}{\rho}\nabla p-\frac{1}{\rho}\nabla\left(\frac{2}{3}\mu\nabla\cdot\boldsymbol{v}\right)+\frac{1}{\rho}\nabla\cdot(2\mu\varepsilon) \tag{6.18}$$

对式(6.18)两边取旋度,得到

$$\nabla\times\left[\frac{\partial \boldsymbol{v}}{\partial t}+\nabla\left(\frac{v^2}{2}\right)+\boldsymbol{\Omega}\times\boldsymbol{v}\right]=\nabla\times\left[\boldsymbol{f}-\frac{1}{\rho}\nabla p-\frac{1}{\rho}\nabla\left(\frac{2}{3}\mu\nabla\cdot\boldsymbol{v}\right)+\frac{1}{\rho}\nabla\cdot(2\mu\varepsilon)\right] \tag{6.19}$$

整理后得到

$$\frac{\partial \boldsymbol{\Omega}}{\partial t}+\nabla\times(\boldsymbol{\Omega}\times\boldsymbol{v})=\nabla\times\boldsymbol{f}-\nabla\times\left(\frac{1}{\rho}\nabla p\right)-\nabla\times\left[\frac{1}{\rho}\nabla\left(\frac{2}{3}\mu\nabla\cdot\boldsymbol{v}\right)\right]+\nabla\times\left[\frac{1}{\rho}\nabla\cdot(2\mu\varepsilon)\right] \tag{6.20}$$

这是黏性流体运动的涡量输运方程。式(6.20)清楚地表明:流体的黏性、非正压性和质量力无势,是破坏旋涡守恒的根源。又有

$$\frac{\partial \boldsymbol{\Omega}}{\partial t}+\nabla\times(\boldsymbol{\Omega}\times\boldsymbol{v})=\frac{\partial \boldsymbol{\Omega}}{\partial t}+(\boldsymbol{v}\cdot\nabla)\boldsymbol{\Omega}-(\boldsymbol{\Omega}\cdot\nabla)\boldsymbol{v}+\boldsymbol{\Omega}(\nabla\cdot\boldsymbol{v})-\boldsymbol{v}(\nabla\cdot\boldsymbol{\Omega})=\frac{D\boldsymbol{\Omega}}{Dt}-(\boldsymbol{\Omega}\cdot\nabla)\boldsymbol{v}+\boldsymbol{\Omega}(\nabla\cdot\boldsymbol{v}) \tag{6.21}$$

式(6.20)也可写为

$$\frac{D\boldsymbol{\Omega}}{Dt}-(\boldsymbol{\Omega}\cdot\nabla)\boldsymbol{v}+\boldsymbol{\Omega}(\nabla\cdot\boldsymbol{v})=\nabla\times\boldsymbol{f}-\nabla\times\left(\frac{1}{\rho}\nabla p\right)-\nabla\times\left[\frac{1}{\rho}\nabla\left(\frac{2}{3}\mu\nabla\cdot\boldsymbol{v}\right)\right]+\nabla\times\left[\frac{1}{\rho}\nabla\cdot(2\mu\varepsilon)\right] \tag{6.22}$$

讨论以下几种情况:

(1) 如果质量力有势、流体正压且无黏性，则涡量方程简化为

$$\frac{D\boldsymbol{\Omega}}{Dt}-(\boldsymbol{\Omega}\cdot\nabla)\boldsymbol{v}+\boldsymbol{\Omega}(\nabla\cdot\boldsymbol{v})=\boldsymbol{0} \tag{6.23}$$

即为亥姆霍兹涡量守恒方程。

(2) 如果质量力有势，流体为不可压缩黏性流体(μ 为常数)，则涡量输运方程变为

$$\begin{aligned}\frac{D\boldsymbol{\Omega}}{Dt}-(\boldsymbol{\Omega}\cdot\nabla)\boldsymbol{v}&=2\frac{\mu}{\rho}\nabla\times(\nabla\cdot\varepsilon)=\\&\frac{\mu}{\rho}\nabla\times\left[\frac{\partial}{\partial x_\alpha}\left(\frac{\partial v_\beta}{\partial x_\alpha}+\frac{\partial v_\alpha}{\partial x_\beta}\right)\boldsymbol{i}_\beta\right]=\\&\frac{\mu}{\rho}\nabla\times\left[\nabla^2\boldsymbol{v}+\nabla(\nabla\cdot\boldsymbol{v})\right]=\\&\nu\nabla\times(\nabla^2\boldsymbol{v})\end{aligned} \tag{6.24}$$

(3) 对于二维流动，由于$(\boldsymbol{\Omega}\cdot\nabla)\boldsymbol{v}=0$，则上式简化为

$$\frac{D\boldsymbol{\Omega}}{Dt}=\nu\nabla^2\boldsymbol{\Omega} \tag{6.25}$$

理想流体运动可以是无旋的，也可以是有旋的，但黏性流体运动一般总是有旋的。用反证法可证明：

对于不可压缩黏性流体，其运动方程为

$$\frac{D\boldsymbol{v}}{Dt}=\boldsymbol{f}-\frac{1}{\rho}\nabla p+\nu\nabla^2\boldsymbol{v}$$

根据场论知识，有$\nabla^2\boldsymbol{v}=\nabla(\nabla\cdot\boldsymbol{v})-\nabla\times(\nabla\times\boldsymbol{v})=-\nabla\times\boldsymbol{\Omega}$，代入上式，得到

$$\frac{D\boldsymbol{v}}{Dt}=\boldsymbol{f}-\frac{1}{\rho}\nabla p-\nu\nabla\times\boldsymbol{\Omega}$$

如果流动无旋，则

$$\frac{D\boldsymbol{v}}{Dt}=\boldsymbol{f}-\frac{1}{\rho}\nabla p$$

与理想流体运动方程相同，且方程的数学性质发生了变化。

在黏性流体中，固壁边界上的边界条件是：不穿透条件和不滑移条件。即

$$v_n=0$$

$$v_\tau=0$$

要求降阶后的方程组同时满足这两个边界条件一般是不可能的。这说明黏性流体流动一般总是有旋的。

在黏性流体中，旋涡的大小不仅可以随时间产生、发展、衰减、消失，而且还会扩散，涡量从强度大的地方向强度小的地方扩散，直至旋涡强度均衡为止。

6.1.3　能量方程

在研究黏性流体运动的过程中，如果流动中存在热交换，则必然引起温度的变化，所以要研究速度场和温度场两个方面的内容，这就需要联立运动方程和能量方程。能量方程表明了在运动的黏性流体中黏性流体内部能量的输运、转换及耗散过程。下面先推导出流体力学中普遍使用的动能方程。

根据第 3 章的描述，运动流体微分形式的能量方程为

$$\rho \frac{D}{Dt}\left(e+\frac{v^2}{2}\right)=\rho \boldsymbol{f}\cdot \boldsymbol{v}+\nabla\cdot(P\cdot \boldsymbol{v})+\rho q_R+\nabla\cdot(\lambda\,\nabla T) \tag{6.26}$$

微分形式的运动方程(3.66) 两边同时乘以 $\rho\boldsymbol{v}$ 可写为

$$\rho \frac{D}{Dt}\left(\frac{v^2}{2}\right)=\rho \boldsymbol{f}\cdot \boldsymbol{v}+(\nabla\cdot P)\cdot \boldsymbol{v} \tag{6.27}$$

两式相减可得

$$\rho \frac{De}{Dt}=\nabla\cdot(P\cdot \boldsymbol{v})-(\nabla\cdot P)\cdot \boldsymbol{v}+\rho q_R+\nabla\cdot(\lambda\,\nabla T) \tag{6.28}$$

方程(6.28) 的张量形式为

$$\begin{aligned}\rho \frac{De}{Dt}=&\frac{\partial p_{ij}v_j}{\partial x_i}-\frac{\partial p_{ij}}{\partial x_i}v_j+\rho q_R+\frac{\partial}{\partial x_i}\left(\lambda\frac{\partial T}{\partial x_i}\right)=\\&p_{ij}\frac{\partial v_j}{\partial x_i}+\rho q_R+\frac{\partial}{\partial x_i}\left(\lambda\frac{\partial T}{\partial x_i}\right)\end{aligned} \tag{6.29}$$

将上式中的应力张量用本构方程(6.11) 的形式表示，则有

$$\begin{aligned}p_{ij}\frac{\partial v_j}{\partial x_i}=&-p\frac{\partial v_i}{\partial x_i}-\frac{2}{3}\mu\left(\frac{\partial v_i}{\partial x_i}\right)^2+2\mu\varepsilon_{ij}\frac{\partial v_j}{\partial x_i}=\\&-p\frac{\partial v_i}{\partial x_i}+\Phi\end{aligned} \tag{6.30}$$

其中，Φ 被定义为**耗散函数**，有

$$\begin{aligned}\Phi=&-\frac{2}{3}\mu\left(\frac{\partial v_i}{\partial x_i}\right)^2+2\mu\varepsilon_{ij}\varepsilon_{ij}=\\&\mu\left(\frac{\partial v_1}{\partial x_2}+\frac{\partial v_2}{\partial x_1}\right)^2+\mu\left(\frac{\partial v_2}{\partial x_3}+\frac{\partial v_3}{\partial x_2}\right)^2+\mu\left(\frac{\partial v_3}{\partial x_1}+\frac{\partial v_1}{\partial x_3}\right)^2+\\&\frac{2}{3}\mu\left[\left(\frac{\partial v_1}{\partial x_1}-\frac{\partial v_2}{\partial x_2}\right)^2+\left(\frac{\partial v_2}{\partial x_2}-\frac{\partial v_3}{\partial x_3}\right)^2+\left(\frac{\partial v_3}{\partial x_3}-\frac{\partial v_1}{\partial x_1}\right)^2\right]\end{aligned} \tag{6.31}$$

根据上述方程的量纲可知，Φ 表示单位时间内单位体积流体由机械能耗散成的热能，且其总是正的。它属于“源”项(对机械能而言它是负的能源)，而不属于输运项。一般情况下，只有两种可能使耗散函数等于零，也就是无机械能损失。

第一种情况是流体无变形运动，此时流体既无线变形也无角变形，因此 $\Phi=0$。

第二种情况是流体只有各向同性的线变形，无角变形，因此

$$\begin{aligned}\Phi=&-\frac{2}{3}\mu\left(\frac{\partial v_1}{\partial x_1}+\frac{\partial v_2}{\partial x_2}+\frac{\partial v_3}{\partial x_3}\right)^2+2\mu\left[\left(\frac{\partial v_1}{\partial x_1}\right)^2+\left(\frac{\partial v_2}{\partial x_2}\right)^2+\left(\frac{\partial v_3}{\partial x_3}\right)^2\right]=\\&-\frac{2}{3}\mu\left[3\left(\frac{\partial v_1}{\partial x_1}\right)\right]^2+2\mu\left[3\left(\frac{\partial v_1}{\partial x_1}\right)^2\right]=0\end{aligned} \tag{6.32}$$

对于不可压缩流体流动的情况，$\frac{\partial v_i}{\partial x_i}=0$，因此

$$\Phi=2\mu\varepsilon_{ij}\varepsilon_{ij} \tag{6.33}$$

单位质量的耗散率 Φ_m 可写为

$$\Phi_m=\frac{\Phi}{\rho}=2\nu\varepsilon_{ij}\varepsilon_{ij} \tag{6.34}$$

由上式可知，对于不可压缩流体而言，只有在流体无变形运动时才有 $\Phi=0$。这说明，黏性流体的变形运动与机械能损失是同时存在的，而且耗散函数与变形率的平方成正比。

对于层流运动，只在边界层内靠近壁面处有大的速度梯度，因而产生大的耗散，而在其他区域耗散则很小。对于湍流运动，则不仅在边界层内紧靠壁面处，而且在两个很靠近的旋涡之间都可以有很大的变形率，因而产生大的耗散。

将方程(6.28)以耗散函数 Φ 的形式表示可得黏性流体运动的能量方程为

$$\rho\frac{De}{Dt}=-p(\nabla\cdot\boldsymbol{v})+\Phi+\rho q_R+\nabla\cdot(\lambda\nabla T) \tag{6.35}$$

由连续方程可知

$$\nabla\cdot\boldsymbol{v}=-\frac{1}{\rho}\frac{D\rho}{Dt}=\rho\frac{D}{Dt}\left(\frac{1}{\rho}\right)$$

再引入焓的表达式

$$\rho\frac{Di}{Dt}=\rho\frac{D}{Dt}\left(e+\frac{p}{\rho}\right)=\rho\frac{De}{Dt}+p\rho\frac{D}{Dt}\left(\frac{1}{\rho}\right)+\frac{Dp}{Dt}$$

因此能量方程(6.35)还可表示为

$$\rho\frac{Di}{Dt}=\frac{Dp}{Dt}+\Phi+\rho q_R+\nabla\cdot(\lambda\nabla T) \tag{6.36}$$

式(6.35)和式(6.36)所示的能量方程实质上是热力学第一定律在流体力学中的具体形式。从能量方程的表达式可知，引起黏性流体热力学能量变化的原因包括压强做功、黏性流体的变形功及热传导。

6.1.4 方程组的封闭性与定解条件

在由式(3.59)、式(6.15)和式(6.35)组成的黏性流体动力学方程组中，独立未知物理量有：流体密度 ρ、流体速度 v_x、v_y、v_z、质量力 f_x、f_y、f_z、黏性系数 μ、热传导系数 λ、压强 p、内能 e、温度 T 和热辐射量 q_R，共 13 个标量。但所导出的方程只有 5 个，其中 1 个连续方程、3 个运动方程和 1 个能量方程。要想求解必须给出补充关系，封闭方程。通常，质量力是已知的；黏性系数和热传导系数决定于流体性质，也是已知的；热辐射量已知，这样未知量的个数变为 7 个，即 3 个速度分量、密度、压强、温度和内能。因此，需要补充 2 个方程。

1. 可压缩流体的封闭方程组

连续方程

$$\frac{\partial\rho}{\partial t}+\nabla\cdot(\rho\boldsymbol{v})=0 \tag{6.37}$$

运动方程

$$\frac{D\boldsymbol{v}}{Dt}=\frac{\partial\boldsymbol{v}}{\partial t}+(\boldsymbol{v}\cdot\nabla)\boldsymbol{v}=\boldsymbol{f}-\frac{1}{\rho}\nabla p+\nu\left(\nabla^2\boldsymbol{v}+\frac{1}{3}\nabla(\nabla\cdot\boldsymbol{v})\right) \tag{6.38}$$

能量方程

$$\rho\frac{De}{Dt}=\rho c_v\frac{\mathrm{d}T}{\mathrm{d}t}=-p(\nabla\cdot\boldsymbol{v})+\Phi+\rho q_R+\nabla\cdot(\lambda\nabla T) \tag{6.39}$$

状态方程

$$\frac{p}{\rho}=RT \tag{6.40}$$

2. 不可压缩流体的封闭方程组

连续方程

$$\nabla\cdot \boldsymbol{v}=0 \tag{6.41}$$

运动方程

$$\frac{D\boldsymbol{v}}{Dt}=\frac{\partial \boldsymbol{v}}{\partial t}+(\boldsymbol{v}\cdot\nabla)\boldsymbol{v}=\boldsymbol{f}-\frac{1}{\rho}\nabla p+\nu\nabla^2\boldsymbol{v} \tag{6.42}$$

能量方程

$$\rho\frac{De}{Dt}=\rho c_v\frac{\mathrm{d}T}{\mathrm{d}t}=\Phi+\rho q_R+\nabla\cdot(\lambda\nabla T) \tag{6.43}$$

为便于应用，给出不可压缩流体连续方程和运动方程在直角坐标系、柱坐标系以及球坐标系中的形式。

(1) 在直角坐标系(x,y,z)中

$$\frac{\partial v_x}{\partial x}+\frac{\partial v_y}{\partial y}+\frac{\partial v_z}{\partial z}=0 \tag{6.44}$$

$$\frac{\partial v_x}{\partial t}+v_x\frac{\partial v_x}{\partial x}+v_y\frac{\partial v_x}{\partial y}+v_z\frac{\partial v_x}{\partial z}=f_x-\frac{1}{\rho}\frac{\partial p}{\partial x}+\nu\nabla^2 v_x \tag{6.45}$$

$$\frac{\partial v_y}{\partial t}+v_x\frac{\partial v_y}{\partial x}+v_y\frac{\partial v_y}{\partial y}+v_z\frac{\partial v_y}{\partial z}=f_y-\frac{1}{\rho}\frac{\partial p}{\partial y}+\nu\nabla^2 v_y \tag{6.46}$$

$$\frac{\partial v_z}{\partial t}+v_x\frac{\partial v_z}{\partial x}+v_y\frac{\partial v_z}{\partial y}+v_z\frac{\partial v_z}{\partial z}=f_z-\frac{1}{\rho}\frac{\partial p}{\partial z}+\nu\nabla^2 v_z \tag{6.47}$$

其中

$$\nabla^2=\frac{\partial^2}{\partial x^2}+\frac{\partial^2}{\partial y^2}+\frac{\partial^2}{\partial z^2} \tag{6.48}$$

(2) 在柱坐标系(r,ε,z)中

$$\frac{\partial v_r}{\partial r}+\frac{1}{r}\frac{\partial v_\varepsilon}{\partial \varepsilon}+\frac{\partial v_z}{\partial z}+\frac{v_r}{r}=0 \tag{6.49}$$

$$\frac{\partial v_r}{\partial t}+v_r\frac{\partial v_r}{\partial r}+\frac{v_\varepsilon}{r}\frac{\partial v_r}{\partial \varepsilon}+v_z\frac{\partial v_r}{\partial z}-\frac{v_\varepsilon^2}{r}=f_r-\frac{1}{\rho}\frac{\partial p}{\partial r}+\nu\left(\nabla^2 v_r-\frac{2}{r^2}\frac{\partial v_\varepsilon}{\partial \varepsilon}-\frac{v_r}{r^2}\right) \tag{6.50}$$

$$\frac{\partial v_\varepsilon}{\partial t}+v_r\frac{\partial v_\varepsilon}{\partial r}+\frac{v_\varepsilon}{r}\frac{\partial v_\varepsilon}{\partial \varepsilon}+v_z\frac{\partial v_\varepsilon}{\partial z}+\frac{v_r v_\varepsilon}{r}=f_\varepsilon-\frac{1}{\rho r}\frac{\partial p}{\partial \varepsilon}+\nu\left(\nabla^2 v_\varepsilon+\frac{2}{r^2}\frac{\partial v_r}{\partial \varepsilon}-\frac{v_\varepsilon}{r^2}\right) \tag{6.51}$$

$$\frac{\partial v_z}{\partial t}+v_r\frac{\partial v_z}{\partial r}+\frac{v_\varepsilon}{r}\frac{\partial v_z}{\partial \varepsilon}+v_z\frac{\partial v_z}{\partial z}=f_z-\frac{1}{\rho}\frac{\partial p}{\partial z}+\nu\nabla^2 v_z \tag{6.52}$$

其中

$$\nabla^2=\frac{1}{r}\frac{\partial}{\partial r}\left(r\frac{\partial}{\partial r}\right)+\frac{1}{r^2}\frac{\partial^2}{\partial \varepsilon^2}+\frac{\partial}{\partial z^2} \tag{6.53}$$

(3) 在球坐标系(r,θ,ε)中

$$\frac{\partial v_r}{\partial r}+\frac{1}{r}\frac{\partial v_\theta}{\partial \theta}+\frac{1}{r\sin\theta}\frac{\partial v_\varepsilon}{\partial \varepsilon}+\frac{2v_r}{r}+\frac{v_\theta\cot\theta}{r}=0 \tag{6.54}$$

$$\frac{\partial v_r}{\partial t}+v_r\frac{\partial v_r}{\partial r}+\frac{v_\theta}{r}\frac{\partial v_r}{\partial \theta}+\frac{v_\varepsilon}{r\sin\theta}\frac{\partial v_r}{\partial \varepsilon}-\frac{v_\theta^2+v_\varepsilon^2}{r}=$$
$$f_r-\frac{1}{\rho}\frac{\partial p}{\partial r}+\nu\left[\nabla^2 v_r-\frac{2v_r}{r^2}-\frac{2}{r^2\sin\theta}\frac{\partial(v_\theta\sin\theta)}{\partial\theta}-\frac{2}{r^2\sin\theta}\frac{\partial v_\varepsilon}{\partial\varepsilon}\right] \tag{6.55}$$

$$\frac{\partial v_\theta}{\partial t}+v_r\frac{\partial v_\theta}{\partial r}+\frac{v_\theta}{r}\frac{\partial v_\theta}{\partial \theta}+\frac{v_\varepsilon}{r\sin\theta}\frac{\partial v_\theta}{\partial \varepsilon}-\frac{v_\varepsilon^2\cot\theta}{r}=$$
$$f_\theta-\frac{1}{\rho r}\frac{\partial p}{\partial \theta}+\nu\left(\nabla^2 v_\theta+\frac{2}{r^2}\frac{\partial v_r}{\partial\theta}-\frac{v_\theta}{r^2\sin^2\theta}-\frac{2\cos\theta}{r^2\sin^2\theta}\frac{\partial v_\varepsilon}{\partial\varepsilon}\right) \tag{6.56}$$

$$\frac{\partial v_\varepsilon}{\partial t}+v_r\frac{\partial v_\varepsilon}{\partial r}+\frac{v_\theta}{r}\frac{\partial v_\varepsilon}{\partial \theta}+\frac{v_\varepsilon}{r\sin\theta}\frac{\partial v_\varepsilon}{\partial \varepsilon}+\frac{v_r v_\varepsilon}{r}+\frac{v_\theta v_\varepsilon\cot\theta}{r}=$$
$$f_\varepsilon-\frac{1}{\rho r\sin\theta}\frac{\partial p}{\partial \varepsilon}+\nu\left(\nabla^2 v_\varepsilon+\frac{2}{r^2\sin\theta}\frac{\partial v_r}{\partial\varepsilon}+\frac{2\cos\theta}{r^2\sin^2\theta}\frac{\partial v_\theta}{\partial\varepsilon}-\frac{v_\varepsilon}{r^2\sin^2\theta}\right) \tag{6.57}$$

其中

$$\nabla^2=\frac{1}{r^2}\frac{\partial}{\partial r}\left(r^2\frac{\partial}{\partial r}\right)+\frac{1}{r^2\sin\theta}\frac{\partial}{\partial\theta}\left(\sin\theta\frac{\partial}{\partial\theta}\right)+\frac{1}{r^2\sin^2\theta}\frac{\partial^2}{\partial\varepsilon^2} \tag{6.58}$$

3. 定解条件

定解条件包括初始条件和边界条件。正确给出定解条件,对于求解具体问题是极为重要的。

(1) 初始条件

在初始时刻,给出封闭方程组的解,即$t=t_0$时刻方程组各个物理量的函数值,包括速度、压强、温度和密度。可以表示为

$$\phi(\boldsymbol{r},t_0)=\phi_0(\boldsymbol{r},t_0) \tag{6.59}$$

式中ϕ_0表示$t=t_0$时刻的速度、压强、温度和密度,为已知量。

(2) 边界条件

运动流体有不同类型的边界,方程组的解在边界的值应等于规定的边界条件所对应的值。

对于不可渗透的固体壁面,黏性流体将黏附在固体壁面上,即满足无滑移条件。此时

$$\boldsymbol{v}_f=\boldsymbol{v}_w \tag{6.60}$$

式中$\boldsymbol{v}_f$和$\boldsymbol{v}_w$分别表示固体壁面处的流体速度和固体壁面的运动速度。

对于静止固体壁面则有

$$\boldsymbol{v}_f=\boldsymbol{0} \tag{6.61}$$

对于理想流体,与静止固体壁面相切的流体分速度可不为零,为未知量,不能由边界条件规定;但其法向分量为零

$$v_{fn}=0 \tag{6.62}$$

已知固体壁面温度为T_w时,可设流体壁温T_f与之相等,即

$$T_f=T_w \tag{6.63}$$

已知通过单位壁面积的导热量q_λ时,可规定

$$-\left(\lambda\frac{\partial T}{\partial n}\right)_f=q_\lambda \tag{6.64}$$

其中$\left(\frac{\partial T}{\partial n}\right)_f$是沿壁面外法线方向流体的温度梯度。

在不同液体形成的分界面上，若可不考虑表面张力和质量扩散的作用，则可设界面处两液体各物理量相等

$$\phi_{l1}=\phi_{l2} \tag{6.65}$$

其中 ϕ_l 代表液体的 v、p 和 T，下标 1 和 2 分别代表第一种和第二种液体。

对于液体与气体形成的分界面，若不考虑蒸发、传热、表面张力以及气体对液体的黏性应力作用等效应，即得到所谓液体的理想自由面，其边界条件为

$$p_l=p_g \tag{6.66}$$

$$v_{ln}=\frac{\partial\eta}{\partial t} \tag{6.67}$$

其中，下标 g 表示气体，v_{ln} 表示液体沿平均液面法向方向的分速度，η 为沿该方向液面高出平均液面的高度。

对于许多实际问题，为了数值计算的方便，往往需要把无限的求解域缩小为有限域，为此，需构成假想的上游入口边界和下游出口边界。以定常不可压缩流为例，在入口边界和出口边界上都应规定 $\boldsymbol{v}$ 和 p 的值(由于不可压缩情况是非耦合的，故可不涉及由能量方程计算温度的问题)。

对于 N－S 方程组，正确规定下游边界条件往往是很困难的。因为下游的状态强烈地受上游流动状态的影响，所以下游边界条件应与流场的解有关，这与方程的椭圆性质是有一定矛盾的，实际对下游边界条件常常加一些守恒原则的限制。例如，在定常情况下，出口截面和入口截面的质量流量相等。

边界上的压力值不能随意给定，它应与压力泊松方程一致。对不可压缩流的运动方程(6.16)取散度，考虑到连续方程(3.59)，并忽略质量力，则得

$$\nabla^2 p=-\rho\frac{\partial v_i}{\partial x_j}\frac{\partial v_j}{\partial x_i} \tag{6.68}$$

此即关于压力的泊松方程。若将此式的右端记为 R，则可得此方程的特解

$$p(M)=-\frac{1}{4\pi}\iiint_V\frac{R(N)}{r_{NM}}\mathrm{d}X(N) \tag{6.69}$$

这里 r_{NM} 为点 N 与点 M 之间的距离，V 为整个积分域，$X(N)$ 为包括点 N 的微元体积。若求得此特解的速度场是正确的，则压力场的正确形式应为 $p+C$，其中 C 为常数，这个关系在边界上也应满足。由于速度场是未知的，所以要正确给定压力边界条件是困难的，数值计算时往往采用其他方法处理。

6.2 黏性流体动力学的相似律

由于黏性流体运动的复杂性，黏性流体的理论研究和发展必须与实验相辅而行。流体力学实验的手段主要是通过室内的风洞、船池、水工模型等设备模拟自然界的流体运动。实物的尺寸一般来说都是比较大的，当用实验方法研究飞机的外部流场时，很难设想为此而建造能容纳全尺寸飞机的大风洞，因为仅驱动风洞气流所需的能量就大得十分惊人。所以合理的解决办法是缩小试件尺寸，做模型实验。由此引起的问题是应怎样设计和安排试验才能保证模型实验能真实地反映全尺寸飞机的飞行情况。

本节首先对黏性流体动力学方程组和边界条件无量纲化，然后讨论黏性流体动力学的相似律。

6.2.1 基本方程和边界条件的无量纲化

寻求相似条件最直接的方法是将基本方程组和边界条件无量纲化。为此，首先选定一组特征物理量，用这些量去除方程和边界条件中相应的变量，即可得到无量纲的物理量、方程和边界条件。

1. 特征物理量

在黏性流体动力学的一般问题中，通常包含以下特征物理量：特征长度 L_0，特征速度 V_0，特征时间 t_0，特征压力 p_0，特征密度 ρ_0，特征温度 T_0，特征动力黏度 μ_0，特征热传导系数 λ_0，特征定容比热 c_{v0}，特征定压比热 c_{p0}，特征重力加速度 g_0 等。这些特征物理量的具体形式，将根据流场的具体形式来决定。以特征长度为例，在物体绕流的流场中可取物体的长度作为特征长度，在管道流动中可取管径作为特征长度。

以这些特征物理量去除相应的物理量，可以得到各无量纲物理量(带“ * ”表示无量纲物理量)：

$$x_i^* = \frac{x_i}{L_0}, v_i^* = \frac{v_i}{V_0}, t^* = \frac{t}{t_0}, p^* = \frac{p}{p_0},$$
$$\rho^* = \frac{\rho}{\rho_0}, T^* = \frac{T}{T_0}, \mu^* = \frac{\mu}{\mu_0}, \lambda^* = \frac{\lambda}{\lambda_0}, \tag{6.70}$$
$$c_v^* = \frac{c_v}{c_{v0}}, c_p^* = \frac{c_p}{c_{p0}}, g^* = \frac{g}{g_0}, \cdots$$

算符也可无量纲化，例如

$$\nabla^* = L_0\,\nabla, \nabla^{2*} = L_0^2\,\nabla^2, \cdots$$

2. 基本方程的无量纲化

在质量力为重力、忽略热辐射的情况下，由式(6.37)～(6.40)表示的连续性方程、运动方程、能量方程及状态方程，可写成下列形式：

$$\frac{\partial \rho}{\partial t} + \frac{\partial \rho v_i}{\partial x_i} = 0 \tag{6.71}$$

$$\frac{\partial v_i}{\partial t} + v_j \frac{\partial v_i}{\partial x_j} = g_i - \frac{1}{\rho}\frac{\partial p}{\partial x_i} + \frac{\mu}{\rho}\left[\frac{\partial^2 v_i}{\partial x_j \partial x_j} + \frac{1}{3}\frac{\partial}{\partial x_i}\left(\frac{\partial v_j}{\partial x_j}\right)\right] \tag{6.72}$$

$$c_v \frac{\partial T}{\partial t} + c_v v_i \frac{\partial T}{\partial x_i} = -\frac{p}{\rho}\frac{\partial v_i}{\partial x_i} - \frac{2}{3}\frac{\mu}{\rho}\left(\frac{\partial v_i}{\partial x_i}\right)^2 + \frac{1}{2}\frac{\mu}{\rho}\left(\frac{\partial v_i}{\partial x_j} + \frac{\partial v_j}{\partial x_i}\right)\left(\frac{\partial v_i}{\partial x_j} + \frac{\partial v_j}{\partial x_i}\right) + \frac{1}{\rho}\frac{\partial}{\partial x_i}\left(\lambda \frac{\partial T}{\partial x_i}\right) \tag{6.73}$$

$$p = \rho R T \tag{6.74}$$

将上述关系代入此方程组，整理可得

$$\left(\frac{L_0}{V_0 t_0}\right)\frac{\partial \rho^*}{\partial t^*} + \frac{\partial \rho^* v_i^*}{\partial x_i^*} = 0 \tag{6.75}$$

$$\left(\frac{L_0}{V_0 t_0}\right)\frac{\partial v_i^*}{\partial t^*} + v_j^* \frac{\partial v_i^*}{\partial x_j^*} = \left(\frac{L_0 g_0}{V_0^2}\right) g_i^* - \left(\frac{p_0}{V_0^2 \rho_0}\right)\frac{1}{\rho^*}\frac{\partial p^*}{\partial x_i^*} + \left(\frac{\mu_0}{\rho_0 L_0 V_0}\right)\frac{\mu^*}{\rho^*}\frac{\partial^2 v_i^*}{\partial x_j^* \partial x_j^*} + \frac{1}{3}\left(\frac{\mu_0}{\rho_0 L_0 V_0}\right)\frac{\mu^*}{\rho^*}\frac{\partial}{\partial x_i^*}\left(\frac{\partial v_j^*}{\partial x_j^*}\right) \tag{6.76}$$

$$\left(\frac{L_0}{V_0 t_0}\right) c_v^* \frac{\partial T^*}{\partial t^*} + c_v^* v_i^* \frac{\partial T^*}{\partial x_i^*} = -\left(\frac{p_0}{c_{v0}\rho_0 T_0}\right)\frac{p^*}{\rho^*}\frac{\partial v_i^*}{\partial x_i^*} - \frac{2}{3}\left(\frac{\mu_0}{\rho_0 L_0 V_0}\right)\left(\frac{V_0^2}{c_{v0} T_0}\right)\frac{\mu^*}{\rho^*}\left(\frac{\partial v_i^*}{\partial x_i^*}\right)\left(\frac{\partial v_i^*}{\partial x_i^*}\right) + \frac{1}{2}\left(\frac{\mu_0}{\rho_0 L_0 V_0}\right)\left(\frac{V_0^2}{c_{v0} T_0}\right)\frac{\mu^*}{\rho^*}\left(\frac{\partial v_i^*}{\partial x_j^*} + \frac{\partial v_j^*}{\partial x_i^*}\right)\left(\frac{\partial v_i^*}{\partial x_j^*} + \frac{\partial v_j^*}{\partial x_i^*}\right) + \left(\frac{\lambda_0}{c_{p0}\rho_0 V_0 L_0}\right)\left(\frac{c_{p0}}{c_{v0}}\right)\frac{1}{\rho^*}\frac{\partial}{\partial x_i^*}\left(\lambda^* \frac{\partial T^*}{\partial x_i^*}\right) \tag{6.77}$$

$$p^* = \rho^* T^* \tag{6.78}$$

上述各式中由特征物理量所组成的无量纲因子都具有一定的物理意义。

(1)$L_0/(V_0 t_0)$ 是与流场的非定常性有关的数。例如，对于振动圆柱的绕流问题，可取振动频率 n 的倒数作为特征时间 t_0，即 $t_0 = 1/n$；取圆柱的直径 D 作为特征长度，即 $L_0 = D$。无量纲数 $L_0/(V_0 t_0)$ 称为**斯特劳哈尔数**，用 St 表示

$$St = \frac{L_0}{V_0 t_0} \tag{6.79}$$

(2)$p_0/(c_{v0}\rho_0 T_0)$ 是与流体的物性有关的数。利用状态方程

$$p_0 = \rho_0 R_0 T_0 = c_{v0}(\gamma_0 - 1)\rho_0 T_0 \tag{6.80}$$

可以将这个无量纲数化为

$$\frac{p_0}{c_{v0}\rho_0 T_0} = \gamma_0 - 1 \tag{6.81}$$

式中 $\gamma_0 = \dfrac{c_{p0}}{c_{v0}}$。

(3)$p_0/(\rho_0 V_0^2)$ 是与流体运动状态及物性有关的物理量。利用声速公式

$$c_0^2 = \gamma_0 \frac{p_0}{\rho_0} \tag{6.82}$$

可以将此无量纲数化为

$$\frac{p_0}{\rho_0 V_0^2} = \frac{1}{\gamma_0}\frac{c_0^2}{V_0^2} \tag{6.83}$$

定义无量纲数 Ma，表示为

$$Ma=\frac{V_0}{c_0} \tag{6.84}$$

则可得

$$\frac{p_0}{\rho_0 V_0^2}=\frac{1}{\gamma_0}\frac{1}{Ma^2} \tag{6.85}$$

称 Ma 为**马赫数**。马赫数 Ma 除了表示流速与声速之比外，还有另一个物理意义，解释如下。

由运动方程式(6.15)知，单位质量流体的惯性力 f_i 的量级为

$$f_i \sim v_j \frac{\partial v_i}{\partial x_j} \sim \frac{V_0^2}{L_0}$$

单位质量流体所受的压差力 f_p 的量级为

$$f_p \sim \frac{1}{\rho}\frac{\partial p}{\partial x_i} \sim \frac{p_0}{\rho_0 L_0}$$

由此可见，惯性力与压差力之比为

$$\frac{f_i}{f_p} \sim \frac{V_0^2/L_0}{p_0/(\rho_0 L_0)}=\gamma_0 Ma^2$$

因此

$$Ma^2 \sim \frac{1}{\gamma_0}\frac{f_i}{f_p}$$

可见，马赫数还表示惯性力与压差力之比。

(4) $g_0 L_0/V_0^2$ 是与重力加速度有关的无量纲数，称 $V_0/\sqrt{g_0 L_0}$ 为**佛劳德数**

$$Fr=\frac{V_0}{\sqrt{g_0 L_0}} \tag{6.86}$$

佛劳德数 Fr 也具有确定的物理意义。由运动方程知，单位质量流体的重力 g 的量级为

$$g \sim g_0$$

于是惯性力与重力之比为

$$\frac{f_i}{g} \sim \frac{V_0^2/L_0}{g_0} \sim \frac{V_0^2}{g_0 L_0}=Fr^2$$

所以

$$Fr \sim \sqrt{\frac{f_i}{g}}$$

可见，佛劳德数表示惯性力与重力之比。

(5) $\mu_0/(\rho_0 V_0 L_0)$ 是与黏性有关的无量纲物理量。称 $\rho_0 V_0 L_0/\mu_0$ 为**雷诺数**

$$Re=\frac{\rho_0 V_0 L_0}{\mu_0} \tag{6.87}$$

雷诺数的物理意义说明如下，由运动方程式(6.15)知，单位质量的流体所承受的黏性力 f_μ 的量级为

$$f_\mu \sim \frac{\mu_0 V_0}{\rho_0 L_0^2}$$

于是惯性力与黏性力之比为

$$\frac{f_i}{f_\mu} \sim \frac{V_0^2/L_0}{\mu_0 V_0/(\rho_0 L_0^2)} \sim \frac{\rho_0 V_0 L_0}{\mu_0} = Re$$

所以

$$Re \sim \frac{f_i}{f_\mu}$$

可见，雷诺数表示惯性力与黏性力之比。

(6) $\lambda_0/(c_{p0}\rho_0 V_0 L_0)$ 这个无量纲数与热传导有关，又可化为

$$\frac{\lambda_0}{c_{p0}\rho_0 V_0 L_0} = \frac{\mu_0}{\rho_0 V_0 L_0}\,\frac{\lambda_0}{\mu_0 c_{p0}} = \frac{1}{Re}\,\frac{\lambda_0}{\mu_0 c_{p0}} \tag{6.88}$$

称 $\mu_0 c_{p0}/\lambda_0$ 为**普朗特数**

$$Pr = \frac{\mu_0 c_{p0}}{\lambda_0} \tag{6.89}$$

于是

$$\frac{\lambda_0}{c_{p0}\rho_0 V_0 L_0} = \frac{1}{RePr} \tag{6.90}$$

普朗特数的物理意义可叙述如下，由能量方程式(6.35)知，单位质量流体因热传导吸收的热量 q_λ 的量级为

$$q_\lambda \sim \frac{1}{\rho}\,\frac{\partial}{\partial x_i}\left(\lambda\,\frac{\partial T}{\partial x_i}\right) \sim \frac{\lambda_0 T_0}{\rho_0 L_0^2}$$

单位质量流体因对流运动引起的交换热 q_v 的量级为

$$q_v \sim c_v V_i\,\frac{\partial T}{\partial x_i} \sim \frac{c_{v0} V_0 T_0}{L_0}$$

于是对流热与传导热之比为

$$\frac{q_v}{q_\lambda} \sim \frac{\dfrac{c_{v0} V_0 T_0}{L_0}}{\dfrac{\lambda_0 T_0}{\rho_0 L_0^2}} = \frac{\rho_0 V_0 L_0}{\mu_0}\,\frac{\mu_0 c_{p0}}{\lambda_0}\,\frac{c_{v0}}{c_{p0}} = \frac{RePr}{\gamma_0}$$

(7) $V_0^2/(c_{v0} T_0)$：利用状态方程 $p_0 = c_{v0}(\gamma_0 - 1)\rho_0 T_0$，可使此无量纲数变为

$$\frac{V_0^2}{c_{v0} T_0} = \frac{V_0^2(\gamma_0 - 1)}{\dfrac{p_0}{\rho_0}} = \frac{V_0^2}{c_0^2}(\gamma_0 - 1)\gamma_0 = Ma^2(\gamma_0 - 1)\gamma_0 \tag{6.91}$$

将上述无量纲数代入方程式(6.75)～(6.77)可得无量纲方程组

$$St\,\frac{\partial \rho^*}{\partial t^*} + \frac{\partial \rho^* v_i^*}{\partial x_i^*} = 0 \tag{6.92}$$

$$St\,\frac{\partial v_i^*}{\partial t^*} + v_j^*\,\frac{\partial v_i^*}{\partial x_j^*} = \frac{1}{Fr^2}g_i^* - \frac{1}{\gamma_0 Ma^2}\,\frac{1}{\rho^*}\,\frac{\partial p^*}{\partial x_i^*} + \left(\frac{1}{Re}\right)\frac{\mu^*}{\rho^*}\,\frac{\partial^2 v_i^*}{\partial x_j^*\partial x_j^*} + \frac{1}{3}\left(\frac{1}{Re}\right)\frac{\mu^*}{\rho^*}\,\frac{\partial}{\partial x_i^*}\left(\frac{\partial v_j^*}{\partial x_j^*}\right) \tag{6.93}$$

$$St c_v^* \frac{\partial T^*}{\partial t^*} + c_v^* v_i^* \frac{\partial T^*}{\partial x_i^*} = -(\gamma_0 - 1)\frac{p^*}{\rho^*}\frac{\partial v_i^*}{\partial x_i^*} - \frac{2}{3}\frac{Ma^2}{Re}(\gamma_0 - 1)\gamma_0 \frac{\mu^*}{\rho^*}\left(\frac{\partial v_i^*}{\partial x_i^*}\right)\left(\frac{\partial v_i^*}{\partial x_i^*}\right) + \frac{1}{2}\frac{Ma^2}{Re}(\gamma_0 - 1)\gamma_0 \frac{\mu^*}{\rho^*}\left(\frac{\partial v_i^*}{\partial x_j^*} + \frac{\partial v_j^*}{\partial x_i^*}\right)\left(\frac{\partial v_i^*}{\partial x_j^*} + \frac{\partial v_j^*}{\partial x_i^*}\right) + \frac{1}{Re}\frac{1}{Pr}\gamma_0 \frac{1}{\rho^*}\frac{\partial}{\partial x_i^*}\left(\lambda^* \frac{\partial T^*}{\partial x_i^*}\right) \tag{6.94}$$

对于不可压缩流体，利用完全类似的方法对方程式(6.41)、式(6.42) 无量纲化，最后结果可整理如下：

$$\frac{\partial v_i^*}{\partial x_i^*} = 0 \tag{6.95}$$

$$St \frac{\partial v_i^*}{\partial t^*} + v_j^* \frac{\partial v_i^*}{\partial x_j^*} = \frac{1}{Fr^2} g_i^* - Eu \frac{1}{\rho^*}\frac{\partial p^*}{\partial v_i^*} + \frac{1}{Re}\frac{\mu^*}{\rho^*}\frac{\partial^2 v_i^*}{\partial x_j^* \partial x_j^*} \tag{6.96}$$

式中 $Eu = \dfrac{p_0}{V_0^2 \rho_0}$ 又称作**欧拉数**。

3. 边界条件的无量纲化

(1) 流体与固体接触面上的无量纲形式的边界条件

以无量纲物理量式(6.70) 代入边界条件式(6.60) 可得流体与固体接触面上的无量纲形式的运动条件

$$v_f^* = v_w^* \tag{6.97}$$

以无量纲物理量式(6.70) 代入边界条件式(6.63) 可得流体与固体接触面上的无量纲形式的温度条件

$$T_f^* = T_w^* \tag{6.98}$$

为了使物面热通量条件式(6.64) 无量纲化，还可以引入一个特征物理量 $q_{\lambda 0}$ 它是边界上的特征热通量，于是无量纲热通量可写成

$$q_\lambda^* = \frac{q_\lambda}{q_{\lambda 0}} \tag{6.99}$$

将此关系及式(6.70) 代入热量条件式(6.64) 可得

$$\left(\lambda^* \frac{\partial T^*}{\partial n^*}\right)_f = \frac{L_0 q_{\lambda 0}}{\lambda_0 T_0} q_\lambda^* \tag{6.100}$$

称 $L_0 q_{\lambda 0}/(\lambda_0 T_0)$ 为**努塞尔数**

$$Nu = \frac{L_0 q_{\lambda 0}}{\lambda_0 T_0} \tag{6.101}$$

Nu 数是表征物面热传导特性的无量纲参数。于是边界热通量条件式(6.100) 可写成

$$\left(\lambda^* \frac{\partial T^*}{\partial n^*}\right)_f = Nu q_\lambda^* \tag{6.102}$$

(2) 不同流体分界面上的无量纲形式的边界条件

以无量纲物理量式(6.70) 代入边界条件式(6.65) 可得不同液体间的无量纲形式的边界条件

$$v_{l1}^* = v_{l2}^* \tag{6.103}$$

$$p_{l1}^* = p_{l2}^* \tag{6.104}$$

$$T_{l1}^{*}=T_{l2}^{*} \tag{6.105}$$

以无量纲物理量式(6.70)代入边界条件式(6.66)、(6.67)可得气液分界面的无量纲形式的边界条件

$$p_{l}^{*}=p_{g}^{*} \tag{6.106}$$

$$v_{ln}^{*}=\frac{\partial \eta^{*}}{\partial t^{*}} \tag{6.107}$$

6.2.2　由无量纲方程和边界条件导出的相似律

几何边界相似的两个流场，如果它们是力学相似的，则它们应满足完全相同的无量纲方程和无量纲定解条件。于是，两种流场力学相似的充分和必要条件是：

(1) 流体边界几何相似；

(2) 有相同的无量纲方程；

(3) 有相同的无量纲边界条件。

下面分别予以讨论。

1. 流体边界几何相似

当两个流场的无量纲几何边界完全相同时，则这两种流场的边界便是几何相似。故流场边界几何相似的充分和必要条件是：边界上各对应点满足

$$(x_i^{*})_A=(x_i^{*})_B \tag{6.108}$$

或

$$\frac{(x_i)_A}{(x_i)_B}=\frac{(L_0)_A}{(L_0)_B}=k_L \tag{6.109}$$

式中下标 A 和 B 表示两个相似流场。

2. 有相同的无量纲方程

若使无量纲方程相同，必须使两种流场的无量纲方程式(6.92)～(6.94)中下列各相似准数相等：斯特劳哈尔数 $St=\frac{L_0}{V_0 t_0}$；雷诺数 $Re=\frac{\rho_0 V_0 L_0}{\mu_0}$；普朗特数 $Pr=\frac{\mu_0 c_{p0}}{\lambda_0}$；马赫数 $Ma=\frac{V_0}{\sqrt{\gamma_0 p_0/\rho_0}}$；佛劳德数 $Fr=\frac{V_0}{\sqrt{g_0 L_0}}$ 以及比热比 $\gamma_0=\frac{c_{p0}}{c_{v0}}$。于是相似条件可写成

$$St_A=St_B \quad 或 \quad \left(\frac{L_0}{V_0 t_0}\right)_A=\left(\frac{L_0}{V_0 t_0}\right)_B \tag{6.110}$$

$$Re_A=Re_B \quad 或 \quad \left(\frac{\rho_0 V_0 L_0}{\mu_0}\right)_A=\left(\frac{\rho_0 V_0 L_0}{\mu_0}\right)_B \tag{6.111}$$

$$Pr_A=Pr_B \quad 或 \quad \left(\frac{\mu_0 c_{p0}}{\lambda_0}\right)_A=\left(\frac{\mu_0 c_{p0}}{\lambda_0}\right)_B \tag{6.112}$$

$$Ma_A=Ma_B \quad 或 \quad \left(\gamma_0\frac{p_0}{\rho_0 V_0^2}\right)_A=\left(\gamma_0\frac{p_0}{\rho_0 V_0^2}\right)_B \tag{6.113}$$

$$Fr_A=Fr_B \quad 或 \quad \left(\frac{V_0^2}{g_0 L_0}\right)_A=\left(\frac{V_0^2}{g_0 L_0}\right)_B \tag{6.114}$$

$$(\gamma_0)_A=(\gamma_0)_B \quad 或 \quad \left(\frac{c_{p0}}{c_{v0}}\right)_A=\left(\frac{c_{p0}}{c_{v0}}\right)_B \tag{6.115}$$

式中下标 A 和 B 表示两个相似流场。

在实际问题中要保证两个流场都满足上述条件是困难的。例如，在相同的重力条件下，若两个流场取相同的介质，则两个流场的 $(\rho_0)_A=(\rho_0)_B$，$(g_0)_A=(g_0)_B$，且两个流场的 $c_p{}^*$、λ^*、μ^* 与温度 T^* 的关系相同。这时，条件式(6.112)、式(6.115)得到自然满足。由条件式(6.111)、式(6.114)可得

$$(L_0)_B=(L_0)_A \tag{6.116}$$

$$(V_0)_B=(V_0)_A \tag{6.117}$$

再由式(6.110)、式(6.113)可得到

$$(t_0)_B=(t_0)_A \tag{6.118}$$

$$(p_0)_B=(p_0)_A \tag{6.119}$$

由此可见，重力场中介质相同的两个流场，若要全面相似，则必须两种流场完全相同。若要满足人为规定的几何线性尺度比例 $k_L=\dfrac{(L_0)_A}{(L_0)_B}$，则必然要破坏相似条件式(6.111)或式(6.114)。

应当指出，在实际问题中，尽管使两个流场全面相似很困难，但是在很多情况下，并不一定要求全面相似。若某个相似条件在流场中影响很小，则可不必追求满足这个相似准数。例如若重力场的作用对流场影响不大，则可不必追求两个流场的佛劳德数 Fr 相同，即不必满足条件式(6.114)，这样就为选择特征物理量增加了一个自由度。只满足一部分相似条件的两个流场称为局部相似流场。

3. 有相同的无量纲边界条件

若使无量纲边界条件相同，必须使流场的边界条件的相似准数相同，则式(6.101)中的努塞尔数 Nu 相同

$$Nu_A=Nu_B \tag{6.120}$$

或

$$\left(\frac{L_0 q_{\lambda 0}}{\lambda_0 T_0}\right)_A=\left(\frac{L_0 q_{\lambda 0}}{\lambda_0 T_0}\right)_B \tag{6.121}$$

6.3 不可压缩黏性流体的层流流动

对于黏性流体而言，速度梯度较大时黏性作用的表现更加明显，黏性流体层流流动的求解，对于解释流体黏性损失的机理和能量效率的计算十分重要。求解式(6.41)～(6.43)组成的不可压缩黏性流体封闭方程组的难点在于求解运动方程中的非线性项。

由于非线性项的存在，若要得到不可压缩黏性流体的封闭方程的解析解是十分困难的，只有当非线性项在某些条件下可以忽略或消除(如层流流动)时，才能比较容易地求出解析解。

6.3.1 层流流动的精确解

若流动为平行流，即所有流体质点均沿同一方向流动，设该方向为 x 方向，则 $v_x\neq 0$，

而 $v_y=v_z=0$，根据连续方程

$$\frac{\partial v_x}{\partial x}+\frac{\partial v_y}{\partial y}+\frac{\partial v_z}{\partial z}=0$$

则有 $\frac{\partial v_x}{\partial x}=0$，因此 $(\boldsymbol{v}\cdot\nabla)\boldsymbol{v}=0$，该非线性项在平行流中自动消失。N－S方程在 x 方向的分量方程为

$$\frac{\partial v_x}{\partial t}=f_x-\frac{1}{\rho}\frac{\partial p}{\partial x}+\nu\left(\frac{\partial^2 v_x}{\partial y^2}+\frac{\partial^2 v_x}{\partial z^2}\right) \tag{6.122}$$

式(6.122)为一个线性二阶偏微分方程。其他两个方向的分量方程分别为

$$\begin{cases} f_y-\dfrac{1}{\rho}\dfrac{\partial p}{\partial y}=0 \\ f_z-\dfrac{1}{\rho}\dfrac{\partial p}{\partial z}=0 \end{cases} \tag{6.123}$$

即在 y、z 两个方向上满足流体静平衡的欧拉方程。

若流动恒定，流动为 xOy 坐标系内的二维流动，质量力不计(或将质量力包括在名义压强中)，则式(6.122)可变为

$$\frac{\mathrm{d}p}{\mathrm{d}x}=\mu\frac{\partial^2 v_x}{\partial y^2} \tag{6.124}$$

对式(6.124)进行积分，并由边界条件确定积分常数即可求出此类流动的解析解。以下给出四种常见的层流情形。

1. 泊肃叶流动

由压强梯度推动的槽道中的不可压缩黏性流体的恒定流动称为**泊肃叶流动**，如图 6.1(a)所示。泊肃叶流动假设固体壁面没有运动，且展向(z 向)无限长，流体只沿 x 方向做恒定流动。边界条件为

$$\begin{cases} y=0, & v(y)=0 \\ y=h, & v(y)=0 \end{cases} \tag{6.125}$$

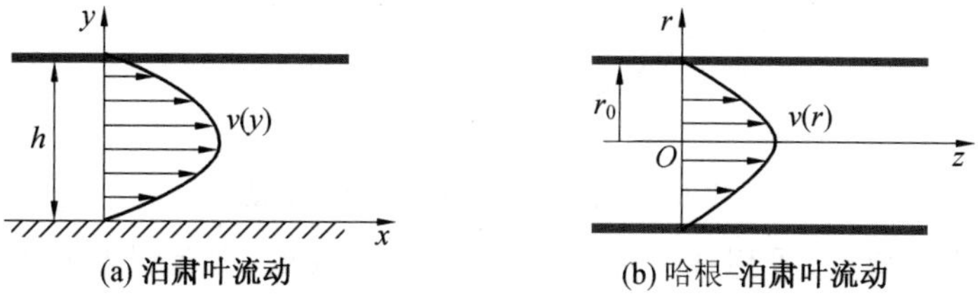

图 6.1　典型的二维平行流动

若忽略质量力，对式(6.124)进行积分，可得

$$v(y)=-\frac{1}{2\mu}\frac{\mathrm{d}p}{\mathrm{d}x}y(h-y) \tag{6.126}$$

可见，上下壁面间的速度分布呈现抛物线形状，最大速度位于槽道中间。

2. 哈根－泊肃叶流动

由压强梯度推动的圆管内充分发展的不可压缩黏性流体的恒定流动称为**哈根－泊肃叶流动**，如图 6.1(b)所示。对于圆管流动，采用柱坐标系(r,ε,z)是方便的，于是边界

条件为

$$\begin{cases} r=r_0, v(r)=0 \\ \dfrac{\partial v(r)}{\partial \varepsilon}=0 \end{cases} \tag{6.127}$$

式(6.124)在柱坐标系中可表示为

$$\frac{\mathrm{d}p}{\mathrm{d}z}-\mu\frac{\partial^2 v}{\partial r^2}-\mu\frac{\partial v}{r\partial r}=0 \tag{6.128}$$

由于 p 与 z 坐标有关，而与 r、ε 两坐标无关，对上式沿 r 方向进行积分可得

$$v(r)=-\frac{1}{4\mu}\frac{\mathrm{d}p}{\mathrm{d}z}(r_0^2-r^2) \tag{6.129}$$

可见，哈根－泊肃叶流动中流体沿圆管轴线方向做恒定流动，速度分布同样呈现抛物线形状。

3. 同轴环形空间的层流流动

在半径为 r_2 足够长的空心圆柱面内，有一半径为 r_1 的同轴圆柱。两柱面间充满黏性流体，内圆柱以等角速度 ω 绕轴旋转，如图 6.2 所示。这个流动具有下列特征：

(1) 因圆柱体很长，故可忽略两端影响；

(2) 由于边界条件对圆柱轴对称，因此可认为流场对于圆柱轴对称，且流体只是绕柱轴流动。

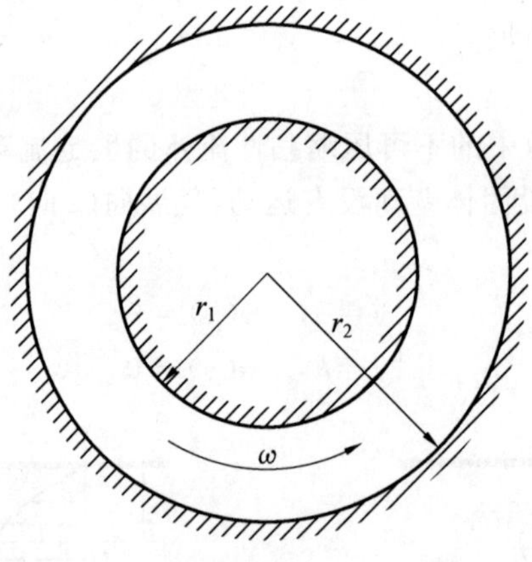

图 6.2　同轴环形空间的层流流动

同样根据流动特点，采用柱坐标系 (r,ε,z) 是方便的，且流动特征与 ε、z 两坐标无关。如图 6.2 所示，可得

$$v_z=v_r=0 \tag{6.130}$$

将上式代入柱坐标系下的连续方程(6.49)与运动方程(6.50)～(6.52)，得到

$$\begin{cases} \dfrac{1}{\rho}\dfrac{\mathrm{d}p}{\mathrm{d}r}=\dfrac{v_\varepsilon^2}{r} \\ \dfrac{\mathrm{d}^2 v_\varepsilon}{\mathrm{d}r^2}+\dfrac{1}{r}\dfrac{\mathrm{d}v_\varepsilon}{\mathrm{d}r}-\dfrac{v_\varepsilon}{r^2}=0 \end{cases} \tag{6.131}$$

且其边界条件为

$$\begin{cases} r=r_1, v_\varepsilon=\omega r_1 \\ r=r_2, v_\varepsilon=0 \end{cases} \tag{6.132}$$

将边界条件代入式(6.131)，求得速度 v_ε 为

$$v_\varepsilon=\frac{\omega r_1^2}{r_1^2-r_2^2}r-\frac{\omega r_1^2 r_2^2}{r_1^2-r_2^2}\frac{1}{r} \tag{6.133}$$

当 $r_2\rightarrow\infty$ 时，则问题相当于圆柱在无界空间中旋转。此时速度场可写成

$$v_\varepsilon=\frac{\Gamma}{2\pi}\frac{1}{r} \tag{6.134}$$

式中 $\Gamma=2\pi r_1{}^2\omega$ 称作柱体的环量。从第 5 章内容可知，速度场 v_ε 刚好就是理想流体中环量为 Γ 的平面点涡的速度场。由此可见，满足黏性流动物面条件的黏性流体动力学问题的解，在此特殊情况下有可能与理想流体无旋流动的解重合，但是这种情况是极少见的。

圆柱在无界空间中旋转所引起的压力场，可由式(6.131) 积分求得。将式(6.134) 代入式(6.131) 有

$$\frac{1}{\rho}\frac{\mathrm{d}p}{\mathrm{d}r}=\frac{1}{r^3}\frac{\Gamma^2}{4\pi^2} \tag{6.135}$$

积分可得

$$p=-\frac{\rho\Gamma^2}{8\pi^2}\frac{1}{r^2}+c \tag{6.136}$$

若无穷远条件为

$$(p)_\infty=p_\infty \tag{6.137}$$

则由此可得式(6.136) 中的常数 $c=p_\infty$，于是式(6.136) 可写成

$$p=p_\infty-\frac{\rho\Gamma^2}{8\pi^2}\frac{1}{r^2} \tag{6.138}$$

例 6.1　图 6.3 所示的 Couette 装置(旋转流变仪) 可以测量液体的动力黏度 μ，其由两个沿垂直轴 Oz 的同轴圆柱腔构成，外径 r_1，内径 r_2，间隙中充满了液体，忽略底部和顶部对液体流动的影响。实验中，外圆柱固定，内圆柱以恒定的角速度 Ω 绕轴旋转，其恒定角速度由恒定扭矩 $\boldsymbol{\tau}=\tau\boldsymbol{e}_z$ 的动力装置提供。试给出动力黏度 μ 关于扭矩 M 的表达式，并分析采取何种措施能提升测量精度。

解　速度场可写为 $\boldsymbol{v}=r\omega(r)\boldsymbol{e}_\varepsilon$，其中 $\omega(r)$ 是在半径 r 处的流体角速度。

(1) 给出半径 r 与 $r+\mathrm{d}r$ 之间的速度差

$$\begin{aligned} \mathrm{d}\boldsymbol{v}=\boldsymbol{v}_{r+\mathrm{d}r}-\boldsymbol{v}_r= \\ [(r+\mathrm{d}r)\omega(r+\mathrm{d}r)-r\omega(r)]\boldsymbol{e}_\varepsilon= \\ [r\omega(r+\mathrm{d}r)+\mathrm{d}r\omega(r+\mathrm{d}r)-r\omega(r)]\boldsymbol{e}_\varepsilon \end{aligned}$$

略去高阶小量有

$$\mathrm{d}\boldsymbol{v}=\left[r\omega(r)+r\frac{\mathrm{d}\omega}{\mathrm{d}r}\mathrm{d}r-r\omega(r)\right]\boldsymbol{e}_\varepsilon=r\frac{\mathrm{d}\omega}{\mathrm{d}r}\mathrm{d}r\boldsymbol{e}_\varepsilon$$

(2) 取微元面积 $\mathrm{d}s=r\mathrm{d}\varepsilon\mathrm{d}z$，给出作用于 $\mathrm{d}s$ 上的微元黏性力，推导该微元黏性力相对于 Oz 轴的微元力矩 $\mathrm{d}M$。

微元黏性力

$$\mathrm{d}\boldsymbol{F}=\mu\frac{\mathrm{d}v}{\mathrm{d}r}\mathrm{d}s\boldsymbol{e}_\varepsilon=\mu r^2\frac{\mathrm{d}\omega}{\mathrm{d}r}\mathrm{d}\varepsilon\mathrm{d}z\boldsymbol{e}_\varepsilon$$

微元力矩

$$\mathrm{d}M=\mathrm{d}\boldsymbol{M}\cdot\boldsymbol{e}_z=(r\boldsymbol{e}_r\times\mathrm{d}\boldsymbol{F})\cdot\boldsymbol{e}_z=\mu r^3\frac{\mathrm{d}\omega}{\mathrm{d}r}\mathrm{d}\varepsilon\mathrm{d}z$$

(3) 建立由 ω 确定的微分方程,推导 $\omega(r)=\dfrac{A}{r^2}+B$,其中 A、B 为待定常数。

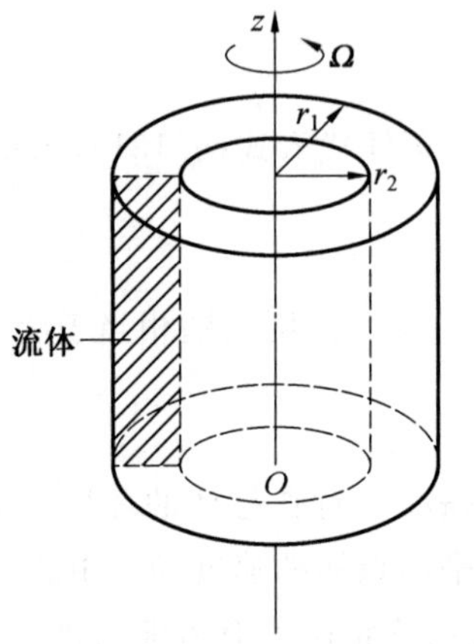

图 6.3 Couette 装置

由 $$\mathrm{d}\boldsymbol{M}=\mu r^3\frac{\mathrm{d}\omega}{\mathrm{d}r}\mathrm{d}\varepsilon\mathrm{d}z\boldsymbol{e}_z$$

在稳态流动条件下有 $$r^3\frac{\mathrm{d}\omega}{\mathrm{d}r}=\mathrm{const}=C_1$$

即 $$\frac{\mathrm{d}\omega}{\mathrm{d}r}=\frac{C_1}{r^3}$$

积分可得 $$\omega(r)=-\frac{C_1}{2r^2}+C_2=\frac{A}{r^2}+B$$

于是 $A=-\dfrac{C_1}{2}$,$B=C_2$。

另由边界条件 $\begin{cases}\omega(r_1)=0\\ \omega(r_2)=\Omega\end{cases}$,有 $A=\dfrac{\Omega r_1^2 r_2^2}{r_1^2-r_2^2}$,$B=-\dfrac{\Omega r_2^2}{r_1^2-r_2^2}$,即

$$\omega(r)=\frac{\Omega r_1^2 r_2^2}{r_1^2-r_2^2}\frac{1}{r^2}-\frac{\Omega r_2^2}{r_1^2-r_2^2}$$

(4) 给出 μ 关于扭矩 M 的表达式。

内圆柱上测得的扭矩 M 可表示为

$$\boldsymbol{M}=M\boldsymbol{e}_z=-\iint\mathrm{d}M\boldsymbol{e}_z=-\iint\mu r^3\frac{\mathrm{d}\omega}{\mathrm{d}r}\mathrm{d}\varepsilon\mathrm{d}z\boldsymbol{e}_z$$

$$M=-\iint\mu(-2A)\mathrm{d}\varepsilon\mathrm{d}z=4\mu\frac{\Omega r_1^2 r_2^2\pi h}{r_1^2-r_2^2}$$

其中 h 为圆柱高度,故

$$\mu=\frac{M(r_1^2-r_2^2)}{4\Omega r_1^2 r_2^2\pi h}$$

可见,若要提升测量精度,即在确定的扭矩 M 测量范围条件下减小 μ 值测量的下限值,可以通过减小圆柱腔的间隙来实现。

6.3.2 层流流动的近似解

1. 斯托克斯流动

实际上,大量存在着雷诺数(Re)很小的极其缓慢的流动,如雾滴在空气中的流动、轴承润滑油的薄膜流动等。对于此类流动,N－S方程中的惯性项与黏性项相比为小量。即

$$\left|\frac{D\boldsymbol{v}}{Dt}\right|\ll\nu\mid\nabla^2\boldsymbol{v}\mid$$

根据这一特征,在此类流动中可以忽略 N－S 方程中的惯性项,于是有

$$f-\frac{1}{\rho}\nabla p+\nu\nabla^2 v=0 \tag{6.139}$$

上述方程又称为斯托克斯方程，它是描述极慢黏性流动的运动方程，其适用条件为 $Re \ll 1$（故也称为小雷诺数流动）。由于流动不仅在单一方向发生变化，要求取其精确解具有很大的困难，人们设法获取其近似解。

极慢流动的经典实例为圆球在黏性流体中的斯托克斯流动，如图 6.4 所示，在无界黏性流体中有一半径为 a 的圆球，流体的速度 V_∞ 为一很小常数，以满足极慢流动要求。建立如图 6.4 所示的球坐标系 (r,θ,ε)。

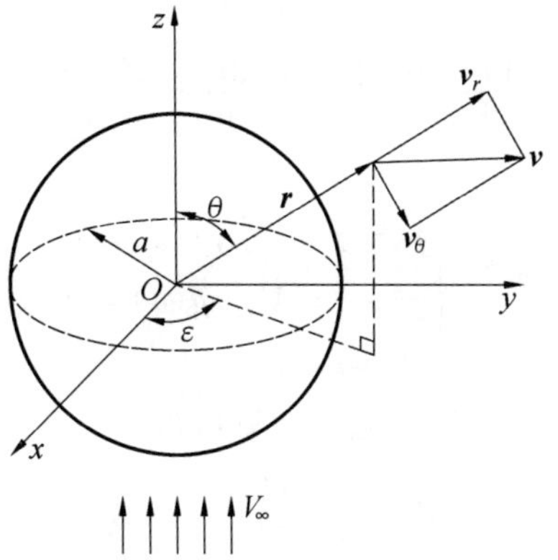

图 6.4　小雷诺数圆球绕流

分析上述流动可知，极慢的圆球绕流仍然是轴对称流动，即有 $\frac{\partial}{\partial\varepsilon}=0$，且 $v_\varepsilon=0$。忽略质量力，于是斯托克斯方程可写为

$$\begin{cases}\dfrac{\partial p}{\partial r}=\mu\left(\dfrac{\partial^2 v_r}{\partial r^2}+\dfrac{1}{r^2}\dfrac{\partial^2 v_r}{\partial\theta^2}+\dfrac{2}{r}\dfrac{\partial v_r}{\partial r}+\dfrac{\cot\theta}{r^2}\dfrac{\partial v_r}{\partial\theta}-\dfrac{2}{r^2}\dfrac{\partial v_\theta}{\partial\theta}-\dfrac{2v_r}{r^2}-\dfrac{2\cot\theta}{r^2}v_\theta\right)\\ \dfrac{1}{r}\dfrac{\partial p}{\partial\theta}=\mu\left(\dfrac{\partial^2 v_\theta}{\partial r^2}+\dfrac{1}{r^2}\dfrac{\partial^2 v_\theta}{\partial\theta^2}+\dfrac{2}{r}\dfrac{\partial v_\theta}{\partial r}+\dfrac{\cot\theta}{r^2}\dfrac{\partial v_\theta}{\partial\theta}+\dfrac{2}{r^2}\dfrac{\partial v_r}{\partial\theta}-\dfrac{v_\theta}{r^2\sin^2\theta}\right)\end{cases} \tag{6.140}$$

同时满足连续性方程

$$\frac{\partial v_r}{\partial r}+\frac{1}{r}\frac{\partial v_\theta}{\partial\theta}+\frac{2v_r}{r}+\frac{v_\theta\cot\theta}{r}=0 \tag{6.141}$$

在无穷远处边界条件为

$$\begin{cases}r=\infty, v_r=V_\infty\cos\theta\\ r=\infty, v_\theta=-V_\infty\sin\theta\\ r=\infty, p=p_\infty\end{cases} \tag{6.142}$$

在球面上边界条件为

$$\begin{cases}r=a, v_r=0\\ r=a, v_\theta=0\end{cases} \tag{6.143}$$

根据上述边界条件，可对方程采用分离变量法进行求解。假定速度和压力可分别表达为下面的函数形式

$$\begin{cases} v_r = f(r)\cos\theta \\ v_\theta = -g(r)\sin\theta \\ p - p_\infty = \mu h(r)\cos\theta \end{cases} \tag{6.144}$$

式中 $f(r)$、$g(r)$ 和 $h(r)$ 均为 r 的函数。

于是斯托克斯方程和连续性方程可改写为如下方程组：

$$\begin{cases} \dfrac{\mathrm{d}f}{\mathrm{d}r} + \dfrac{2(f-g)}{r} = 0 \\ \dfrac{\mathrm{d}h}{\mathrm{d}r} = \dfrac{\mathrm{d}^2 f}{\mathrm{d}r^2} + \dfrac{2}{r}\dfrac{\mathrm{d}f}{\mathrm{d}r} - \dfrac{4(f-g)}{r^2} \\ \dfrac{h}{r} = \dfrac{\mathrm{d}^2 g}{\mathrm{d}r^2} + \dfrac{2}{r}\dfrac{\mathrm{d}g}{\mathrm{d}r} - \dfrac{2(f-g)}{r^2} \end{cases} \tag{6.145}$$

而边界条件可写为

$$\begin{cases} f(\infty) = V_\infty, f(a) = 0 \\ g(\infty) = V_\infty, g(a) = 0 \\ h(\infty) = 0 \end{cases} \tag{6.146}$$

对方程组(6.145)的第一式进行微分运算可得

$$\begin{cases} g = \dfrac{1}{2}r\dfrac{\mathrm{d}f}{\mathrm{d}r} + f \\ \dfrac{\mathrm{d}g}{\mathrm{d}r} = \dfrac{1}{2}r\dfrac{\mathrm{d}^2 f}{\mathrm{d}r^2} + \dfrac{3}{2}\dfrac{\mathrm{d}f}{\mathrm{d}r} \\ \dfrac{\mathrm{d}^2 g}{\mathrm{d}r^2} = \dfrac{1}{2}r\dfrac{\mathrm{d}^3 f}{\mathrm{d}r^3} + 2\dfrac{\mathrm{d}^2 f}{\mathrm{d}r^2} \end{cases} \tag{6.147}$$

将上式代入方程组(6.145)的第三式并进行微分运算可得

$$\begin{cases} h = \dfrac{1}{2}r^2\dfrac{\mathrm{d}^3 f}{\mathrm{d}r^3} + 3r\dfrac{\mathrm{d}^2 f}{\mathrm{d}r^2} + 2\dfrac{\mathrm{d}f}{\mathrm{d}r} \\ \dfrac{\mathrm{d}h}{\mathrm{d}r} = \dfrac{1}{2}r^2\dfrac{\mathrm{d}^4 f}{\mathrm{d}r^4} + 4r\dfrac{\mathrm{d}^3 f}{\mathrm{d}r^3} + 5\dfrac{\mathrm{d}^2 f}{\mathrm{d}r^2} \end{cases} \tag{6.148}$$

再将上式代入方程组(6.145)的第二式可得

$$r^3\frac{\mathrm{d}^4 f}{\mathrm{d}r^4} + 8r^2\frac{\mathrm{d}^3 f}{\mathrm{d}r^3} + 8r\frac{\mathrm{d}^2 f}{\mathrm{d}r^2} - 8\frac{\mathrm{d}f}{\mathrm{d}r} = 0 \tag{6.149}$$

上式即为欧拉型微分方程，其特征方程为

$$k(k-1)(k-2)(k-3) + 8k(k-1)(k-2) + 8k(k-1) - 8k = 0$$

可得特征根为

$$k = -3, -1, 0, 2$$

于是方程(6.149)的一般解为

$$f = c_1 r^{-3} + c_2 r^{-1} + c_3 + c_4 r^2 \tag{6.150}$$

其中 $c_i(i = 1 \sim 4)$ 为常数。

同理可得

$$g = -\frac{1}{2}c_1 r^{-3} + \frac{1}{2}c_2 r^{-1} + c_3 + 2c_4 r^2$$

$$h = c_2 r^{-2} + 10c_4 r \tag{6.151}$$

利用边界条件(6.146) 即可获得常数 $c_i(i=1\sim 4)$,如下

$$c_1 = \frac{1}{2}V_\infty a^3$$

$$c_2 = -\frac{3}{2}V_\infty a$$

$$c_3 = V_\infty$$

$$c_4 = 0$$

进一步推导可得

$$\begin{cases} v_r = V_\infty \cos\theta\left(1 - \dfrac{3}{2}\dfrac{a}{r} + \dfrac{1}{2}\dfrac{a^3}{r^3}\right) \\ v_\theta = -V_\infty \sin\theta\left(1 - \dfrac{3}{4}\dfrac{a}{r} - \dfrac{1}{4}\dfrac{a^3}{r^3}\right) \\ p = p_\infty - \dfrac{3}{2}\dfrac{V_\infty a}{r^2}\mu\cos\theta \end{cases} \tag{6.152}$$

应用广义牛顿黏性应力公式,可以求得球面上的应力为

$$\begin{cases} (p_{rr})_{r=a} = \left(-p + 2\mu\dfrac{\partial v_r}{\partial r}\right)_{r=a} = -p_\infty + \dfrac{3}{2}\dfrac{V_\infty}{a}\mu\cos\theta \\ (p_{r\theta})_{r=a} = \mu\left(\dfrac{1}{r}\dfrac{\partial v_r}{\partial\theta} + \dfrac{\partial v_\theta}{\partial r} - \dfrac{v_\theta}{r}\right)_{r=a} = -\dfrac{3}{2}\dfrac{V_\infty}{a}\mu\sin\theta \\ (p_{\theta\varepsilon})_{r=a} = 0 \end{cases} \tag{6.153}$$

则球面所受表面力之和(阻力) 为

$$\boldsymbol{F}_z = \int_0^\pi [(p_{rr})_{r=a}\cos\theta - (p_{r\theta})_{r=a}\sin\theta] 2\pi a^2 \sin\theta \mathrm{d}\theta \boldsymbol{e}_z$$

积分可得

$$\boldsymbol{F}_z = 6\pi\mu V_\infty a\boldsymbol{e}_z \tag{6.154}$$

通常定义圆球阻力系数 C_D 为

$$C_D = \frac{F_z}{\dfrac{1}{2}\rho V_\infty^2 \pi a^2}$$

若来流雷诺数 Re 定义为 $Re = \dfrac{2aV_\infty}{\nu}$,则有

$$C_D = \frac{24}{Re} \tag{6.155}$$

上式即为通常所称的**斯托克斯公式**。

需要指出的是,在 $Re < 1$ 时,斯托克斯公式和实验获得的阻力系数值吻合很好,而在 $Re > 1$ 时,两者偏离逐渐变大,且式(6.155) 所预测的结果要小于实验值。这主要是因为斯托克斯公式在小雷诺数时忽略了惯性项,认为整个流场中的惯性力要远小于黏性力,显然 Re 增大时,惯性力作用增强,故不能被忽略。

为了克服斯托克斯近似所引起的误差,应对它进行修正。常用的修正是在不可压缩黏性流体动力学方程组中引入扰动速度 $\boldsymbol{v}'$,来体现惯性力的影响,即

$$\nabla \cdot \boldsymbol{v}' = 0$$

$$V_\infty \frac{\partial \boldsymbol{v}'}{\partial z} = -\frac{1}{\rho} \nabla p + \nu \nabla^2 \boldsymbol{v}' \tag{6.156}$$

式中，$\boldsymbol{v}'$ 相对来流 V_∞ 是小量，上式被称为**奥森近似方程**。求解奥森近似方程获得的阻力公式为

$$\boldsymbol{F}_z = 6\pi\mu V_\infty a\left(1 + \frac{3aV_\infty}{8\nu}\right)\boldsymbol{e}_z$$

相应的阻力系数为

$$C_D = \frac{F_z}{\frac{1}{2}\rho V_\infty^2 \pi a^2} = \frac{24}{Re}\left(1 + \frac{3}{16}Re\right) \tag{6.157}$$

在较高雷诺数下，奥森近似获得的结果和实验结果更加吻合。

2. 边界层流动

在较高雷诺数时，物体在流体中以较高的速度相对运动，虽然主流区为湍流流动，但靠近壁面处存在很薄的黏性底层，黏性底层内流动仍为层流流动，对于边界层内的层流流动，可将 N－S 方程简化为边界层方程进行求解。1904 年普朗特推导出了边界层微分方程，1921 年冯·卡门推导出了边界层动量积分关系式，这些工作极大地推进了对黏性阻力的发生及性质的认识，对于流体以较高速度绕流物体和管道进口段流动等工程问题具有重要的实际意义，下面对边界层内层流流动近似解进行分析。

如图 6.5 所示，流体绕流翼型，B 点把速度分布曲线分成了靠近壁面的底层 AB 和主流区 BC 两部分，在底层，流体速度从零迅速增加至主流区速度，速度梯度很大，在 BC 段，速度近似不变。沿着流动方向，将所有具有 B 点特征的空间点连接起来，将得到图中虚线 $S-S$，从物体壁面到 $S-S$ 的边界，距离为 δ，将此靠近物体表面存在很大速度梯度的薄层区域称为**边界层**，δ 称为**边界层厚度**。

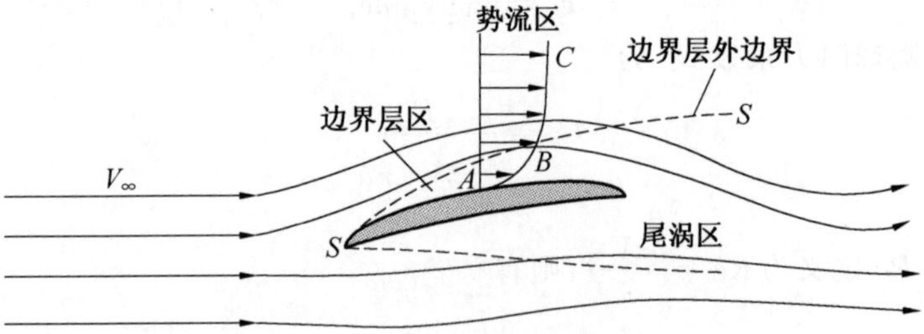

图 6.5　边界层示意图

在边界层内，即使是黏性很小的流体，流场中也存在很大的切应力，使得黏性力和惯性力具有同样大小的数量级，因此，流体在边界层内是有旋运动。而在边界层外，流体的运动几乎不受固体壁面的影响，即使是对于黏性较大的流体，流场中的切应力也很小，可忽略不计，故惯性力起主导作用，此区域内仍可看作是理想流体的无旋运动（势流）。注意，Re 越大，边界层厚度越薄，在 Re 很大时，除了物体头部和紧贴壁面处存在很薄的黏性底层外，边界层其余部分全部为湍流，称之为**湍流边界层**。

1904 年，普朗特针对不可压缩流体的二维恒定流动，考虑了其**层流边界层**内的流动规律，假设流体的黏性不变，且满足牛顿内摩擦定律，边界层的整个厚度内流动为层流。若将物体壁面的法向定为 y 轴，沿物体曲面边界定为 x 轴，因为边界层厚度很小，所以绕曲率不大的物体的流动可近似为绕流平板的运动，即可以当作平板边界层处理，如图 6.6 所示。略去质量力，层流边界层内黏性流体运动微分方程和连续性方程为

$$\begin{cases}-\dfrac{1}{\rho}\dfrac{\partial p}{\partial x}+\nu\left(\dfrac{\partial^2 v_x}{\partial x^2}+\dfrac{\partial^2 v_x}{\partial y^2}\right)=v_x\dfrac{\partial v_x}{\partial x}+v_y\dfrac{\partial v_x}{\partial y}\\ -\dfrac{1}{\rho}\dfrac{\partial p}{\partial y}+\nu\left(\dfrac{\partial^2 v_y}{\partial x^2}+\dfrac{\partial^2 v_y}{\partial y^2}\right)=v_x\dfrac{\partial v_y}{\partial x}+v_y\dfrac{\partial v_y}{\partial y}\\ \dfrac{\partial v_x}{\partial x}+\dfrac{\partial v_y}{\partial y}=0\end{cases}\tag{6.158}$$

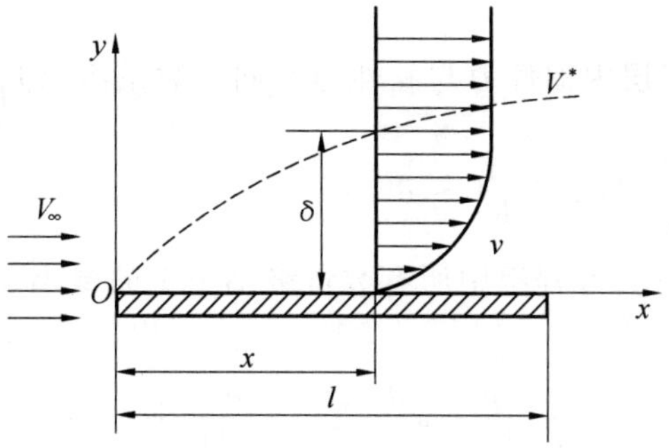

图 6.6　平板边界层流动

若被绕流物体的特征长度为 l，无穷远处来流的特征速度为 V_∞，以此为基准，对方程组中的运动参数进行无量纲化，有

$$\bar{x}=\frac{x}{l},\quad \bar{y}=\frac{y}{l},\quad \bar{\delta}=\frac{\delta}{l}$$

$$\bar{v}_x=\frac{v_x}{V_\infty},\quad \bar{v}_y=\frac{v_y}{V_\infty},\quad \bar{p}=\frac{p}{\rho V_\infty^2},\quad Re=\frac{V_\infty l}{\nu}$$

其中边界层范围 $0\leqslant y\leqslant\delta$，根据边界层的特点，边界层的厚度 δ 与特征长度 l 相比为很小的量，于是有

$$\bar{x}\sim 1,\quad \bar{y}\sim\bar{\delta}\ll 1,\quad \bar{v}_x\sim 1,\quad \bar{v}_y\sim\bar{\delta}\ll 1,\quad \bar{p}\sim 1$$

另外，在边界层与势流区交界面上，有

$$\frac{\partial\bar{v}_x}{\partial\bar{x}}\sim 1,\quad \frac{\partial^2\bar{v}_x}{\partial\bar{x}^2}\sim 1,\quad \frac{\partial\bar{v}_x}{\partial\bar{y}}\sim\frac{1}{\bar{\delta}},\quad \frac{\partial^2\bar{v}_x}{\partial\bar{y}^2}\sim\frac{1}{\bar{\delta}^2}$$

根据无量纲参数，可得无量纲的控制方程组如下，并在其中标出了各项的数量级

$$
\begin{cases}
-\dfrac{\partial \bar{p}}{\partial \bar{x}}+\dfrac{1}{Re}\left(\dfrac{\partial^2 \bar{v}_x}{\partial \bar{x}^2}+\dfrac{\partial^2 \bar{v}_x}{\partial \bar{y}^2}\right)=\bar{v}_x\dfrac{\partial \bar{v}_x}{\partial \bar{x}}+\bar{v}_y\dfrac{\partial \bar{v}_x}{\partial \bar{y}} \\
\quad 1 \qquad \bar{\delta}^2 \quad 1 \qquad\quad \dfrac{1}{\bar{\delta}^2} \qquad\quad 1 \quad 1 \qquad \bar{\delta} \quad \dfrac{1}{\bar{\delta}} \\
-\dfrac{\partial \bar{p}}{\partial \bar{y}}+\dfrac{1}{Re}\left(\dfrac{\partial^2 \bar{v}_y}{\partial \bar{x}^2}+\dfrac{\partial^2 \bar{v}_y}{\partial \bar{y}^2}\right)=\bar{v}_x\dfrac{\partial \bar{v}_y}{\partial \bar{x}}+\bar{v}_y\dfrac{\partial \bar{v}_y}{\partial \bar{y}} \\
\quad \dfrac{1}{\bar{\delta}} \qquad \bar{\delta}^2 \quad \bar{\delta} \qquad\quad \dfrac{1}{\bar{\delta}^2} \qquad\quad 1 \quad \bar{\delta} \qquad \bar{\delta} \quad 1 \\
\dfrac{\partial \bar{v}_x}{\partial \bar{x}}+\dfrac{\partial \bar{v}_y}{\partial \bar{y}}=0 \\
\quad 1 \qquad 1
\end{cases}
\tag{6.159}
$$

其中,考虑到了边界层内惯性力与黏性力在同一数量级,即$\dfrac{1}{Re}\dfrac{\partial^2 \bar{v}_x}{\partial \bar{y}^2}\sim \bar{v}_y\dfrac{\partial \bar{v}_x}{\partial \bar{y}}$,由于$\bar{v}_y\dfrac{\partial \bar{v}_x}{\partial \bar{y}}\sim 1$,且$\dfrac{\partial^2 \bar{v}_x}{\partial \bar{y}^2}\sim\dfrac{1}{\bar{\delta}^2}$,故必有$\dfrac{1}{Re}\sim\bar{\delta}^2$。

通过数量级比较,略去方程组中所有数量级小于 1 的微小项,并还原成有量纲的形式,则有

$$
\begin{cases}
-\dfrac{1}{\rho}\dfrac{\partial p}{\partial x}+\nu\dfrac{\partial^2 v_x}{\partial y^2}=v_x\dfrac{\partial v_x}{\partial x}+v_y\dfrac{\partial v_x}{\partial y} \\
\dfrac{\partial p}{\partial y}=0 \\
\dfrac{\partial v_x}{\partial x}+\dfrac{\partial v_y}{\partial y}=0
\end{cases}
\tag{6.160}
$$

上面即为关于恒定二维层流边界层内流动的**普朗特边界层方程**。其中,$\dfrac{\partial p}{\partial y}=0$ 表示边界层内沿物体表面的法线方向上压强不变,等于边界层外势流区的压强。可见,边界层区和势流区内流动沿流向的压强分布是相同的,这一结论具有重要的意义,因为势流区流动的压强分布 $p(x)$ 可以使用伯努利方程求得。若势流区的速度 V^* 为已知,则在边界层与势流区的交界上,有

$$
p+\frac{1}{2}\rho V^{*2}=C \quad 或 \quad \frac{\partial p}{\partial x}=-\rho V^*\frac{\partial V^*}{\partial x}
$$

即

$$
\frac{\mathrm{d}p}{\mathrm{d}x}=-\rho V^*\frac{\mathrm{d}V^*}{\mathrm{d}x}
$$

这样,方程组(6.160) 可变为

$$
\begin{cases}
V^*\dfrac{\mathrm{d}V^*}{\mathrm{d}x}+\nu\dfrac{\partial^2 v_x}{\partial y^2}=v_x\dfrac{\partial v_x}{\partial x}+v_y\dfrac{\partial v_x}{\partial y} \\
\dfrac{\partial v_x}{\partial x}+\dfrac{\partial v_y}{\partial y}=0
\end{cases}
\tag{6.161}
$$

即上面方程组仅存在两个未知量 v_x 和 v_y,方程是可解的。

上面边界层微分方程是边界层内流动计算的基本方程式，然而由于它是非线性方程，对于大多数的工程问题，求解上仍十分困难，只有对极少数的简单情况才能获得精确解。下面讨论在来流零压力梯度的条件下，使用分离变量法对方程(6.160) 求取近似解。

依据式(5.7)，引入流函数

$$\frac{\partial \psi}{\partial y}=v_x,\quad \frac{\partial \psi}{\partial x}=-v_y$$

注意到 $\mathrm{d}p/\mathrm{d}x=0$，于是边界层方程变为

$$\frac{\partial \psi}{\partial y}\frac{\partial^2 \psi}{\partial x \partial y}-\frac{\partial \psi}{\partial x}\frac{\partial^2 \psi}{\partial y^2}=\nu \frac{\partial^3 \psi}{\partial y^3} \tag{6.162}$$

再次对上述流函数方程引入坐标变换

$$\xi=x,\quad \eta=y\sqrt{\frac{V_\infty}{\nu x}} \tag{6.163}$$

则有

$$-\frac{1}{2\xi}\left(\frac{\partial \psi}{\partial \eta}\right)^2+\frac{\partial \psi}{\partial \eta}\frac{\partial^2 \psi}{\partial \xi \partial \eta}-\frac{\partial \psi}{\partial \xi}\frac{\partial^2 \psi}{\partial \eta^2}=\nu \frac{\partial^3 \psi}{\partial \eta^3}\sqrt{\frac{V_\infty}{\nu \xi}} \tag{6.164}$$

注意到 ξ 在方程中的位置，分离变量，令

$$\psi(\xi,\eta)=\sqrt{V_\infty \nu \xi}\,F(\eta) \tag{6.165}$$

于是有

$$\begin{cases} v_x=\dfrac{\partial \psi}{\partial y}=V_\infty F'(\eta) \\ v_y=-\dfrac{\partial \psi}{\partial x}=-\dfrac{1}{2}\sqrt{\dfrac{\nu V_\infty}{x}}(\eta F'-F) \end{cases} \tag{6.166}$$

且有

$$F\frac{\mathrm{d}^2 F}{\mathrm{d}\eta^2}+2\frac{\mathrm{d}^3 F}{\mathrm{d}\eta^3}=0 \tag{6.167}$$

边界条件为

$$\left.\begin{matrix} v_x(x,0)=0,v_y(x,0)=0 \\ v_x(x,y>\delta)=V_\infty \end{matrix}\right\} \to \begin{cases} \eta=0,F=F'=0 \\ \eta\to\infty,F'=1 \end{cases} \tag{6.168}$$

对式(6.167) 和式(6.168) 进行数值求解，结果见表 6.1。

通常依据边界层外边界的速度值定义边界层厚度 δ，若以 $v_x=0.99V_\infty$ 定义，从表中可以看出 $\eta=5$ 时的值则为边界层外边界的位置，$y=\delta$，即

$$\delta=5\sqrt{\frac{\nu x}{V_\infty}} \tag{6.169}$$

同时由于

$$\frac{\partial v_x}{\partial y}=\frac{\partial v_x}{\partial \eta}\frac{\partial \eta}{\partial y}=V_\infty F''\sqrt{\frac{V_\infty}{\nu x}}$$

则可得到在零梯度条件下层流边界层中壁面剪切应力 τ_0 为

$$\tau_0=\mu\left.\frac{\partial v_x}{\partial y}\right|_{y=0}=0.332\rho V_\infty^2\sqrt{\frac{\nu}{xV_\infty}} \tag{6.170}$$

分别定义当地雷诺数 Re_x 和特征雷诺数 Re_l 为

$$Re_x = \frac{V_\infty x}{\nu}, \quad Re_l = \frac{V_\infty l}{\nu}$$

则有当地壁面摩擦系数 c_f 为

$$c_f = \frac{\tau_0}{\frac{1}{2}\rho V_\infty^2} = \frac{0.664}{\sqrt{Re_x}} \tag{6.171}$$

对剪切应力沿特征长度 l 积分，可得壁面摩擦阻力 F_z 为

$$F_z = \int_0^l \tau_0 \mathrm{d}x = 0.664\rho V_\infty^2 \sqrt{V_\infty l \nu} = \frac{0.664\rho V_\infty^2 l}{\sqrt{Re_l}}$$

整个壁面平均摩擦系数 C_f 为

$$C_f = \frac{F_z}{\frac{1}{2}\rho V_\infty^2 l} = \frac{1.33}{\sqrt{Re_l}} \tag{6.172}$$

以上即为特殊条件下($\mathrm{d}p/\mathrm{d}x = 0$) 普朗特层流边界层的近似解。

表 6.1　零压力梯度条件下层流边界层方程解

$\eta = y\sqrt{\frac{V_\infty}{\nu x}}$	F	$F' = v_x/V_\infty$	$\frac{1}{2}(\eta F' - F)$	F''
0	0	0	0	0.332 1
1	0.165 6	0.329 8	0.082 1	0.323 0
2	0.650 0	0.629 8	0.300 5	0.266 8
3	1.397	0.846 1	0.570 8	0.161 4
4	2.306	0.955 5	0.758 1	0.064 2
5	3.283	0.991 6	0.837 9	0.015 9
6	4.280	0.999 0	0.857 2	0.002 4
7	5.279	0.999 9	0.860 4	0.000 2
8	6.279	1.000 0	0.860 5	0.000 0

然而总体来说，微分形式的边界层方程仍难以求解，为了寻求近似解的方法，1921 年卡门根据动量原理提出了边界层动量积分关系，并获得了广泛应用。

在边界层区域(可以为层流边界层，也可为湍流边界层)取一微元控制体，如图 6.7 所示，边界层内部速度分布为 v_x，边界层外边界速度分布为 V_x。设展向上为单位厚度，则有连续性方程

$$\dot{m}_\mathrm{o} - \dot{m}_\mathrm{i} = \dot{m}_\mathrm{e} = \frac{\partial}{\partial x}\int_0^\delta \rho v_x \mathrm{d}y\mathrm{d}x \tag{6.173}$$

式中，下标“o”表示流出、“i”表示流入、“e”表示净值。

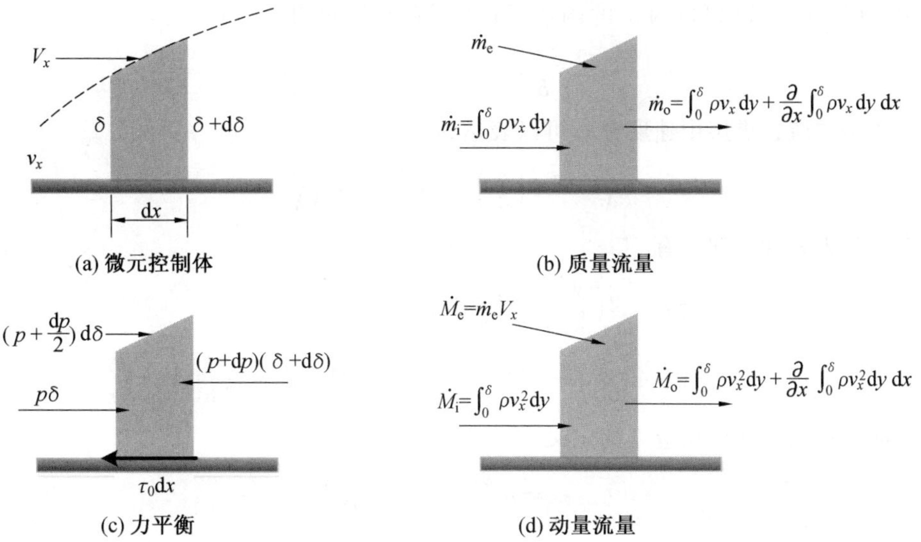

图 6.7　边界层中微元控制体质量、动量和力平衡

积分形式的动量方程为

$$\sum F_x = \dot{M}_o - \dot{M}_i - \dot{M}_e \tag{6.174}$$

考虑力平衡及动量流量平衡条件,略去高阶微小量,则有

$$-\delta dp - \tau_0 dx = \frac{\partial}{\partial x}\int_0^\delta \rho v_x^2 dy dx - \left(\frac{\partial}{\partial x}\int_0^\delta \rho v_x dy dx\right) V_x$$

即有

$$\tau_0 + \delta \frac{dp}{dx} = V_x \frac{d}{dx}\int_0^\delta \rho v_x dy - \frac{d}{dx}\int_0^\delta \rho v_x^2 dy \tag{6.175}$$

上式中,由于仅在 x 方向上进行动量积分,所以使用了全微分的形式,上式即称为**卡门动量积分关系**,因为并未限制流动状态,所以对层流边界层和湍流边界层均适用,只不过对不同的流动状态,剪切应力 τ_0 将具有不同的表达式。

从动量积分关系来看,只要获得边界层和势流区的速度分布,即可获得 τ_0 的表达式。同样,对于简单的流动情况,也可获得其近似解,下面仍然以零梯度条件为例,针对平板边界层求取卡门动量积分关系的近似解。

对于平板边界层有 $dp/dx=0, V_x=V_\infty$,故卡门积分方程变为

$$\tau_0 = \frac{d}{dx}\int_0^\delta \rho v_x V_\infty dy - \frac{d}{dx}\int_0^\delta \rho v_x^2 dy = \frac{d}{dx}\int_0^\delta \rho v_x (V_\infty - v_x) dy \tag{6.176}$$

结合边界层微分方程(6.160),方程(6.176) 的边界条件为

$$\begin{cases} y=0: \quad v_x=0, \quad v_y=0, \quad \dfrac{\partial^2 v_x}{\partial x^2}=0, \quad \dfrac{\partial^2 v_x}{\partial y^2}=0 \\ y=\delta: \quad v_x=V_\infty, \quad \dfrac{\partial v_x}{\partial y}=0 \end{cases} \tag{6.177}$$

满足上述边界条件的边界层速度分布可以使用四阶多项式表示,即

$$\frac{v_x}{V_\infty} = c_0 + c_1 y + c_2 y^2 + c_3 y^3 + c_4 y^4 \tag{6.178}$$

式中 $c_i(i=0\sim4)$ 可以为 x 的函数,利用边界条件,可得

$$c_0=0,\quad c_1=\frac{2}{\delta},\quad c_2=0,\quad c_3=-\frac{2}{\delta^3},\quad c_4=\frac{1}{\delta^4}$$

于是层流边界层中速度分布可以表达为

$$\frac{v_x}{V_\infty}=2\left(\frac{y}{\delta}\right)-2\left(\frac{y}{\delta}\right)^3+\left(\frac{y}{\delta}\right)^4 \tag{6.179}$$

将上式代入式(6.176),有

$$\begin{aligned}\tau_0=\frac{\mathrm{d}}{\mathrm{d}x}\int_0^\delta\rho\left[2\left(\frac{y}{\delta}\right)-2\left(\frac{y}{\delta}\right)^3+\left(\frac{y}{\delta}\right)^4\right]\cdot\\ \left[1-2\left(\frac{y}{\delta}\right)+2\left(\frac{y}{\delta}\right)^3-\left(\frac{y}{\delta}\right)^4\right]V_\infty^2\,\mathrm{d}y=\frac{74}{630}\rho V_\infty^2\frac{\mathrm{d}\delta}{\mathrm{d}x}\end{aligned} \tag{6.180}$$

同时根据壁面剪切应力的定义有

$$\tau_0=\mu\left.\frac{\partial v_x}{\partial y}\right|_{y=0}=2\mu\frac{V_\infty}{\delta} \tag{6.181}$$

联立上述条件可得

$$\delta\mathrm{d}\delta=\frac{630}{37}\frac{\nu}{V_\infty}\mathrm{d}x \tag{6.182}$$

对于平板边界层,前缘点 $x=0$ 处,$\delta=0$,于是对上式积分可得

$$\delta=5.84\sqrt{\frac{\nu x}{V_\infty}}=5.84\frac{x}{\sqrt{Re_x}} \tag{6.183}$$

这样有

$$\tau_0=0.343\rho V_\infty^2\sqrt{\frac{\nu}{xV_\infty}}=0.343\frac{\rho V_\infty^2}{\sqrt{Re_x}}$$

当地壁面摩擦系数 c_f 为

$$c_f=\frac{\tau_0}{\frac{1}{2}\rho V_\infty^2}=\frac{0.686}{\sqrt{Re_x}} \tag{6.184}$$

整个壁面平均摩擦系数 C_f 为

$$C_f=\frac{1.372}{\sqrt{Re_l}} \tag{6.185}$$

可见,上述计算结果和微分形式方程获得的结果是十分接近的。但需要指出,不管是微分形式的计算结果还是积分形式的计算结果,可以发现当 $x\to0$ 处,剪切应力 τ_0 变得无穷大,所以在平板前缘处,上述近似解并不好,但整体而言,对于阻力的预测还是可以接受的。另外,对于边界层内的速度分布 v_x/V_∞,若采用不同精度的多项式逼近,会得到不同但相近的结果,例如,若采用三阶多项式逼近,式(6.185)中的系数 1.372 将变为 1.29。

最后,要注意的是,对于湍流边界层,求解具有类似的过程,所不同的是由于湍流边界层的复杂性,必须使用实验数据作为支撑,才能获得准确的边界层速度分布,从而获得壁面剪切应力关系,常用的处理有幂律形式近似和经验形式近似。

6.4　流动稳定性与转捩

6.3 节关于层流运动解的例子中，提及了层流边界层的概念。附面流动情况下，层流边界层内流体为层流状态，而往下游中，流体受外界扰动的影响将改变流动状态，从而转捩为湍流边界层。湍流边界层内的黏性底层中，流体仍为层流流动状态。上述流动状态显然与流动的稳定性(Stability) 有关，即当流体微元离开了原来的稳定点，流动平衡被破坏，流动状态将会发生转捩(Transition)。

流动稳定性研究的关键问题是分析扰动随时间的演化。转捩问题的重要性在于层流时物体所受的阻力及传热能力和湍流时是大不一样的，人们希望了解并控制转捩。由于转捩对摩擦阻力、热交换、流动的分离位置以及边界层的增长率都有很大影响，对转捩的控制有利于大幅度提升工程应用的效率和性能，比如为了使飞机或汽车等表面达到最小的阻力，人们希望推迟湍流的转捩，因此研究转捩有重要的实际意义。

6.4.1　流动的稳定性

简单来说，稳定性是指一个系统如何反应或反馈小扰动的特征。向系统中施加一个小扰动，如果扰动被抑制，称系统是稳定的，而如果该扰动引起了一个被放大的响应(如不规则运动或规则的振动)，则称系统是不稳定的。

稳定性的概念可用图 6.8 中小球的状态来说明。初始状态下，小球分别在凸面、凹面和平面上，代表了三种不同的稳定性状态。小球在凹面底部时，是一个稳定状态，现在突然施加一个扰动，若扰动较小，小球仍将会稳定在原来位置，而在扰动较大时，小球则可能跑出凹面范围；小球在凸面顶部的位置时，显然是一个不稳定状态，一个很小的扰动将会破坏该平衡状态；而小球位于平面位置时，是中性状态，介于凹面和凸面的运动特性之间。

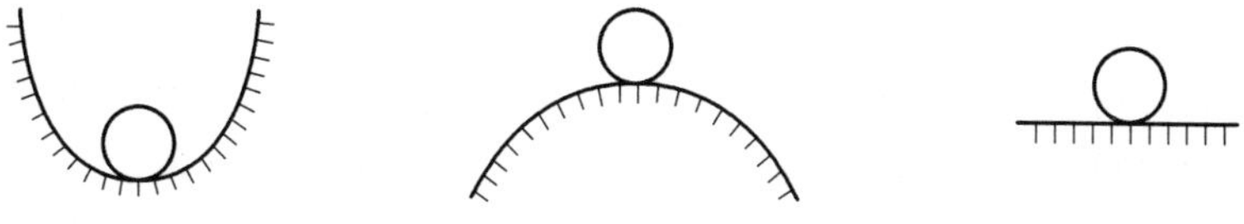

(a) 稳定状态　(b) 不稳定状态　(c) 中性状态

图 6.8　稳定性的例子

流体流动过程中的稳定性是指流体流动状态对外界和自身各种扰动的"免疫" 能力。如果流体在流动过程中受扰动影响从一种状态变为另一种状态，则认为流动是不稳定的，否则是稳定的。这些扰动可以是来流速度的脉动(或湍流度)、物体表面的粗糙程度、流体中掺混杂质的多少或是来流温度不均匀等，而流动稳定性则由作用在流体上的所有"过程"(如浮力、惯性、剪切及旋转等) 所决定。于是，**流动稳定性**可以定义为流动受初始扰动后恢复到原先运动状态的能力。若外界的扰动会自动衰减，原先的流动便是稳定的；若外界扰动继续发展，并转变为新的流动状态，即发生流动失稳现象。流动稳定性理论研究流体运动稳定的条件和失稳后流动的发展变化，包括转捩为湍流的过程。层流到湍流的转捩,一般始于失稳。但随着某流动参数(如雷诺数)的逐渐增大,流动失稳后也有可能过渡为另一种更为复杂的层流,最后再失去层流的规律性,转捩为湍流。

流动稳定性和转捩的研究与流动的形式密切相关。1883 年雷诺(O. Reynolds)通过圆管流动实验进行了最早的流动转捩研究,展示了**圆管流动**中从层流过渡到湍流的直观现象。后来研究者认识到这种过渡是层流的一种失稳现象,不少自然现象和工程技术问题,例如台风形成、大气波动、云层运动及边界层过渡等,都涉及流体运动稳定性问题。现代流动稳定性理论的基础是对**平行流**(如泊肃叶流动、库埃特流动及二者的组合)失稳的研究,针对无黏流动和黏性流动发展出了不同的稳定性理论,著名的有无黏流动失稳的 Rayleigh 拐点定理(1880 年)、Fjϕrtoft 定理(1950 年)及 Howard 半圆定理(1961 年)与通过小扰动理论建立的黏性流动失稳的奥尔－索末菲方程(Orr-Sommerfeld equation)。奠定了流动不稳定概念的实验基础的研究则是对边界层流动转捩的研究,其综合应用了流动可视化技术和速度场测试技术,首次完成给出了流动失稳的定量信息,对转捩过程进行了参数化描述。此外,存在明确流体界面时,由于剪切或温度梯度作用,也有众多的界面流动不稳定性问题的研究成果发表。

6.4.2 圆管流动稳定性及间歇系数

1883 年,雷诺发表了他在曼彻斯特大学进行圆管流动实验研究的论文。如图 6.9(a)所示的黏性流体管流,层流中流体呈稳态运动,流线均匀光滑,流动无掺混;湍流中流体运动变得杂乱无章,流线蜿蜒曲折,不同流体质点相互掺混。从层流状态过渡到充分发展湍流状态时,会经过一种过渡流态,即转捩过程,这是流动不稳定发展的表现。

转捩发生在流动中的非线性效应超过一定临界值时,对于由惯性力主导的湍流(称为惯性湍流),临界值一般为临界雷诺数 Re_{cr1}。临界值表征了不稳定性发展的开端,而不稳定性(或扰动)的发展是层流转向湍流的第一步。外界各种扰动首先进入边界层并转变为流体内部的扰动波,扰动波经过线性和非线性的增长后会进一步失稳、破碎而发展成湍流。从理论研究的方便出发,一般可以把扰动波视为简谐波的叠加和调制。

对于不同流动条件下的任何一种层流,都存在某个转捩的临界雷诺数,如图 6.9(b)所示。雷诺发现圆管流动中,从层流向湍流转捩的临界雷诺数为 $Re_{cr1}=2\ 320$。另外,临界雷诺数意味着转捩的开始,而完全转捩为湍流的雷诺数要大于临界雷诺数(如达到 Re_{cr2})。从另一角度来说,雷诺数表征的是惯性力与黏性力之比,本质上反映的是流体抵抗扰动的能力。当雷诺数在临界雷诺数之下时,即使存在对流动的强烈扰动,扰动也会由于流体的黏性而衰减,从而继续保持层流状态。只有在流动的雷诺数大于临界雷诺数时,层流才会由于扰动的扩大而变成湍流。

从转捩的过程来看,随着 Re 数的增加,惯性力作用增强,层流运动逐渐失稳。从不稳定性开端过渡到完全发展湍流的过程中,扰动波首先经历线性失稳使其振幅逐渐增长,进而进入非线性失稳使得扰动发展为三维结构,这样,在空间上,流动有一部分将呈现湍流状态,另一部分呈现层流状态,同时,在时间上也呈现时而层流时而湍流的变化,于是在局部某些点处将出现一个个小的湍流猝发区域,在后来被称为**湍斑**(Emmons,1951 年)。湍斑周围的流体处于层流状态,而湍斑内部则为湍流,自然情况下湍斑的产生在时间和空间上都是随机的。

可见，转捩过程的流场是具有间歇性的。如图 6.9(c) 所示，横坐标为时间轴，纵坐标为流动参数轴，则时而层流时而湍流的现象常用**间歇系数** $\gamma = T_t/(T_l + T_t)$ 来表示($0 \leqslant \gamma \leqslant 1$)，其中 T_l 是测量中的层流时段，T_t 是测量中的湍流时段，$T_l + T_t$ 即为总测量时段。随着不稳定性的发展，间歇性系数越来越大，$\gamma = 1$ 说明流动变为充分发展湍流。需指出的是，这种间歇性，更准确地应称为外间歇性，而在湍流流态中，通常还有关于湍流统计量的内间歇性的概念。

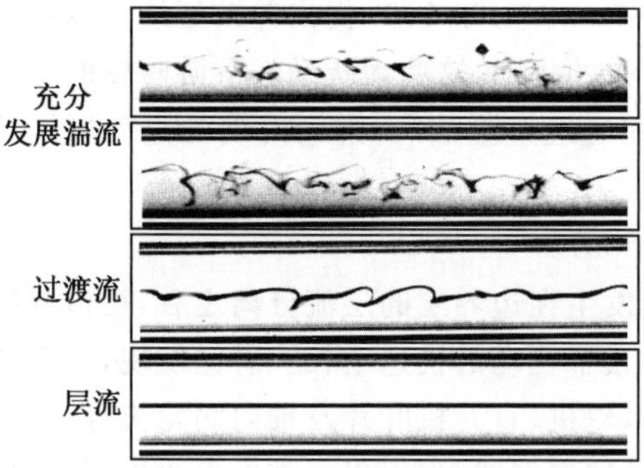

(a) 雷诺实验中的流动状态

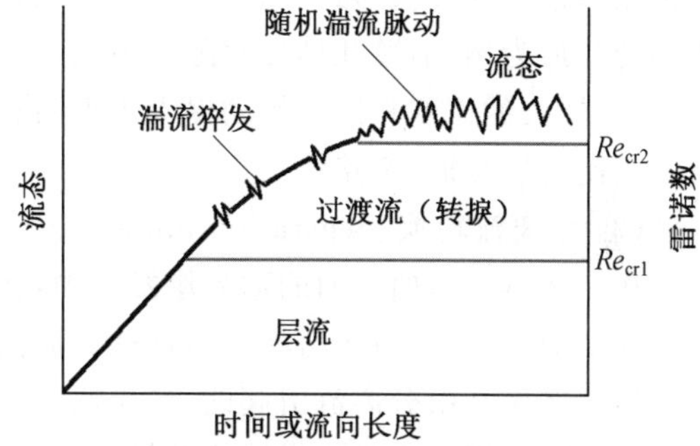

(b) 随雷诺数增加的流态发展简图

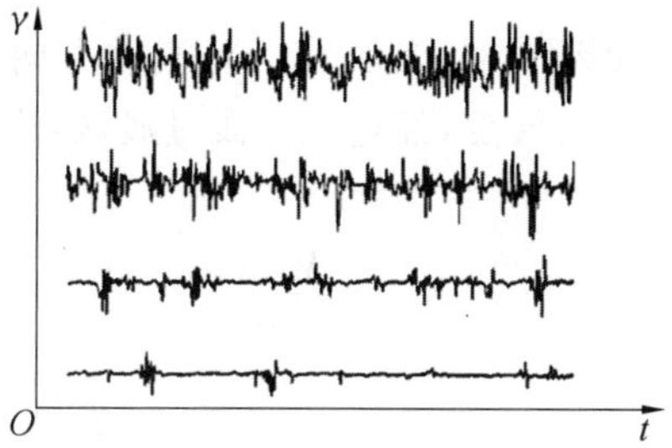

(c) 转捩中的间歇现象

图 6.9　圆管流动失稳转捩

6.4.3　边界层流动的转捩

边界层中的流动转捩是人们最先系统性认识转捩特性的研究对象，长期以来作为流体力学领域的一个前沿和热点问题受到了持续关注。尽管关于边界层转捩的基础理论和发生机理仍在研究发展中，但其在工程实践中的重要性已经日益突出。航空航天工程中，转捩的发生位置和发展过程对飞行器的升阻特性、边界层分离以及表面气动加热等具有显著的影响，而在流体机械中，上游流动转捩也将对系统整体性能产生不利影响，故边界层流动的转捩研究将对航空航天和工业领域等具有非常重要的意义。

上节已提及，边界层转捩是层流边界层向湍流边界层过渡的过程。边界层流动的转捩同样存在着临界雷诺数，且临界雷诺数受众多因素影响，如来流湍流度、来流黏性、壁面性质和压力梯度等。根据上下游流动条件，边界层流动的转捩可分为以下几种情况：

(1) 自然转捩(Natural Transition)

自然转捩是由流动中的小扰动引起，即边界上固有的不稳定性发展导致了转捩，目前普遍接受的物理机制是 Tollmien-Schlichting(T－S) 波的三维发展所引起。自然转捩也称为横流转捩，可发生在很低的湍流度(＜1％) 下。典型的应用实例是飞机机翼、直升机叶片及水下航行器等。

(2) 旁路转捩(Bypass transition)

旁路转捩由外部气流(自由流湍流) 的强干扰所一起，并且完全绕过了 T－S 波的不稳定状态。转捩前的层流边界层外的外部流动一般具有高于 1％ 的湍流水平，这是在叶轮机械中常见的转捩形式。旁路转捩的命名由 Morkovin 于 1969 提出并被延续。以压缩机旋转叶片为例，上游几排叶片随自由流产生很大的扰动，这些大扰动在下游叶栅的边界上行进，较大的速度和压力扰动侵入边界层后，在当地产生湍斑，进而发展为充分发展湍流。相比自然转捩，旁路转捩会更早发生。

(3) 分离流转捩(Separation-induced transition)

在一些具有弯曲表面的边界层发展中，转捩发生在边界层的层流分离之后，在边界层内出现了速度拐点(负压力梯度)，这种分离流导致了扰动的快速增长。研究发现，大多数工业转捩案例是由分离流引起的，如风扇、风力涡轮机、直升机叶片及轴向涡轮机等。

自然转捩被认为是边界层流动最普遍的一种转捩形式，下面以二维平板边界层为例，着重介绍自然转捩过程。

二维平板边界层的结构如图 6.10 表示。沿着流动方向(x 轴)，在层流边界层位置(记为 x_T) 之后，层流开始向湍流转变，经过一小段过渡区，流动进入湍流。若根据 x_T 的位置定义临界雷诺数

$$Re_{cr}=\frac{V_\infty x_T}{\upsilon} \tag{6.186}$$

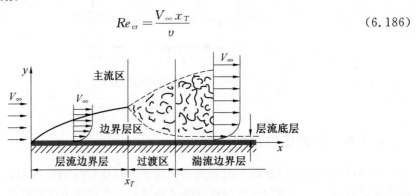

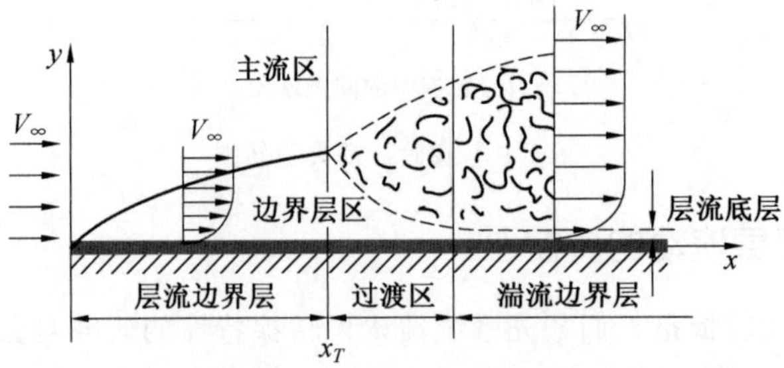

图 6.10　二维平板边界层

则对于零压力梯度、来流湍流度约 10％ 和粗糙平板的流动条件，$Re_{cr}=3.0\times10^5$，而来流湍流度较低的光滑平板上，$Re_{cr}=5.0\times10^5$，而实验室条件下，若控制来流湍流度极低，对前缘设计良好的光滑平板，Re_{cr} 可达 10^6。另外，一般情况下过渡区较短，在计算中常被忽略，故认为 x_T 之前为层流，而 x_T 之后为湍流。可见，绕流情况下，由于黏性的作用，不管来流速度多大，在边界层中总存在一段距离为层流流动，之后为湍流流动。

边界层转捩的首次完整实验研究由 Schubauer 和 Skramstad 于 1947 年完成，该实验奠定了流动不稳定概念的实验基础。之后，研究关注于边界层流动转捩的特性与非线性机理，20 世纪 60 年代开始，美国斯坦福大学的克兰(S.J. Kline) 教授使用染剂和氢气泡

示踪技术对边界层流动图像进行了系统研究。而后期先进流动测量技术的使用，获得了边界层流动的大量定量数据，也研究促使人们形成了对平板边界层转捩的普遍认识。

在流动失稳之后，流场中的猝发现象成为湍流得以发生和赖以维持的物理过程。在边界层流动中，猝发现象将导致层流到湍流的转变，并提供维持湍流运动所需要的大部分能量。通过实验测量、统计分析和数值模拟研究，发现湍流发展中的猝发现象和流场中的一些确定性结构的形成有关(拟序结构)，并提出了各种能够反映近壁湍流拟序结构物理演化的概念化模型，1952 年提出的发夹涡模型是最早的概念化模型，而针对发夹涡演化过程，也出现了不同的模型学说，如所谓的辛泽(Hinze，1975) 概念化模型、史密斯(Smith，1984) 概念化模型、Miyake(1997) 概念化模型、朔帕和侯赛因(2000) 概念化模型，及伯纳德和华莱士(Bernard and Wallace，2002) 概念化模型等，下面仅对辛泽模型进行介绍。

辛泽的概念化模型提供了一个比较直观的近壁湍流运动的拟序周期过程，如图 6.11 所示，其中也给出了猝发过程中各个阶段的速度分布曲线，实线表示瞬时速度分布，虚线表示平均速度分布。图中流向为 x 方向，流向的法向为 y 方向，第三向为展向，y^+ 为法线方向的无量纲高度，λ_z 为展向上相邻条带结构的平均无量纲间距，λ_x 为流向无量纲长度。

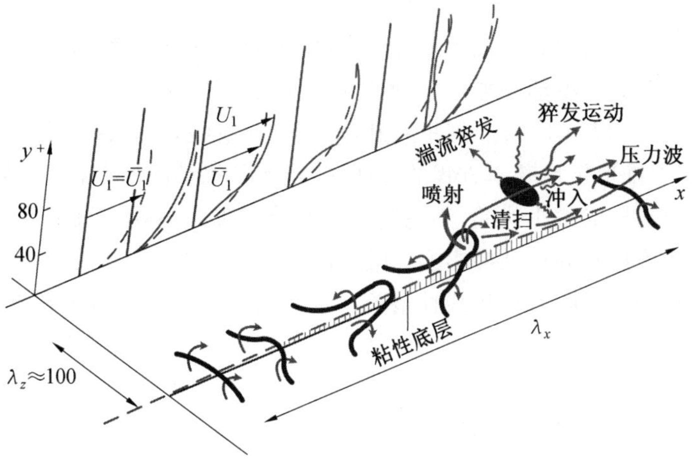

图 6.11　边界层湍流发展的辛泽模型

边界层的扰动开始发展后，在靠近壁面的黏性底层中，首先将形成展向涡，展向涡在扰动波的作用下逐渐发展为发夹涡；在流向方向，发夹涡通过诱导作用产生速度较低的带状结构，这些低速条带再通过发夹涡的输运作用进而上举，由于低速条带流速较低，这样便产生了具有拐点的流向速度分布，形成局部的不稳定剪切层，促使形成的条带发生振动和破碎，底部流体向上层高速流动区域喷射，同时上层高速流体向下层俯冲形成清扫，清扫过后，发夹涡结构被破坏。经过一个相对平静的时期后，黏性底层中重新出现低速条带，并开始新的运动周期。可见，喷射和清扫的过程都形成流体内部相间的剪切层，使得瞬时流速呈现复杂的状况。这些低速条带的形成、振动、破碎及和发夹涡的演化，称为**猝发过程**，其中发夹涡是近壁湍流拟序结构的重要组成部分。

边界层流动中的猝发过程是周期性的,发夹涡破碎、喷射和清扫的相继发生从而完成一个猝发过程,在发生猝发现象的地点,其下游将出现局部的湍斑,湍斑随主流继续向下游扩展,最终湍流将占据下游全部空间,成为充分发展湍流。

图 6.12 进一步给出了平板边界层中由层流到湍流的转捩全景。从演化机理来说,转捩是一种扰动非线性增长的过程,这些扰动包括各种施加于边界层内部或由边界层外部传输到内部并能引起流动不稳定的各种因素和事件。

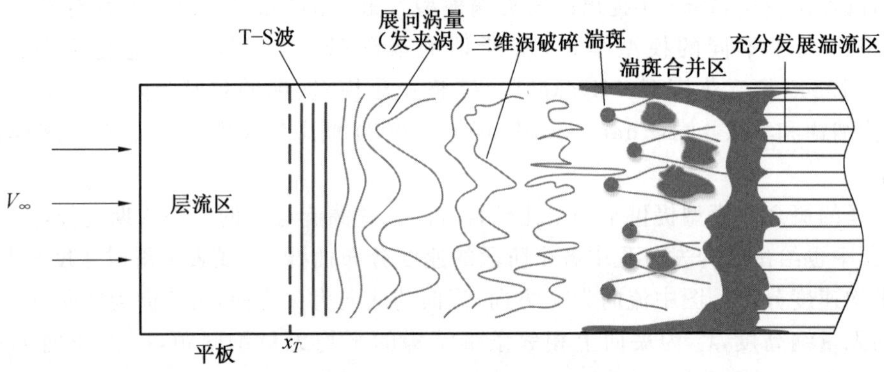

图 6.12 平板边界层流动自然转捩途径

大量实验研究表明,边界层流动的外界扰动,如自由来流湍流度、声波、压力梯度、壁面粗糙度和绊线、壁面的冷却和加热、壁面吹吸等因素都能在边界层中产生扰动波。1929 年托尔明(Tollmien)以及 1933 年施里希廷(Schlichting)基于线性稳定性方程,分别用线性化方法获得了二维稳定性基本方程的特征解,预测了扰动波的存在,称为 T－S 波。实验已经证明,对于随机的微小扰动,不稳定性开始的标志为出现二维的 T－S 波,靠近平板前缘附近,流体受到外界扰动的影响,在边界层内形成向右传播的二维线性 T－S 波,随着 T－S 波向下游传播,其振幅线性增长。这是因为微弱的扰动在流体中线性增长,不同频率的扰动谐波叠加和调制,会使沿流动方向的扰动峰值迅速增大。当增长到足够大时,进入非线性增长阶段,即出现在展向上的变化。因为自然扰动必然是三维的,T－S 波逐渐发展为具有三维结构的发夹涡,接着发夹涡进一步拉伸、变形并破碎,形成非线性脉动的湍斑。流动转捩发展的最后阶段是湍斑的出现、发展与合并,并最终使整个流场完全发展成为湍流。上述转捩途径也已通过数值模拟结果重现。

6.4.4 界面流动不稳定性及转捩

在很多自然现象及工程问题中,还存在具有明确流体界面的流动稳定性问题。在雷诺实验的同期,有许多工作也揭示了不同机理的流动不稳定性,如亥姆霍兹(Helmholtz)、瑞利(Rayleigh)、泰勒(Taylor)、卡门(Kármán)和凯尔文(Kelvin)等人的研究,现在这些不同种类的流动不稳定性以他们的名字命名。

两种不同流体有一个明确界面时,由于两者之间的剪切力作用、密度差效应及热对流等机制,将分别诱发不同类型的界面流动图景,下面对典型的 Kelvin-Holmholtz 不稳定性、Rayleigh-Taylor 不稳定性及 Rayleigh-Bénard 热对流不稳定性进行简介。

(1)Kelvin-Holmholtz 不稳定性

两种流体之间存在速度差,则不同流体的界面之间将有剪切作用,剪切作用和界面张力相互竞争的条件下,剪切作用主导时将发生界面波、卷吸及破碎的现象。典型的例子有风掠水面时的不稳定波、云层、木星的大红斑、日冕等。

(2)Rayleigh-Taylor 不稳定性

当重流体处于轻流体上方时,如果界面无限平整且不存在扰动,则该流体系统处于不稳定平衡状态。而小扰动下,即便是原本无限平整的界面在重力作用下也会发生失稳。这种由轻流体推重流体或加速度由重流体指向轻流体所导致的流体界面不稳定性现象,称为 R－T 不稳定性现象。

(3)Rayleigh-Bénard 不稳定性

在温度均匀的水平容器中盛一薄层液体,当加热下板且液体上下面温差不大时,热量通过热传导方式自下向上传递,液体保持静止。当温差达到某值时(即达到临界 Rayleigh 数),液体因静平衡失稳而开始流动。此流动为有规则的层流,流场呈现规则的胞状结构。每一胞状结构中,流体自中心至边缘形成环流。上述流态即为热对流不稳定性,实际上,热对流失稳是温差驱动液体在法向方向出现密度梯度而产生的。热对流不稳定性在地球物理的某些问题中具有重要意义。

6.4.5　湍流转捩与混沌

不同形式的流动不稳定性和湍流转捩表明,在一定驱动力条件下,层流均可发展并转捩为湍流。转捩过程中,由于扰动的复杂性(并非小扰动理论的线性扰动),失稳后的流态发展方向众多,如层流向湍流过渡,必从失稳开始,但失稳后可能转变为另一种层流,而不一定过渡为湍流。

关于流动转捩的另一条研究途径是混沌动力学。1944 年朗道提出了一种可能的过渡形式,即随着某流动参数(例如雷诺数)的逐渐增大,原先的层流失稳并变为另一种稳定层流;参数继续增大时,此层流将再失稳而变为另一种更复杂的层流,如此继续下去,终于失去层流的规则性而转变为湍流。这种过程称为重复分岔。小扰动理论可用于求第一个分岔点。对于某些流动,如热对流和两同轴圆筒间的库埃特流,实验已证实存在第一和第二个分岔点;而另外一些流动,例如圆管中的泊肃叶流(见管流),一旦失稳,总是立即转变为湍流。1971 年法国物理学家 Ruell 和荷兰数学家 Takens 为耗散动力学系统引入了奇异吸引子这一概念,提出了一个新的湍流发生机制,这为湍流研究打开了一条新的思路。

需要指出,混沌动力学的研究和湍流问题有本质不同,有些混沌流动并不是湍流。但可以确定的是,湍流作为一个远离热力学平衡态的非线性耗散系统,它的发生、发展和内部结构与分岔、混沌等有密切的关系,混沌理论在处理湍流这种非线性问题方面具有明显的优越性。

习　　题

黏性流体动力学方程

6.1　已知不可压缩流体流动的速度场为

$$\boldsymbol{v}=5x^2yz\boldsymbol{i}+3xy^2z\boldsymbol{j}-8xz^2y\boldsymbol{k}$$

流体的动力黏性系数为 $\mu=10.7\ \mathrm{Pa\cdot s}$。求(2,4,－6)点处正应力及切应力。

6.2　证明在直角坐标系中不可压黏性流体平面流动的流函数方程为

$$\frac{\partial}{\partial t}(\nabla^2\psi)+\frac{\partial\psi}{\partial y}\frac{\partial}{\partial x}(\nabla^2\psi)-\frac{\partial\psi}{\partial y}\frac{\partial}{\partial y}(\nabla^2\psi)=\nu\,\nabla^2(\nabla^2\psi)$$

式中

$$\nabla^2(\nabla^2)=\frac{\partial^4}{\partial x^4}+2\frac{\partial^4}{\partial x^2\partial y^2}+\frac{\partial^4}{\partial y^4}$$

6.3　不可压黏性流体定常流动，质量力有势时，试证：

$$\left(\nabla^2-\frac{1}{\nu}v\frac{\partial}{\partial s}\right)\left(\frac{v^2}{2}+\frac{p}{\rho}+U\right)=0$$

式中，s 为沿流线方向的坐标。

6.4　证明不可压黏性流体质量力有势时

$$\frac{D\Gamma}{Dt}=-\nu\oint_l(\nabla\times\boldsymbol{\Omega})\cdot\mathrm{d}\boldsymbol{l}$$

式中，l 为流场中任意封闭曲线，Γ 为沿 l 的速度环量。

6.5　两块平放的无限大的相距为 b 的平行平板之间有层流流动，若上平板以速度 V_0 沿流动方向运动，已知压力梯度$\frac{\partial p}{\partial x}$的值，证明流动速度分布为

$$v=\frac{V_0}{b}y-\frac{1}{2\mu}\frac{\partial p}{\partial x}(by-y^2)$$

6.6　在内半径为 r_2 的足够长的圆管内，有一外半径为 r_1 的圆管，两管之间流体沿轴向流动，两管同轴，轴线与地面平行。若内管以速度 $V_1\boldsymbol{k}$ 运动，试确定：

(1) 环形通道中的速度分布；

(2) 环形通道中的流量。

不可压层流流动

6.7　如图所示同心圆柱和圆筒分别以ω_1和ω_2等角速度转动。假设圆柱和圆筒内不可压流体做定常运动。现给出下列(a)、(b)、(c)三种的速度场的解：

(a) $\omega_1=\frac{\omega_2 b^2}{a^2}$，　　$v_\varepsilon=\frac{\omega_1 a^2}{r}$，　　$v_r=0$；

(b) $\omega_1=\omega_2$，　　$v_\varepsilon=\omega_1 r$，　　$v_r=0$；

(c) $\omega_1=\frac{2\omega_2 b^2}{a^2}$，　　$v_\varepsilon=\omega_1 r$，　　$v_r=0$。

请对其分别讨论：(1) 是否是黏性流动的解；(2) 是否是理想流动的解；(3) 流场是否有旋；(4) 设动力黏性系数为 μ，问 $r=a$ 的物面上的流体作用于物面的切应力为多少？

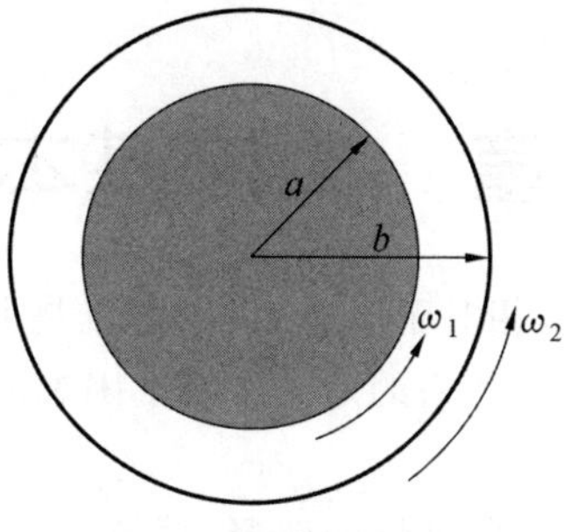

题 6.7 图

6.8　半径为 R，垂直安放的圆管内有不可压流体由下向上流动，在进口处流速均匀 $v=v_m$，在距进口为 L 的距离上，管截面速度分布为 $v=v_0(1-r/R)^{1/7}$，式中 v_0 为管轴上的速度，试确定此段圆管中壁面上的平均切应力与 ρ、g、R、v_0、L 的关系式。

6.9　证明小雷诺数圆球绕流的流函数为

$$\psi=\frac{3}{4}V_\infty aR\left(1-\frac{a^2}{3R^2}\right)\sin^2\theta$$

式中，a 为圆球半径。

6.10　试证明半径为 a 的圆球缓慢地坠入一黏性系数很大的流体中，其最终速度为

$$v_t=2a^2(\rho_s-\rho)g/9\mu$$

式中，ρ_s 为球的平均密度。

6.11　在两个同心的旋转圆筒内不可压黏性流体做定常层流流动，内筒半径为 r_1，角速度 ω_1（逆时针为正），外筒半径 r_2，角速度 ω_2，流体动力黏性系数为 μ，不计重力。求旋转内外圆筒总共消耗的功率。

第 7 章 湍流基本理论

湍流是最常见的流动状态，相对于层流而言，湍流是非定向混杂的流动，但这并不能算是湍流的定义。给湍流下一个严格的定义是非常困难的，到目前为止，人们还无法清楚地了解湍流的物理本质。

从湍流的特征可以给出对其归纳性的解释：湍流是一种混沌的、不规则的流动状态，其流动参数随时间与空间做随机的变化，且流动空间分布着无数形状与大小各不相同的旋涡。可以说，湍流是随机的三维非恒定有旋流动。

7.1 湍流的描述方法

湍流的最基本的特性是随机性，湍流场中的流体质点在时间与空间上的运动具有不规则的运动特征。J. O. Hinze 曾指出："在湍流中各种流动的物理量随时间和空间坐标而呈现随机的变化，因而具有明确的统计平均值"，可见，湍流的运动参数是随机量，但具有某种规律的统计平均特征。又由于准确描述湍流运动随时间和空间的变化是不现实的，O. Reynolds 首先转而研究湍流的平均运动，这就需要使用统计平均方法来描述湍流。

1. 时间平均法

在湍流流场的固定位置，于不同时刻测量该处的流动参数 $A(x_1, x_2, x_3)$，具有如图 7.1 所示的脉动特性。

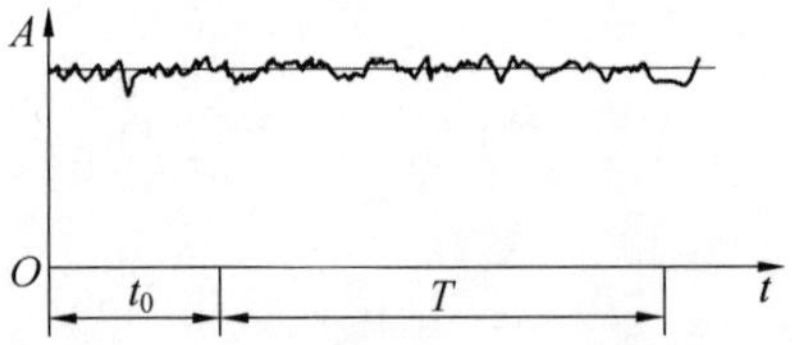

图 7.1 某一点的瞬时流动参数

对于时间上统计平均的湍流流场，在足够长的平均周期 T 内对 A 进行时间平均，可得

$$\overset{(t)}{\overline{A}}(x_1, x_2, x_3) = \frac{1}{T}\int_{t_0}^{t_0+T} A(x_1, x_2, x_3, t)\mathrm{d}t \tag{7.1}$$

周期 T 理论上应趋于无穷大，实际上可以取足够长的有限时间间隔。

上式为描述对时均值而言的统计恒定湍流运动，按照随机性的性质，其时间平均值与 t_0 和 T 的选择无关。

2. 体积平均法

湍流的随机性不仅表现在时间上，在空间分布上也具有随机性。对于空间上统计平

均的湍流流场，可在进行测量的足够大的体积内对 A 进行体积平均，可得

$$\overset{(V)}{\overline{A}}(t)=\frac{1}{V}\int_V A(x_1,x_2,x_3,t)\mathrm{d}V \tag{7.2}$$

同样，按照随机性的性质，其整体平均值应与所取的体积 V 的大小及其所处的坐标位置无关。

3. 概率平均法

时间平均法适用于恒定湍流，而体积平均法适用于均匀湍流。对于一般的非定常不均匀湍流，可以采用对于随机变量的概率平均法，概率平均法也称为系综平均法。

概率平均法的出发点是将重复多次的测量结果进行算术平均，即

$$\overset{(p)}{\overline{A}}(x_1,x_2,x_3,t)=\frac{1}{N}\sum_{k=1}^{N}\overset{(k)}{A}(x_1,x_2,x_3,t) \tag{7.3}$$

其中 N 为重复测量的次数，理论上应该是无穷大，实际上可以取足够多次的试验测量结果进行平均。

上述三种平均方法在物理概念上是有区别的，但根据随机理论中的各态遍历假设可知，一个随机变量在重复多次的试验中出现的所有可能值，能够在相当长时间内（或相当大的空间范围内）的一次试验中出现许多次，并具有相同的概率，即假设上述三种平均值是相同的，即

$$\overset{(t)}{\overline{A}}=\overset{(V)}{\overline{A}}=\overset{(p)}{\overline{A}}=\overline{A} \tag{7.4}$$

湍流的任意参数 A 的瞬时随机值分解为平均值 $\overline{A}$ 与脉动值 A' 之和，表示为

$$A=\overline{A}+A' \tag{7.5}$$

脉动值是湍流的随机性变量，平均值是湍流的决定性变量，湍流的近似理论实际上就是研究脉动值和平均值之间的关系。为了今后对湍流运动微分方程进行平均化处理，需了解平均值与脉动值的性质，这将用到雷诺(Reynolds) 平均法则，表示为

$$\begin{aligned}
&\overline{A+B}=\overline{A}+\overline{B}\\
&\overline{cA}=c\overline{A}\\
&\overline{\overline{A}B}=\overline{A}\overline{B}\\
&\overline{\lim A}=\lim \overline{A}
\end{aligned} \tag{7.6}$$

其中 A 和 B 为任意函数；c 为常数。

根据 Reynolds 平均法则，可以得到湍流的平均值与脉动值之间的一些性质。

(1) 平均值的平均仍为该平均值

$$\overline{\overline{A}}=\frac{1}{T}\int_{t_0}^{t_0+T}\overline{A}\mathrm{d}t=\frac{\overline{A}T}{T}=\overline{A} \tag{7.7}$$

(2) 脉动值的平均值等于零

$$\overline{A'}=\overline{A-\overline{A}}=\overline{A}-\overline{A}=0 \tag{7.8}$$

(3) 脉动值乘以常数的平均值等于零

$$\overline{cA'}=c\,\overline{A'}=0 \tag{7.9}$$

(4) 脉动值与任一平均值乘积的平均值等于零

$$\overline{A'\overline{B}}=\overline{A'}\,\overline{B}=0 \tag{7.10}$$

(5) 瞬时值对时间或空间坐标的各阶偏导数的平均值等于平均值的各阶导数

$$\overline{\frac{\partial A}{\partial t}}=\frac{\partial \overline{A}}{\partial t},\quad \overline{\frac{\partial A}{\partial x_i}}=\frac{\partial \overline{A}}{\partial x_i},\quad \overline{\frac{\partial^{m+n} A}{\partial t^m \partial x_i^n}}=\frac{\partial^{m+n} \overline{A}}{\partial t^m \partial x_i^n} \tag{7.11}$$

例如

$$\overline{\frac{\partial A}{\partial t}}=\lim_{N\to\infty}\frac{1}{N}\sum_{k=1}^{N}\frac{\partial \overset{(k)}{A}}{\partial t}=\lim_{N\to\infty}\frac{1}{N}\sum_{k=1}^{N}\frac{\partial \overset{(k)}{A}}{\partial t}=\frac{\partial}{\partial t}\left(\lim_{N\to\infty}\frac{1}{N}\sum_{k=1}^{N}\overset{(k)}{A}\right)=\frac{\partial \overline{A}}{\partial t}$$

由性质(2) 和(5) 易知,脉动值对时间或空间坐标的各阶偏导数的平均值等于零。

$$\overline{\frac{\partial^{m+n} A'}{\partial t^m \partial x_i^n}}=\frac{\partial^{m+n} \overline{A'}}{\partial t^m \partial x_i^n}=0 \tag{7.12}$$

在湍流的数值模拟中,上述平均方法是湍流模式理论的基础。

7.2　湍流的基本方程

湍流场的数学描述仍然遵守黏性流体运动基本方程(3.59) 和(6.16),然而对于绝大多数尤其是高 Re 的流动情形,上述方程是无法直接求解的,故根据不同流动问题,需要寻求相应的简化求解方法,这也是计算流体动力学(CFD) 的基本思路。

在大多数的工程湍流模拟中,只需要预测湍流的平均速度场、平均标量场和平均力,通常将控制方程中的瞬时值用时均值和脉动值替代,利用时均值和脉动值的性质对方程简化,从而得到平均化的流动控制方程(雷诺平均方程),再配合相应的湍流模型进行求解,这一方法称为**雷诺平均数值模拟**(RANS)。RANS 仅考虑了湍流流动中的平均运动,所以耗费计算资源较少。RANS 是现代 CFD 技术的重要研究内容,下面仅论述不可压缩流体湍流的 RANS 方法。

7.2.1　湍流连续性方程

不可压缩黏性流体的连续性方程为

$$\frac{\partial v_i}{\partial x_i}=0 \tag{7.13}$$

对上式求平均值,并由式(7.11) 的性质,可得

$$\frac{\partial \overline{v_i}}{\partial x_i}=0 \tag{7.14}$$

上述两式相减,可得

$$\frac{\partial v'_i}{\partial x_i}=0 \tag{7.15}$$

7.2.2　湍流时均动量方程(Reynolds 方程)

不可压缩黏性流体的 Navier－Stokes 方程为

$$\frac{\partial \boldsymbol{v}}{\partial t}+(\boldsymbol{v}\cdot\nabla)\boldsymbol{v}=\boldsymbol{f}-\frac{\nabla p}{\rho}+\nu\,\nabla^2\boldsymbol{v} \tag{7.16}$$

其张量形式为

$$\frac{\partial v_i}{\partial t}+\frac{\partial v_i v_l}{\partial x_l}=f_i-\frac{1}{\rho}\frac{\partial p}{\partial x_i}+\nu\frac{\partial^2 v_i}{\partial x_l \partial x_l} \tag{7.17}$$

对上式求取平均值，表示为

$$\overline{\frac{\partial v_i}{\partial t}}+\overline{\frac{\partial v_i v_l}{\partial x_l}}=\overline{f}_i-\overline{\frac{1}{\rho}\frac{\partial p}{\partial x_i}}+\nu\overline{\frac{\partial^2 v_i}{\partial x_l \partial x_l}} \tag{7.18}$$

其中的各项可整理为

$$\overline{\frac{\partial v_i}{\partial t}}=\frac{\partial \overline{v}_i}{\partial t}$$

$$\overline{\frac{\partial v_i v_l}{\partial x_l}}=\frac{\overline{\partial(\overline{v}_i+v'_i)(\overline{v}_l+v'_l)}}{\partial x_l}=\frac{\partial\overline{\overline{v}_i\overline{v}_l}}{\partial x_l}+\frac{\partial\overline{v'_i\overline{v}_l}}{\partial x_l}+\frac{\partial\overline{\overline{v}_i v'_l}}{\partial x_l}+\frac{\partial\,\overline{v'_i v'_l}}{\partial x_l}=\frac{\partial\overline{v}_i\overline{v}_l}{\partial x_l}+\frac{\partial\,\overline{v'_i v'_l}}{\partial x_l}$$

$$\overline{\frac{1}{\rho}\frac{\partial p}{\partial x_i}}=\frac{1}{\rho}\frac{\partial \overline{p}}{\partial x_i}$$

$$\overline{\nu\frac{\partial^2 v_i}{\partial x_l \partial x_l}}=\nu\frac{\partial^2 \overline{v}_i}{\partial x_l \partial x_l}$$

不可压缩湍流平均动量方程（Reynolds 方程）可表示为

$$\frac{\partial\,\overline{v}_i}{\partial t}+\frac{\partial\,\overline{v}_i\,\overline{v}_l}{\partial x_l}=f_i-\frac{1}{\rho}\frac{\partial\,\overline{p}}{\partial x_i}+\nu\frac{\partial^2\,\overline{v}_i}{\partial x_l \partial x_l}-\frac{\partial\,\overline{v'_i v'_l}}{\partial x_l} \tag{7.19}$$

称 $-\rho\overline{v'_i v'_j}$ 为 **Reynolds 应力**（二阶对称张量），其物理意义可以表示为湍流脉动引起的单位面积上的动量输运率。

7.2.3　湍流 Reynolds 应力输运方程

将瞬时流场的 N－S 方程式(7.17) 与平均 Reynolds 方程式(7.19) 相减可以得到脉动速度的 Navier－Stokes 方程。表示为

$$\frac{\partial v'_i}{\partial t}+\overline{v}_l\frac{\partial v'_i}{\partial x_l}+v'_l\frac{\partial \overline{v}_i}{\partial x_l}+v'_l\frac{\partial v'_i}{\partial x_l}=-\frac{1}{\rho}\frac{\partial p'}{\partial x_i}+\nu\frac{\partial^2 v'_i}{\partial x_l\partial x_l}+\frac{\partial\,\overline{v'_i v'_l}}{\partial x_l} \tag{7.20}$$

将上式两边同时乘以 v'_j 可得

$$v'_j\frac{\partial v'_i}{\partial t}+v'_j\overline{v}_l\frac{\partial v'_i}{\partial x_l}+v'_j v'_l\frac{\partial \overline{v}_i}{\partial x_l}+v'_j v'_l\frac{\partial v'_i}{\partial x_l}=-\frac{v'_j}{\rho}\frac{\partial p'}{\partial x_i}+\nu v'_j\frac{\partial^2 v'_i}{\partial x_l\partial x_l}+v'_j\frac{\partial\,\overline{v'_i v'_l}}{\partial x_l} \tag{7.21}$$

交换 i 和 j 的位置可得

$$v'_i\frac{\partial v'_j}{\partial t}+v'_i\overline{v}_l\frac{\partial v'_j}{\partial x_l}+v'_i v'_l\frac{\partial \overline{v}_j}{\partial x_l}+v'_i v'_l\frac{\partial v'_j}{\partial x_l}=-\frac{v'_i}{\rho}\frac{\partial p'}{\partial x_j}+\nu v'_i\frac{\partial^2 v'_j}{\partial x_l\partial x_l}+v'_i\frac{\partial\,\overline{v'_j v'_l}}{\partial x_l} \tag{7.22}$$

将方程(7.21)、(7.22) 的对应项相加，其中的

$$v'_i\frac{\partial v'_j}{\partial t}+v'_j\frac{\partial v'_i}{\partial t}=\frac{\partial v'_i v'_j}{\partial t}$$

$$v'_i\overline{v}_l\frac{\partial v'_j}{\partial x_l}+v'_j\overline{v}_l\frac{\partial v'_i}{\partial x_l}=\overline{v}_l\frac{\partial v'_i v'_j}{\partial x_l}$$

$$\overline{v'_i v'_l} \frac{\partial v'_j}{\partial x_l} + v'_j v'_l \frac{\partial v'_i}{\partial x_l} = v'_l \frac{\partial v'_i v'_j}{\partial x_l} = \frac{\partial v'_i v'_j v'_l}{\partial x_l} - v'_i v'_j \frac{\partial v'_l}{\partial x_l} = \frac{\partial v'_i v'_j v'_l}{\partial x_l}$$

$$\frac{v'_i}{\rho} \frac{\partial p'}{\partial x_j} + \frac{v'_j}{\rho} \frac{\partial p'}{\partial x_i} = \frac{\partial}{\partial x_l}\left[\frac{p'}{\rho}(\delta_{jl} v'_i + \delta_{il} v'_j)\right] - \frac{p'}{\rho}\left(\frac{\partial v'_i}{\partial x_j} + \frac{\partial v'_j}{\partial x_i}\right)$$

$$v'_i \nu \frac{\partial^2 v'_j}{\partial x_l \partial x_l} + v'_j \nu \frac{\partial^2 v'_i}{\partial x_l \partial x_l} = \nu \frac{\partial^2 v'_i v'_j}{\partial x_l \partial x_l} - 2\nu \frac{\partial v'_i}{\partial x_l} \frac{\partial v'_j}{\partial x_l}$$

对相加后的方程进行整理,并取均值,可得

$$\frac{\partial \overline{v'_i v'_j}}{\partial t} + \bar{v}_l \frac{\partial \overline{v'_i v'_j}}{\partial x_l} + \left(\overline{v'_i v'_l} \frac{\partial \bar{v}_j}{\partial x_l} + \overline{v'_j v'_l} \frac{\partial \bar{v}_i}{\partial x_l}\right) + \frac{\partial \overline{v'_i v'_j v'_l}}{\partial x_l} =$$

$$\frac{\partial}{\partial x_l}\left[-\overline{\frac{p'}{\rho}(\delta_{jl} v'_i + \delta_{il} v'_j)}\right] + \overline{\frac{p'}{\rho}\left(\frac{\partial v'_i}{\partial x_j} + \frac{\partial v'_j}{\partial x_i}\right)} + \nu \frac{\partial^2 \overline{v'_i v'_j}}{\partial x_l \partial x_l} - 2\nu \overline{\frac{\partial v'_i}{\partial x_l} \frac{\partial v'_j}{\partial x_l}} \tag{7.23}$$

由此可得不可压缩湍流 Reynolds 应力输运方程为

$$\frac{D\overline{v'_i v'_j}}{Dt} = \frac{\partial \overline{v'_i v'_j}}{\partial t} + \bar{v}_l \frac{\partial \overline{v'_i v'_j}}{\partial x_l} = \frac{\partial}{\partial x_l}\left[-\overline{v'_i v'_j v'_l} - \overline{\frac{p'}{\rho}(\delta_{jl} v'_i + \delta_{il} v'_j)} + \nu \frac{\partial \overline{v'_i v'_j}}{\partial x_l}\right] -$$

$$\left(\overline{v'_i v'_l} \frac{\partial \bar{v}_j}{\partial x_l} + \overline{v'_j v'_l} \frac{\partial \bar{v}_i}{\partial x_l}\right) + \overline{\frac{p'}{\rho}\left(\frac{\partial v'_i}{\partial x_j} + \frac{\partial v'_j}{\partial x_i}\right)} - 2\nu \overline{\frac{\partial v'_i}{\partial x_l} \frac{\partial v'_j}{\partial x_l}} \tag{7.24}$$

Reynolds 应力输运方程描述了湍流脉动的规律,其中也包括了平均运动与脉动运动之间的相互作用。其中的

(1) $\frac{D\overline{v'_i v'_j}}{Dt}$ 为**对流项**,表征了平均运动轨迹上单位质量流体的Reynolds应力的增长率,用全微分表示。

(2) $\frac{\partial}{\partial x_l}\left[-\overline{v'_i v'_j v'_l} - \overline{\frac{p'}{\rho}(\delta_{jl} v'_i + \delta_{il} v'_j)} + \nu \frac{\partial \overline{v'_i v'_j}}{\partial x_l}\right]$ 为**扩散项**,其中的三项分别为迁移扩散、脉动压力扩散(即湍流扩散)、黏性扩散(即分子扩散)。

(3) $\left(\overline{v'_i v'_l} \frac{\partial \bar{v}_j}{\partial x_l} + \overline{v'_j v'_l} \frac{\partial \bar{v}_i}{\partial x_l}\right)$ 为**生成项**,表示 Reynolds 应力对时均流场所做的变形功。

(4) $\overline{\frac{p'}{\rho}\left(\frac{\partial v'_i}{\partial x_j} + \frac{\partial v'_j}{\partial x_i}\right)}$ 为**压力与变形相关项**,是湍流脉动压强与脉动变形速率的关联,也称压强再分配项。其作用是使湍流趋于各向同性。当 $i=j$ 时,该项为零,也就是说该项对湍动能的增长率没有贡献。

(5) $2\nu \overline{\frac{\partial v'_i}{\partial x_l} \frac{\partial v'_j}{\partial x_l}}$ 为**耗散项**,对应于湍动能的黏性耗散,总是使湍动能衰减。

定义单位质量流体**湍流脉动动能** k 与**湍流能量耗散率** ε,表示为

$$\begin{cases} k = \dfrac{1}{2} \overline{v'_i v'_i} \\ \varepsilon = \nu \overline{\dfrac{\partial v'_i}{\partial x_l} \dfrac{\partial v'_i}{\partial x_l}} \end{cases} \tag{7.25}$$

由此可以建立湍流脉动动能(湍动能)方程(或称 k 方程)和湍流耗散率方程(或称 ε 方程)。

7.2.4　湍流脉动动能方程(k 方程)

对不可压缩湍流 Reynolds 应力输运方程式(7.24) 用$\frac{1}{2}\delta_{ij}\cdot$ 进行缩并,并代入湍动能的表达式可得

$$\frac{Dk}{Dt}=\frac{\partial k}{\partial t}+\bar{v}_l\frac{\partial k}{\partial x_l}=\frac{\partial}{\partial x_l}\left[-\overline{\left(\frac{v'_iv'_i}{2}+\frac{p'}{\rho}\right)v'_l}+\nu\frac{\partial k}{\partial x_l}\right]-\overline{v'_iv'_l}\frac{\partial\bar{v}_i}{\partial x_l}-\nu\overline{\frac{\partial v'_i}{\partial x_l}\frac{\partial v'_i}{\partial x_l}} \tag{7.26}$$

等式右边三项分别为脉动的扩散项 D_k、生成项 P_k 和黏性耗散项 ε(湍流耗散率)。

7.2.5　湍流能量耗散率方程(ε 方程)

将脉动速度的 Navier－Stokes 方程(7.20) 对 x_m 取偏微分可得

$$\frac{\partial}{\partial t}\left(\frac{\partial v'_i}{\partial x_m}\right)+\bar{v}_l\frac{\partial^2 v'_i}{\partial x_l\partial x'_m}+\frac{\partial\bar{v}_l}{\partial x_m}\frac{\partial v'_i}{\partial x_l}+v'_l\frac{\partial^2\bar{v}_i}{\partial x_l\partial x_m}+\frac{\partial v'_l}{\partial x_m}\frac{\partial\bar{v}_i}{\partial x_l}+v'_l\frac{\partial^2 v'_i}{\partial x_l\partial x_m}+\frac{\partial v'_l}{\partial x_m}\frac{\partial v'_i}{\partial x_l}=$$
$$-\frac{1}{\rho}\frac{\partial^2 p'}{\partial x_i\partial x_m}+\nu\frac{\partial^3 v'_i}{\partial x_l\partial x_l\partial x_m}+\frac{\partial^2\overline{v'_lv'_i}}{\partial x_l\partial x_m} \tag{7.27}$$

以 $2\nu\frac{\partial v'_i}{\partial x_m}$ 乘以上式,上式中的某些项可以整理成为

$$2\nu\frac{\partial v'_i}{\partial x_m}\frac{\partial}{\partial t}\left(\frac{\partial v'_i}{\partial x_m}\right)=\frac{\partial}{\partial t}\left(\nu\frac{\partial v'_i}{\partial x_m}\frac{\partial v'_i}{\partial x_m}\right)$$

$$2\nu\frac{\partial v'_i}{\partial x_m}\bar{v}_l\frac{\partial^2 v'_i}{\partial x_l\partial x_m}=\bar{v}_l\frac{\partial}{\partial x_l}\left(\nu\frac{\partial v'_i}{\partial x_m}\frac{\partial v'_i}{\partial x_m}\right)$$

$$2\nu\frac{\partial v'_i}{\partial x_m}v'_l\frac{\partial^2 v'_i}{\partial x_l\partial x_m}=\frac{\partial}{\partial x_l}\left(\nu\frac{\partial v'_i}{\partial x_m}\frac{\partial v'_i}{\partial x_m}v'_l\right)-\nu\frac{\partial v'_i}{\partial x_m}\frac{\partial v'_i}{\partial x_m}\frac{\partial v'_l}{\partial x_l}=\frac{\partial}{\partial x_l}\left(\nu\frac{\partial v'_i}{\partial x_m}\frac{\partial v'_i}{\partial x_m}v'_l\right)$$

$$2\nu\frac{\partial v'_i}{\partial x_m}\frac{1}{\rho}\frac{\partial^2}{\partial x_i}\frac{p'}{\partial x_m}=\frac{2\nu}{\rho}\frac{\partial}{\partial x_i}\left(\frac{\partial v'_i}{\partial x_m}\frac{\partial p'}{\partial x_m}\right)-\frac{2\nu}{\rho}\frac{\partial p'}{\partial x_m}\frac{\partial}{\partial x_m}\frac{\partial v'_i}{\partial x_i}=\frac{2\nu}{\rho}\frac{\partial}{\partial x_i}\left(\frac{\partial v'_i}{\partial x_m}\frac{\partial p'}{\partial x_m}\right)$$

$$2\nu\frac{\partial v'_i}{\partial x_m}\nu\frac{\partial^3 v'_i}{\partial x_l\partial x_l\partial x_m}=\nu\frac{\partial}{\partial x_l}\left[\frac{\partial}{\partial x_l}\left(\nu\frac{\partial v'_i}{\partial x_m}\frac{\partial v'_i}{\partial x_m}\right)\right]-2\nu^2\frac{\partial^2 v'_i}{\partial x_l\partial x_m}\frac{\partial^2 v'_i}{\partial x_l\partial x_m}$$

将上述表达式代入方程(7.27) 并对全式取平均,并代入湍流能量耗散率 ε 的定义,可得

$$\begin{aligned}\frac{D\varepsilon}{Dt}=\frac{\partial\varepsilon}{\partial t}+\bar{v}_l\frac{\partial\varepsilon}{\partial x_l}=&-\frac{\partial}{\partial x_l}\left(\nu\overline{\frac{\partial v'_i}{\partial x_m}\frac{\partial v'_i}{\partial x_m}v'_l}\right)-\frac{2\nu}{\rho}\frac{\partial}{\partial x_i}\left(\overline{\frac{\partial v'_i}{\partial x_m}\frac{\partial p'}{\partial x_m}}\right)+\nu\frac{\partial^2\varepsilon}{\partial x_l\partial x_l}-\\&2\nu^2\overline{\frac{\partial^2 v'_i}{\partial x_l\partial x_m}\frac{\partial^2 v'_i}{\partial x_l\partial x_m}}-2\nu\overline{v'_l\frac{\partial v'_i}{\partial x_m}}\frac{\partial^2\bar{v}_i}{\partial x_l\partial x_m}-\\&2\nu\left(\overline{\frac{\partial v'_i}{\partial x_l}\frac{\partial v'_i}{\partial x_m}}\frac{\partial\bar{v}_l}{\partial x_m}+\overline{\frac{\partial v'_i}{\partial x_m}\frac{\partial v'_l}{\partial x_m}}\frac{\partial\bar{v}_i}{\partial x_l}\right)-\\&2\nu\overline{\frac{\partial v'_i}{\partial x_l}\frac{\partial v'_i}{\partial x_m}\frac{\partial v'_l}{\partial x_m}}\end{aligned} \tag{7.28}$$

改变式中哑标的符号,可得

$$\frac{D\varepsilon}{Dt}=\frac{\partial\varepsilon}{\partial t}+\bar{v}_l\frac{\partial\varepsilon}{\partial x_l}=\frac{\partial}{\partial x_l}\left[\left(-\nu\overline{\frac{\partial v'_i}{\partial x_m}\frac{\partial v'_i}{\partial x_m}v'_l}\right)-\frac{2\nu}{\rho}\left(\overline{\frac{\partial v'_l}{\partial x_m}\frac{\partial p'}{\partial x_m}}\right)+\nu\frac{\partial\varepsilon}{\partial x_l}\right]-$$
$$\left[2\nu\overline{v'_l\frac{\partial v'_i}{\partial x_m}}-\frac{\partial^2\bar{v}_i}{\partial x_l\partial x_m}+2\nu\frac{\partial\bar{v}_i}{\partial x_l}\left(\overline{\frac{\partial v'_m}{\partial x_i}\frac{\partial v'_m}{\partial x_l}}+\overline{\frac{\partial v'_i}{\partial x_m}\frac{\partial v'_l}{\partial x_m}}\right)\right]-$$
$$\left[2\nu\overline{\frac{\partial v'_i}{\partial x_l}\frac{\partial v'_i}{\partial x_m}\frac{\partial v'_l}{\partial x_m}}+2\nu^2\overline{\left(\frac{\partial^2 v'_i}{\partial x_l\partial x_m}\right)^2}\right] \tag{7.29}$$

上式即为通用的湍流耗散率方程（ε 方程）。其中等式右边三项分别为脉动的扩散项、生成项和黏性耗散项。

7.2.6 湍流基本方程组的封闭性问题

根据上述讨论，共得到了以下湍流的基本方程：

(1) 湍流连续性方程（1 个方程）

$$\frac{\partial\bar{v}_i}{\partial x_i}=0$$

(2) 湍流平均动量方程（3 个方程）

$$\frac{\partial\bar{v}_i}{\partial t}+\frac{\partial\bar{v}_i\bar{v}_l}{\partial x_l}=f_i-\frac{1}{\rho}\frac{\partial\bar{p}}{\partial x_i}+\nu\frac{\partial^2\bar{v}_i}{\partial x_l\partial x_l}-\frac{\partial\overline{v'_iv'_l}}{\partial x_l}$$

(3) 湍流 Reynolds 应力输运方程（6 个方程）

$$\frac{D\overline{v'_iv'_j}}{Dt}=\frac{\partial\overline{v'_iv'_j}}{\partial t}+\bar{v}_l\frac{\partial\overline{v'_iv'_j}}{\partial x_l}=\frac{\partial}{\partial x_l}\left[-\overline{v'_iv'_jv'_l}-\overline{\frac{p'}{\rho}(\delta_{jl}v'_i+\delta_{il}v'_j)}+\nu\frac{\partial\overline{v'_iv'_j}}{\partial x_l}\right]-$$
$$\left(\overline{v'_iv'_l}\frac{\partial\bar{v}_j}{\partial x_l}+\overline{v'_jv'_l}\frac{\partial\bar{v}_i}{\partial x_l}\right)+\overline{\frac{p'}{\rho}\left(\frac{\partial v'_i}{\partial x_j}+\frac{\partial v'_j}{\partial x_i}\right)}-2\nu\overline{\frac{\partial v'_i}{\partial x_l}\frac{\partial v'_j}{\partial x_l}}$$

(4) 湍流脉动动能 k 方程（1 个方程）

$$\frac{Dk}{Dt}=\frac{\partial k}{\partial t}+\bar{v}_l\frac{\partial k}{\partial x_l}=\frac{\partial}{\partial x_l}\left[-\overline{\left(\frac{v'_iv'_i}{2}+\frac{p'}{\rho}\right)v'_l}+\nu\frac{\partial k}{\partial x_l}\right]-\overline{v'_iv'_l}\frac{\partial\bar{v}_i}{\partial x_l}-\nu\overline{\frac{\partial v'_i}{\partial x_l}\frac{\partial v'_i}{\partial x_l}}$$

(5) 湍流能量耗散率 ε 方程（1 个方程）

$$\frac{D\varepsilon}{Dt}=\frac{\partial\varepsilon}{\partial t}+\bar{v}_l\frac{\partial\varepsilon}{\partial x_l}=\frac{\partial}{\partial x_l}\left[\left(-\nu\overline{\frac{\partial v'_i}{\partial x_m}\frac{\partial v'_i}{\partial x_m}v'_l}\right)-\frac{2\nu}{\rho}\left(\overline{\frac{\partial v'_l}{\partial x_m}\frac{\partial p'}{\partial x_m}}\right)+\nu\frac{\partial\varepsilon}{\partial x_l}\right]-$$
$$2\nu\overline{v'_l\frac{\partial v'_i}{\partial x_m}}\frac{\partial^2\bar{v}_i}{\partial x_l\partial x_m}-2\nu\frac{\partial\bar{v}_i}{\partial x_l}\left(\overline{\frac{\partial v'_m}{\partial x_i}\frac{\partial v'_m}{\partial x_l}}+\overline{\frac{\partial v'_i}{\partial x_m}\frac{\partial v'_l}{\partial x_m}}\right)-$$
$$2\nu\overline{\frac{\partial v'_i}{\partial x_l}\frac{\partial v'_i}{\partial x_m}\frac{\partial v'_l}{\partial x_m}}-2\nu^2\overline{\left(\frac{\partial^2 v'_i}{\partial x_l\partial x_m}\right)^2}$$

若只考虑 $\bar{v}_i$、$\bar{p}$、$\overline{v'_iv'_j}$、k 和 ε 等 12 个基本未知变量，则湍流基本方程组是封闭的，因而可以求解。除了这些基本未知变量外，还存在其他如 v'_i、v'_j、v'_l 等非基本未知量，需应用湍流半经验理论，将非基本未知量用基本未知量表示。

可以利用实验已证明的假设去建立 Reynolds 应力与平均参数之间的关系，以解决湍流基本方程组的封闭性问题，这就是湍流模式理论建立相应的湍流模型所进行的工作。通过对湍流基本方程组 (1) ～ (5) 进行数学假设和物理假设，近年来形成了多种多样湍流模型，如图 7.2 所示。

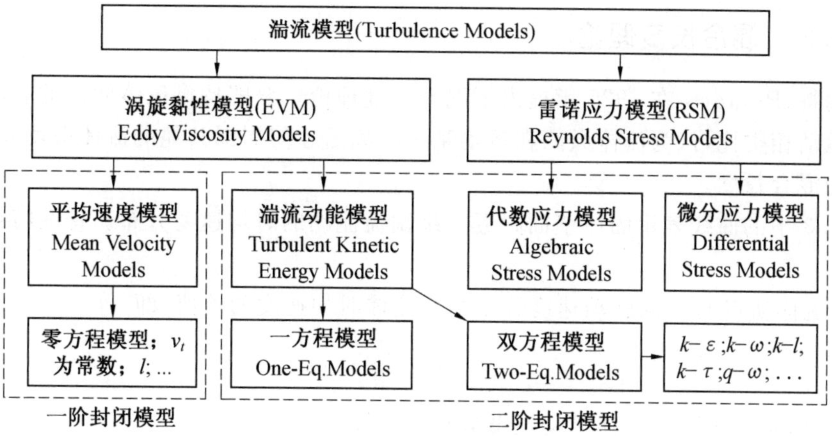

图 7.2　湍流模型树

7.3　一阶封闭湍流模型

用平均流场的局部速度梯度表示局部的 Reynolds 应力，未增加微分方程而达到平均动量方程和连续性方程组封闭，称为**零方程模型**。零方程模型只考虑一阶湍流统计量的动力学微分方程及平均运动方程，没有引进任何高阶统计量的微分方程，因此称为**一阶封闭湍流模型**。这种近似方法大体可分为两类：**涡旋黏性理论**和**混合长度理论**。

7.3.1　涡旋黏性理论

布西内斯克(Boussinesq) 在 1872 年提出了湍流的涡黏性概念，认为湍流运动的本质是涡的运动，湍流涡对流场的作用是提高了流体所感受到的黏性。布西内斯克引入了一个湍流涡黏系数 μ_t，比照层流中切应力与流速梯度的关系，建立湍流的附加切应力与时均速度梯度之间的关系，表示为

$$p'_{xy}=-\rho\overline{v'_x v'_y}=\mu_t\frac{\partial\bar{v}_x}{\partial y}\tag{7.30}$$

湍流涡黏系数 μ_t 与层流中的黏度 μ 相对应，有时也可称为表观黏度。与黏度 μ 的概念不同，涡黏系数 μ_t 不是流体本身的一种物理性质，决定于湍流的时均流场和边界条件。对于不同的流动，甚至同一流动中的不同位置，μ_t 均不相同。

将上式推广到三维湍流中，可将雷诺应力张量表示为

$$-\rho\overline{v'_i v'_j}=2\mu_t\bar{\varepsilon}_{ij}=\mu_t\left(\frac{\partial\bar{v}_j}{\partial x_i}+\frac{\partial\bar{v}_i}{\partial x_j}\right)=\rho\nu_t\left(\frac{\partial\bar{v}_j}{\partial x_i}+\frac{\partial\bar{v}_i}{\partial x_j}\right)\tag{7.31}$$

湍流涡黏系数 μ_t 与流动状态有关。在仅靠壁面的层流区，黏性作用占主导地位，因此 $\mu_t\ll\mu$；在充分发展的湍流区域内，湍流附加切应力占主导地位，因此 $\mu_t\gg\mu$；在过渡区内湍流附加切应力与黏性切应力属于同一量级，因此 μ_t 和 μ 也属于同一量级。实验表明，在充分发展的湍流区，μ_t 为常数。对于自由剪切湍流，例如射流和尾流，μ_t 为常数的假设也得到了证明。

7.3.2 混合长度理论

普朗特(Prandtl) 在 1925 年提出了混合长度理论。普朗特将流体微团的脉动与气体的分子运动相类比，认为流体微团在运动某一距离后才与周围其他的流体微团碰撞，这一距离称为混合长度。

图 7.3 中的曲线表示固体壁面附近二维湍流流动的时均速度分布。普朗特提出两个假设：

(1) 流体质点的 x 向脉动速度等于两层流体时均速度的差值，即

$$v'_x = -\frac{\mathrm{d}\bar{v}_x}{\mathrm{d}y}l \tag{7.32}$$

(2) y 向脉动速度与 x 向脉动速度成正比。即

$$v'_y = c\,\frac{\mathrm{d}\bar{v}_x}{\mathrm{d}y}l \tag{7.33}$$

因此可得

$$-\rho\,\overline{v'_x v'_y} = \rho c l^2\left(\frac{\mathrm{d}\bar{v}_x}{\mathrm{d}y}\right)^2 \tag{7.34}$$

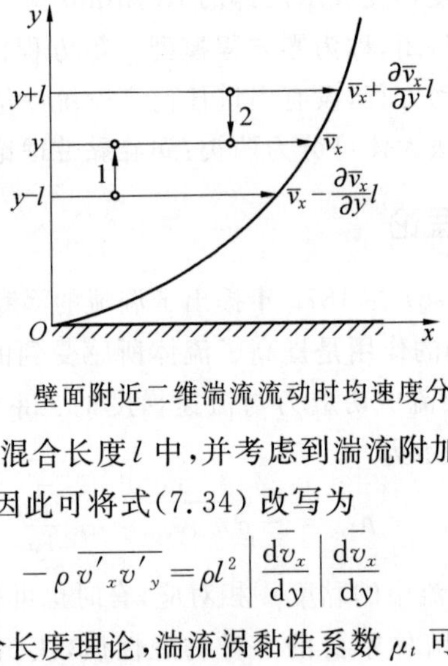

图 7.3 壁面附近二维湍流流动时均速度分布

将系数 c 并入尚未确定的混合长度 l 中，并考虑到湍流附加切应力总是和时均流动的黏性切应力具有相同的符号，因此可将式(7.34) 改写为

$$-\rho\,\overline{v'_x v'_y} = \rho l^2\left|\frac{\mathrm{d}\bar{v}_x}{\mathrm{d}y}\right|\frac{\mathrm{d}\bar{v}_x}{\mathrm{d}y} \tag{7.35}$$

综合涡旋黏性理论和混合长度理论，湍流涡黏性系数 μ_t 可表示为

$$\mu_t = \rho l^2\left|\frac{\mathrm{d}\bar{v}_x}{\mathrm{d}y}\right| \tag{7.36}$$

应当指出，混合长度理论的基本出发点似乎比较容易接受，但是这种理论在物理上却隐含着严重的缺陷。因为分子自由运动与湍流脉动运动在形式上似乎相似，但它们之间有本质差别。分子运动的动能并非来自宏观流场，即分子运动与宏观运动之间并不存在动量及能量的交换，而湍流脉动流场与时均流场却存在着动量及能量的交换，故湍流黏性系数不仅与湍流脉动有关，而且与时均流场有关。

尽管混合长度理论在本质上有严重缺陷，但是，在某些情况下，只要对湍流黏性系数略加修正就能与实验结果相吻合。

一阶封闭模型(零方程模型)理论中,涡旋黏性和混合长度的概念均将 Reynolds 应力与当地平均速度梯度相联系,是一种局部平衡的概念,忽略了湍流场中扩散与对流作用对湍流黏性系数的影响,导致零方程模型使用的局限性。使用旋涡黏性理论所建立的湍流模型统称为旋涡黏性模型(EVM),一阶的零方程模型就是 EVM 中最简单的一种。在湍流工程应用理论研究中,不少学者完全抛弃涡旋黏性理论的假设,直接从脉动速度场出发,导出湍流 Reynolds 应力输运方程,然后对方程中各项做适当分析与简化,使方程组封闭,这种方法称为雷诺应力模型(RSM),RSM 属于二阶封闭湍流模型。

7.4　二阶封闭湍流模型

湍流模型的目的是设法将非基本未知量用基本未知量来表示,以使湍流时均流动方程组封闭。按照湍流二阶相关量的假设条件,引入不可压缩流体的模型化法则,对湍流时均流动方程组进行模型化,这样的湍流模型称为**二阶封闭湍流模型**。

湍流的模型化法则包括以下假设:

(1) 扩散梯度模型:湍流输运量(即 $\overline{v'_i v'_j}$、k 和 ε)的扩散与其自身梯度的大小成正比。

(2) 单点相关封闭模型:所有湍流输运量都可以表示成为基本未知量的局部函数。

(3) 湍流度量假设:湍流量纲只是 k 和 ε 的量纲组合,即 $l=k^{3/2}/\varepsilon$、$t=k/\varepsilon$ 和 $q=k^{1/2}$,其中 l、t 和 q 分别为湍流脉动的长度尺度、时间尺度和速度尺度。

(4) 各向同性耗散模型:$Re \gg 1$ 时耗散是各向同性的,即 $i \neq j$ 时,$\nu\overline{\dfrac{\partial v'_i}{\partial x_l}\dfrac{\partial v'_j}{\partial x_l}}=0$。

(5) 所有的湍流模型常数,如 C_k、C_1、C_2、C_ε、$C_{\varepsilon 1}$、$C_{\varepsilon 2}$ 等,必须由实验来唯一确定。

根据模型化法则,下面推导二阶封闭模型中的雷诺应力模型。

7.4.1　湍流 Reynolds 应力输运方程的模型化

雷诺应力输运方程表示为

$$\frac{D\overline{v'_i v'_j}}{Dt}=\frac{\partial \overline{v'_i v'_j}}{\partial t}+\bar{v}_l\frac{\partial \overline{v'_i v'_j}}{\partial x_l}=\frac{\partial}{\partial x_l}\left[-\overline{v'_i v'_j v'_l}-\overline{\frac{p'}{\rho}(\delta_{jl}v'_i+\delta_{il}v'_j)}+\nu\frac{\partial \overline{v'_i v'_j}}{\partial x_l}\right]-\left(\overline{v'_i v'_l}\frac{\partial \bar{v}_j}{\partial x_l}+\overline{v'_j v'_l}\frac{\partial \bar{v}_i}{\partial x_l}\right)+\overline{\frac{p'}{\rho}\left(\frac{\partial v'_i}{\partial x_j}+\frac{\partial v'_j}{\partial x_i}\right)}-2\nu\overline{\frac{\partial v'_i}{\partial x_l}\frac{\partial v'_j}{\partial x_l}}$$

1. 扩散项的模型化

由于湍流的扩散应与其自身梯度的大小有关,因此

$$-\overline{v'_i v'_j v'_l}-\overline{\frac{p'}{\rho}(\delta_{jl}v'_i+\delta_{il}v'_j)}=C_k\frac{l^2}{t}\frac{\partial \overline{v'_i v'_j}}{\partial x_l}=C_k\frac{k^2}{\varepsilon}\frac{\partial \overline{v'_i v'_j}}{\partial x_l} \tag{7.37}$$

式中 $l=k^{3/2}/\varepsilon$;$t=k/\varepsilon$。式中增加 l^2/t 是为了保持等式两端量纲相同。

2. 耗散项的模型化

对于高 Re 流动,耗散是各向同性的。即当 $i\neq j$ 时,耗散项为零,即 Reynolds 应力不耗散;只有当 $i=j$ 时,Reynolds 应力才从湍流掺混及分子扩散中扩散和产生出来。因此,将耗散项模型化为

$$2\nu\overline{\frac{\partial v'_i}{\partial x_l}\frac{\partial v'_j}{\partial x_l}}=\frac{2}{3}\delta_{ij}\varepsilon \tag{7.38}$$

3. 压强再分配项的模型化

这一项很重要,它能使 Reynolds 应力改变方向。因此做好这一项的模型化,对于整个湍流模型计算的精确性至关重要。略去烦琐推导,可得

$$\overline{\frac{p'}{\rho}\left(\frac{\partial v'_i}{\partial x_j}+\frac{\partial v'_j}{\partial x_i}\right)}=-C_1\frac{\varepsilon}{k}\left(\overline{v'_iv'_j}-\frac{2}{3}\delta_{ij}k\right)-C_2\left(P_{ij}-\frac{2}{3}\delta_{ij}P_k\right)2\nu\overline{\frac{\partial v'_i}{\partial x_l}\frac{\partial v'_j}{\partial x_l}}=\frac{2}{3}\delta_{ij}\varepsilon \tag{7.39}$$

其中

$$P_{ij}=-\left(\overline{v'_iv'_l}\frac{\partial \bar{v}_j}{\partial x_l}+\overline{v'_jv'_l}\frac{\partial \bar{v}_i}{\partial x_l}\right)$$

$$P_k=-\overline{v'_lv'_m}\frac{\partial \bar{v}_l}{\partial x_m} \tag{7.40}$$

将模型化后的各式代入到精确的湍流 Reynolds 应力输运方程中,有

$$\frac{D\overline{v'_iv'_j}}{Dt}=\frac{\partial}{\partial x_l}\left(C_k\frac{k^2}{\varepsilon}\frac{\partial\overline{v'_iv'_j}}{\partial x_l}+\nu\frac{\partial\overline{v'_iv'_j}}{\partial x_l}\right)-\left(\overline{v'_iv'_l}\frac{\partial \bar{v}_j}{\partial x_l}+\overline{v'_jv'_l}\frac{\partial \bar{v}_i}{\partial x_l}\right)-$$
$$C_1\frac{\varepsilon}{k}\left(\overline{v'_iv'_j}-\frac{2}{3}\delta_{ij}k\right)-C_2\left(P_{ij}-\frac{2}{3}\delta_{ij}P_k\right)-\frac{2}{3}\delta_{ij}\varepsilon \tag{7.41}$$

式中 C_k、C_1、C_2 均为常系数,由实验得到:$C_k=0.09\sim0.11$,$C_1=1.5\sim2.2$,$C_2=0.4\sim0.5$。

7.4.2 湍流脉动动能方程(k 方程)的模型化

将湍流 Reynolds 应力输运方程的模型方程中的 Reynolds 应力张量缩并,再除以 2;由于$i=j$ 时模型化的压强再分配项也为零,得到

$$\frac{Dk}{Dt}=\frac{\partial}{\partial x_l}\left[\left(\nu+C_k\frac{k^2}{\varepsilon}\right)\frac{\partial k}{\partial x_l}\right]-\overline{v'_iv'_l}\frac{\partial \bar{v}_i}{\partial x_l}-\varepsilon \tag{7.42}$$

式中常系数 C_k 同上。

7.4.3 湍流能量耗散率方程(ε 方程)的模型化

湍流能量耗散率方程表示为

$$\frac{D\varepsilon}{Dt}=\frac{\partial\varepsilon}{\partial t}+\bar{v}_l\frac{\partial\varepsilon}{\partial x_l}=\frac{\partial}{\partial x_l}\left[\left(-\nu\overline{\frac{\partial v'_i}{\partial x_m}\frac{\partial v'_i}{\partial x_m}v'_l}\right)-\frac{2\nu}{\rho}\overline{\left(\frac{\partial v'_l}{\partial x_m}\frac{\partial p'}{\partial x_m}\right)}+\nu\frac{\partial\varepsilon}{\partial x_l}\right]-$$
$$2\nu\overline{v'_l\frac{\partial v'_i}{\partial x_m}}\frac{\partial^2\bar{v}_i}{\partial x_l\partial x_m}-2\nu\frac{\partial\bar{v}_i}{\partial x_l}\overline{\left(\frac{\partial v'_m}{\partial x_i}\frac{\partial v'_m}{\partial x_l}+\frac{\partial v'_i}{\partial x_m}\frac{\partial v'_l}{\partial x_m}\right)}-$$
$$2\nu\overline{\frac{\partial v'_i}{\partial x_l}\frac{\partial v'_i}{\partial x_m}\frac{\partial v'_l}{\partial x_m}}-2\nu^2\overline{\left(\frac{\partial^2 v'_i}{\partial x_l\partial x_m}\right)^2}$$

1. 扩散项

由于湍流的扩散应与其自身梯度的大小有关,因此

$$-\nu\overline{\frac{\partial v'_i}{\partial x_m}\frac{\partial v'_i}{\partial x_m}v'_l}-\frac{2\nu}{\rho}\overline{\frac{\partial v'_l}{\partial x_m}\frac{\partial p'}{\partial x_m}}=C_\varepsilon\left(\frac{l^2}{t}\right)\frac{\partial\varepsilon}{\partial x_l}=C_\varepsilon\frac{k^2}{\varepsilon}\frac{\partial\varepsilon}{\partial x_l} \tag{7.43}$$

2. 生成项

精确的 ε 方程中，生成项可展开为三项

$$-2\nu\overline{v'_l\frac{\partial v'_i}{\partial x_m}}\frac{\partial^2\bar{v}_i}{\partial x_l\partial x_m}-2\nu\frac{\partial\bar{v}_i}{\partial x_l}\overline{\frac{\partial v'_m}{\partial x_i}\frac{\partial v'_m}{\partial x_l}}-2\nu\frac{\partial\bar{v}_i}{\partial x_l}\overline{\frac{\partial v'_i}{\partial x_m}\frac{\partial v'_l}{\partial x_m}}$$

先分析最后一项，对于高 Re 流动，耗散是各向同性的。即 $i\neq j$ 时，此项为零；而当 $i=j$ 时，由不可压缩流体连续性方程可知 $\partial\bar{v}_i/\partial x_l=0$，故此项仍为零。因此，不论何种情况，最后一项必为零。

由于大多数学者认为第一项比第二项小，可忽略掉。因此生成项模型化为

$$2\nu\overline{v'_l\frac{\partial v'_i}{\partial x_m}}\frac{\partial^2\bar{v}_i}{\partial x_l\partial x_m}+2\nu\frac{\partial\bar{v}_i}{\partial x_l}\overline{\frac{\partial v'_m}{\partial x_i}\frac{\partial v'_m}{\partial x_l}}=C_{\varepsilon1}\frac{\varepsilon}{k}\overline{v'_iv'_l}\frac{\partial\bar{v}_i}{\partial x_l}\tag{7.44}$$

3. 耗散项

对于耗散项，利用量纲分析做如下处理

$$2\nu\overline{\frac{\partial v'_i}{\partial x_l}\frac{\partial v'_i}{\partial x_m}\frac{\partial v'_l}{\partial x_m}}+2\nu^2\overline{\left(\frac{\partial^2v'_i}{\partial x_l\partial x_m}\right)^2}=C_{\varepsilon2}\frac{\varepsilon}{k}\nu\overline{\frac{\partial v'_i}{\partial x_l}\frac{\partial v'_i}{\partial x_l}}=C_{\varepsilon2}\frac{\varepsilon^2}{k}\tag{7.45}$$

将模型化后的各式代入到精确的湍流能量耗散率 ε 方程，可得

$$\frac{D\varepsilon}{Dt}=\frac{\partial}{\partial x_l}\left[\left(\nu+C_\varepsilon\frac{k^2}{\varepsilon}\right)\frac{\partial\varepsilon}{\partial x_l}\right]-C_{\varepsilon1}\frac{\varepsilon}{k}\overline{v'_iv'_l}\frac{\partial\bar{v}_i}{\partial x_l}-C_{\varepsilon2}\frac{\varepsilon^2}{k}\tag{7.46}$$

式中 C_ε、$C_{\varepsilon1}$、$C_{\varepsilon2}$ 均为常系数，由实验得到：$C_\varepsilon=0.07\sim0.09$，$C_{\varepsilon1}=1.41\sim1.45$，$C_{\varepsilon2}=1.90\sim1.92$。

上述模型即为 **Reynolds 应力模型**(RSM)，也称微分应力模型(DSM)，由时均流动的连续性方程、动量方程以及式(7.41)、(7.42) 和(7.46) 组成的封闭方程组包括：

湍流连续性方程(1 个方程)：

$$\frac{\partial\bar{v}_i}{\partial x_i}=0$$

湍流时均动量方程(3 个方程)：

$$\frac{\partial\bar{v}_i}{\partial t}+\frac{\partial\bar{v}_i\bar{v}_l}{\partial x_l}=f_i-\frac{1}{\rho}\frac{\partial\bar{p}}{\partial x_i}+\nu\frac{\partial^2\bar{v}_i}{\partial x_l\partial x_l}-\frac{\partial\overline{v'_iv'_l}}{\partial x_l}$$

湍流 Reynolds 应力输运模型方程(6 个方程)：

$$\frac{D\overline{v'_iv'_j}}{Dt}=\frac{\partial}{\partial x_l}\left[\left(\nu+C_k\frac{k^2}{\varepsilon}\right)\frac{\partial\overline{v'_iv'_j}}{\partial x_l}\right]-\left(\overline{v'_iv'_l}\frac{\partial\bar{v}_j}{\partial x_l}+\overline{v'_jv'_l}\frac{\partial\bar{v}_i}{\partial x_l}\right)-\frac{2}{3}\delta_{ij}\varepsilon-$$

$$C_1\frac{\varepsilon}{k}\left(\overline{v'_iv'_l}-\frac{2}{3}\delta_{ij}k\right)+C_2\left(\overline{v'_iv'_l}\frac{\partial\bar{v}_j}{\partial x_l}+\overline{v'_jv'_l}\frac{\partial\bar{v}_i}{\partial x_l}-\frac{2}{3}\delta_{ij}\overline{v'_lv'_m}\frac{\partial\bar{v}_l}{\partial x_m}\right)$$

湍流脉动动能 k 模型方程(1 个方程)：

$$\frac{Dk}{Dt}=\frac{\partial}{\partial x_l}\left[\left(\nu+C_k\frac{k^2}{\varepsilon}\right)\frac{\partial k}{\partial x_l}\right]-\overline{v'_iv'_l}\frac{\partial\bar{v}_i}{\partial x_l}-\varepsilon$$

湍流能量耗散率 ε 模型方程(1 个方程)：

$$\frac{D\varepsilon}{Dt}=\frac{\partial}{\partial x_l}\left[\left(\nu+C_\varepsilon\frac{k^2}{\varepsilon}\right)\frac{\partial\varepsilon}{\partial x_l}\right]-C_{\varepsilon1}\frac{\varepsilon}{k}\overline{v'_iv'_l}\frac{\partial\bar{v}_i}{\partial x_l}-C_{\varepsilon2}\frac{\varepsilon^2}{k}$$

共 12 个标量方程，未知变量 $\bar{v}_i$、$\bar{p}$、$\overline{v'_iv'_j}$、k 和 ε 等也是 12 个，因而可以求解。

7.5 二阶封闭湍流模型的变异

包括$\overline{v'_iv'_j}$、k 和 ε 模型方程的二阶封闭湍流模型，对于不可压缩湍流流动来说，无疑是最完整的模型方程。然而由于该湍流模型的方程数量多、方程形式复杂，不仅给方程求解带来了很大困难，同时也对计算机硬件提出了更高的要求。另一方面，人们也看到了，若将一阶封闭模型理论（如涡旋黏性理论或者混合长度理论）引入二阶封闭湍流模型，所得到的一系列湍流模型用来求解湍流问题，会使模型得到很大简化。

7.5.1 代数应力模型

代数应力模型（ASM）也称 $k-\varepsilon-A$ 模型，是DSM的简化。如前所示，采用Reynolds应力模型求解湍流流动时，需要求解 12 个微分方程，这对于工程实际应用来说工作量太大，为此需要做适当的近似。对于某些流动问题，如高剪切流，湍流对流项与扩散项都很小；或对于局部平衡问题，对流项与扩散项近似相等。这时，可以略去湍流 Reynolds 应力输运模型方程中的对流项与扩散项，使其简化成为以 i、j 为自由指标的 6 个新的方程，表示为

$$
\begin{aligned}
&-(1-C_2)\left(\overline{v'_iv'_j}\frac{\partial \bar{v}_j}{\partial x_l}+\overline{u'_ju'_l}\frac{\partial \bar{v}_i}{\partial x_l}\right)- \\
&C_1\frac{\varepsilon}{k}\left(\overline{v'_iv'_j}-\frac{2}{3}\delta_{ij}k\right)-\frac{2}{3}\delta_{ij}\left(\varepsilon+C_2\overline{v'_lv'_m}\frac{\partial \bar{v}_l}{\partial x_m}\right)=0 \qquad (7.47)
\end{aligned}
$$

上式中不存在对$\overline{v'_iv'_j}$ 项的导数，故上式是$\overline{v'_iv'_j}$ 的代数方程。

此时，由连续性方程、时均动量方程、代数 Reynolds 应力模型方程、k 模型方程和 ε 模型方程组成了不可压缩湍流黏性流动的封闭方程组。代数应力模型使原来需要求解 12 个微分方程的复杂问题简化为只需求解 6 个微分方程和 6 个代数方程。代数应力模型中的湍流模型常数同 Reynolds 应力模型。

7.5.2 旋涡黏性模型

不直接对雷诺应力方程整体进行模化，而引入旋涡黏性理论直接将雷诺应力模化，则可得到二阶封闭的旋涡黏性模型，这时湍流封闭方程将主要为 k 方程、ε 方程和旋涡黏性方程。

1. $k-\varepsilon$ 双方程湍流模型

布莱德肖（Bradshaw）等人对湍流旋涡黏性理论提出修正。对于不可压缩流体，本构方程为

$$p_{ij}=\lambda\delta_{ij}\varepsilon_{kk}+2\mu\varepsilon_{ij}-p\delta_{ij}=-p\delta_{ij}+2\mu\varepsilon_{ij}$$

对于湍流的 Reynolds 应力，可仿照本构方程的形式给出

$$-\rho\overline{v'_iv'_j}=2\mu_t\bar{\varepsilon}_{ij}+A\delta_{ij}$$

若 $i=j$，则

$$-\rho\overline{v'_iv'_i}=-2\rho k=2\mu_t\bar{\varepsilon}_{ii}+A\delta_{ii}=3A$$

根据上式可确定系数

$$A=-\frac{2}{3}\rho k$$

因此有

$$-\rho\overline{v'_i v'_j}=2\mu_t\bar{\varepsilon}_{ij}-\frac{2}{3}\rho k\delta_{ij} \tag{7.48}$$

二阶的旋涡黏性模型也称 $k-\varepsilon-E$ 双方程模型，或称基于涡旋黏性理论的 $k-\varepsilon$ 双方程湍流模型，或简称 **$k-\varepsilon$ 双方程湍流模型**。该模型放弃了 $\overline{v'_i v'_j}$ 模型方程，采用 Boussinesq 涡旋黏性模型。因此，Reynolds 应力方程成为

$$-\overline{v'_i v'_j}=\nu_t\left(\frac{\partial\bar{v}_j}{\partial x_i}+\frac{\partial\bar{v}_i}{\partial x_j}\right)-\frac{2}{3}\delta_{ij}k \tag{7.49}$$

由前可知，ν_t 的量纲应该是湍流脉动速度尺度与长度尺度的乘积，即 $\nu_t\sim ql$。根据模型化法则得到

$$\nu_t=C_\mu\frac{k^2}{\varepsilon} \tag{7.50}$$

其中 k 和 ε 由求解 k 和 ε 模型方程得出，C_μ 为常系数。

将上两式代入 k 方程和 ε 方程的模型方程，则有

$$\frac{Dk}{Dt}=\frac{\partial}{\partial x_l}\left[\left(\nu+\frac{\nu_t}{\sigma_k}\right)\frac{\partial k}{\partial x_l}\right]-\overline{v'_i v'_l}\frac{\partial\bar{v}_i}{\partial x_l}-\varepsilon \tag{7.51}$$

$$\frac{D\varepsilon}{Dt}=\frac{\partial}{\partial x_l}\left[\left(\nu+\frac{\nu_t}{\sigma_\varepsilon}\right)\frac{\partial\varepsilon}{\partial x_l}\right]-C_{\varepsilon1}\frac{\varepsilon}{k}\overline{v'_i v'_l}\frac{\partial\bar{v}_i}{\partial x_l}-C_{\varepsilon2}\frac{\varepsilon^2}{k} \tag{7.52}$$

其中 $\sigma_k=C_\mu/C_k$，$\sigma_\varepsilon=C_\mu/C_\varepsilon$。这样，由连续性方程、时均动量方程、Reynolds 应力方程（涡旋黏性方程）、k 方程和 ε 方程组成了不可压缩湍流黏性流动的封闭方程组。其中湍流模型系数 C_μ、$C_{\varepsilon1}$、$C_{\varepsilon2}$、σ_k 和 σ_ε 需要由实验结果和算例结果做最佳拟合来确定。目前常用的经验系数分别为 0.09、1.45、1.92、1.0 和 1.3。

$k-\varepsilon$ 湍流模型已在工业流场和热交换模拟中得到广泛应用，但其仍然是个半经验的公式，是从实验现象中总结出来的，所以基于 $k-\varepsilon$ 湍流模型发展出了很多修正模型，如重整化群 RNG $k-\varepsilon$ 模型、可实现 Realizable $k-\varepsilon$ 模型、非线性 $k-\varepsilon$ 模型以及低 Re 的 $k-\varepsilon$ 模型等，用来适应不同的流动类型，其中 RNG $k-\varepsilon$ 模型来源于严格的统计技术，在 ε 方程中增加了一个条件，有效地改善了旋涡流动的精度，比 $k-\varepsilon$ 模型具有更高的可信度和精度。

2. 一方程湍流模型

为了工程实际应用的需要，人们已经尝试由双方程涡旋黏性模型出发，进行更进一步的简化，由此产生了一方程模型。作为例子，考虑湍动能 k 的一方程模型：

$$\frac{Dk}{Dt}=\frac{\partial}{\partial x_l}\left[\left(\nu+C_k\frac{k^2}{\varepsilon}\right)\frac{\partial k}{\partial x_l}\right]-\overline{v'_i v'_l}\frac{\partial\bar{v}_i}{\partial x_l}-\varepsilon$$

根据模型化法则，有 $l=k^{3/2}/\varepsilon$，或 $\varepsilon=k^{3/2}/l$，代入上式，得

$$\frac{Dk}{Dt}=\frac{\partial}{\partial x_l}\left[(\nu+C_k\sqrt{k}\,l)\frac{\partial k}{\partial x_l}\right]-\overline{v'_i v'_l}\frac{\partial\bar{v}_i}{\partial x_l}-\frac{k^{3/2}}{l} \tag{7.53}$$

Reynolds 应力方程仍采用

$$-\overline{v'_i v'_j}=\nu_t\left(\frac{\partial \bar{v}_j}{\partial x_i}+\frac{\partial \bar{v}_i}{\partial x_j}\right)-\frac{2}{3}\delta_{ij}k$$

式中，$\nu_t=C_\mu k^2/\varepsilon=C_\mu\sqrt{k}\,l$，$C_\mu=C_k\approx 0.09$，其中 l 是混合长度。

一方程模型考虑到湍流的对流输运和扩散输运，因而比零方程模型更为合理，然而，由于依然保留了特征长度 l，所以同样面临着其值不易确定的问题。且该模型没有经过广泛应用验证，因此原始的一方程模型已很少被使用。得到大力推广的一方程模型是下面介绍的 S－A 模型。

S－A 湍流模型由美国波音公司的 Spalart 和 Allmaras 于 1993 年提出。该模型仍然采用涡黏形式的雷诺应力公式，但放弃了 $\nu_t=C_\mu\dfrac{k^2}{\varepsilon}$ 的表达式，直接给出关于湍流黏度 ν_t 的输运方程。

湍流黏度按以下公式计算：

$$\nu_t=\tilde{\nu}f_{v1} \tag{7.54}$$

其中，$\tilde{\nu}$ 为需要通过输运方程求解的量。

f_{v1} 是一个关于湍流黏度比 χ 的函数，定义如下：

$$f_{v1}=\frac{\chi^3}{\chi^3+C_{v1}^3} \tag{7.55}$$

其中湍流黏度比 χ 定义如下：

$$\chi=\frac{\tilde{\nu}}{\nu} \tag{7.56}$$

关于 $\tilde{\nu}$ 的输运方程表示为以下形式：

$$\frac{\partial\tilde{\nu}}{\partial t}=M(\tilde{\nu})+P(\tilde{\nu})+D(\tilde{\nu})+T \tag{7.57}$$

其中，$M(\tilde{\nu})$ 表示对流项＋扩散项：

$$M(\tilde{\nu})=-\nabla\cdot(\tilde{\nu}\boldsymbol{v})+\frac{1}{\sigma}\{\nabla\cdot[(\nu+\tilde{\nu})\nabla\tilde{\nu}]+C_{b2}(\nabla\tilde{\nu})^2\} \tag{7.58}$$

$P(\tilde{\nu})$ 表示生成项：

$$P(\tilde{\nu})=C_{b1}(1-f_{t2})\tilde{S}\tilde{\nu} \tag{7.59}$$

$D(\tilde{\nu})$ 表示耗散项：

$$D(\tilde{\nu})=\left(C_{w1}f_w-\frac{C_{b1}}{\kappa^2}f_{t2}\right)\left(\frac{\tilde{\nu}}{d}\right)^2 \tag{7.60}$$

T 表示再分配项：

$$T=f_{t1}\Delta v^2 \tag{7.61}$$

其中，通常忽略 T 并令 $f_{t2}=0$，即关于 $\tilde{\nu}$ 的输运方程可以化为

$$\frac{\partial\tilde{\nu}}{\partial t}+\nabla\cdot(\tilde{\nu}\boldsymbol{v})=\frac{1}{\sigma}\{\nabla\cdot[(\nu+\tilde{\nu})\nabla\tilde{\nu}]+C_{b2}(\nabla\tilde{\nu})^2\}+C_{b1}\tilde{S}\tilde{\nu}-(C_{w1}f_w)\left(\frac{\tilde{\nu}}{d}\right)^2 \tag{7.62}$$

其中，$\tilde{S}=S+\dfrac{\tilde{\nu}}{\kappa^2d^2}f_{v2}$，$S=\sqrt{2}\,|\boldsymbol{S}|$，$\boldsymbol{S}=\dfrac{1}{2}[\nabla\boldsymbol{v}+(\nabla\boldsymbol{v})^{\mathrm{T}}]$，$f_{v2}=1-\dfrac{\chi}{1+\chi f_{v1}}$。

此外，耗散项的各参数定义如下：

$$f_w = g\left(\frac{1+C_{w3}^6}{g^6+C_{w3}^6}\right)^{1/6}, g = r + C_{w2}(r^6 - r), r = \min\left[\frac{\tilde{\nu}}{\tilde{S}\kappa^2 d^2}, 10\right],$$

$$C_{w1} = \frac{C_{b1}}{\kappa^2} + \frac{1+C_{b2}}{\sigma}$$

σ、κ、C_{b1}、C_{b2}、C_{w2}、C_{w3}、C_{v1} 等可分别为取为 0.6666、0.41、0.1355、0.622、0.3、2.0、7.1。

由于 Spalart 等人在航空计算方面具有丰富的经验并掌握丰富的实验和计算数据，该模型中包含的大量经验常数及经验函数都经过了很好的调校，使得 S－A 模型在航空方面计算效果较好。

3. $k-\omega$ 双方程湍流模型

与 $k-\varepsilon$ 模型不同，$k-\omega$ 双方程湍流模型建立湍动能 k 和湍流频率 ω 的输送方程，其优点在于低雷诺数流动的近壁区处理，该模型不含有 $k-\varepsilon$ 模型所要求的复杂非线性阻尼函数，因此该模型更稳定、更精确。$k-\omega$ 湍流模型假设旋涡黏性系数与湍动能 k 和湍流频率 ω 的关系为

$$\mu_t = \rho k/\omega \quad 或 \quad \nu_t = k/\omega \tag{7.63}$$

且有

$$\omega = \frac{\varepsilon}{C_\mu k} \tag{7.64}$$

标准 $k-\omega$ 湍流模型要求解两个输运方程，一个是 k 方程，一个是 ω 方程，如下所示：

$$\frac{Dk}{Dt} = \frac{\partial}{\partial x_l}\left[\left(\nu + \frac{\nu_t}{\sigma_{k1}}\right)\frac{\partial k}{\partial x_l}\right] - \overline{v'_i v'_l}\frac{\partial \bar{v}_i}{\partial x_l} - C_\mu k\omega \tag{7.65}$$

$$\frac{D\omega}{Dt} = \frac{\partial}{\partial x_l}\left[\left(\nu + \frac{\nu_t}{\sigma_{\omega 1}}\right)\frac{\partial \omega}{\partial x_l}\right] - C_{\omega 1}\frac{\omega}{k}\overline{v'_i v'_l}\frac{\partial \bar{v}_i}{\partial x_l} - C_{\omega 2}\omega^2 \tag{7.66}$$

其中方程中的各个系数为 $C_{\omega 1} = 5/9$，$C_{\omega 2} = 3/40$，$\sigma_{k1} = \sigma_{\omega 1} = 2$。

在二阶旋涡黏性模型中，还有很多衍生的双方程湍流模型如 SST $k-\omega$ 湍流模型、$k-\tau$ 模型及 $q-\omega$ 模型等，另外，还有多方程模型如 $v^2 f$ 模型，取得了不错的应用效果。

7.6　直接数值模拟和大涡模拟

前面介绍了 RANS 方法的基本思路和求解的封闭问题，下面介绍 CFD 技术中的另外三种方法，即**直接数值模拟**(DNS)、**大涡模拟**(LES) 和 RANS/LES 混合模型。

从理论上来讲，对于一个指定的流动问题，只要给定了其初始条件和边界条件，通过求解黏性流体运动的基本方程(3.59) 和(6.16)，即可得到流场的瞬时速度分布和压力分布，进而得到各种统计量，这一方法称为 DNS。DNS 完全从精确的流动控制方程出发，对湍流场中所有尺度的流动信息进行数值模拟，故不存在封闭性问题，但对计算能力的要求最为严苛。大涡数值模拟(LES) 是介于 DNS 和 RANS 之间的一种数值模拟方法，LES 首先对湍流运动进行空间过滤，然后直接求解大尺度的脉动运动，而将小尺度脉动对大尺度

运动的作用进行模型假设(亚格子应力模型)来求解,其耗费的计算资源在DNS和RANS之间。

在对湍流机理的描述中,认为湍流运动在流场中的各个大小尺度均存在动量输运,直至在最小尺度上能量被黏性完全耗散掉(即对应耗散尺度)。可见湍流是跨越流场几何尺度到耗散尺度的多尺度三维运动,以惯性湍流为例,大尺度湍流脉动犹如湍动能的蓄能池,它不断地输出能量,小尺度湍流犹如耗能机械,它将从大尺度湍流输运过来的动能在这里全部耗散掉,而传输湍流能量的载体就是惯性作用,且流动 Re 越高,蓄能的大尺度和耗能的小尺度之间的惯性区域越大。湍流中的大尺度涡尺度接近于流场的几何尺度 L(含能尺度),耗能的小尺度和湍动能耗散率 ε 及流体的黏度 ν 相关,记为耗散尺度 η,在 L 与 η 之间,称为惯性子区。图7.4给出了惯性湍流的一个典型能量输运分布,横坐标 r 表示傅里叶变换意义上的波数,波数越大,流动尺度越小;纵坐标表示湍动能 k 和湍动能耗散率 ε 的谱函数 $E(r)$、$\varepsilon(r)$。其中湍动能谱的峰值位置的波数为 r_p,它的倒数和含能尺度 L 处于同一量级,而最大耗散率的波数为 r_d,它的倒数和耗散尺度 η 处于同一量级,另外波数 r_c 位于惯性子区。

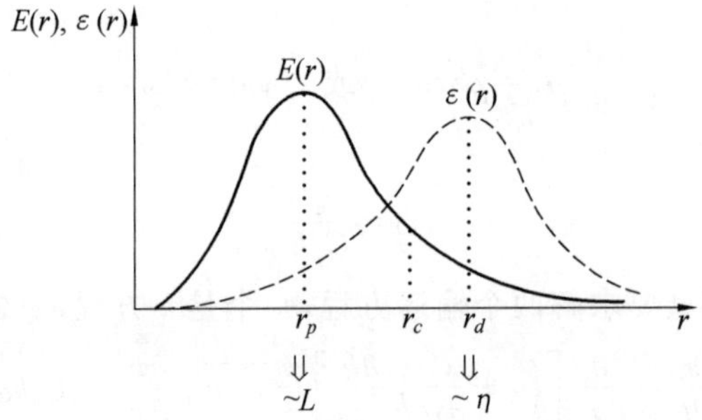

图7.4　惯性湍流中湍动能谱和耗散谱的分布规律

Kolmogorov将耗散尺度 η 定义为

$$\eta = (\nu^3/\varepsilon)^{1/4} \tag{7.67}$$

相应地,耗散率 ε 可表达为

$$\varepsilon \sim v'^3/L \tag{7.68}$$

其中,v' 为脉动速度的均方根值。在尺度 η 以下,只存在能量的耗散,当 Re 进一步提高时,耗散区将向更高的波数方向移动,对应于更小的耗散尺度。

7.6.1　直接数值模拟

依据研究湍流的目的,DNS、RANS和LES对流场的分辨率要求具有本质的差别。DNS是全尺度的模拟,所以要有足够的分辨率来正确地计算耗散现象,于是在数值求解过程中,网格尺寸要小于湍动能耗散尺度 η,时间步长要小于耗散涡的时间尺度 η/ν。同时为了计算大尺度运动,计算域要大于流动的大涡尺度(接近于 L),且计算时长要足够长以涵盖大涡翻转的时间尺度,因DNS对计算资源要求很高,故目前对高 Re 的湍流模拟难以承受。

为了保证准确模拟湍流小尺度运动,DNS的一维网格数应该满足 $N_x > L/\eta$,即有

$$N_x > (Re_L)^{3/4} \tag{7.69}$$

式中，$Re_L = v'L/\nu$，可见，三维网格数 N 应满足

$$N = N_x N_y N_z > (Re_L)^{9/4} \tag{7.70}$$

举例来说，若要模拟$Re_L = 10^4$ 的湍流运动，就要求网格数 $N = 10^9$。这在实际的模拟中通常难以达到，所以不得不放宽耗散尺度的要求。事实上，大部分壁面湍流的 DNS 算例中，除了壁面法向的近壁分辨率外，在流向和展向的分辨率都大于耗散尺度 η，例如，网格尺度 $\Delta_x \sim \Delta_y = (5 \sim 10)\eta$，实践证明，这种 DNS 的结果对于研究壁面湍流输运过程和雷诺应力的生成是足够准确的。

7.6.2　大涡模拟

相对于 DNS，RANS 是平均模拟，雷诺平均方程中引入了雷诺应力，并将所有尺度脉动产生的雷诺应力做了模型化处理，因此计算域应大于脉动的积分尺度 L，网格最小尺寸由平均流动的性质决定。LES 可认为是大涡模拟、小涡模化，其网格分辨率介于 DNS 和 RANS 之间，其网格尺寸应当和惯性子区尺度同一量级，因为惯性子区以下尺度的脉动才可能有局部普适性的规律。对应在图 7.4 中，LES 的亚格子应力模型只需要包含波数大于 r_c 部分流动的脉动即可。

在算法上，LES 对运动方程进行滤波处理，只求解基于瞬时流动方程的大尺度平均分量，由于小尺度涡的结构趋于各向同性，通过小尺度涡对大尺度涡的影响来研究不同尺度涡结构的相互作用，在大涡流场的运动方程中采用附加亚格子应力（SGS）项的形式来体现小涡的影响。LES 共包含 4 个问题，即 3 个建模问题和 1 个数值计算问题。

首先，引入空间滤波函数，将变量 $\phi(x,t)$ 分解为滤波后的分量 $\bar{\phi}(x,t)$ 和不可解的亚格子分量 $\phi'(x,t)$，有

$$\phi = \bar{\phi} + \phi' \tag{7.71}$$

其中

$$\bar{\phi}(x,t) = \int_V \phi(\xi_x, t) G_l(x - \xi_x)\,\mathrm{d}\xi_x \tag{7.72}$$

式中，ξ_x 为尺度过滤前的空间坐标；x 为过滤后的空间坐标；G_l 表示在尺度 l 上进行滤波的滤波函数（通常分为均匀过滤器和非均匀过滤器）；V 为流动区域；$\phi(x,t)$ 表示流场中的各种运动参数。

常用的过滤函数有帽型函数、高斯函数等，帽型函数因为形式简单而被广泛采用

$$G_l(x - \xi_x) = \begin{cases} 1/\bar{\Delta} & (|x - \xi_x| \leqslant \Delta_i/2) \\ 0 & (|x - \xi_x| > \Delta_i/2) \end{cases} \tag{7.73}$$

式中，$\bar{\Delta} = (\Delta_x \Delta_y \Delta_z)^{1/3}$ 为过滤网格的平均尺度；Δ_i 为沿 i 方向的网格的长度，当 $\bar{\Delta} \to 0$ 时，LES 即转变为 DNS。

其次，将滤波函数应用于连续性方程和 N－S 方程，可得

$$\frac{\partial \bar{v}_i}{\partial x_i} = 0$$

$$\frac{\partial \bar{v}_i}{\partial t}+\frac{\partial \bar{v}_j \bar{v}_i}{\partial x_j}=-\frac{1}{\rho}\frac{\partial \bar{p}}{\partial x_i}+\nu\frac{\partial^2 \bar{v}_i}{\partial x_j \partial x_j}+\frac{\partial \tau_{ij}}{\partial x_j} \tag{7.74}$$

式中，$\tau_{ij}=\bar{v}_j\bar{v}_i-\overline{v_j v_i}$ 即是为了封闭方程而引入的**亚格子应力**，表征了滤波过后的残余应力张量。

再次，需要对残余应力张量建立 SGS 模型。最简单的 SGS 模型为 Smagrinsky 模型，它也是基于旋涡黏性理论发展而来，表述如下

$$\tau_{ij}=2(C_s\bar{\Delta})^2\bar{S}_{ij}(2\bar{S}_{ij}\bar{S}_{ij})^{1/2}-\frac{1}{3}\tau_{kk}\delta_{ij} \tag{7.75}$$

式中，$\overline{S_{ij}}=\frac{1}{2}\left(\frac{\partial \bar{v}_i}{\partial x_j}+\frac{\partial \bar{v}_j}{\partial x_i}\right)$ 为可解尺度的变形率张量；C_s 为 Smagorinsky 系数，对于各向同性湍流，在 Kolmogorov 湍动能谱的惯性子区范围内，可以推导得 C_s 取值大致为 0.18，但对大多数流动而言，数值试验已证明该值偏大，所以通常采用的 C_s 值都较 0.18 为小，有时甚至低于 0.1，实用中取值需要经过适当的调试，常可取值 0.1。

Smagrinsky 模型的优点是概念简单，易于实施，且计算方便，而其主要缺陷是耗散过大，尤其是壁面处，该影响尤为明显，可以利用近壁阻尼系数对 C_s 值进行修正，或者采用动态 Smagrinsky 模型。

另外，基于旋涡黏性理论有

$$\tau_{ij}+\frac{1}{3}\tau_{kk}\delta_{ij}=2\mu_t\overline{S_{ij}} \tag{7.76}$$

式中，$\mu_t=(C_s\bar{\Delta})^2\sqrt{2\overline{S_{ij}}\,\overline{S_{ij}}}$。

最后，对滤波后的方程组进行数值求解得到各个物理量 $\bar{\phi}$，其为大尺度运动的近似解。基于滤波技术和 SGS 建模的不同，LES 会得到不同的变量，因为在求解过程中，除了数值误差之外，LES 还会有亚格子模型带来的误差。但整体而言，LES 具有较高的计算精度，且可以应用到复杂湍流的模拟中去。

7.6.3 RANS/LES 混合模型

LES 能获得比 RANS 更精确的结果，但 LES 的计算工作量很大，对于工程和地球科学流动，特征雷诺数很高，几何形状复杂，目前计算机资源不足以实现 LES。RANS 的计算工作量小，但是准确性较差。仔细分析两种方法，可以发现它们有各自的特点，RANS 的涡黏模型在平衡流动或接近平衡流动中有很好的适用性，在这种流动中没有必要采用 LES。根据以上特点，RANS/LES 混合模型的思想自然产生了：在复杂流动中，并非处处是非平衡的复杂湍流，在接近平衡的湍流区域（例如不分离的顺压梯度边界层）采用 RANS；而在非平衡湍流区（例如分离再附区和钝体尾迹的涡脱落区）采用 LES。

Spalart 在 1977 年提出的分离涡模拟（DES）方法是最常用的 RANS/LES 混合模型之一。其基本思想是对湍流模型中的“长度”进行修改，通过嵌入一个与网格尺度相关的模型开关来控制 RANS 与 LES 方法的求解区域，原型是通过 S－A 模型实现的。

S－A 模型的 DES 方法是将其涡黏输运方程中的 d 做出如下修正：

$$\widetilde{d} = \min(d_{\text{S-A}}, d_{\text{LES}})$$

$$d_{\text{S-A}} = y, \quad d_{\text{LES}} = C_{\text{DES}}\Delta$$

y 是网格点和壁面间的垂直距离；相应的系数 $C_{\text{DES}} = 0.65$，Δ 是网格尺度，对于非均匀网格

$$\Delta = \max(\Delta x, \Delta y, \Delta z)$$

当 $d_{\text{S-A}} > d_{\text{LES}}$ 时，网格若为各向同性并且其分辨率足以求解远离壁面或分离区的涡结构，则根据修正公式，模型转化为 LES 方法的形式。当 $d_{\text{S-A}} < d_{\text{LES}}$ 时，此时模型恢复成原来的 S－A 方法。

在其他方法提出之前，所有的 DES 方程都基于 DES97 中提出的 S－A 模型。在 DES 方法中，靠近边界层中的求解用的是 RANS 方法，所以在预测分离的时候，只能达到 RANS 所能达到的精度。当然相对于 S－A 方法，有些场合可能使用别的湍流模型会得到更理想的结果。正是出于这些考虑，有越来越多的 DES 版本出现，包括可实现的 $k-\varepsilon$、SST $k-\omega$、BSL $k-\omega$ 等。

DNS、LES 和 RANS 这三种数值模拟方法给出的流场信息量差别很大，DNS 的空间分辨率达到耗散尺度，故可以计算所有湍流脉动，通过统计计算可以给出所有平均量，如雷诺应力、脉动能谱和标量输运等，其计算结果常作为 RANS 和 LES 的验证标准。RANS 模化了所有尺度的雷诺应力，故只能给出平均速度场、平均压强和平均合力等。LES 空间分辨率在惯性子区尺度，而亚格子应力模型仅覆盖格子尺度以下的范围，所以大尺度的脉动信息是准确的，通过统计也可以给出所有的平均量，信息量介于 DNS 和 RANS 之间。RANS/LES 混合模型的出发点是为了在较小的计算投入下尽可能地准确预测高雷诺数下大范围分离流动，快速提供工程应用急需的各种非定常信息，信息量和计算资源在 RANS 和 LES 之间。

湍流模拟中，选择哪种精细层次的模拟方法要根据计算资源和研究的目的来权衡，DNS 是研究简单湍流物理机制的有力工具，而对大多数仅需要知道平均作用力和平均传热量的工程湍流问题使用 RANS 即可满足要求，但为了获得流场的动态特性，则可以使用 LES 来进行求解。在计算资源不足，或仅对部分计算域的动态特征有所要求时，可考虑 RANS/LES 混合模型。

习　题

7.1　普朗特混合长理论中的 $\nu_t = l^2\left|\dfrac{\partial \bar{v}_x}{\partial y}\right|$ 有两种推广形式，即 $l^2\ (2S_{ij}S_{ij})^{1/2}$ 和 $l^2\ (2R_{ij}R_{ij})^{1/2}$，其中 $S_{ij} = \dfrac{1}{2}\left(\dfrac{\partial v_i}{\partial x_j} + \dfrac{\partial v_j}{\partial x_i}\right)$，$R_{ij} = \dfrac{1}{2}\left(\dfrac{\partial v_i}{\partial x_j} - \dfrac{\partial v_j}{\partial x_i}\right)$，试分析说明在二维平板边界层流动中，这两种推广形式都蜕变为普朗特混合长关系。

7.2　在任何湍流模式中，任何情况下都应该满足 $\overline{v'_i v'_i} > 0$，试分析 Boussinesq 旋涡黏性关系式是否满足该关系式。

7.3　湍动能耗散率的定义是什么？是怎么导出的？试分析建立湍动能耗散率方程

的必要性。

7.4　试导出不使用旋涡黏性模型的 $k-\varepsilon$ 方程。

7.5　在壁面上，由于黏性条件限制，湍动能在壁面上为零，但湍动能耗散率是否也在壁面上为零，试分析其理由。

7.6　除了湍动能耗散率外，湍流场中还有什么其他统计物理量可以用来代替耗散率作为特征量，且能找到该统计量的输运方程？

7.7　比较在湍流模式理论中，湍流黏度 μ_t 和动力黏度 μ 的物理意义，二者有何联系与区别，对流动各有什么影响？

7.8　分析不可压缩流体雷诺应力输运方程中各项的含义及其建模方法。

参考文献

[1] 潘文全. 流体力学基础:上、下册[M]. 北京：机械工业出版社，1980.

[2] 朱之墀，王希麟. 流体力学理论例题与习题[M]. 北京：清华大学出版社，1986.

[3] 陈卓如，王洪杰，刘全忠，等. 工程流体力学[M]. 3 版. 北京：高等教育出版社，2013.

[4] 周云龙，郭婷婷. 高等流体力学[M]. 北京：中国电力出版社，2008.

[5] 伍悦滨，高等流体力学[M]. 哈尔滨：哈尔滨工业大学出版社，2013.

[6] 张兆顺，崔桂香，许春晓. 湍流大涡数值模拟的理论和应用[M]. 北京：清华大学出版社，2008.

[7] 范宝春，董刚，张辉. 湍流控制原理[M]. 北京：国防工业出版社，2011.

[8] POTTER M C. WIGGERT D C. Mechanics of fluids[M]. 北京:机械工业出版社，2008.

[9] POPE S B. Turbulent flows[M]. London：Cambridge University Press,2000.

[10] 王献孚，熊鳌魁. 高等流体力学[M]. 武汉：华中科技大学出版社，2003.

[11] 张兆顺，崔桂香，许春晓. 湍流理论与模拟[M]. 北京：清华大学出版社，2005.

[12] ANDERSON J D. Computational fluid dynamics[M]. New York：McGraw-Hill Education，1995.

[13] 陈懋章. 粘性流体动力学基础[M]. 北京：高等教育出版社，2002.

名词术语中英文对照表

（按汉语拼音顺序排列）

A

爱因斯坦求和约定 Einstein notation / Einstein summation convention(1.2)
奥森近似方程 Oseen approximation equation (6.3)

B

本构方程 constitutive equation (3.5)
毕奥一萨伐尔公式 Biot-Savart formula (2.9)
比热 specific heat (3.2)
比容 specific volume (4.8)
边界层 boundary layer (6.3)
边界层方程 boundary layer equation (6.3)
边界层外边界 outer boundary of boundary layer (6.3)
边界层动量积分关系式 momentum integral equation for boundary layer(6.3)
边界层厚度 boundary layer thickness (6.3)
边界层转捩 boundary layer transition (6.4)
边界层流动 boundary layer flow (6.3)
边界条件 boundary condition (2.6)
变形运动 deformed movement / deformation (2.3)
变形率张量 strain rate tensor (2.3)
表面力 surface force (3.2)
并矢 Dyad product (1.2)
伯努利定理 Bernoulli theorem(4.2)
伯努利方程 Bernoulli equation (4.3)
伯努利积分 Bernoulli integral(4.2)
不可压缩流体 incompressible fluid (1.1)
布拉修斯合力公式 Blasius resultant force formula(5.6)
布拉修斯合力矩公式 Blasius formula on moment of resultant force(5.6)

C

测速仪 velocimetry(7.2)

层流 laminar flow(6.3)
层流区 laminar zone(7.4)
层流边界层 laminar boundary layer(6.3)
层流运动 laminar flow(6.4)
超声速 supersonic speed(4.2)
超声速流动 supersonic flow(4.2)
迟滞转焓 hysteresis rotation enthalpy(4.1)
充分发展湍流 fully developed turbulence(6.4)
初始条件 initial condition (4.1)
猝发 burst(6.4)

D

大气压强 atmosphere pressure(4.9)
大涡数值模拟 large eddy simulation(7.2)
代数应力模型 algebraic stress model(7.6)
单连通域 simply connected region / simply connected domain(2.5)
当地加速度 / 局部加速度 local acceleration(2.1)
当地雷诺数 local Reynolds number(6.3)
等流线 constant stream line(5.1)
等容比热 constant volume specific heat(3.2)
等容面 isosteric surface(4.8)
等熵流动 isentropic flow(4.1)
等势线 equipotential line (5.1)
等温流场 isothermal flow field (4.2)
等压面 isobaric surface (4.8)
等压等容单位管 isobaric-isosteric unit tube(4.8)
笛卡儿张量 Cartesian tensor(1.2)
低雷诺数流动 low Reynolds number flow (7.6)
点涡 point vortex (2.9)
点源 point source(2.8)
点汇 point sink(2.8)
电磁场 electromagnetic field(2.9)
叠加性 superposition property(5.3)
叠加原理 superposition principle(2.6)
定常流动 steady flow(2.4)
动力黏度 dynamic viscosity(1.1)
动量定理 theorem of momentum(3.2)
动量方程 momentum equation(3.2)

动量交换 momentum transfer(1. 1)
动量矩方程 equation of moment of momentum (3. 2)
动能 kinematic (2. 6)
断面平均流速 average flow velocity of cross-section(6. 4)
对称张量 symmetric tensor(1. 2)
对流加速度 / 迁移加速度 convective acceleration(2. 1)

E

二元流动 / 平面流动 two-dimensional flow / planar flow(5. 1)
二元旋涡 two-dimensional vortex(4. 5)

F

法向应力 normal stress(3. 4)
反对称张量 anti-symmetric tensor(1. 2)
非恒定流动 unsteady flow(2. 2)
非牛顿流体 non-Newtonian fluid(1. 1)
非线性 nonlinearity(6. 3)
非正压流场 un-barotropic flow field(4. 8)
分离变量法 method of separating variables(6. 3)
分离流转捩 separation-induced transition(6. 4)
佛里德曼定理 Friedmann theorem(4. 7)
佛里德曼方程 Friedmann equation(4. 1)
佛劳德数 Froude number (6. 2)
负单位管 negative unit tube(4. 8)
复势 complex potential(5. 3)
复速度 complex velocity(5. 3)

G

概念化模型 conceptual model(6. 4)
概率平均法 / 系综平均法 probability-average method / ensemble average method (7. 1)
高斯定理 Gauss' theorem(2. 4)
格林公式 Green's formula(2. 4)
哥氏惯性力 Coriolis inertia force(3. 2)
各向同性 / 均质性 isotropic / homogeneity(1. 2)
各向同性张量 isotropic tensor(1. 2)
各向同性湍流 isotropic turbulence(7. 2)
拐点 inflection point(6. 4)

管道进口段 pipe entrance region(6.3)
管道流动 pipe flow(4.9)
惯性力 inertial force(3.2)
惯性项 inertial term(6.3)
光滑流体面 smooth fluid surface (2.2)
光滑流体线 smooth timeline(2.2)
广义力 generalized force(4.1)
广义牛顿内摩擦定律 generalized Newton's laws of internal friction(6.1)
广义牛顿黏性应力公式 generalized Newtonian viscous stress formula(6.3)
过渡区 transition zone(6.4)

H

哈根一泊肃叶流动 Hagen-Poiseuille flow(6.3)
焓 enthalpy(3.1)
耗散项 dissipation term(7.3)
耗散率 dissipation rate(7.3)
亥姆霍兹方程 Helmholtz equation(4.7)
亥姆霍兹涡量守恒方程 Helmholtz vorticity conservation equation(6.1)
亥姆霍兹速度分解定理 Helmholtz velocity decomposing theorem(2.3)
恒定流动(定常流动) steady flow(2.2)
环量 circulation (2.4)
汇 sink(2.8)
混沌 chaos (6.4)
混合层 mixing layer(6.4)
混合长度 mixing length theory (7.4)
混合长度理论 mixing length theory(7.4)

J

激波 shock wave(1.1)
激光多普勒测速仪 laser Doppler velocimetry(7.2)
迹线 pathline(2.2)
机械能 mechanical energy(6.1)
奇点 singularity(2.2)
加速度 acceleration(2.1)
间歇系数 intermittent coefficient(6.4)
间歇性 intermittency(6.4)
剪切层 shear layer(6.4)
剪切流动 shearing flow(6.4)

剪切应力 / 切应力 shear stress(6.1)
角变形 angular deformation(2.3)
角变形速率 angular deformation rate(2.3)
介质 medium(1.1)
近似解 approximate solution(6.3)
精确解 exact solution(6.3)
静压强 static pressure(6.1)
静止流场 stationary flow field / still flow field / flow field at rest(2.6)
静止流体 static fluid / fluid at rest(3.4)
局部法 / 欧拉法 local approach / Eulerian method(2.1)
局部加速度 / 当地加速度 local acceleration(2.1)
决定性变量 dominant variable / decisive variable(7.1)
绝对速度 absolute velocity(3.3)
绝对温度 absolute temperature (3.2)
绝对坐标系 absolute coordinate system(2.6)
绝热恒定流动 adiabatic steady flow(3.2)
绝热流动 adiabatic flow(3.2)
均匀流 uniform flow(4.2)
均匀流场 uniform flow field(5.4)
均质性 / 各向同性 homogeneity / isotropic(1.2)

K

卡门动量积分关系 *Kármán* momentum-integral relation(6.3)
凯尔文定理(速度环量的变化率) Kelvin theorem(2.4)
凯尔文定理 / 汤姆逊定理(速度环量的时间不变性)Kelvin theorem / Thomson circulation theorem(4.5)
柯西一亥姆霍兹速度分解定理 Cauchy-Helmholtz velocity decomposing theorem (2.3)
柯西积分定理 Cauchy's integral theorem(5.6)
柯西一拉格朗日积分 the Cauchy-Lagrange integral(4.3)
柯西一黎曼条件 Cauchy-Riemann condition(5.3)
可压缩流体 compressible fluid(1.1)
空间流动 spatial flow(5)
控制面 control surface(3.1)
控制体 control volume(3.1)
库塔一儒科夫斯基定理 Kutta-Zhoukowski theorem(3.3)
库塔一儒科夫斯基升力定理 Kutta-Zhoukowski lift theorem(3.3)
库塔一儒科夫斯基升力公式 Kutta-Zhoukowski formula(5.6)

扩散项 diffusion term(7.3)

L

拉格朗日变量 Lagrange's variable(2.1)
拉格朗日定理 Lagrange's theorem(4.5)
拉格朗日方法 / 随体法 Lagrangian method (2.1)
拉格朗日流函数 Lagrangian stream function (5.1)
拉普拉斯方程 Laplacian equation(2.6)
拉普拉斯算子 Laplace operator(2.6)
兰姆方程 Lamb equation(4.1)
来流 incoming flow(3.3)
雷诺应力 Reynolds stress(7.2)
雷诺应力输运方程 Reynolds stress transport equation(7.3)
雷诺平均方程 average Reynolds equations(7.3)
雷诺平均数值模拟 Reynolds averaged Navier-Stokes (7.2)
雷诺数 Reynolds number(6.2)
雷诺应力模型 Reynolds stress model(7.4)
粒子成像测速仪 particle image velocimetry(7.2)
离心力 / 向心惯性力 centrifugal force / centripetal inertial force(3.2)
理想流体 ideal fluid(1.1)
理想流体运动方程 equation of ideal fluid's motion(4.1)
连通域 connected region / connected domain(2.5)
连续介质模型 continuous medium model(1.1)
连续性 continuity(3.2)
连续性方程 continuity equation(3.2)
量纲 dimension(6.1)
量纲分析 dimensional analysis(6.2)
临界雷诺数 critical Reynolds number(6.4)
临界速度 critical velocity(4.2)
临界值 critical value (6.4)
临界状态 critical state(4.2)
零流线 zero streamline(5.4)
流场 flow field(1.1)
流动 flow(1.1)
流动分离 flow separation(5.4)
流动图谱 flow pattern(2.8)
流动状态 flow state(4.1)
流管 stream tube(2.2)

流函数 stream function(5.1)
流函数方程 stream function equation(5.2)
流量 flow rate(2.2)
流束 stream filament(3.3)
流体 fluid(1.1)
流体线 timeline (2.2)
流体动力学 fluid dynamics(3.5)
流体微元 micro fluid element(2.3)
流体运动 fluid motion(1.1)
流体运动学 fluid kinematics(2)
流线 streamline(2.2)
流线方程 streamline equation(2.2)
螺旋运动 spiral motion(4.2)

M

马格努斯效应 Magnus effect(5.5)
马赫数 Mach number (6.2)
脉动速度 fluctuated velocity(7.3)
脉动压强 fluctuated pressure(7.3)
脉动值 fluctuated value(7.1)
贸易风 trade wind(4.8)
密度 density(1.1)
名义压力 nominal pressure(4.4)

N

纳维一斯托克斯方程 Navier-Stokes equation(6.1)
内能 internal energy(3.1)
能量守恒 energy conservation(3.1)
拟序结构 coherent structure(6.4)
黏度 viscosity(1.1)
黏性 viscous(1.1)
黏性流体 viscous fluid(6.1)
黏性力 viscous force(6.1)
黏性流体动力学 viscous fluid dynamics(6.1)
黏性项 viscous term(6.3)
黏性阻力 viscous resistance / viscous drag(6.3)
牛顿流体 Newtonian fluid(1.1)
牛顿内摩擦定律 Newton inner friction law(6.1)

努塞尔数 Nusselt number (6.2)

O

偶极子 dipole(5.4)
偶极子强度 dipole strength(5.4)
欧拉变量 Eulerian variable(2.1)
欧拉法 / 局部法 Eulerian method / local approach(2.1)
欧拉方程(运动学) Euler equation(3.2,4.1)
欧拉方程(叶轮机械)Eulerian equation(3.3)
欧拉数 Euler number (6.2)

P

旁路转捩 bypass transition (6.4)
抛物线形状 parabolic profile(6.3)
膨胀速率 expansion rate(2.3)
膨胀性 expansibility(1.1)
皮叶克尼斯定理 Bjerknes' theorem(4.8)
平板边界层 flat plate boundary layer(6.3)
平动惯性力 translational inertial force(3.2)
平衡状态 equilibrium state(6.4)
平面势流 planar potential flow(5.4)
平面流动 / 二元流动 planar flow / two-dimensional flow(4.2)
泊松方程 Poisson's equation(2.7)
泊肃叶流动 Poiseuille flow(6.3)
普朗特边界层方程 Prandtl boundary layer equation(6.2)
普朗特数 Prandtl number(6.2)

Q

奇异吸引子 strange attractor(6.4)
迁移加速度 / 对流加速度 convective acceleration(2.1)
牵连速度 velocity of following(3.3)
前缘 leading edge(6.3)
切应力 / 剪切应力 shear stress(3.4)
切向惯性力 tangential inertial force(3.2)

R

扰动 perturbation / disturbance(6.3)
扰动波 perturbation wave(6.4)

绕流 rounded flow / flow around a body / flow over a body(3. 3)
热交换 heat exchange(3. 2)
热力学第一定律 first law of thermodynamics(4. 2)
热通量 heat flux (3. 2)

S

三维流动 / 三元流动 three-dimensional flow(6. 1)
熵 entropy(3. 1)
射流 jet(3. 3)
升力 lift(3. 3)
声速 sound speed(4. 2)
势函数 potential function(2. 5)
势流 potential flow(5. 4)
时间平均法 time-average method(7. 1)
输运方程 transport equation(3. 1)
双连通域 doubly connected region / doubly connected domain(2. 5)
水击 / 水锤 water hammer(1. 1)
瞬时速度 instantaneous velocity(6. 4)
斯特劳哈尔数 Strouhal number (6. 2)
斯托克斯定理 Stokes theorem(2. 4)
斯托克斯方程(极慢流动) Stokes equation(6. 3)
斯托克斯公式 Stokes formula(4. 5)
斯托克斯流动 Stokes flow(6. 3)
四面体微元 tetrahedron elements(3. 4)
速度环量 velocity circulation(2. 4)
速度势 velocity potential(2. 5)
速度梯度 velocity gradient(6. 3)

T

泰勒级数 Taylor's series(2. 3)
汤姆逊定理 / 凯尔文定理(速度环量的时间不变性) Thomson circulation theorem / Kelvin theorem(4. 5)
特征长度 characteristic length(6. 3)
特征根 characteristic root(6. 3)
特征解 characteristic solution(6. 4)
特征雷诺数 characteristic Reynolds number(6. 3)
特征速度 characteristic velocity(6. 3)
体积流量 volumetric flow rate(2. 2)

体积膨胀速率 volume expansion rate (2.3)
体积平均法 volume-average method(7.1)
体胀系数 expansion coefficient(1.1)
调和函数 harmonic function(2.6)
湍斑 turbulence spot(6.4)
湍动能 turbulence kinetic energy(7.3)
湍流 turbulence(6.3)
湍流边界层 turbulent boundary layer(6.3)
湍流模型 turbulence model(7.2)
湍流频率 turbulence frequency(7.6)

W

完全气体 perfect gas(3.5)
网格 grid / mesh(7.2)
网格尺寸 grid size(7.2)
网格分辨率 grid resolution(7.2)
外边界 outer boundary(2.6,6.3)
微分应力模型 differential stress model(7.5)
微元 micro- / micro element(1.1)
稳定性 stability(6.4)
涡管 vortex tube(2.4)
涡管强度 / 涡通量 intensity of vortex tube / vortex flux (2.4)
涡核 vortex core(4.5)
涡街 vortex street(6.4)
涡量 vorticity(1.2)
涡量张量 vorticity tensor(1.2)
涡流 eddy / vortex(2.9)
涡通量守恒定理 / 涡管强度守恒定理 vortex flux conservation theorem(2.4)
涡线 vortex line(2.4)
涡线保持性定理 vortex line preservation theorem(4.6)
涡旋 eddy / vortex(7.3)
无旋流动 irrotational flow(2.3)

X

吸引子 attractor(6.4)
线变形 linear deformation(2.3)
线变形速率 linear deformation rate(2.3)
线性稳定性方程 linear stability equation(6.3)

线涡 line vortex(2.9)
线涡强度 line vortex strength(2.9)
相对速度 relative velocity(3.3)
旋涡黏性 vortex viscosity(7.4)
旋涡强度 vortex strength(6.1)
旋转角速度 rotational angular velocity(1.2)
相对迟滞焓 relative hysteresis enthalpy(4.1)
涡旋黏性理论 eddy viscosity model(7.4)

Y

哑标 dummy index (1.2)
亚格子应力 sub-grid-scale stress (7.7)
亚声速 subsonic speed(4.2)
亚声速流动 subsonic flow(4.2)
压缩率 compression ratio(1.1)
压缩性 compressibility(1.1)
压力冲量 pressure impulse(4.4)
压力函数 pressure function (4.2)
压力梯度 pressure gradient(4.8,6.3)
一元流动 one-dimensional flow(4.9)
应力 stress(1.1)
应力张量 stress tensor(1.2)
诱导速度 induced velocity(2.9)
有势力 potential force(4.8)
有势流动 potential flow(4.8)
有势质量力 potential body force(4.8)
有旋流动 rotational flow(2.3)
源强 source strength(5.4)
运动黏度 kinematic viscosity (1.1)
翼型 airfoil profile(3.3)

Z

张量 tensor (1.2)
张量缩并 contraction of tensor (1.2)
正单位管 positive unit tube(4.8)
正压流场 barotropic flow field (4.1)
质点导数 / 随体导数 / 物质导数 material derivative(2.1)
质点导数算子 material derivative operator(2.1)

直接数值模拟 direct numerical simulation(7.2)
质量 mass(1.1)
质量力 / 体积力 body force(3.2)
质量流量 mass flowrate(2.2)
滞止焓 / 总焓 stagnation enthalpy / total enthalpy (4.2)
滞止声速 stagnation sound speed(4.2)
滞止温度 / 总温 stagnation temperature / total temperature (4.2)
滞止状态 stagnation state(4.2)
重力 gravity(3.3)
驻点 stagnation point(2.2)
转捩 transition(6.4)
状态方程 equation of state(4.2)
自然转捩 natural transition (6.4)
自由标 free index(1.2)
自由能 free energy(3.1)
阻力 drag / resistance(3.3)
最大速度 maximum velocity(4.2)